大数据技术丛书

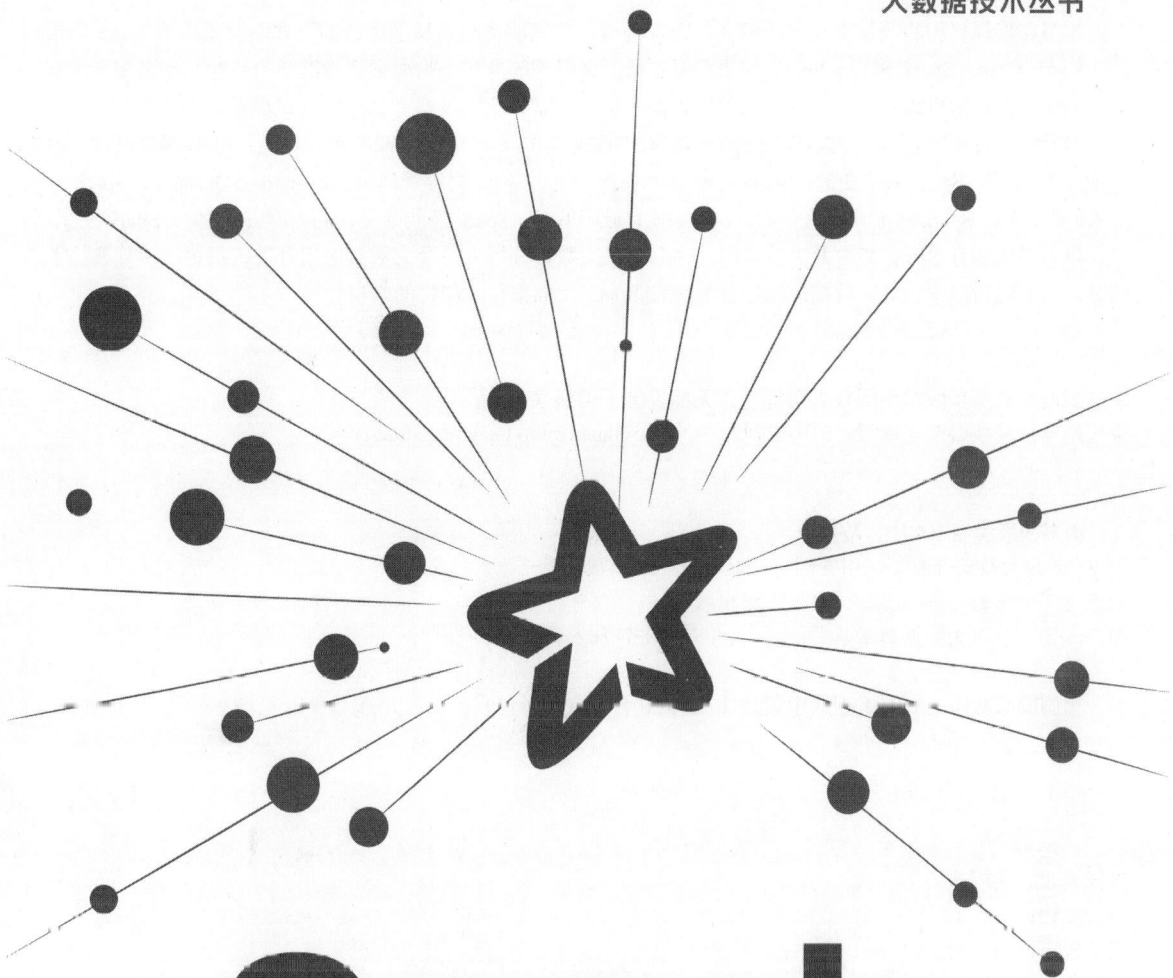

Spark

大数据开发与应用案例

视频教学版

段海涛 杨忠良 余 辉 著

清華大学出版社

北京

内 容 简 介

本书在培训机构的教学实践中历经 8 年锤炼而成，以简明清晰且易于理解的方式，全面覆盖 Spark 集群构建、Spark Core、Spark SQL、Spark 实战案例以及面试问答等内容。为增强读者的学习体验，本书配套丰富的电子资源，包括示例源码、PPT 教学课件、集群环境、教学视频以及作者微信群答疑服务。

本书精心编排为 15 章，内容包括 Spark 简介、Spark 集群环境部署、Spark 编程体验、RDD 深度解读、RDD 的 Shuffle 详解、Spark 共享变量、Spark 序列化和线程安全、Spark 内存管理机制、Spark SQL 简介、Spark SQL 抽象编程详解、Spark SQL 自定义函数、Spark SQL 源码解读、Spark 性能调优、Spark 实战案例、Spark 面试题。

本书不仅适合 Spark 初学者快速入门，也有助于大数据分析人员及大数据应用开发人员进一步提升技能。同时，本书也可以作为高等院校或高职高专院校 Spark 大数据技术课程的教材。

图书在版编目（CIP）数据

Spark 大数据开发与应用案例：视频教学版 / 段海涛，杨忠良，余辉著. -- 北京：清华大学出版社，2025. 10. --（大数据技术丛书）. -- ISBN 978-7-302-70328-0

Ⅰ. TP274

中国国家版本馆 CIP 数据核字第 20254CF225 号

责任编辑：夏毓彦
封面设计：王　翔
责任校对：冯秀娟
责任印制：丛怀宇

出版发行：清华大学出版社
　　　网　　　址：https://www.tup.com.cn，https://www.wqxuetang.com
　　　地　　　址：北京清华大学学研大厦 A 座　　　邮　　　编：100084
　　　社 总 机：010-83470000　　　邮　　　购：010-62786544
　　　投稿与读者服务：010-62776969，c-service@tup.tsinghua.edu.cn
　　　质 量 反 馈：010-62772015，zhiliang@tup.tsinghua.edu.cn

印 装 者：三河市铭诚印务有限公司
经　　　销：全国新华书店
开　　　本：190mm×260mm　　　印　　　张：25.75　　　字　　　数：694 千字
版　　　次：2025 年 10 月第 1 版　　　印　　　次：2025 年 10 月第 1 次印刷
定　　　价：109.00 元

产品编号：110340-01

清华大学黄永峰教授推荐序

在当今这个数据爆炸的时代，Spark 作为大数据处理领域的璀璨明珠，以其卓越的性能和广泛的应用场景，赢得了无数数据科学家的青睐。《Spark 大数据开发与应用案例（视频教学版）》一书，正是这样一本能够引领读者从入门到精通，全面掌握 Spark 3.5 核心技术与实战应用的宝典。

本书开篇即以精炼的语言，为读者描绘了 Spark 的宏伟蓝图，让人一目了然其作为大数据处理框架的独特魅力。随后，通过深入浅出的方式，逐步揭开 RDD、SparkSQL 等核心组件的神秘面纱，让读者在理论学习与实战演练中，逐步掌握 Spark 的精髓。

尤为值得一提的是，作者在讲解过程中，不仅注重知识的系统性，更强调实战的重要性。书中穿插的大量实战案例，涵盖了数据分析热门领域，包括 Spark 在电影、电商、金融等行业的实际应用，让读者在掌握理论知识的同时，也能感受到 Spark 在解决实际问题中的强大威力。

此外，本书还特别强调了性能调优与源码解读的重要性，为读者提供了优化 Spark 任务性能、提高执行效率的实用技巧，以及深入了解 Spark 内部工作原理的宝贵途径。这不仅有助于读者在实战中少走弯路，更能提升他们在数据科学领域的核心竞争力。

总之，本书以其丰富的内容、清晰的逻辑、实用的案例，为读者提供了一条从入门到精通 Spark 的捷径。无论你是初学者还是有一定经验的 Spark 开发者，都能从这本书中汲取到无尽的知识与灵感。

黄永峰
清华大学电子工程系教授，博导，首届全国网络安全十佳优秀教师

清华大学江铭虎教授推荐序

在大数据的浪潮中，Spark 以其强大的数据处理能力和高效的执行速度，成为了众多数据工程师和开发者的首选工具。而《Spark 大数据开发与应用案例（视频教学版）》这本书无疑是学习 Spark 的绝佳助手。

本书从 Spark 的基础概念讲起，逐步深入到 SparkCore 和 SparkSQL 的核心知识，为读者构建了一个完整的学习框架。作者通过丰富的实例和详细的解释，使得复杂的 Spark 概念变得易于理解。特别是关于 RDD 的讲解，不仅深入剖析了其内部机制，还通过实例展示了如何在实际应用中高效地使用 RDD。

在 SparkSQL 部分，本书同样表现出色。它不仅介绍了 SparkSQL 的基本概念和操作，还深入探讨了如何自定义函数和优化查询性能，这对于提高数据处理效率和准确性至关重要。此外，书中还包含了源码解读的内容，这对于想要深入了解 Spark 内部工作原理的读者来说，无疑是一大福音。

除了理论知识，本书还注重实战应用。通过多个实际案例，展示了 Spark 在电影数据分析、日志处理、电商推荐等多个领域的应用场景，让读者能够学以致用，将所学知识转化为实际生产力。

最后，本书的面试资料章节也是一大亮点。它总结了 Spark 面试中常见的问题和解答，为求职者提供了宝贵的参考，帮助他们更好地准备面试，争取心仪的职位。

综上所述，本书是一本内容全面、结构清晰、实战性强的好书。无论你是初学者还是有一定经验的 Spark 开发者，都能从这本书中获得宝贵的知识和经验。

江铭虎
清华大学人文学院计算语言学长聘教授

前　言

在 21 世纪的数字化时代，数据已成为国家基础性战略资源，被誉为新时代的"钻石矿"。党中央、国务院始终高度重视大数据在经济社会发展中的关键作用。自党的十八届五中全会提出"实施国家大数据战略"以来，国务院相继印发《促进大数据发展行动纲要》，标志着我国大数据发展进入全面推进的新阶段，旨在加快建设数据强国，推动经济社会高质量发展。

进入"十四五"规划时期，我国大数据产业发展迎来新的历史机遇。在国家政策的引导下，大数据与云计算、人工智能、区块链等新技术深度融合，不断催生新业态、新模式，为经济社会发展注入强大的动力。与此同时，大数据技术在政务、金融、教育、医疗、交通等领域的应用不断深化，有力推动了政府治理体系和治理能力的现代化，加速了产业数字化转型的步伐。

展望"十五五"规划，我国大数据产业将继续保持蓬勃发展态势，技术创新和应用实践将更加广泛深入。随着数据规模的持续增长和数据处理技术的不断进步，大数据将在推动经济社会发展中发挥更加重要的作用。因此，掌握大数据处理技能，特别是像 Spark 这样高效、易用的大数据处理框架，已成为大数据从业者必备的核心竞争力。

在此背景下，本书应运而生，专注于 Apache Spark 3.5 版本的快速上手和开发参考，所有内容都在培训机构历时 8 年的教学实践中锤炼而成。鉴于 Spark Core 和 Spark SQL 在大数据开发工作中的核心地位，本书将重点聚焦这两个组件，通过系统化的内容安排和深入浅出的讲解方式，帮助读者迅速掌握 Spark 的核心原理与实战技巧。

本书特点

（1）入门指南，全面剖析：本书作为 Spark 入门的权威指南，以深入浅出的笔触，全面剖析 Spark 原生组件的基础理论、实战技巧及集群部署策略。

（2）培训视角，直击核心：本书从培训教学的角度出发，精炼阐述 Spark 中核心组件的运作原理与实战应用，使读者能够迅速把握组件精髓，熟练运用各项功能。这不仅是一次知识的传递，更是一场实战技能的快速充电。

（3）实例辅助，强化理解：书中每个操作步骤均辅以详尽的实例代码或直观图表，确保理论知识与实践操作无缝对接。每章末尾设有精炼总结，不仅是对本章内容的回顾与提炼，更是为读者搭建起一座通往 Spark 全局视野的桥梁。

（4）实战案例，视频辅助：相较于市面上众多 Spark 图书，本书独树一帜地融合了实战案例分析与视频辅助教学的讲解方式，使读者在掌握 Spark 原理的基础上，通过实战演练进一步巩固知识。

（5）面试问答，助力应聘：特别增设 Spark 面试题章节，精准覆盖工作中常见的使用场景及互联网企业面试要点，助力读者在 Spark 领域游刃有余，无论是职场实践还是面试挑战都能从容应对。

（6）作者答疑，专业指导：作者创建答疑微信群，为学习本书的读者提供答疑服务，指导读者快速掌握 Spark 应用开发技术。

本书适合读者

本书适合 Spark 初学者、大数据分析人员、大数据应用开发人员。同时本书也适合高等院校或高职高专院校学习大数据技术课程的学生。

本书资料下载

本书配套示例代码、PPT 课件、集群环境、教学视频、作者微信群答疑服务，读者需要使用自己的微信扫描下面的二维码获取。

本书写作分工

本书由多个作者合作完成，其中第 1～5 章由段海涛撰写，第 6～10 章由杨忠良撰写，第 11～15 章由余辉撰写。

由于作者的水平有限，书中难免会存在一些疏漏或者不够准确的地方，恳请读者批评指正。如果读者有疑问或者遇到任何问题，请联系下载资源中提供的微信，或者私信至微信公众号"辉哥大数据"，期待得到读者的真挚反馈。

谨以此书献给我最亲爱的家人、同事，以及众多热爱大数据的朋友们！

著　者
2025 年 8 月

目　　录

第1章

Spark 简介

本章将讲解 Spark 的概念及其特点、技术生态系统、运行模式、执行流程以及一些常用的专有名词，帮助读者全面认识 Spark 的生态及框架的概念体系，为后续的学习打下基础。

本章主要知识点：

- Spark 概念及其特点
- Spark 技术生态系统
- Spark 运行模式
- Spark 执行流程
- Spark 专有名词

1.1 Spark 概念及其特点

Spark 是一种基于内存的开源分布式计算系统，它最初由加州大学伯克利分校的 AMPLab（AMP 分别表示 Algorithms、Machines、People）于 2009 年开发，并在 2010 年正式开源。随后，Spark 在 2013 年成为 Apache 孵化项目，2014 年更是晋升为 Apache 的顶级项目，2014 年 5月发布 Spark 1.0，2016 年 7 月发布 Spark 2.0，2020 年 6 月 18 日发布 Spark 3.0.0，其发展速度之快令人瞩目。Spark 的设计初衷是解决大数据处理中的速度和效率问题，是一种用于大规模数据处理的统一分析引擎。Spark 官网地址为 https://spark.apache.org/。

Spark 具有如下特点。

1）快速高效

Hadoop 的 MapReduce 作为第一代分布式大数据计算引擎，在设计之初，受当时计算机硬件条件所限（如内存、磁盘、CPU 等），为了能够处理海量数据，需要将中间结果保存到 HDFS

中。这导致了频繁的读写操作，使得网络 I/O 和磁盘 I/O 成为性能瓶颈。相比之下，Spark 可以将中间结果写入本地磁盘，或者将中间结果缓存到内存中，从而节省了大量的网络 I/O 和磁盘 I/O 开销。此外，Spark 采用了更先进的 DAG（Directed Acyclic Graph，有向无环图）任务调度思想，可以将多个计算逻辑构建成一个有向无环图，并且会对 DAG 进行优化后再生成物理执行计划。同时，Spark 也支持将数据缓存在内存中的计算。因此，Spark 的性能比 Hadoop 的 MapReduce 快 100 倍以上。即便不将数据缓存到内存中，其速度也是 MapReduce 的 10 倍以上。

2）简洁易用

Spark 支持 Java、Scala、Python 和 R 等编程语言编写应用程序，大大降低了使用者的门槛。Spark 自带了 80 多个高等级操作算子，并且允许在 Scala、Python、R 中使用命令进行交互式运行。用户可以非常方便地在 Spark Shell 中编写和运行 Spark 程序。

3）通用、全栈式数据处理

Spark 提供了统一的大数据处理解决方案，非常具有吸引力。毕竟，任何公司都想用统一的平台来处理遇到的问题，从而减少开发和维护的人力成本以及部署平台的物力成本。Spark 支持 SQL，这大大降低了大数据开发者的使用门槛。Spark 提供了 Spark Stream 和 Structured Streaming，可用于处理实时流数据。MLlib 机器学习库支持机器学习相关的统计、分类、回归等领域的多种算法实现，其高度封装的 API 接口大大降低了用户的学习成本。Spark 还支持 GraghX，用于分布式图计算处理。此外，Spark 还提供了编程语言接口，比如 PySpark 支持使用 Python 编写 Spark 程序，SparkR 支持使用 R 语言编写 Spark 程序。

4）可以运行在各种资源调度框架上，并支持读写多种数据源

Spark 支持多种部署方案：

- Standalone：这是 Spark 自带的资源调度模式。
- Hadoop YARN：Spark 可以运行在 Hadoop 的 YARN 上。
- Mesos：Spark 可以运行在 Mesos 上（Mesos 是一个类似于 YARN 的资源调度框架）。
- Kubernetes：Spark 还可以部署在 Kubernetes 上，实现容器化的资源调度。

此外，Spark 还支持丰富的数据源。除了可以访问操作系统的本地文件系统和 HDFS 之外，Spark 还可以访问 Cassandra、HBase、Hive、Alluxio（Tachyon）以及任何与 Hadoop 兼容的数据源。这极大地方便了其他平台的大数据系统顺利迁移到 Spark。

1.2 Spark 技术生态系统

Apache Spark 是一个用于大规模数据处理的统一分析引擎。它提供了一个简单而强大的编程模型，用来处理大数据、实时数据和复杂数据的分析任务。Spark 技术生态系统（见图 1-1）主要分为 4 个部分，分别是数据源、资源管理、Spark Core 及 Spark 应用。下面对每一个部分都进行详细讲解。

第一部分数据源，Spark 从 HDFS、Amazon S3 和 HBase 等持久层读取数据。第二部分资源管理，Spark 以自身携带的本地模式、Standalone 或者借助 MESOS、YARN 为资源管理器调度 Job 完成 Spark 应用程序的计算。第三部分 Spark Core 是 Spark 的核心模块。第四部分 Spark 应用，如 Spark Streaming 的实时处理应用、Spark SQL 的即席查询、BlinkDB 的权衡查询、MLlib/ML 的机器学习、GraphX 的图处理和 SparkR 的数学计算等。

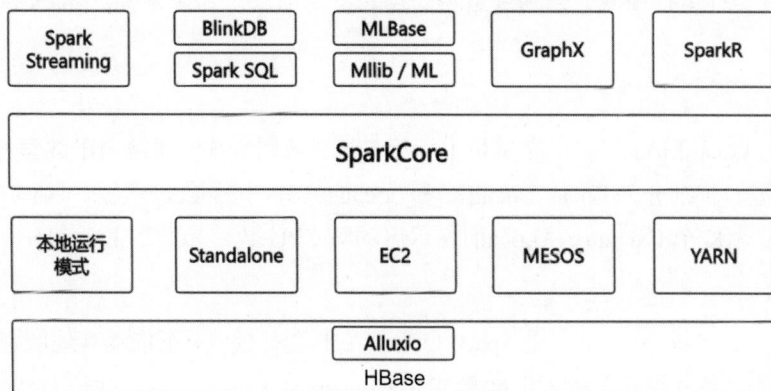

图 1-1　Spark 技术生态系统

下面对 Spark Core 和每个 Spark 应用进行详细解释。

- Spark Core：这是 Spark 的基础模块，提供了基本的数据处理功能，比如内存计算、I/O 操作、基础的 Utils 等。
- Spark Streaming：这是 Spark 用来处理实时数据的组件，可以处理实时数据流，并且提供了多种接收数据的方式，例如 TCP Socket、Kafka、Flume 等。
- Spark SQL：这是 Spark 用来处理结构化数据的组件，可以让我们使用 SQL 语句或者 Apache Catalyst 优化的查询计划来分析数据。
- BlinkDB：这是一个用于在海量数据上运行交互式 SQL 查询的大规模并行查询引擎，它允许用户通过权衡数据精度来提升查询响应时间，其数据精度被控制在允许的误差范围内。
- MLBase：这是 Spark 生态圈的一部分，专注于机器学习，让机器学习的门槛更低，让一些可能并不了解机器学习的用户也能方便地使用 MLBase。MLBase 分为 4 部分：MLlib、MLI、ML Optimizer 和 ML Runtime。
- MLlib/ML：这是 Spark 提供的机器学习库，包含常用的机器学习算法和实用工具。
- GraphX：这是 Spark 提供的图处理库，提供了图并行计算的能力。
- SparkR：这是 AMPLab 发布的一个 R 开发包，使得 R 摆脱单机运行的命运，可以作为 Spark 的 Job 运行在集群上，极大地扩展了 R 的数据处理能力。
- Alluxio：是一个开源的虚拟分布式文件系统（Virtual Distributed File System），也被称为"内存速度的虚拟存储层"。它位于计算框架（如 Spark、MapReduce）和存储系统（如 HDFS、S3、NFS）之间，为大数据和机器学习工作负载提供了内存级的数据访问速度。

1.3　Spark 运行模式

Spark 具有多种运行模式，分别满足不同场景下的需求。具体来说，Spark 的运行模式可以分为以下几种。

1）本地模式

本地模式（Local Mode）用于在单机上运行 Spark 应用程序，通常用于教学、调试和演示。本地模式可以进一步细分为 Local、Local[K] 和 Local[] 三种，其中 Local 表示只启动一个 Executor，Local[K] 表示启动 K 个 Executor，Local[] 表示启动与 CPU 数目相同的 Executor。

2）独立模式

独立模式（Standalone Mode）是 Spark 自带的集群运行模式，不依赖其他的资源调度框架，部署起来很简单。独立模式分为 Client 模式和 Cluster 模式。其本质区别是 Driver 运行在哪里，如果 Driver 运行在 SparkSubmit 进程中，就是 Client 模式，如果 Driver 运行在集群中，就是 Cluster 模式。

3）YARN 模式（Spark on Yarn）

YARN 模式是指使用 YARN 作为资源管理器，在 YARN 集群上运行 Spark 应用程序。YARN 模式分为 Yarn-client 和 Yarn-cluster 两种。其中，Yarn-client 模式适用于交互和调试，客户端能看到应用程序的输出；Yarn-cluster 模式通常用于生产环境，Driver 运行在 Application Master 中，用户提交作业后可以关闭客户端，作业会继续在 YARN 上运行。

4）其他模式

此外，Spark 还支持在 Mesos 和 Kubernetes 等资源管理系统上运行，即 Spark on Mesos 和 Spark on K8s 模式。

总的来说，Spark 的多种运行模式使其能够灵活适应不同的应用场景和需求。

1. Local 模式

图 1-2 展示了 Spark Local 模式，就是只在一台计算机上运行 Spark。

通常用于测试的目的来使用 Local 模式，实际生产环境中不会使用 Local 模式。Local 模式的执行步骤如下：

步骤 01 客户端向 Driver 提交任务。

步骤 02 Driver 开始运行，初始化 SparkContext，任务划分、任务调度。

步骤 03 Driver 向资源管理者，注册应用程序。

步骤 04 资源管理者启动 Executor。

步骤 05 Executor 执行任务且反向与 Driver 进行注册连接。

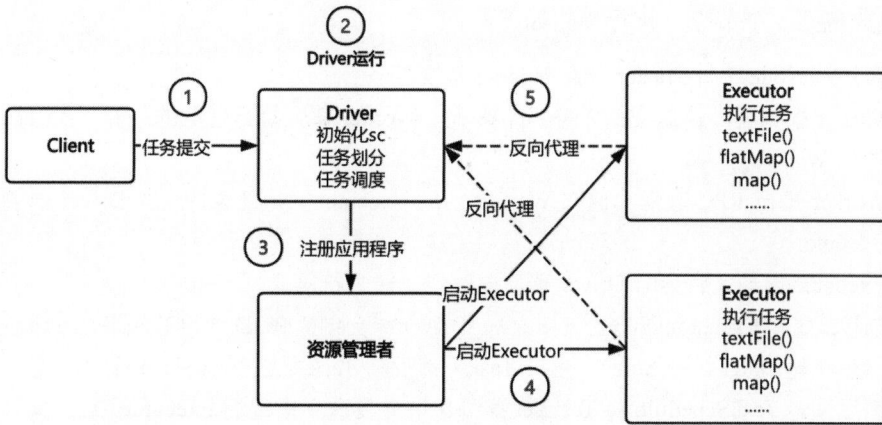

图 1-2　Spark Local 模式

Local 模式启动命令如下：

```
$SPARK_HOME/bin/spark-submit \
--master local[n] \
--class <主类> \
--conf <配置属性>=<值> \
  <应用的 jar 路径> \
  [应用参数]
```

2. Standalone Client 模式

图 1-3 展示了 Spark 的 Standalone Clinet 模式。

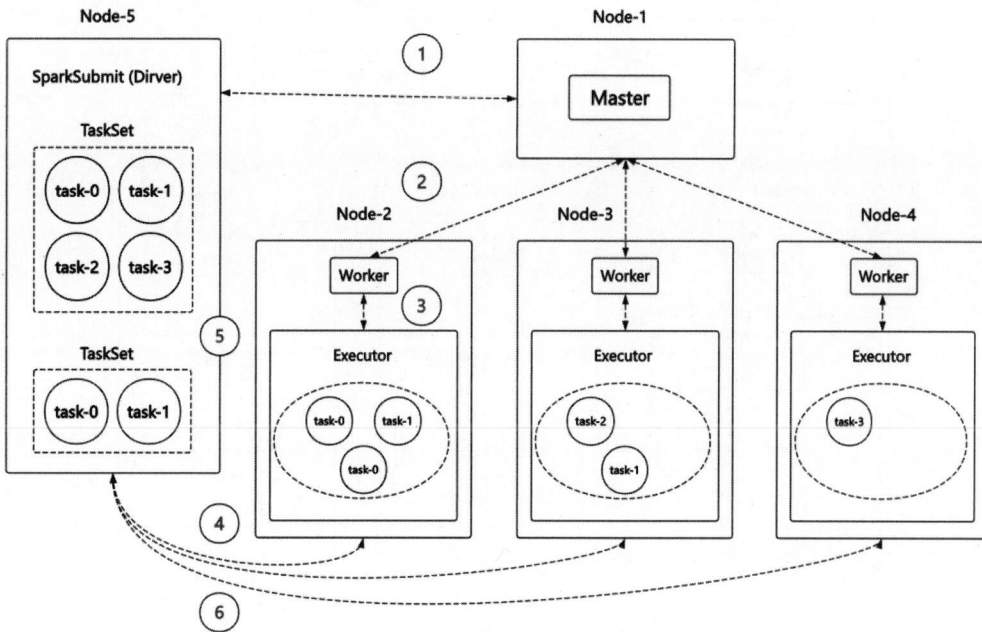

图 1-3　Spark 的 standAlone Clinet 模型执行步骤

这个模式包括 5 个节点，执行步骤如下：

步骤 **01** 客户端 Node-5 向 Master 节点 Node-1 提交任务。

步骤 **02** Master 根据客户端提交的任务，计算哪些 Worker 符合执行任务的条件，找到符合执行条件的 Worker。

步骤 **03** Worker 进行 RPC 通信，通知 Worker 启动 Executor，并且会将一些 Driver 端的信息告诉 Executor。

步骤 **04** Executor 启动之后会向 Driver 端反向注册，建立链接。

步骤 **05** Driver 端和 Executor 端建立链接之后，Driver 端会创建 RDD 调用 Transformation 和 Action，然后构建 DAG 切分 Stage，生产 Task，然后将 Task 放到 TaskSet 中。

步骤 **06** 最后通过 TaskSchedule 将 TaskSet 序列化，并发送到指定的 Executor 中。

Spark 的 StandAlone Clinet 模式启动命令如下：

```
$SPARK_HOME/bin/spark-submit \
--master spark:// IP:7077
--deploy-mode client
--class <主类> \
--conf <配置属性>=<值> \
  <应用的 jar 路径> \
  [应用参数]
```

3. Standalone Cluster 模式

图 1-4 展示了 Spark 的 Standalone Cluster 模型的执行步骤。

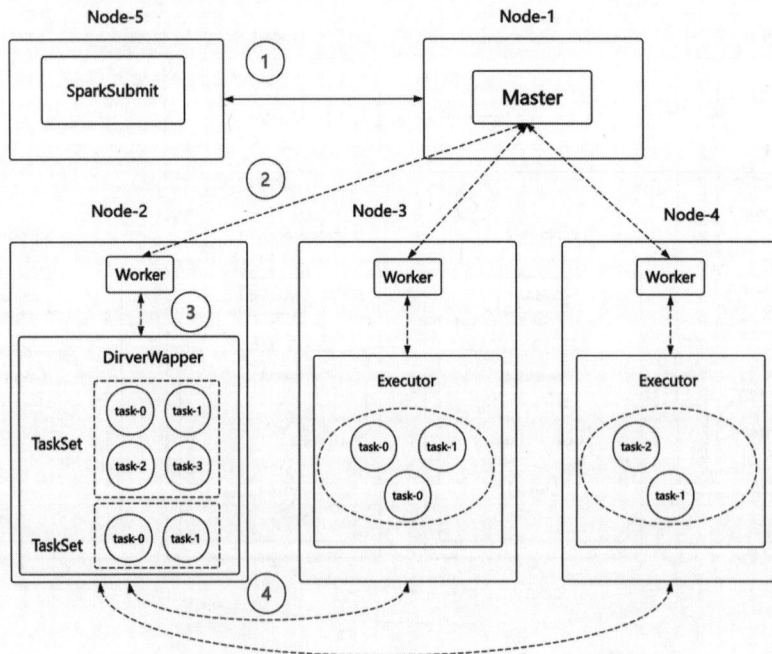

图 1-4　Spark 的 Standalone Cluster 模型的执行步骤

步骤 01　在 Spark 集群中，任意一台安装了 Spark 并配置了 Spark 脚本的机器都可以向集群提交任务，首先会与 Master 节点进行通信。

步骤 02　Master 节点会在 Worker 节点中选择一台符合条件的 Worker，并在该 Worker 上启动一个 DriverWapper 进程。Driver 端运行在 DriverWapper 进程之中。

步骤 03　Driver 启动完成后，Master 节点会继续与其他 Worker 节点通信，指示它们启动 Executor。Executor 启动完成后，会向 Driver 进行反向注册。

步骤 04　Executor 注册完成后，DriverWrapper 进程中的 Driver 会创建 SparkContext。随后，Driver 通过调用 Transformation 和 Action 操作生成 DAG（有向无环图）。DAG 会被切分为多个 Stage，每个 Stage 进一步分解为多个 Task。这些 Task 会被组织成 TaskSet，然后序列化并通过网络传输到对应的 Executor 中执行。

Spark 的 Standalone Cluster 模式启动命令如下：

```
$SPARK_HOME/bin/spark-submit \
--master spark:// IP:7077
--deploy-mode cluster
--class <主类> \
--conf <配置属性>=<值> \
 <应用的 jar 路径> \
 [应用参数]
```

4. Spark On YARN cluster 模式

图 1-5 展示了 Spark On YARN Cluster 模型的执行步骤。

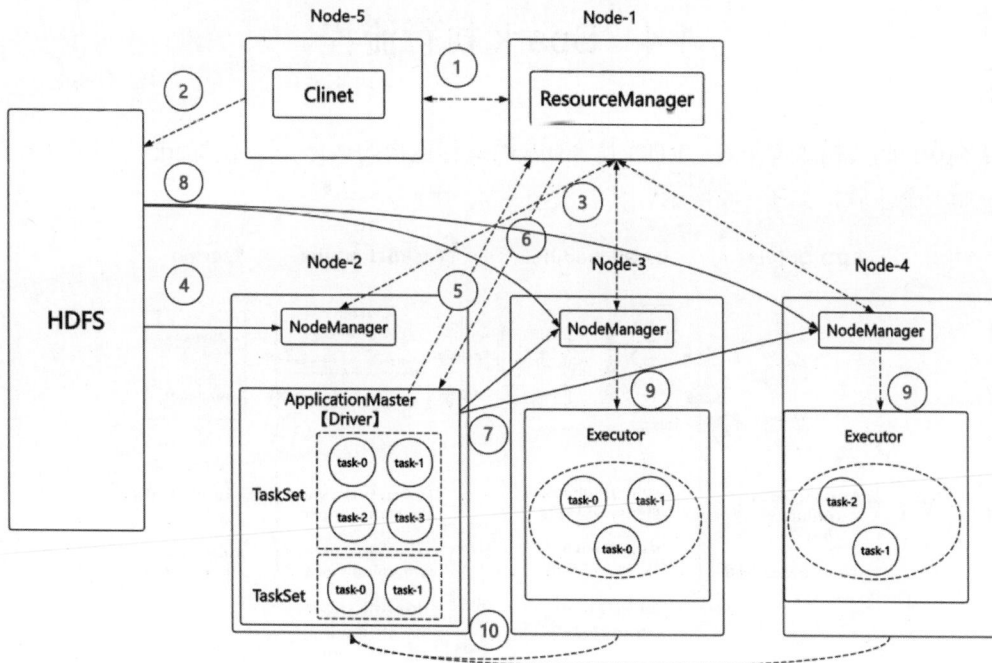

图 1-5　Spark On YARN Cluster 模型的执行步骤

步骤 01 Client 向 ResourceManager 申请资源，ResourceManager 返回一个 applicationID。

步骤 02 Client 将 Spark 的 JAR 包、自己编写的 JAR 包以及配置文件上传到 HDFS。

步骤 03 ResourceManager 随机选择一个资源充足的 NodeManager。

步骤 04 ResourceManager 通过 RPC 通知 NodeManager 从 HDFS 下载 JAR 包和配置文件，并启动 ApplicationMaster。

步骤 05 ApplicationMaster 向 ResourceManager 申请资源。

步骤 06 ResourceManager 中的 ResourceScheduler 找到符合条件的 NodeManager，并将 NodeManager 的信息返回给 ApplicationMaster。

步骤 07 ApplicationMaster 与返回的 NodeManager 进行通信。

步骤 08 NodeManager 从 HDFS 下载依赖文件。

步骤 09 NodeManager 启动 Executor。

步骤 10 Executor 启动后，会向 ApplicationMaster 即（Driver）进行反向注册。

Spark 的 YARN 模式启动命令如下：

```
$SPARK_HOME/bin/spark-submit \
--master cluster
--deploy-mode yarn
--class <主类> \
--conf <配置属性>=<值> \
  <应用的 jar 路径> \
  [应用参数]
```

1.4 Spark 执行流程

从 Spark 的架构角度来看，RDD 是 Spark 的运行逻辑的载体。一个 Spark 应用的执行过程可以分为 5 个步骤，如图 1-6 所示。

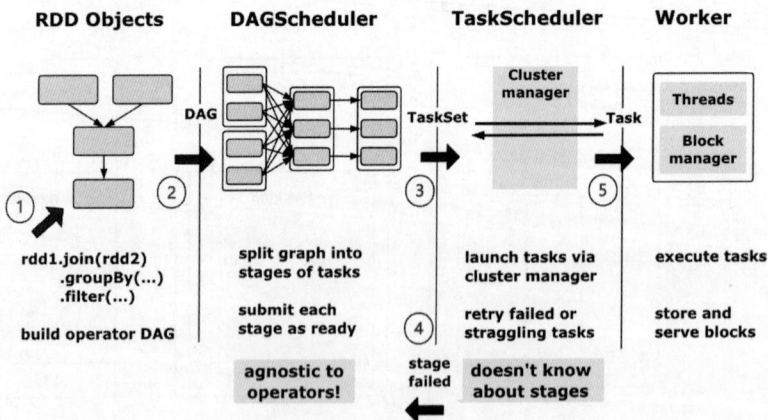

图 1-6 Spark 的执行过程

步骤 01　RDD 对象构建有向无环图（Directed Acyclic Graph，DAG）。

步骤 02　DAGScheduler 将 DAG 切分为 Stage，然后将 Stage 中生成的 Task 以 TaskSet 的形式交给 TaskScheduler。

步骤 03　TaskScheduler 向集群管理器提交 Task，根据资源情况将 Task 分发给 Worker 节点中的 Executor。

步骤 04　如果 TaskScheduler 向集群管理器提交 Task 失败，则会向 DAGScheduler 返回失败信息。

步骤 05　如果 TaskScheduler 向集群管理器提交 Task 成功，Worker 节点会启动 Executor，Executor 会启动线程池用于执行 Task。

1.5　Spark 专有名词

1. Cluster Manager（集群管理器）

在集群上获取资源的拓展服务。Spark 主要支持三种类型：Standalone（Spark 自带的集群管理模式）、Mesos（Apache Mesos 是一个集群管理器，用于在分布式环境中运行应用程序）、YARN（Hadoop YARN 是 Hadoop 2.x 中的资源管理系统）。

2. Master（主节点）

在 Spark 的 Standalone 集群管理模式中，Master 是一个关键的组件。它负责接收来自客户端的 Spark 作业请求，管理集群中的 Worker 节点，以及进行资源分配和作业调度。

3. Worker（工作节点）

集群中任何可以运行 Spark 应用程序的节点。在 Standalone 模式中，Worker 节点使用 Spark 的 conf 目录下的 slave 文件来配置；在 Spark on YARN 模式中，Worker 节点对应的是 Nodemanager 节点。

4. SparkSubmit（Spark 任务提交）

SparkSubmit 是 Spark 提供的一个命令行工具，用于提交 Spark 应用程序到集群上运行。通过 SparkSubmit，用户可以指定应用程序的主类、依赖的 JAR 包、运行模式（如 Standalone、YARN 等）以及各种配置参数。

5. Application（应用程序，或者称为应用）

用户编写的 Spark 代码，包含运行在 Driver 端的代码以及运行在各个节点上的 Executor 代码。

6. Job（作业）

由 Spark 的 Action 操作触发，包含多个 RDD 及作用于 RDD 上的各种操作。一个 Job 由多个 Stage 组成，每个 Stage 包含多个 Task。

7. Driver（驱动程序）

运行用户程序的 main()函数，并创建 SparkContext。它是 Spark 程序的入口点。Driver 负责初始化 Spark 应用程序的运行环境，与 Cluster Manager 进行通信，进行资源的申请、任务的分配和监控等。

8. SparkContext（Spark 上下文）

Spark 应用程序的上下文，控制应用程序的生命周期。它负责与 Cluster Manager 进行通信，进行资源的申请、任务的分配和监控等。

9. Executor（执行器）

在工作节点上为 Spark 应用程序启动的一个进程，负责运行任务，并且可以在内存或磁盘中保存数据。每个应用都有属于自己的独立的一批 Executor。

10. Task（任务）

被送到某个 Executor 上的工作单元，是运行 Spark 应用的基本单元。

11. TaskSet（任务集合）

TaskSet 是 Spark 中的一个概念，它代表了一个 Stage 中所有任务的集合。每个 TaskSet 中的任务是并行执行的，每个任务对应着 RDD 中的一个分区的数据处理。

12. TaskScheduler（任务调度器）

接收 DAGScheduler 提交过来的 TaskSet，然后把一个个 Task 提交到 Worker 节点运行，每个 Executor 运行什么 Task 也是在此处分配的。

13. DAG（Directed Acyclic Graph，有向无环图）

在 Spark 中，DAG 是用来表示 Spark 作业执行计划的一个重要数据结构。DAG 中的节点代表 RDD（Resilient Distributed Dataset，弹性分布式数据集）的转换操作（如 map、filter、reduce 等）。DAG 中的边是连接节点的线条，用于表示节点之间的关系。这些关系通常指的是任务之间的依赖关系或执行顺序。

14. DAGScheduler（有向无环图调度器）

负责接收 Spark 应用提交的 Job，根据 RDD 的依赖关系划分 Stage，并提交 Stage 给 TaskScheduler。

15. Stage（阶段）

Stage 是 DAGScheduler 根据 RDD 之间的依赖关系（宽依赖或窄依赖）对 Job 进行阶段划分的结果。一个 Stage 包含多个 Task，这些 Task 会在 Executor 上并行执行。

16. RDD（弹性分布式数据集）

Spark 的编程模型，是已被分区、被序列化、不可变、有容错机制的，并且能够并行操作的数据集合。RDD 是 Spark 中数据的基本抽象，所有对数据的操作都是基于 RDD 进行的。

17. Narrow Dependency（窄依赖）

窄依赖指父 RDD 的一个分区会被子 RDD 的一个分区依赖。窄依赖允许 RDD 的分区在多个不同的任务之间并行计算。

18. Wide Dependency（宽依赖）

宽依赖指父 RDD 的一个分区会被子 RDD 的多个分区依赖。宽依赖通常会导致 Shuffle 操作，需要将数据重新分布到集群中的不同节点上。

1.6　本章小结

本章重点讲解了 Spark 的基础知识。首先阐述了 Spark 的基本概念及其独特优势。Spark 作为一个快速、通用的大规模数据处理引擎，以其高性能、易用性以及丰富的功能集，在大数据处理领域占据了重要地位。其特点包括快速高效、简洁易用、通用且全栈式数据处理等，这些都使得 Spark 成为处理大数据任务的理想选择。接着，本章探讨了 Spark 的技术生态系统，展示了 Spark 与 Spark Core、Spark SQL、Spark Streaming 等组件的紧密集成，及其在机器学习、图计算等领域的广泛应用。在运行模式方面，Spark 支持本地、集群、云环境等多种部署方式，提供了灵活的部署选项。此外，本章还简要介绍了 Spark 的执行流程和专有名词，帮助读者理解 Spark 如何处理数据以及相关的技术术语。通过本章的学习，读者可以对 Spark 有一个初步的了解，为后续深入学习 Spark 打下坚实的基础。

第 2 章

Spark 集群环境部署

本章将聚焦于大数据环境的部署实践,详细指导读者如何在 Windows 10 系统上安装 VMware® Workstation 17 Pro 虚拟机,并在此虚拟机内部署 Ubuntu 22.04 操作系统。随后,在 Ubuntu 22.04 系统上,我们将逐步安装 apache-zookeeper-3.8.1、apache-hadoop-3.4.0 以及 apache-spark-3.5.3 集群环境,并特别设计了一键启动脚本,以简化集群启动流程。通过图文结合的方式,本章细致入微地引领读者完成 Hadoop 与 Spark 集群实验环境的搭建,旨在消除读者在配置复杂集群环境时可能遇到的困扰。

在大数据处理领域,Hadoop 与 Spark 的结合使用尤为常见。Hadoop 扮演着存储与资源调度的核心角色,其 HDFS(Hadoop Distributed File System)提供强大的分布式存储能力,而 YARN(Yet Another Resource Negotiator)则负责资源的高效调度。Spark 以其快速、高效的分布式计算能力著称,作为计算引擎,它与 Hadoop 相辅相成。这一组合充分利用了两者的优势,构建出一个既强大又灵活的大数据处理系统。因此,本书特意部署了 Hadoop 与 Spark 的集成环境,旨在为读者提供一个全面、实用的学习与实践平台。此外,为了方便读者,我们已将配置好的集群环境上传至百度云(详见 2.8 节),读者只需下载并解压即可直接使用,进一步简化了实验环境的准备过程。

本章主要知识点:

- VM 虚拟机安装
- Ubuntu 22.04 系统安装
- Ubuntu 22.04 网络配置
- Ubuntu 22.04 环境配置
- ZooKeeper 安装
- Hadoop 安装
- Spark 安装

● 　集群和代码下载

2.1　VM 虚拟机安装

本节讲解如何在 Windows 10 系统下安装 VMware Workstation 17 Pro 虚拟机。

（1）首先下载并安装 VMware Workstation 17 Pro，安装过程比较简单，读者按照安装向导的提示进行安装即可，这里不展开说明。图 2-1 是本书已安装好的 VMware Workstation 17 Pro 版本基本信息。

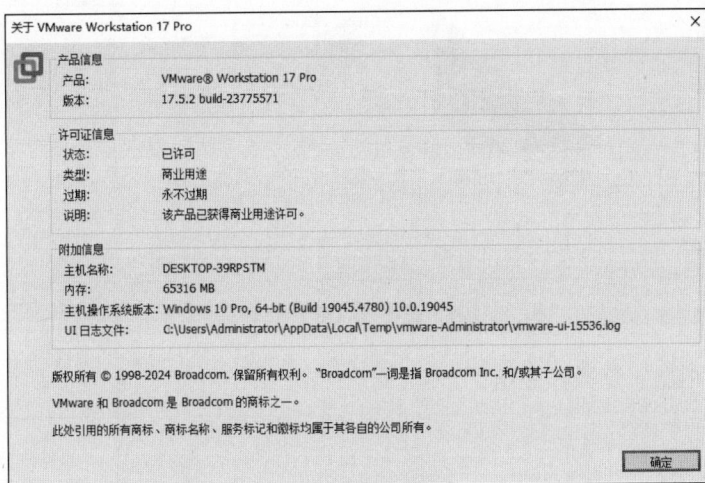

图 2-1　VMware Workstation 17 Pro 版本基本信息

（2）安装 VMware Workstation 17 Pro 成功后，运行此程序，在主界面上单击"创建新的虚拟机"，如图 2-2 所示。

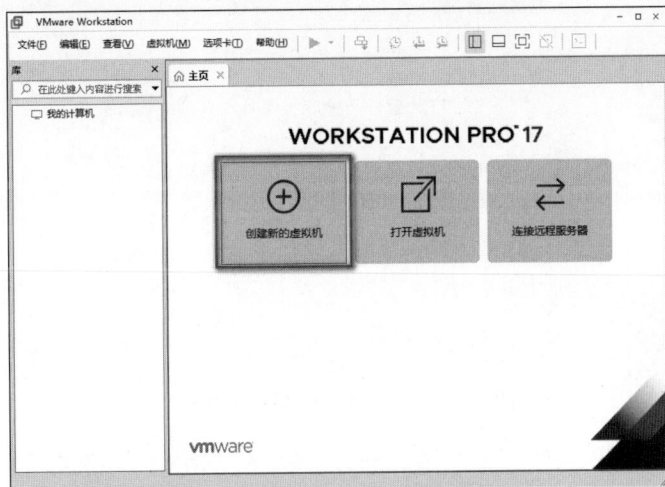

图 2-2　创建新的虚拟机

（3）打开"新建虚拟机向导"窗口，如图 2-3 所示，在界面上选择"典型（推荐）"，再单击"下一步"按钮。

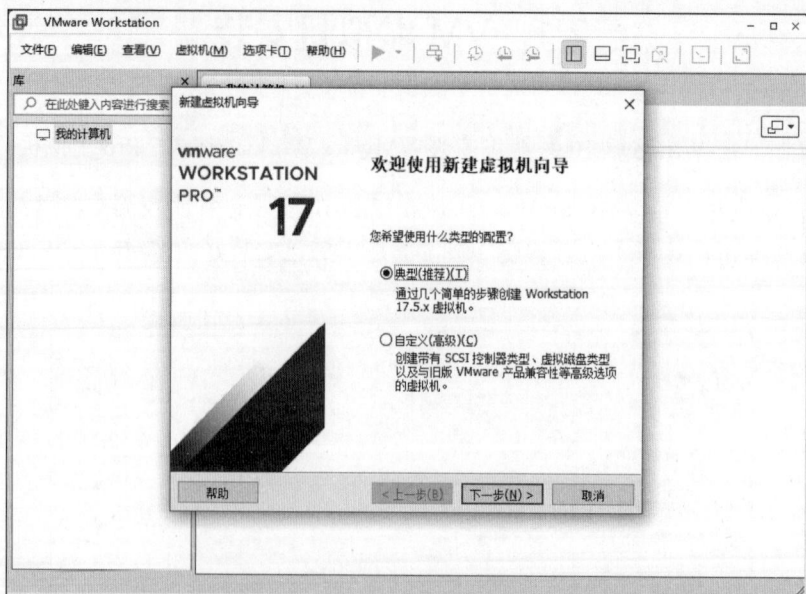

图 2-3　选择"典型（推荐）"

（4）选择"稍后安装操作系统"，再单击"下一步"按钮，如图 2-4 所示。

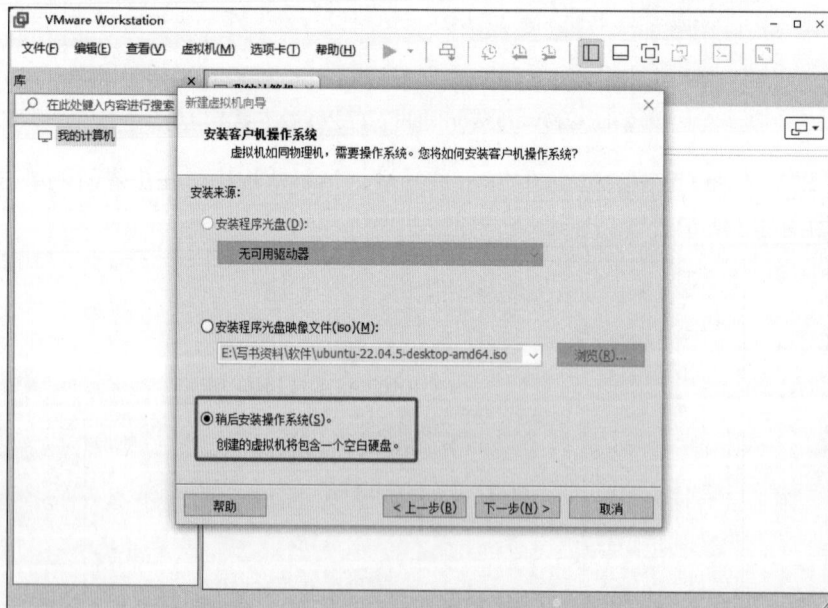

图 2-4　选择"稍后安装操作系统"

（5）在"客户机操作系统"中选择 Linux，接着在"版本"中选择"Ubuntu 64 位"，之后单击"下一步"按钮，如图 2-5 所示。

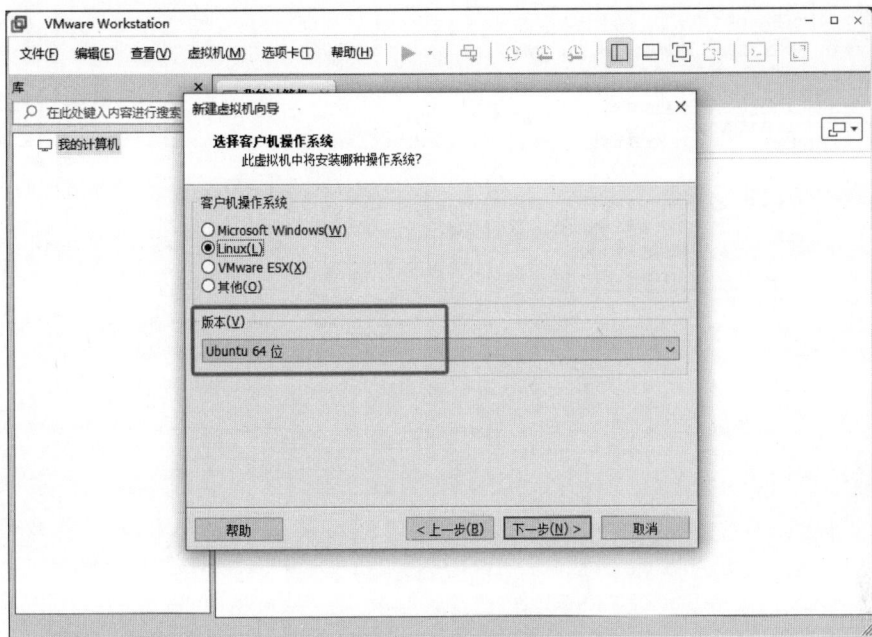

图 2-5　选择客户机操作系统版本

（6）在"虚拟机名称"中输入 yuhui01，"位置"为默认生成的地址，之后单击"下一步"按钮，如图 2-6 所示。

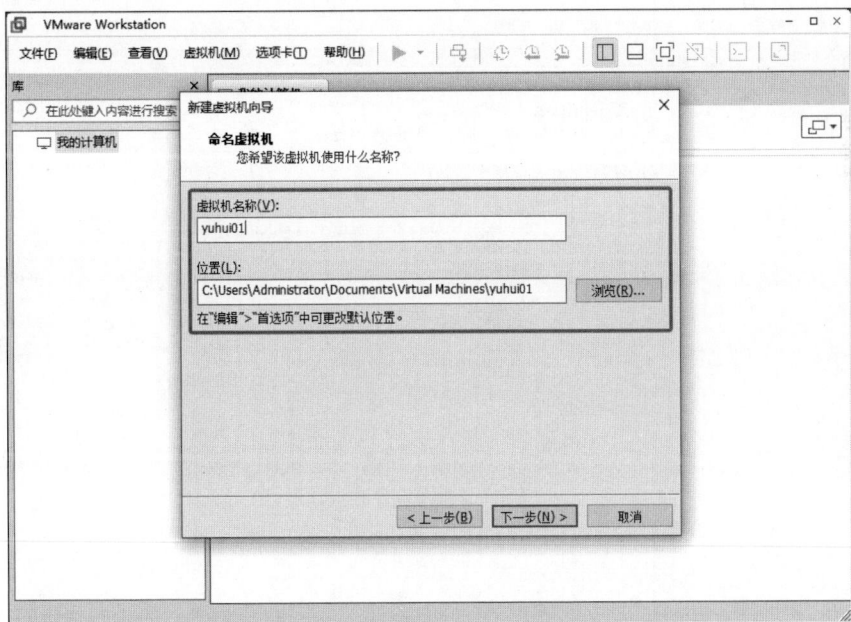

图 2-6　填写虚拟机名称

（7）在"最大磁盘大小（GB）"框中填写 40，同时选择"将虚拟磁盘存储为单个文件"，之后单击"下一步"按钮，如图 2-7 所示。

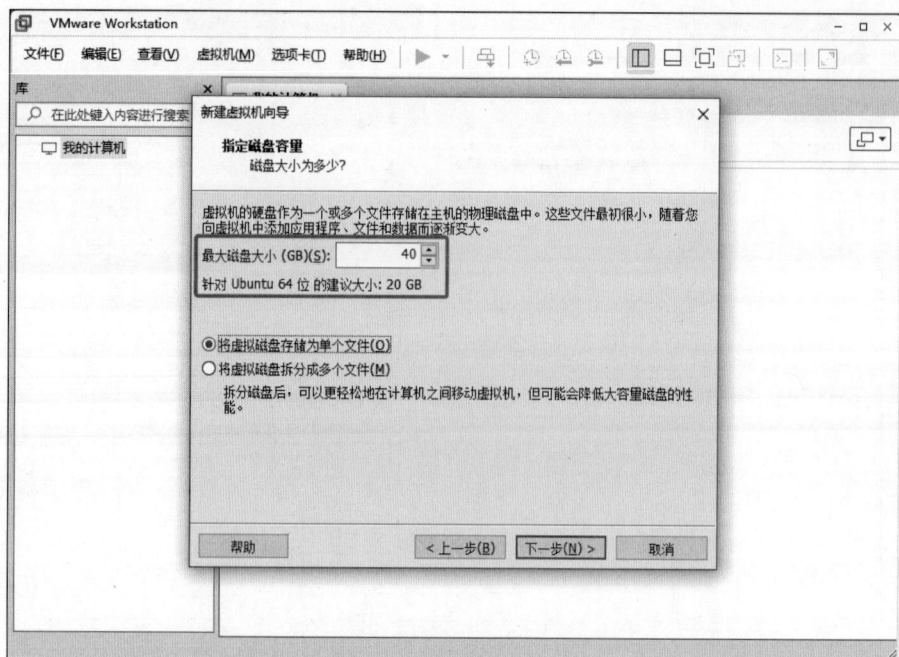

图 2-7　填写最大磁盘大小

（8）单击"完成"按钮，如图 2-8 所示。之后开始设置虚拟机参数。

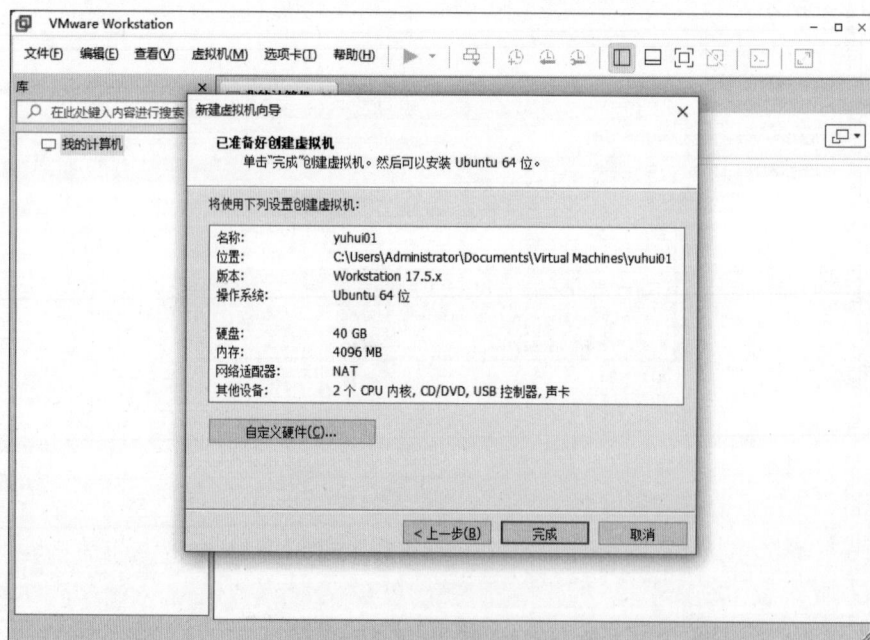

图 2-8　单击"完成"按钮

（9）虚拟机参数设置如图 2-9 所示。单击"内存"，跳转到虚拟机设置窗口。在虚拟机设置窗口中，将"此虚拟机的内存"调整为 8192MB，如图 2-10 所示。

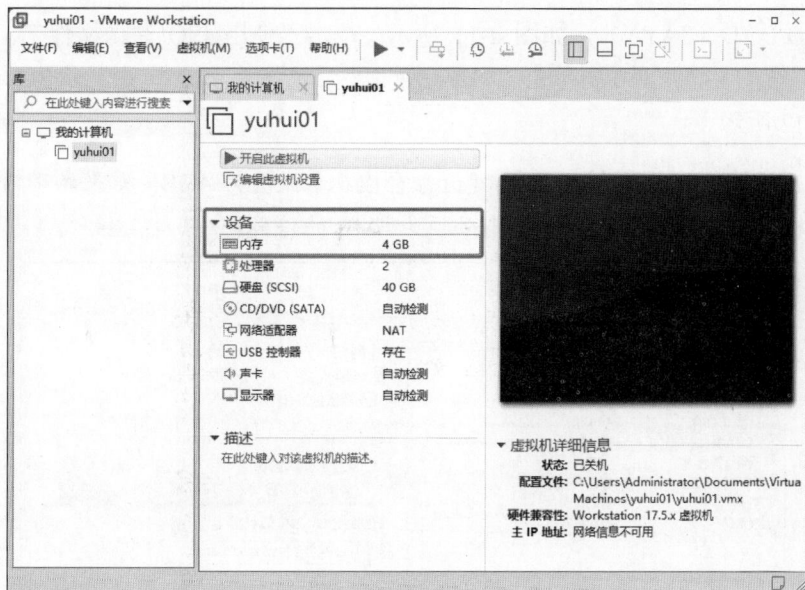

图 2-9　参数设置

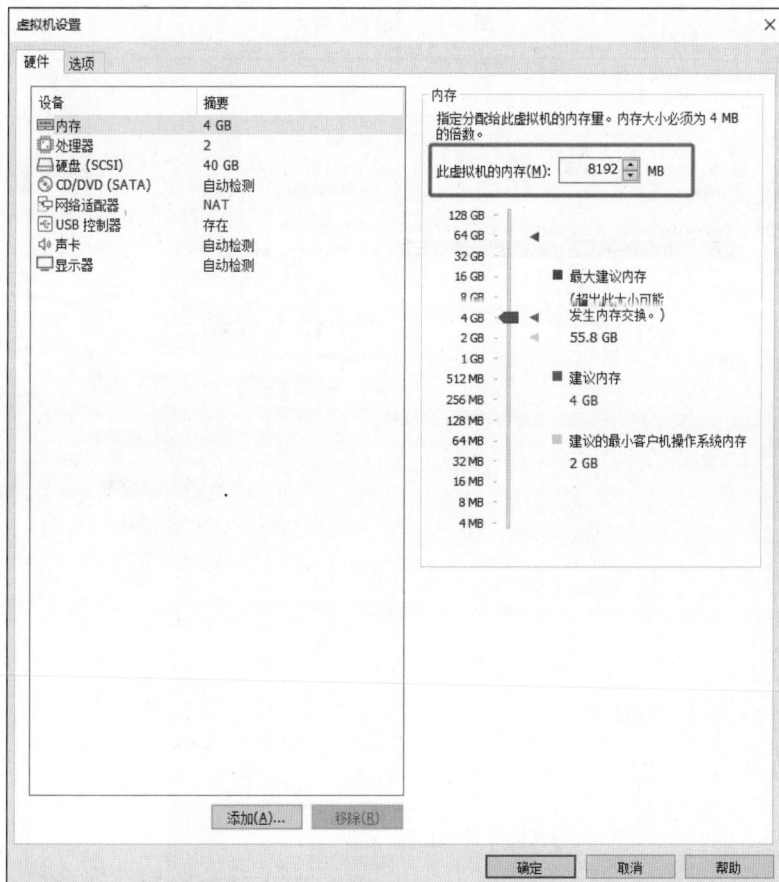

图 2-10　内存设置

再单击 CD/DVD（SATA），如图 2-11 所示。单击"使用 ISO 映像文件"，选择本地的
Ubuntu 22.04 系统的 ISO 文件。再单击"网络适配器"，选择"NAT 模式"，最后单击"确定"
按钮，如图 2-12 所示。

温馨提示：如果物理内存为 16GB，建议每台虚拟机设置为 4GB；如果物理内存为 32GB，
建议每台虚拟机设置为 8GB，但内存大小必须为 4MB 的倍数。

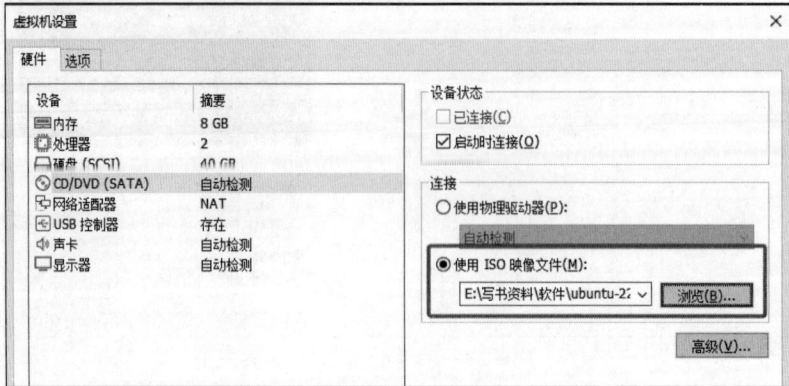

图 2-11 ISO 设置

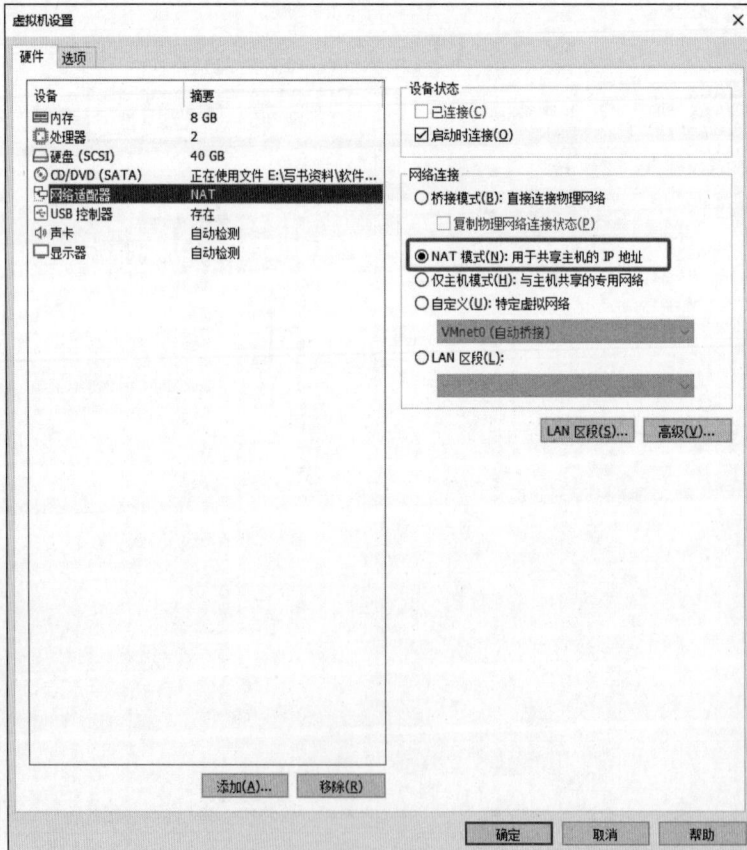

图 2-12 网络设置

2.2　Ubuntu 22.04 系统安装

本节讲解在虚拟机 VMware Workstation 17 Pro 中安装 Ubuntu 22.04 的系统。

（1）单击"开启此虚拟机"，如图 2-13 所示。

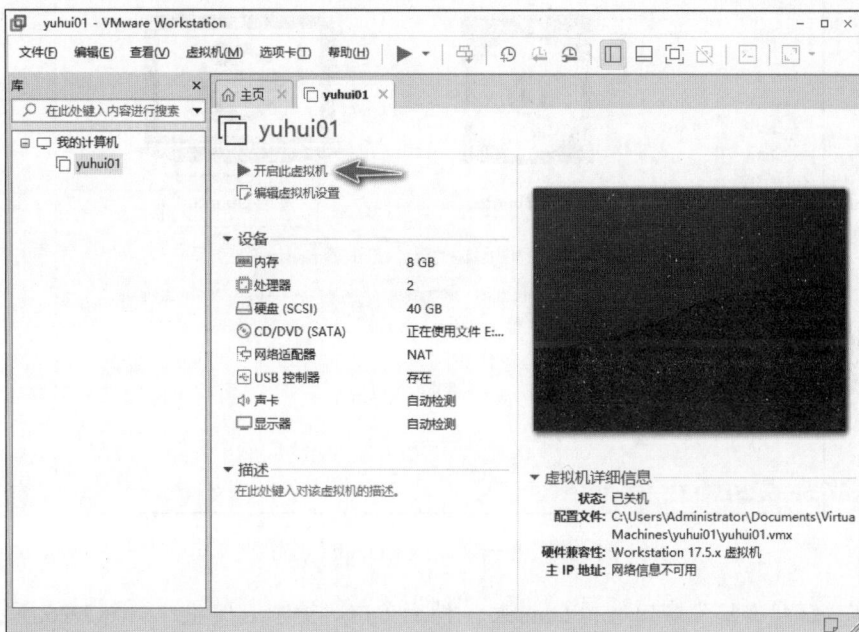

图 2-13　开启此虚拟机

（2）选择第一项 Try or Install Ubuntu，直接按 Euter 键，如图 2-14 所示。

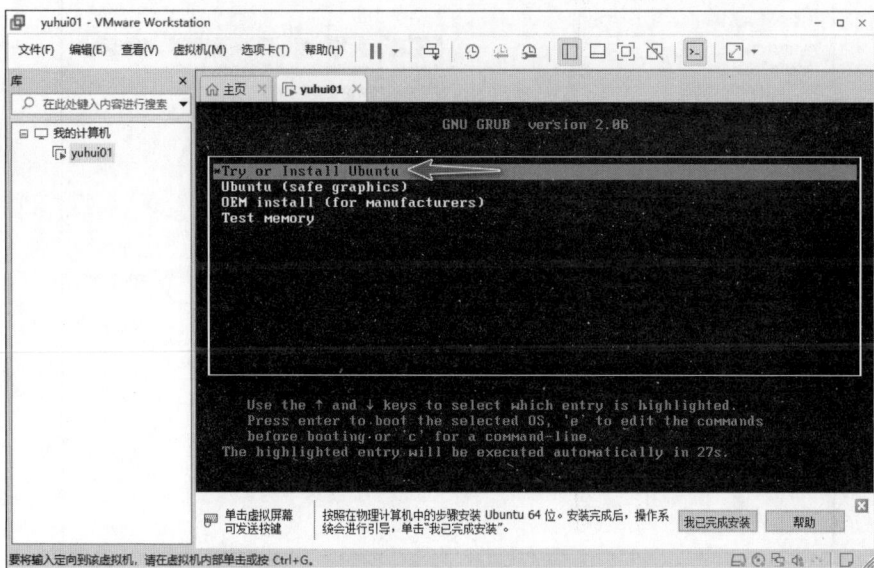

图 2-14　选择 Try or Install Ubuntu

（3）在"欢迎"窗口选择"中文（简体）"，然后单击"安装 Ubuntu"按钮，如图 2-15 所示。

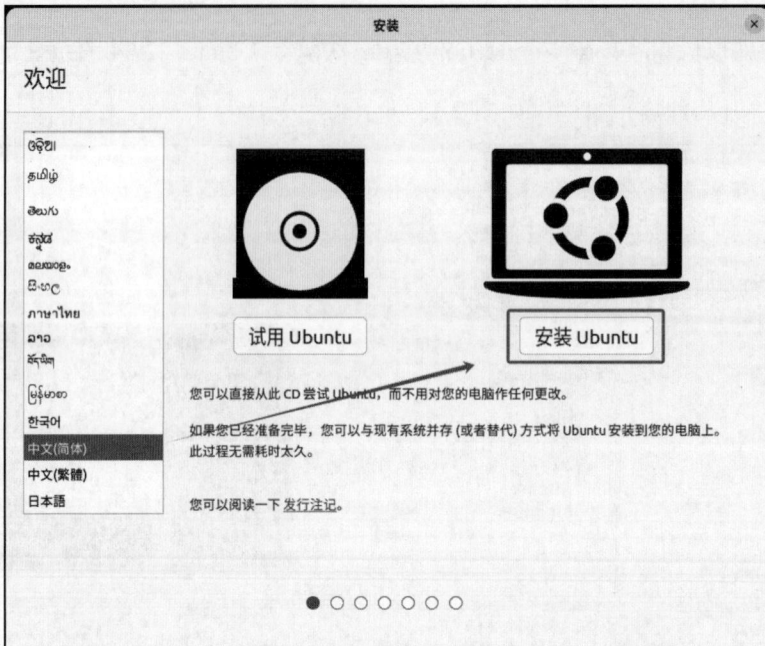

图 2-15 单击"安装 Ubuntu"按钮

（4）在"键盘布局"窗口选择 Chinese，然后单击"继续"按钮，如图 2-16 所示。

图 2-16 键盘布局

（5）在"更新和其他软件"窗口，选择"正常安装"，在"其他选项"中取消"安装 Ubuntu 时下载更新"，然后单击"继续"按钮，如图 2-17 所示。

温馨提示：不要勾选图中的"安装 Ubuntu 时下载更新"选项。

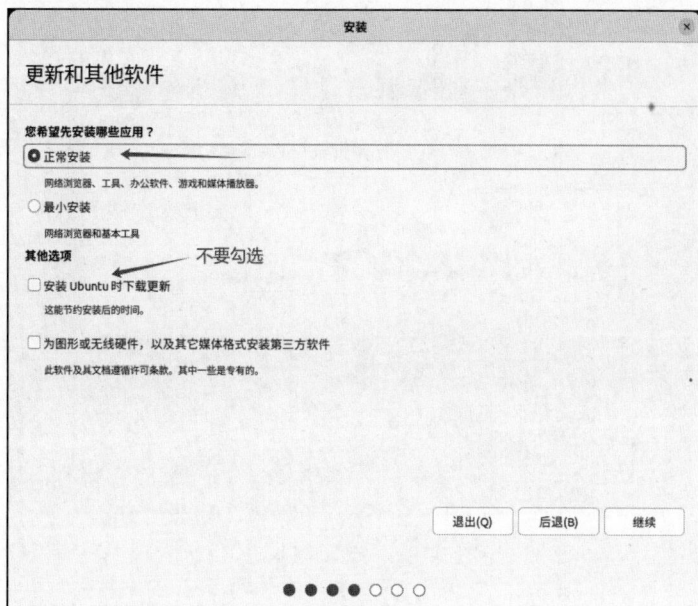

图 2-17　更新和其他软件

（6）在"安装类型"窗口，选择"清除整个磁盘并安装 Ubuntu"，然后单击"现在安装"按钮，如图 2-18 所示。

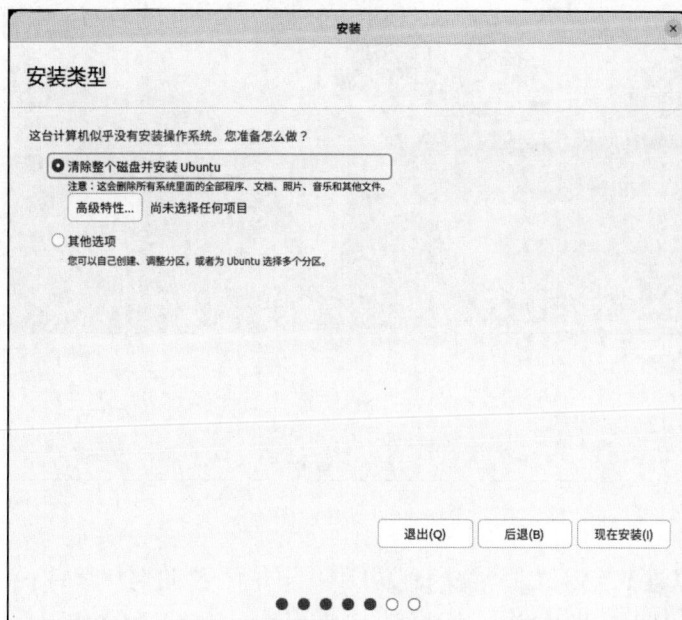

图 2-18　安装类型

（7）在"将改动写入磁盘吗？"窗口，单击"继续"按钮，如图 2-19 所示。

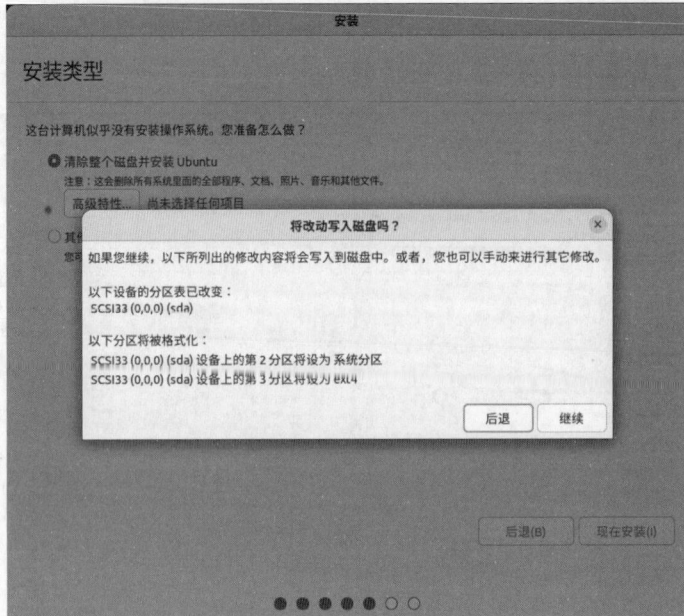

图 2-19 将改动写入磁盘

（8）在"您在什么地方？"窗口，选择 Shanghai，单击"继续"按钮，如图 2-20 所示。

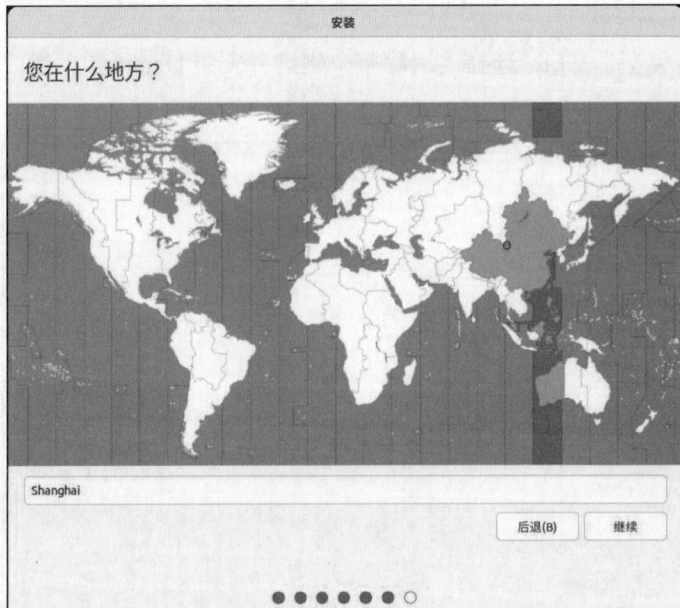

图 2-20 系统时间矫正

（9）在"您是谁？"窗口，"您的姓名"和"您的计算机名"填写 yuhui01，"选择一个用户名"填写"与会为 yuhui01"，"选择一个密码"和"确认您的密码"填写 yuhui888，之后选中"登录时需要密码"，再单击"继续"按钮，如图 2-21 所示。

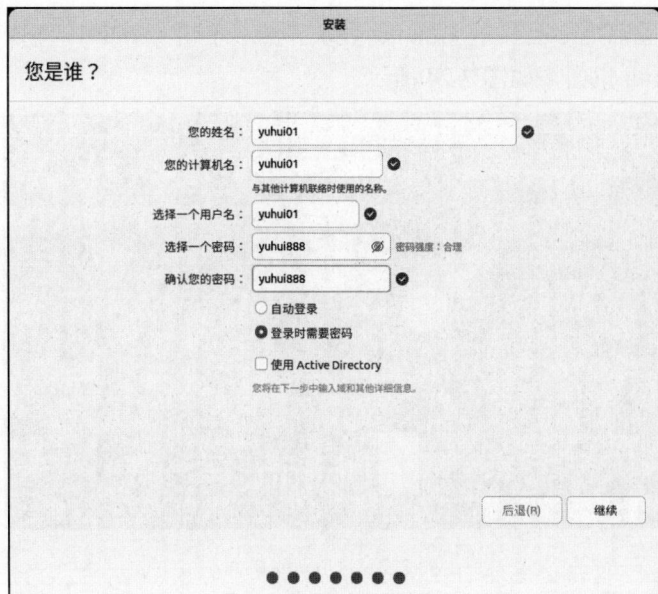

图 2-21　用户账号和密码

（10）在"安装"窗口，等待 10 分钟左右，即可完成安装，如图 2-22 所示。

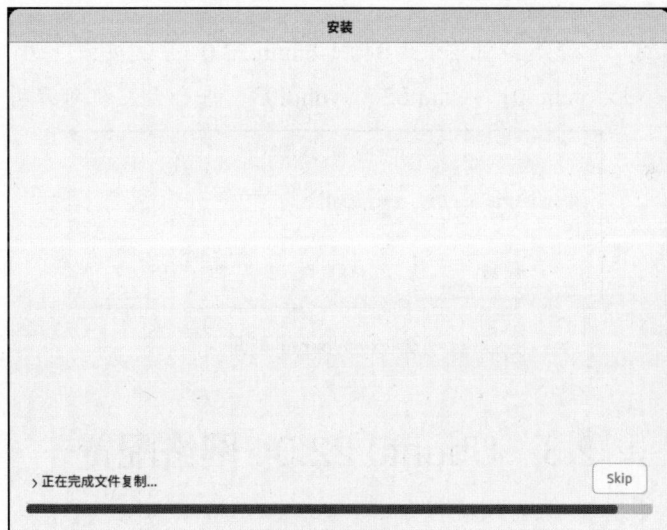

图 2-22　等待安装

（11）最后安装完成，单击"现在重启"按钮，如图 2-23 所示。

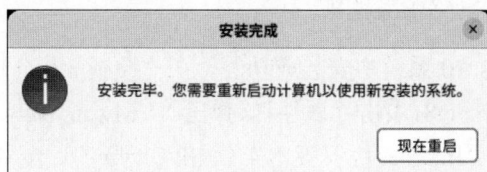

图 2-23　单击"现在重启"按钮

（12）Ubuntu 重启之后会显示 Ubuntu 登录界面，单击 yuhui01，输入密码 yuhui888，按 Enter 键，进入 Ubuntu 桌面，如图 2-24 所示。

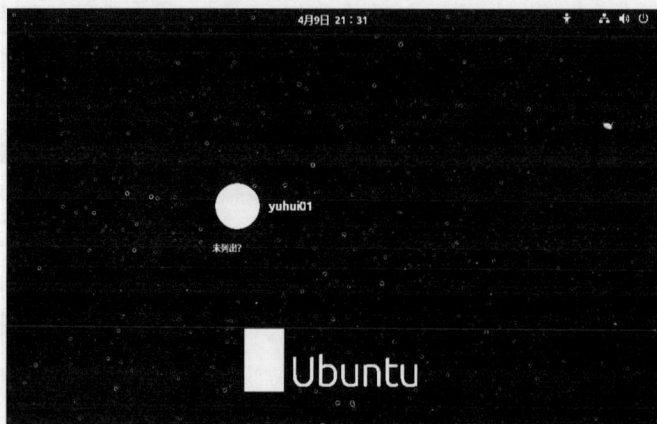

图 2-24　Ubuntu 桌面

（13）在 Ubuntu 桌面会出现确认框"Ubuntu 24.04 LTS 升级可用"，单击"不升级"，如图 2-25 所示。

温馨提示 1：系统千万不要升级。

温馨提示 2：重复"VM 虚拟机安装"和"Ubuntu 22.04 系统安装"两个步骤，配置出三台虚拟机，主机名称分别为 yuhui01、yuhui02 和 yuhui03。每一台主机都只有一个 Hadoop 用户。

图 2-25　Ubuntu 桌面

2.3　Ubuntu 22.04 网络配置

本节将讲解从 Windows 10 物理机 ping 通三台虚拟机的网络配置，同时三台虚拟机之间也能够相互 ping 通。

1. Windows 10 物理机网络配置图解

本虚拟机是在 Windows 10 系统中安装成功的。在"控制面板"中找到"网络连接"，单击 VMware Network Adapter Vmnet8，右击"属性"，弹出"VMware Network Adapter VMnet8 状态"窗口，单击"属性"，单击"Internet 协议版本 4（TCP/IPv4）"，配置 IP 地址为 192.168.200.1，子网掩码为 255.255.255.0，最后单击"确定"按钮，保存配置，如图 2-26 所示。

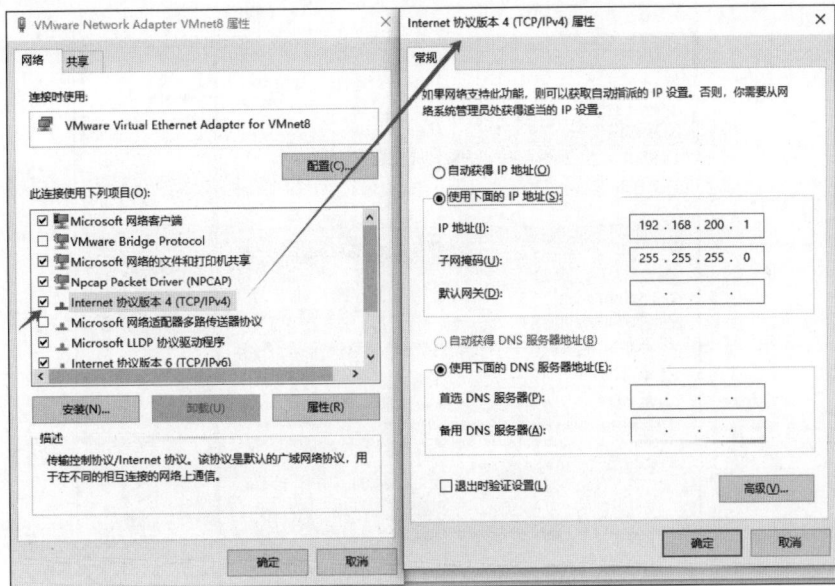

图 2-26　物理机网络配置

2. VM 软件网络配置图解

在 VMware Workstation 首页，单击"编辑"菜单，选择"虚拟网络编辑器"，打开"虚拟网络编辑器"窗口。在该窗口中，单击 VMnet8，然后配置子网 IP 为 192.168.200.0，子网掩码为 255.255.255.0。接着，单击"NAT 设置"，弹出"NAT 设置"窗口，在此窗口中，配置"网关 IP"为 192.168.200.2。最后，单击"确定"按钮保存所有配置，如图 2-27 和图 2-28 所示。

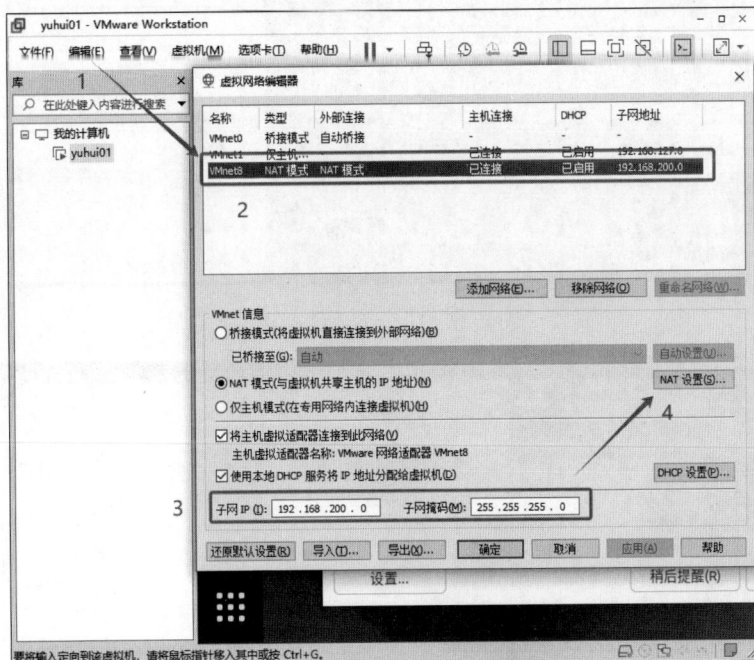

图 2-27　VM 软件网络配置 1

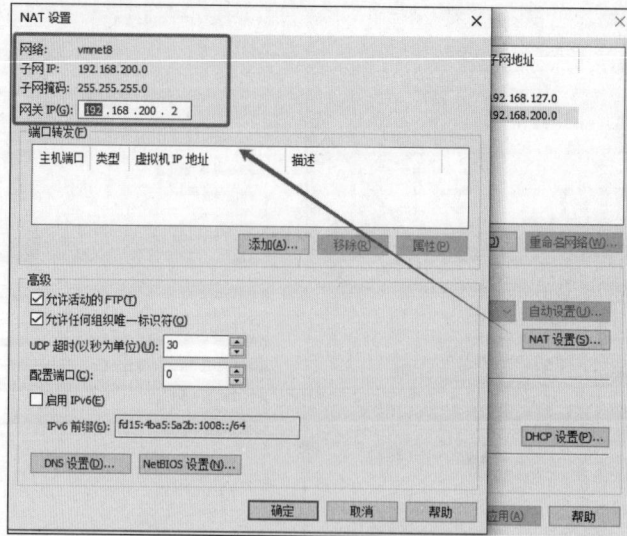

图 2-28　VM 软件网络配置 2

3. 三台 Ubuntu 系统网络配置图解

如图 2-29 所示，单击█图标，弹出网络配置窗口，单击"有线设置"。如图 2-30 所示，在"网络"窗口中单击"设置"。如图 2-31 所示，在"有线"窗口中，单击 IPv4，单击"手动"，配置"地址"和"DNS"，按照表 2-1 所示的 Ubuntu 系统网络配置进行设置。最后，单击"应用"按钮。

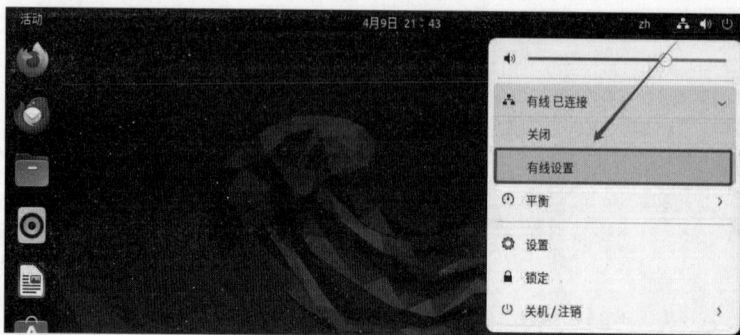

图 2-29　Ubuntu 网络配置 1

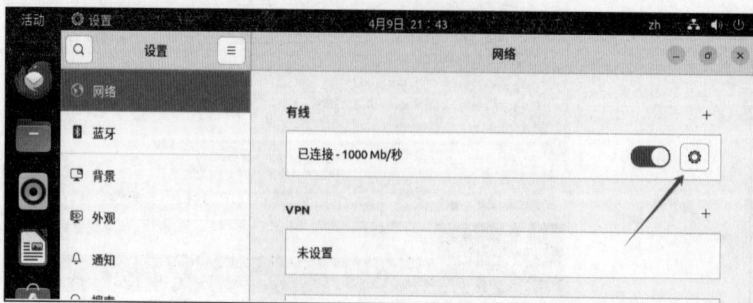

图 2-30　Ubuntu 网络配置 2

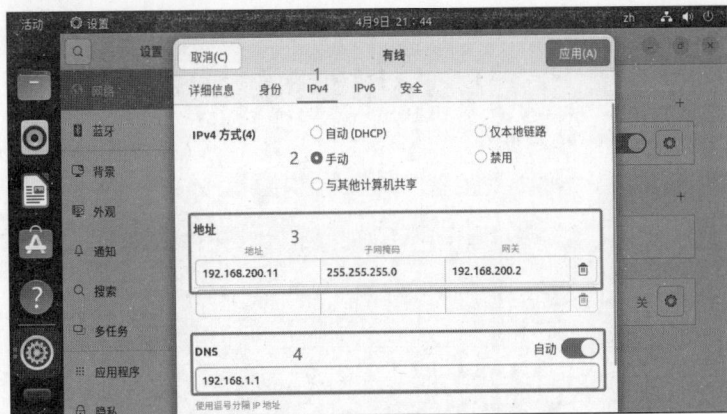

图 2-31　Ubuntu 网络配置 3

表 2-1　Ubuntu 系统网络配置

主机	yuhui01	yuhui02	yuhui03
地址	192.168.200.11	192.168.200.12	192.168.200.13
子网掩码	255.255.255.0	255.255.255.0	255.255.255.0
网关	192.168.200.2	192.168.200.2	192.168.200.2
DNS	192.168.1.1	192.168.1.1	192.168.1.1

4. 在 Windows 和 Linux 下 ping 通三台虚拟机

如图 2-32 所示，在 Ubuntu 系统中 ping 通三台虚拟机。如图 2-33 所示，在物理机 Windows 系统中 ping 通三台虚拟机。如果都能 ping 通，则三台虚拟机配置完成。

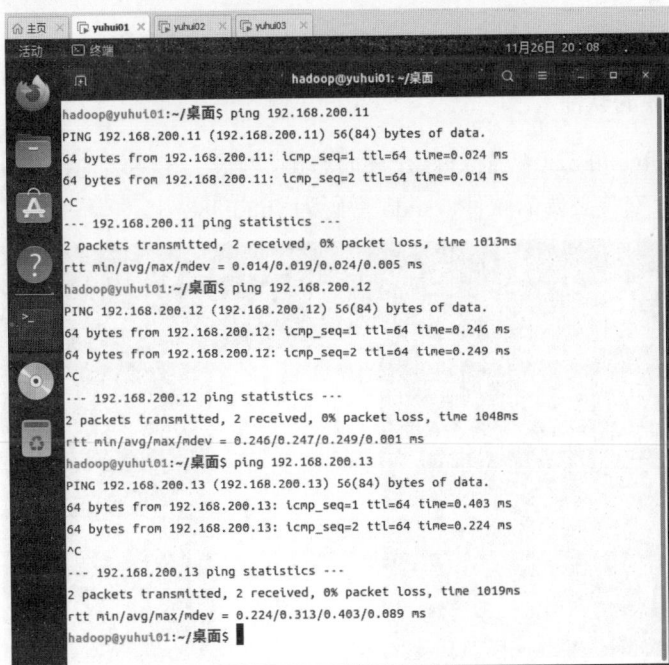

图 2-32　Linux 网络测试

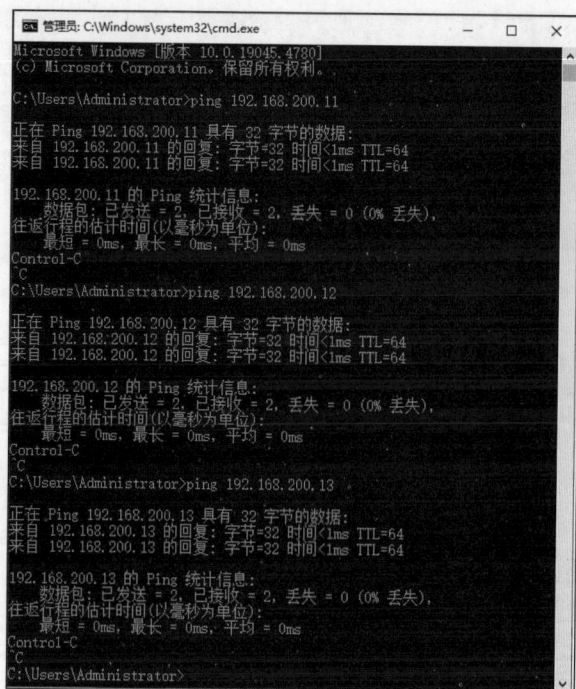

图 2-33　Windows 网络测试

2.4　Ubuntu 22.04 环境配置

本节将带领读者配置三台 Ubuntu 22.04 虚拟机的环境，为安装 Spark 集群做好准备工作。

1. 安装配置需要的软件

分别登录三台 Ubuntu 22.04 虚拟机，在桌面右击，单击"在终端中打开"，如图 2-34 所示。弹出"终端"窗口，安装必要的软件，sudo 密码为 yuhui888。

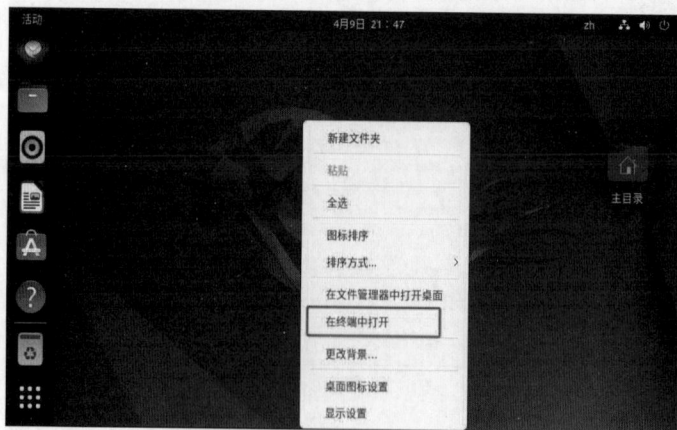

图 2-34　在 Ubuntu 中打开终端

命令清单如下：

```
sudo apt install openssh-server
sudo apt install net-tools
sudo apt install vim
sudo apt install ntp
sudo apt install ntpdate
sudo apt install ntpstat
```

2. 域名解析配置

分别在每一台机器的/etc/hosts 配置中加上域名解析，如下所示：

```
hadoop@yuhui01:~$ cat /etc/hosts
127.0.0.1   localhost
192.168.200.11 yuhui01
192.168.200.12 yuhui02
192.168.200.13 yuhui03
```

3. 免密配置

打开 Ubuntu 终端，登录 Hadoop 用户，按照以下步骤生成密钥：

（1）首先在终端生成密钥，这一步用户只需要一直按 Enter 键，命令如下：

```
ssh-keygen -t rsa
```

（2）把公钥复制给要登录的目标主机，在目标主机上将这个公钥加入授权列表，命令如下：

```
cat id_rsa.pub >>authorized_keys
```

（3）目标主机还要将这个授权列表文件权限修改一下，命令如下：

```
chmod 700  .ssh
chmod 600  .ssh/authorized_keys
```

（4）每一台虚拟机的 Hadoop 用户下都需要存放三台机器的密钥，如图 2-35 所示。

（5）进行 SSH 验证，可以使用以下命令来检查：

```
# 远程登录测试命令
ssh yuhui01
ssh yuhui02
ssh yuhui03

# 远程文件传输测试命令
[hadoop@yuhui01 app]# scp -r jdk1.8.0_77 hadoop@yuhui02:/app
```

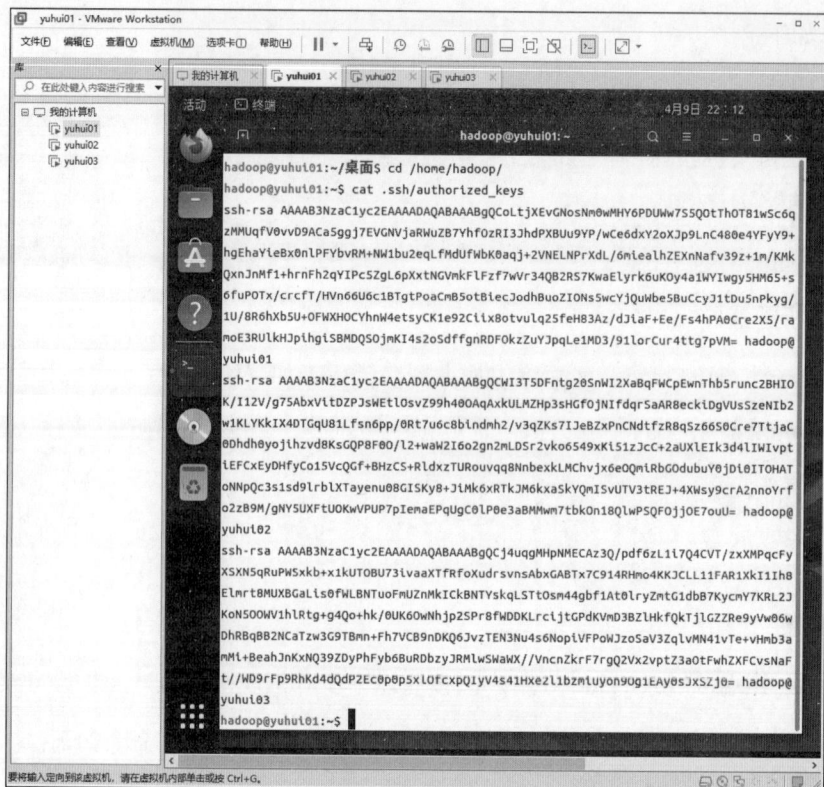

图 2-35　Ubuntu 中用户 Hadoop 的密钥

4. 永久关闭防火墙

永久关闭防火墙，以防止系统重启后自动启动，需要执行以下步骤。

（1）停止防火墙服务：

```
sudo ufw disable
```

（2）禁用防火墙服务开机自启：

```
sudo systemctl disable ufw
```

（3）验证防火墙状态：

```
sudo ufw status
```

（4）如果输出结果中显示"不活动"，则表示防火墙已成功关闭。

5. 主节点 NTP 服务

为了保持三台虚拟机的时间一致，在第一台 yuhui01 上安装主节点 NTP 服务。

（1）修改时区：

```
sudo timedatectl set-timezone Asia/Shanghai
```

（2）安装 NTP：

```
sudo apt install ntp
```

（3）备份 ntp.conf：

```
cp /etc/ntp.conf /etc/ntp.conf.bak
```

（4）编辑 ntp.conf：

```
sudo vim /etc/ntp.conf
```

（5）修改如下内容，备份[/etc/ntp.conf]：

```
cp -r /etc/ntp.conf /etc/ntp.conf.bak
```

配置/etc/ntp.conf 文件，配置中只能出现以下信息，其余信息全部注释掉：

```
driftfile /var/lib/ntp/ntp.drift
leapfile /usr/share/zoneinfo/leap-seconds.list
statistics loopstats peerstats clockstats
filegen loopstats file loopstats type day enable
filegen peerstats file peerstats type day enable
filegen clockstats file clockstats type day enable
pool ntp.ubuntu.com
restrict -4 default kod notrap nomodify nopeer noquery limited
restrict -6 default kod notrap nomodify nopeer noquery limited
restrict 127.0.0.1
restrict ::1
restrict source notrap nomodify noquery
server ntp.ntsc.ac.cn iburst
server cn.ntp.org.cn iburst
server 127.127.1.0
fudge 127.127.1.0 stratum 10
```

（6）设置 NTP 服务开机启动：

```
sudo systemctl enable ntp
```

（7）重启 NTP 服务：

```
sudo service ntp start
```

（8）查看服务状态：

```
systemctl status ntp
```

如果结果中有 Active: active (running)，代表服务启动成功。

6. 客户端 NTP 服务

为了保持三台虚拟机的时间一致，在 yuhui02 和 yuhui03 上同步主节点 NTP 服务的时间。

（1）安装 ntpdate：

```
sudo apt install ntpdate
```

（2）立即同步：

```
sudo ntpdate yuhui01
```

（3）定时同步：

每 1 分钟同步服务器的时间，定时任务 crontab -e，使用 root 用户配置：

```
*/1 * * * * root /usr/sbin/ntpdate yuhui01 >> /home/hadoop/shell/ntpdate.txt
```

7. 三台虚拟机安装 JDK

之后的实验环境需要使用 JDK，所以三台虚拟机都需要安装 JDK 环境。在主机 yuhui01 上打开终端，通过以下命令安装 JDK，之后在主机 yuhui02 和 yuhui03 上重复这些步骤。

（1）在 yuhui01 虚拟机上解压 JDK 安装包：

```
[hadoop@yuhui01 app]# tar -zxvf jdk-8u77-linux-x64.tar.gz
```

（2）配置环境变量，打开/etc/profile 文件：

```
[hadoop@yuhui01 app]# vim /etc/profile
```

（3）在/etc/profile 文件末尾添加如下配置信息：

```
export JAVA_HOME=/home/hadoop/app/jdk1.8.0_77
export PATH=$JAVA_HOME/bin:$PATH
```

（4）刷新环境变量：

```
[hadoop@yuhui01 app]# source /etc/profile
```

（5）验证配置信息是否生效：

```
[hadoop@yuhui01 jdk1.8.0_77]# java -version
java version "1.8.0_77"
Java(TM) SE Runtime Environment (build 1.8.0_77-b03)
Java HotSpot(TM) 64-Bit Server VM (build 25.77-b03, mixed mode)
```

（6）把 JDK 安装文件复制到 yuhui02 和 yuhui03 虚拟机的相关目录下，重复以上安装过程：

```
    [hadoop@yuhui01 app]# scp -r jdk-8u77-linux-x64.tar.gz
hadoop@yuhui02:/home/hadoop/app
    [hadoop@yuhui01 app]# scp -r jdk-8u77-linux-x64.tar.gz
hadoop@yuhui03:/home/hadoop/app
```

8. 三台虚拟机安装 Scala

之后的实验环境需要使用 Scala，所以三台虚拟机都需要安装 Scala 环境。在主机 yuhui01 上打开终端，通过以下命令安装 Scala，之后在主机 yuhui02 和 yuhui03 上重复这些步骤。

（1）在 yuhui01 虚拟机上解压 Scala 安装包：

```
[hadoop@yuhui01 app]# tar -zxvf scala-2.13.12.tgz
```

（2）配置环境变量，打开/etc/profile 文件：

```
[hadoop@yuhui01 app]# vim /etc/profile
```

（3）在/etc/profile 文件末尾添加如下配置信息：

```
export SCALA_HOME=/home/hadoop/app/scala-2.13.12
export JAVA_HOME=/home/hadoop/app/jdk1.8.0_77
PATH=$PATH:$JAVA_HOME/bin:$SCALA_HOME/bin
```

（4）刷新环境变量：

```
[hadoop@yuhui01 app]# source /etc/profile
```

（5）验证配置信息是否生效：

```
[hadoop@yuhui01 app]# scala -version
Scala code runner version 2.13.12 -- Copyright 2002-2023, LAMP/EPFL and Lightbend,
Inc.
```

（6）把 Scala 安装文件复制到 yuhui02 和 yuhui03 虚拟机的相关目录下，重复以上安装过程：

```
[hadoop@yuhui01 app]# scp -r scala-2.13.12.tgz hadoop@yuhui02:/home/hadoop/app
[hadoop@yuhui01 app]# scp -r scala-2.13.12.tgz hadoop@yuhui03:/home/hadoop/app
```

2.5　ZooKeeper 安装

本节将讲解在三台虚拟机中安装 zookeeper-3.8.1 版本及其验证方法。

1. 下载和解压

ZooKeeper 的下载地址是 https:// archive.apache.org/dist/zookeeper/zookeeper-3.8.1/apache-zookeeper-3.8.1-bin.tar.gz，下载之后进行解压，在 yuhui01 机器上的操作命令如下：

```
[hadoop@yuhui01 data]$ cd /home/hadoop/app/
[hadoop@yuhui01 app]$ ll
jdk1.8.0_77 scala-2.13.12 apache-zookeeper-3.8.1-bin.tar.gz
hadoop@yuhui01:~/app$ tar -zxvf apache-zookeeper-3.8.1-bin.tar.gz
```

2. 配置核心文件

1）生成 zoo.cfg 配置文件

配置文件为/home/hadoop/app/zookeeper-3.8.1/conf/zoo.cfg：

```
[hadoop@yuhui01 app]$ cd zookeeper-3.8.1/conf/
```

```
[hadoop@yuhui01 conf]# cp -r zoo_sample.cfg zoo.cfg
```

2）修改配置文件（zoo.cfg）

创建/home/hadoop/app/zookeeper-3.8.1/data 目录：

```
[hadoop@yuhui01 conf]# mkdir /home/hadoop/app/zookeeper-3.8.1/data
```

创建/home/hadoop/app/zookeeper-3.8.1/logs 目录：

```
[hadoop@yuhui01 conf]# mkdir /home/hadoop/app/zookeeper-3.8.1/logs
```

打开配置文件/home/hadoop/app/zookeeper-3.8.1/conf/zoo.cfg，配置以下内容：

```
[hadoop@yuhui01 conf]# vim zoo.cfg
tickTime=2000
initLimit=10
syncLimit=5
clientPort=2181
dataDir=/home/hadoop/app/zookeeper-3.8.1/data
dataLogDir=/home/hadoop/app/zookeeper-3.8.1/logs
autopurge.snapRetainCount=3
autopurge.purgeInterval=1
server.1=yuhui01:2888:3888
server.2=yuhui02:2888:3888
server.3=yuhui03:2888:3888
```

3）创建每个节点的 serverid 号

在/home/hadoop/app/zookeeper-3.8.1/data 目录下创建一个 myid 文件，myid 中的内容填写数字 1（比如 server.1 中的内容为 1）。

```
[hadoop@yuhui01 conf]# cd /home/hadoop/app/zookeeper-3.8.1/data
[hadoop@yuhui01 data]# echo "1" >myid
```

3. 分发 ZooKeeper

（1）将配置好的 ZooKeeper 分发到 yuhui02 和 yuhui03 两台机器上面，命令如下：

```
scp -r /home/hadoop/app/zookeeper-3.8.1/  hadoop@yuhui02:/home/hadoop/app
scp -r /home/hadoop/app/zookeeper-3.8.1/  hadoop@yuhui03:/home/hadoop/app
```

（2）在其他节点上一定要修改 myid 的内容：

```
[hadoop@yuhui02 conf]# cd /home/hadoop/app/zookeeper-3.8.1/data
[hadoop@yuhui02 conf]# echo "2" >myid
```

在 yuhui02 上应该将 myid 的内容改为 2（echo "2" >myid）。
在 yuhui03 上应该将 myid 的内容改为 3（echo "3" >myid）。

4. 启动和验证

（1）分别启动每台节点上的 ZooKeeper，命令如下：

```
/home/hadoop/app/zookeeper-3.8.1/bin/./zkServer.sh start
```

（2）查看启动状态和查看命令。

在每台机器上分别查看 ZooKeeper 的角色，如果有两个 follower 和一个 leader，代表启动成功，如图 2-36 所示。

```
/home/hadoop/app/zookeeper-3.8.1/bin/./zkServer.sh status
```

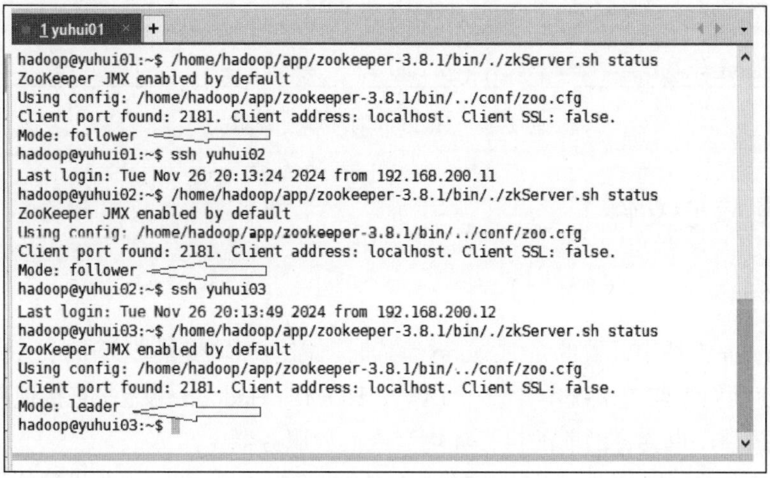

图 2-36　ZooKeeper 的角色

2.6　Hadoop 安装

本节将讲解在三台虚拟机中安装 Hadoop-3.4.0 版本及其验证方法。

2.6.1　下载并解压

安装 Hadoop 时，ZooKeeper 集群节点必须启动，验证方法参见 2.5 节最后的讲解。

Hadoop 安装文件的下载地址是 https:// archive.apache.org/dist/hadoop/common/hadoop-3.4.0/hadoop-3.4.0.tar.gz。下载之后进行解压，在 yuhui01 机器上操作，命令如下：

```
[hadoop@yuhui01 app]$ tar zxvf hadoop-3.4.0.tar.gz
```

2.6.2　配置系统环境变量

在三台机器上分别配置 Hadoop 环境变量，即在配置文件/etc/profile 中配置如下信息：

```
export SCALA_HOME=/home/hadoop/app/scala-2.13.12
export JAVA_HOME=/home/hadoop/app/jdk1.8.0_77
export HADOOP_HOME=/home/hadoop/app/hadoop-3.4.0
```

```
PATH=$PATH:$JAVA_HOME/bin:$SCALA_HOME/bin:$HADOOP_HOME/bin:$HADOOP_HOME/sbin
```

使用命令 source /etc/profile 刷新环境，再验证环境变量是否生效，如图 2-37 所示。

```
hadoop@yuhui01:~/app$ hadoop version
Hadoop 3.4.0
Source code repository git@github.com:apache/hadoop.git -r bd8b77f398f626bb7791783192ee7a5dfaeec7
60
Compiled by root on 2024-03-04T06:35Z
Compiled on platform linux-x86_64
Compiled with protoc 3.21.12
From source with checksum f7fe694a3613358b38812ae9c31114e
This command was run using /home/hadoop/app/hadoop-3.4.0/share/hadoop/common/hadoop-common-3.4.0.
jar
hadoop@yuhui01:~/app$
```

图 2-37　Hadoop 的环境变量测试

2.6.3　配置核心文件

1. hadoop-env.sh

hadoop-env.sh 文件中设置的是 Hadoop 运行时所需的环境变量。其中，JAVA_HOME 是必须设置的。即使我们当前的系统中设置了 JAVA_HOME，Hadoop 也无法直接使用，因为 Hadoop 即使在本机上执行，也会将当前的执行环境当成远程服务器。

配置文件/home/hadoop/app/hadoop-3.4.0/etc/hadoop/hadoop-env.sh 的设置如下：

```
# 配置 JAVA_HOME
export JAVA_HOME=/app/jdk1.8.0_77

# 设置用户以执行对应角色的 Shell 命令
export HDFS_NAMENODE_USER=hadoop
export HDFS_DATANODE_USER=hadoop
export HDFS_SECONDARYNAMENODE_USER=hadoop
export YARN_RESOURCEMANAGER_USER=hadoop
export YARN_NODEMANAGER_USER=hadoop
```

2. workers

workers 文件中记录的是集群主机名，一般有以下两个作用：

● 配合一键启动脚本如 start-dfs.sh、stop-yarn.sh 用来进行集群启动。这时，slaves 文件中的主机标记的就是从节点角色所在的机器。

● 可以配合 hdfs-site.xml 文件中的 dfs.hosts 属性形成一种白名单机制。dfs.hosts 指定一个文件，其中包含允许连接到 NameNode 的主机列表。必须指定该文件的完整路径名，只有在该文件中列出的主机才能加入集群中。如果该属性值为空，则允许所有主机连接到集群。

配置文件/home/hadoop/app/hadoop-3.4.0/etc/hadoop/workers 的设置如下：

```
[hadoop@yuhui01 app]$ cd /home/hadoop/app/hadoop-3.4.0/etc/hadoop
```

```
[hadoop@yuhui01 hadoop]$ pwd
/home/hadoop/app/hadoop-3.4.0/etc/hadoop
[hadoop@yuhui01 hadoop]# vim workers
yuhui01
yuhui02
yuhui03
```

3. core-site.xml

core-site.xml 是 Hadoop 的核心配置文件。其默认的配置文件是 core-default.xml。core-default.xml 与 core-site.xml 的功能是一样的，如果在 core-site.xml 中没有配置的属性，则会自动获取 core-default.xml 中配置的相同属性的值。

配置文件/home/hadoop/app/hadoop-3.4.0/etc/hadoop/core-site.xml 的设置如下：

```
<configuration>
    <!-- 指定 Hadoop 文件系统的默认名称节点 URI-->
    <property>
        <name>fs.defaultFS</name>
        <value>hdfs:// ns</value>
    </property>
    <!-- 指定 Hadoop 临时目录的位置-->
    <property>
        <name>hadoop.tmp.dir</name>
        <value>/home/hadoop/app/hadoop-3.4.0/tmp</value>
    </property>
    <!-- 指定 ZooKeeper 集群的地址和端口-->
    <property>
        <name>ha.zookeeper.quorum</name>
        <value>yuhui01:2181,yuhui02:2181,yuhui03:2181</value>
    </property>
    <!-- 配置代理用户 hadoop 可以代表哪些主机进行访问-->
    <property>
        <name>hadoop.proxyuser.hadoop.hosts</name>
        <value>*</value>
    </property>
    <!-- 配置代理用户 hadoop 可以代表哪些用户组进行访问-->
    <property>
        <name>hadoop.proxyuser.hadoop.groups</name>
        <value>*</value>
    </property>
</configuration>
```

4. hdfs-site.xml

hdfs-site.xml 是 HDFS 的核心配置文件，主要用于配置 HDFS 相关参数。Hadoop 的默认配置文件是 hdfs-default.xml。hdfs-default.xml 和 hdfs-site.xml 的功能类似，如果在 hdfs-site.xml 中没有配置某个属性，则 Hadoop 会自动使用 hdfs-default.xml 文件中相同的属性的默认值。

配置文件/home/hadoop/app/hadoop-3.4.0/etc/hadoop/hdfs-site.xml 的设置如下：

```
<configuration>
    <!-- 指定 HDFS 的命名服务 ID。在高可用性（HA）配置中，用来进行唯一标识-->
    <property>
        <name>dfs.nameservices</name>
        <value>ns</value>
    </property>
    <!-- 指定在命名服务 ns 中的 NameNode 的 ID -->
    <property>
        <name>dfs.ha.namenodes.ns</name>
        <value>nn1,nn2</value>
    </property>
    <!-- 配置 nn1 NameNode 的 RPC 通信地址和端口 -->
    <property>
        <name>dfs.namenode.rpc-address.ns.nn1</name>
        <value>yuhui01:9000</value>
    </property>
    <!-- 配置 nn1 NameNode 的 HTTP 通信地址和端口，用于 Web 界面访问 -->
    <property>
        <name>dfs.namenode.http-address.ns.nn1</name>
        <value>yuhui01:50070</value>
    </property>
    <!-- 配置 nn2 NameNode 的 RPC 通信地址和端口 -->
    <property>
        <name>dfs.namenode.rpc-address.ns.nn2</name>
        <value>yuhui02:9000</value>
    </property>
    <!-- 配置 nn2 NameNode 的 HTTP 通信地址和端口，用于 Web 界面访问 -->
    <property>
        <name>dfs.namenode.http-address.ns.nn2</name>
        <value>yuhui02:50070</value>
    </property>
    <!-- 配置 NameNode 共享编辑日志的存储位置 -->
    <property>
        <name>dfs.namenode.shared.edits.dir</name>
        <value>qjournal:// yuhui01:8485;yuhui02:8485;yuhui03:8485/ns</value>
    </property>
    <!-- 配置 JournalNode 的本地存储目录。JournalNode 用于存储 HDFS 的编辑日志 -->
    <property>
        <name>dfs.journalnode.edits.dir</name>
        <value>/home/hadoop/app/hadoop-3.4.0/journal/journaldata</value>
    </property>
    <!-- 启用自动故障转移功能 -->
    <property>
        <name>dfs.ha.automatic-failover.enabled</name>
        <value>true</value>
```

```
    </property>
    <!-- 配置故障转移代理提供者的类名-->
    <property>
        <name>dfs.client.failover.proxy.provider.ns</name>
        <value>
org.apache.hadoop.hdfs.server.namenode.ha.ConfiguredFailoverProxyProvider
</value>
    </property>
    <!-- 配置故障隔离机制的方法-->
    <property>
        <name>dfs.ha.fencing.methods</name>
        <value>
            sshfence
            shell(/bin/true)
        </value>
    </property>
    <!-- 配置 SSH 故障隔离使用的私钥文件路径 -->
    <property>
        <name>dfs.ha.fencing.ssh.private-key-files</name>
        <value>/home/hadoop/.ssh/id_rsa</value>
    </property>
    <!-- 配置 SSH 故障隔离的连接超时时间（毫秒） -->
    <property>
        <name>dfs.ha.fencing.ssh.connect-timeout</name>
        <value>30000</value>
    </property>
</configuration>
```

5. mapred-site.xml

mapred-site.xml 是 MapReduce 的核心配置文件。Hadoop 提供了一个默认的模板文件 mapred-site.xml.template，我们可以复制该模板文件来生成 mapred-site.xml 文件。

配置文件/home/hadoop/app/hadoop-3.4.0/etc/hadoop/mapred-site.xml 的设置如下：

```
<configuration>
    <!-- 指定 MapReduce 框架的名称-->
    <property>
        <name>mapreduce.framework.name</name>
        <value>yarn</value>
    </property>
    <!-- 配置 ApplicationMaster（AM）的环境变量-->
    <property>
        <name>yarn.app.mapreduce.am.env</name>
        <value>HADOOP_MAPRED_HOME=${HADOOP_HOME}</value>
    </property>
    <!-- 配置 Map 任务的环境变量-->
    <property>
```

```
        <name>mapreduce.map.env</name>
        <value>HADOOP_MAPRED_HOME=${HADOOP_HOME}</value>
    </property>
    <!-- 配置 Reduce 任务的环境变量-->
    <property>
        <name>mapreduce.reduce.env</name>
        <value>HADOOP_MAPRED_HOME=${HADOOP_HOME}</value>
    </property>
</configuration>
```

6. yarn-site.xml

yarn-site.xml 是 YARN 的核心配置文件。在配置这个文件时，所有的配置信息都需要放在该文件的<configuration>标签对中。

配置文件/home/hadoop/app/hadoop-3.4.0/etc/hadoop/yarn-site.xml 的配置如下：

```
<configuration>
    <!-- 配置 YARN NodeManager 提供的辅助服务-->
    <property>
        <name>yarn.nodemanager.aux-services</name>
        <value>mapreduce_shuffle</value>
    </property>
    <!-- 配置 YARN ResourceManager 的主机名-->
    <property>
        <name>yarn.resourcemanager.hostname</name>
        <value>yuhui01</value>
    </property>
</configuration>
```

2.6.4 分发 Hadoop

将配置好的 Hadoop 分发到 yuhui01 和 yuhui02 两台机器上，命令如下：

```
[hadoop@yuhui01 app]$ scp -r hadoop-3.4.0 hadoop@yuhui02:/home/hadoop/app/
[hadoop@yuhui01 app]$ scp -r hadoop-3.4.0 hadoop@yuhui03:/home/hadoop/app/
```

2.6.5 启动和验证

1. 启动 journalnode

只需要在 yuhui01 上执行如下命令：

```
hdfs --workers --daemon start journalnode
```

2. 验证 journalnode

运行 jps 命令进行检验，可以在 yuhui01、yuhui02、yuhui03 上分别看到新增的 JournalNode

进程。

```
[hadoop@yuhui01 hadoop-3.4.0]$ jps
5792 Jps
5203 QuorumPeerMain
5735 JournalNode

[hadoop@yuhui02 hadoop-3.4.0]$ jps
5203 JournalNode
5253 Jps
4758 QuorumPeerMain

[hadoop@yuhui03 hadoop-3.4.0]$ jps
53104 JournalNode
52673 QuorumPeerMain
53161 Jps
```

3. hdfs zkfc -formatZK（格式化操作）

这个格式化操作在 yuhui01 上执行即可，命令如下：

```
[hadoop@yuhui01 bin]$ source /etc/profile
[hadoop@yuhui01 bin]$ hdfs zkfc -formatZK
```

如果格式化成功，将会出现“Successfully created /hadoop-ha/ns in ZK”的信息，如图 2-38 所示。

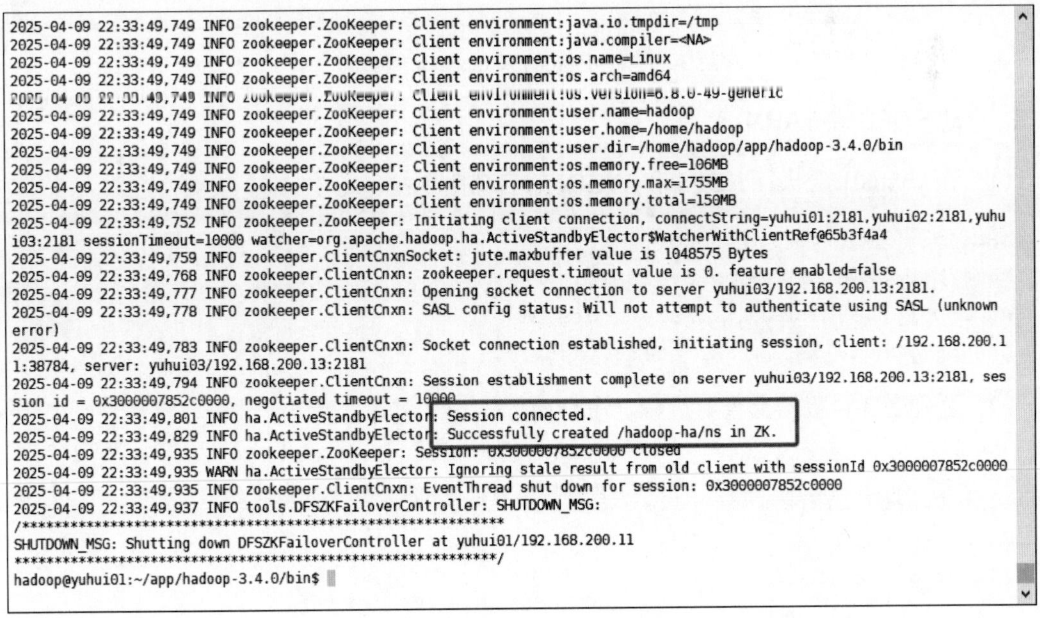

```
2025-04-09 22:33:49,749 INFO zookeeper.ZooKeeper: Client environment:java.io.tmpdir=/tmp
2025-04-09 22:33:49,749 INFO zookeeper.ZooKeeper: Client environment:java.compiler=<NA>
2025-04-09 22:33:49,749 INFO zookeeper.ZooKeeper: Client environment:os.name=Linux
2025-04-09 22:33:49,749 INFO zookeeper.ZooKeeper: Client environment:os.arch=amd64
2025-04-09 22:33:49,749 INFO zookeeper.ZooKeeper: Client environment:os.version=6.8.0-49-generic
2025-04-09 22:33:49,749 INFO zookeeper.ZooKeeper: Client environment:user.name=hadoop
2025-04-09 22:33:49,749 INFO zookeeper.ZooKeeper: Client environment:user.home=/home/hadoop
2025-04-09 22:33:49,749 INFO zookeeper.ZooKeeper: Client environment:user.dir=/home/hadoop/app/hadoop-3.4.0/bin
2025-04-09 22:33:49,749 INFO zookeeper.ZooKeeper: Client environment:os.memory.free=106MB
2025-04-09 22:33:49,749 INFO zookeeper.ZooKeeper: Client environment:os.memory.max=1755MB
2025-04-09 22:33:49,749 INFO zookeeper.ZooKeeper: Client environment:os.memory.total=150MB
2025-04-09 22:33:49,752 INFO zookeeper.ZooKeeper: Initiating client connection, connectString=yuhui01:2181,yuhui02:2181,yuhu
i03:2181 sessionTimeout=10000 watcher=org.apache.hadoop.ha.ActiveStandbyElector$WatcherWithClientRef@65b3f4a4
2025-04-09 22:33:49,759 INFO zookeeper.ClientCnxnSocket: jute.maxbuffer value is 1048575 Bytes
2025-04-09 22:33:49,768 INFO zookeeper.ClientCnxn: zookeeper.request.timeout value is 0. feature enabled=false
2025-04-09 22:33:49,777 INFO zookeeper.ClientCnxn: Opening socket connection to server yuhui03/192.168.200.13:2181.
2025-04-09 22:33:49,778 INFO zookeeper.ClientCnxn: SASL config status: Will not attempt to authenticate using SASL (unknown
error)
2025-04-09 22:33:49,783 INFO zookeeper.ClientCnxn: Socket connection established, initiating session, client: /192.168.200.1
1:38784, server: yuhui03/192.168.200.13:2181
2025-04-09 22:33:49,794 INFO zookeeper.ClientCnxn: Session establishment complete on server yuhui03/192.168.200.13:2181, ses
sion id = 0x3000007852c0000, negotiated timeout = 10000
2025-04-09 22:33:49,801 INFO ha.ActiveStandbyElector: Session connected.
2025-04-09 22:33:49,829 INFO ha.ActiveStandbyElector: Successfully created /hadoop-ha/ns in ZK.
2025-04-09 22:33:49,935 INFO zookeeper.ZooKeeper: Session: 0x3000007852c0000 closed
2025-04-09 22:33:49,935 WARN ha.ActiveStandbyElector: Ignoring stale result from old client with sessionId 0x3000007852c0000
2025-04-09 22:33:49,935 INFO zookeeper.ClientCnxn: EventThread shut down for session: 0x3000007852c0000
2025-04-09 22:33:49,937 INFO tools.DFSZKFailoverController: SHUTDOWN_MSG:
/************************************************************
SHUTDOWN_MSG: Shutting down DFSZKFailoverController at yuhui01/192.168.200.11
************************************************************/
hadoop@yuhui01:~/app/hadoop-3.4.0/bin$
```

图 2-38　Hadoop 的 zkfc 格式化

4. hdfs NameNode -format（格式化操作）

首次启动 HDFS 时，必须对其进行格式化操作。format 本质上是完成初始化工作，进行 HDFS 的清理和准备工作。执行命令 hdfs namenode -format，如果格式化成功，将会出现 successfully formatted 的提示信息，如图 2-39 所示。

```
# 仅在 hadoop01 上执行
[hadoop@yuhui01 app]$ hdfs namenode -format
```

```
2025-04-09 22:36:10,664 INFO snapshot.SnapshotManager: SkipList is disabled
2025-04-09 22:36:10,667 INFO util.GSet: Computing capacity for map cachedBlocks
2025-04-09 22:36:10,667 INFO util.GSet: VM type       = 64-bit
2025-04-09 22:36:10,667 INFO util.GSet: 0.25% max memory 1.7 GB = 4.4 MB
2025-04-09 22:36:10,667 INFO util.GSet: capacity       = 2^19 = 524288 entries
2025-04-09 22:36:10,673 INFO metrics.TopMetrics: NNTop conf: dfs.namenode.top.window.num.buckets = 10
2025-04-09 22:36:10,674 INFO metrics.TopMetrics: NNTop conf: dfs.namenode.top.num.users = 10
2025-04-09 22:36:10,674 INFO metrics.TopMetrics: NNTop conf: dfs.namenode.top.windows.minutes = 1,5,25
2025-04-09 22:36:10,676 INFO namenode.FSNamesystem: Retry cache on namenode is enabled
2025-04-09 22:36:10,676 INFO namenode.FSNamesystem: Retry cache will use 0.03 of total heap and retry cache entry expiry tim
e is 600000 millis
2025-04-09 22:36:10,677 INFO util.GSet: Computing capacity for map NameNodeRetryCache
2025-04-09 22:36:10,677 INFO util.GSet: VM type       = 64-bit
2025-04-09 22:36:10,678 INFO util.GSet: 0.029999999329447746% max memory 1.7 GB = 539.1 KB
2025-04-09 22:36:10,679 INFO util.GSet: capacity       = 2^16 = 65536 entries
2025-04-09 22:36:11,620 INFO namenode.FSImage: Allocated new BlockPoolId: BP-839198487-192.168.200.11-1744209371613
2025-04-09 22:36:11,637 INFO common.Storage: Storage directory /home/hadoop/app/hadoop-3.4.0/tmp/dfs/name has been successfu
lly formatted.
2025-04-09 22:36:11,808 INFO namenode.FSImageFormatProtobuf: Saving image file /home/hadoop/app/hadoop-3.4.0/tmp/dfs/name/cu
rrent/fsimage.ckpt_0000000000000000000 using no compression
2025-04-09 22:36:11,889 INFO namenode.FSImageFormatProtobuf: Image file /home/hadoop/app/hadoop-3.4.0/tmp/dfs/name/current/f
simage.ckpt_0000000000000000000 of size 401 bytes saved in 0 seconds .
2025-04-09 22:36:11,898 INFO namenode.NNStorageRetentionManager: Going to retain 1 images with txid >= 0
2025-04-09 22:36:11,930 INFO blockmanagement.DatanodeManager: Slow peers collection thread shutdown
2025-04-09 22:36:11,942 INFO namenode.FSNamesystem: Stopping services started for active state
2025-04-09 22:36:11,942 INFO namenode.FSNamesystem: Stopping services started for standby state
2025-04-09 22:36:11,945 INFO namenode.FSImageSaver clean checkpoint: txid=0 when meet shutdown.
2025-04-09 22:36:11,946 INFO namenode.NameNode: SHUTDOWN_MSG:
/************************************************************
SHUTDOWN_MSG: Shutting down NameNode at yuhui01/192.168.200.11
************************************************************/
hadoop@yuhui01:~/app/hadoop-3.4.0/bin$
```

图 2-39 Hadoop 的 NameNode 格式化

5. 启动 HDFS 和 YARN

（1）在 yuhui01 上执行 HDFS 和 YARN 的启动命令：

```
[hadoop@yuhui01 sbin]$ pwd
/home/hadoop/app/hadoop-3.4.0/sbin
[hadoop@yuhui01 sbin]$ ./start-dfs.sh
[hadoop@yuhui01 sbin]$ ./start-yarn.sh
```

（2）分别在 3 台机器上查看进程，命令如下：

```
[hadoop@yuhui01 sbin]$ jps
11121 DFSZKFailoverController
10898 JournalNode
2347 QuorumPeerMain
11259 ResourceManager
10540 NameNode
10670 DataNode
11454 NodeManager
```

```
[hadoop@yuhui02 hadoop-3.4.0]# jps
2115 QuorumPeerMain
5843 JournalNode
5733 DataNode
5991 DFSZKFailoverController
5640 NameNode
6110 NodeManager

[hadoop@yuhui03 bin]# jps
4896 DataNode
5121 NodeManager
2117 QuorumPeerMain
5006 JournalNode
```

（3）同步 NameNode 元数据信息。

在 yuhui02 服务器上执行命令 hdfs namenode -bootstrapStandby 进行元数据信息的同步操作。
如果格式化成功，将会出现 successfully formatted 的提示信息，如图 2-40 所示。

```
hdfs namenode -bootstrapStandby
```

```
2025-04-09 22:40:50,524 INFO namenode.NameNode: registered UNIX signal handlers for [TERM, HUP, INT]
2025-04-09 22:40:50,591 INFO namenode.NameNode: createNameNode [-bootstrapStandby]
2025-04-09 22:40:50,787 INFO ha.BootstrapStandby: Found nn: nn1, ipc: yuhui01/192.168.200.11:9000
========================================================================
About to bootstrap Standby ID nn2 from:
           Nameservice ID: ns
        Other Namenode ID: nn1
   Other NN's HTTP address: http://yuhui01:50070
    Other NN's IPC address: yuhui01/192.168.200.11:9000
             Namespace ID: 1069247877
            Block pool ID: BP-839198487-192.168.200.11-1744209371613
                Cluster ID: CID-65ac7244-e4db-48df-974f-d1ceaae7aca0
           Layout version: -67
    Service Layout version: -67
        isUpgradeFinalized: true
         isRollingUpgrade: false
========================================================================
2025-04-09 22:40:51,489 INFO common.Storage: Storage directory /home/hadoop/app/hadoop-3.4.0/tmp/dfs/name has been successfu
lly formatted.
2025-04-09 22:40:51,536 INFO namenode.FSEditLog: Edit logging is async:true
2025-04-09 22:40:51,861 INFO namenode.TransferFsImage: Opening connection to http://yuhui01:50070/imagetransfer?getimage=1&t
xid=0&storageInfo=-67:1069247877:1744209371613:CID-65ac7244-e4db-48df-974f-d1ceaae7aca0&bootstrapstandby=true
2025-04-09 22:40:51,931 INFO common.Util: Combined time for file download and fsync to all disks took 0.00s. The file downlo
ad took 0.00s at 0.00 KB/s. Synchronous (fsync) write to disk of /home/hadoop/app/hadoop-3.4.0/tmp/dfs/name/current/fsimage.
ckpt_0000000000000000000 took 0.00s.
2025-04-09 22:40:51,931 INFO namenode.TransferFsImage: Downloaded file fsimage.ckpt_0000000000000000000 size 401 bytes.
2025-04-09 22:40:51,937 INFO ha.BootstrapStandby: Skipping InMemoryAliasMap bootstrap as it was not configured
2025-04-09 22:40:51,941 INFO namenode.NameNode: SHUTDOWN_MSG:
/************************************************************
SHUTDOWN_MSG: Shutting down NameNode at yuhui02/192.168.200.12
************************************************************/
hadoop@yuhui02:~/app$
```

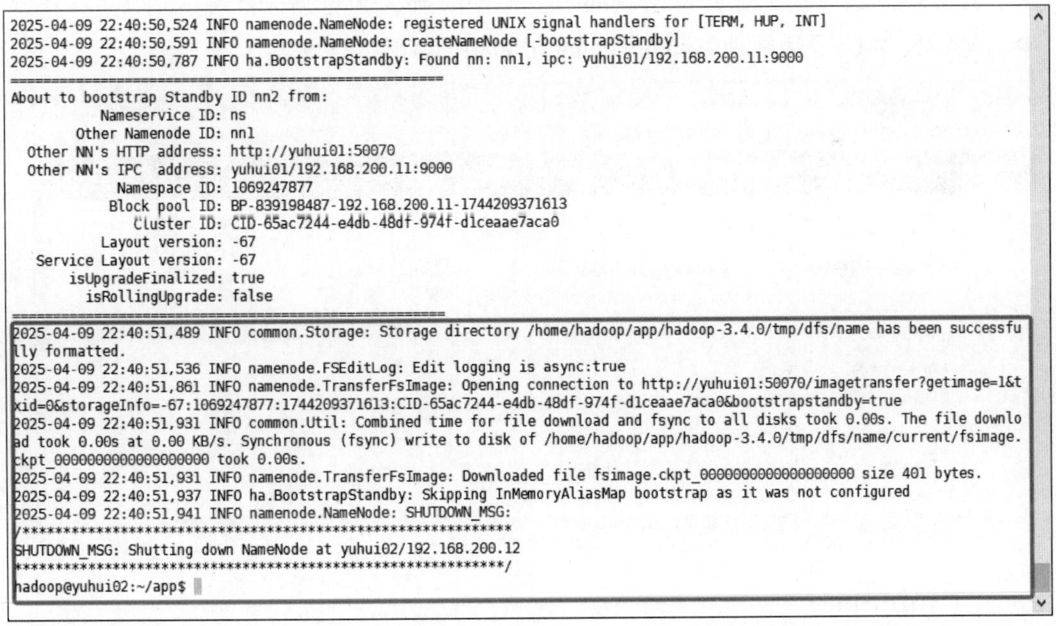

图 2-40　Hadoop 的 NameNode 元数据同步窗口

（4）查看 HDFS 和 YARN 的 UI 界面。

● HDFS 的 UI 界面地址为 http:// yuhui01:50070，如图 2-41 所示。

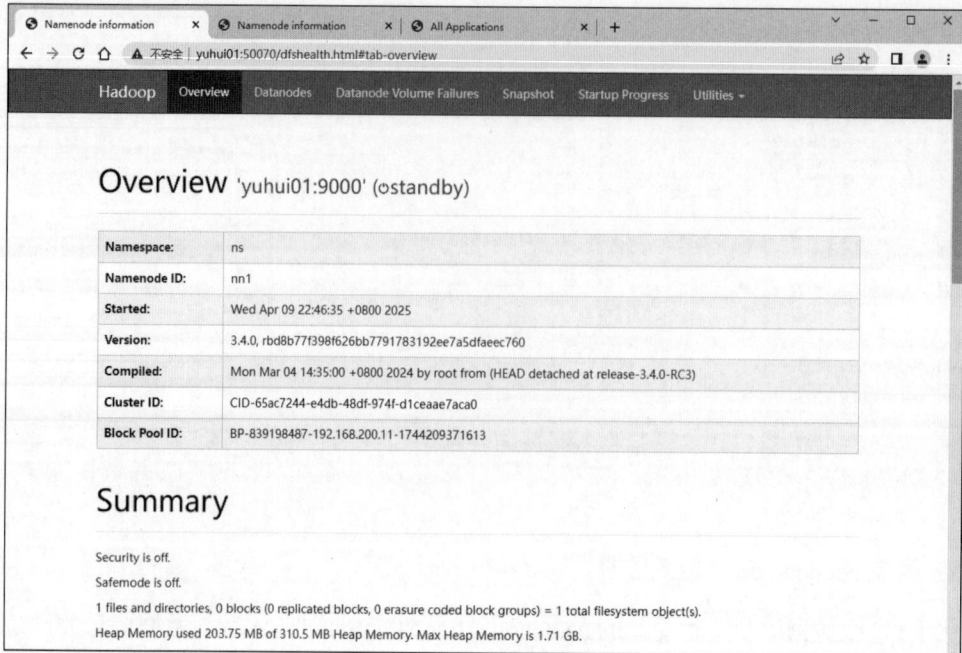

图 2-41　HDFS 的 UI 界面

- HDFS 的 UI 界面地址为 http:// yuhui02:50070，如图 2-42 所示。
- YARN 的 UI 界面地址为 http:// yuhui01:8080，如图 2-43 所示。

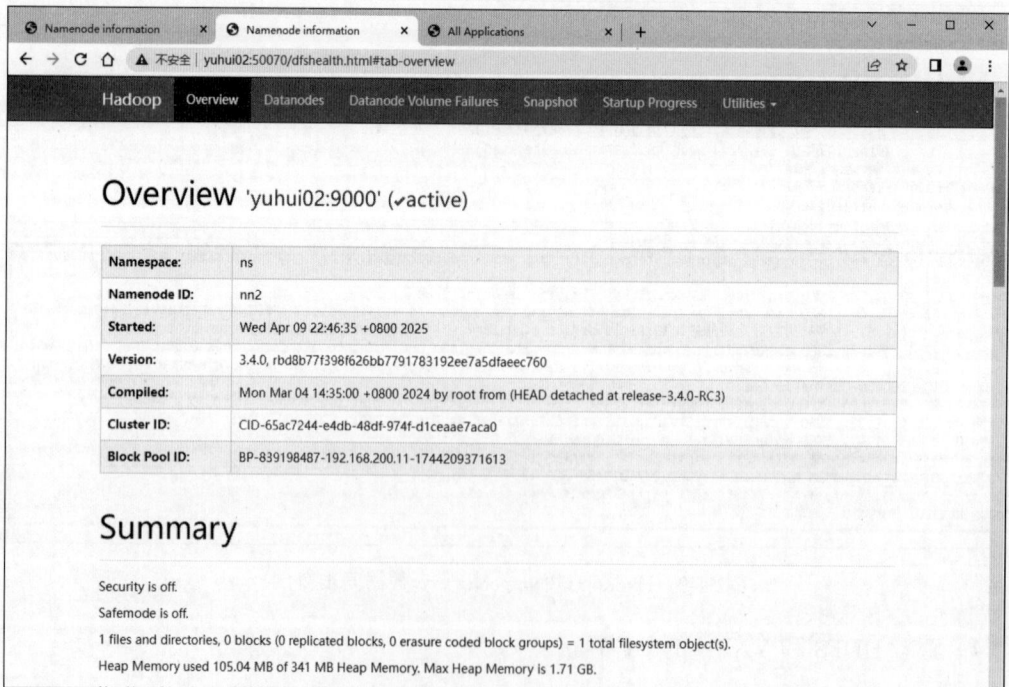

图 2-42　HDFS 的 UI 界面

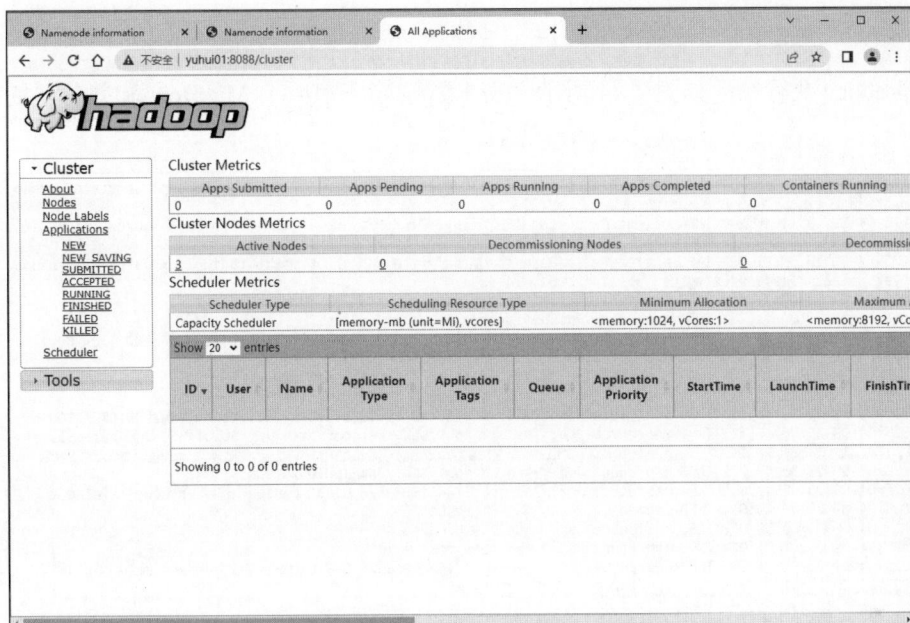

图 2-43　YARN 的 UI 界面

6. 验证 Hadoop

（1）验证 HDFS 的高可用性。

首先，向 HDFS 上传一个文件：

```
hadoop fs -put /etc/profile /
hadoop fs -ls /
```

然后，在 yuhui01 上杀死当前处于活动状态的 NameNode：

```
kill -9 <pid of NN>
```

通过浏览器访问 http:// 192.168.200.12:50070，这时 yuhui02 上的 NameNode 变成了 active。
再执行如下命令查看：

```
hadoop fs -ls /
-rw-r--r-- 3 hadoop supergroup 2198 2024-11-22 12:25 /profile
```

可以看到刚才上传的文件依然存在。

手动启动 yuhui01 上挂掉的 NameNode：

```
sbin/hadoop-daemon.sh start namenode
```

通过浏览器访问 http:// 192.168.200.11:50070，这时 yuhui01 上的 NameNode 变成了 standby。

（2）验证 MapReduce。

运行 Hadoop 提供的 demo 中的 WordCount 程序。MapReduce 执行命令如下：

```
hadoop jar /home/hadoop/app/hadoop-3.4.0/share/hadoop/mapreduce/
```

```
hadoop-mapreduce-examples-3.4.0.jar wordcount  /NOTICE.txt /out
```

MapReduce 执行结果如图 2-44 所示，可以看到执行成功了。MapReduce 执行后的数据如图 2-45 所示。

```
hadoop@yuhui01:~/app/hadoop-3.4.0$ hadoop jar /home/hadoop/app/hadoop-3.4.0/share/hadoop/mapreduce/hadoop
-mapreduce-examples-3.4.0.jar wordcount /NOTICE.txt /out
2025-04-09 23:00:40,217 INFO client.DefaultNoHARMFailoverProxyProvider: Connecting to ResourceManager at
yuhui01/192.168.200.11:8032
2025-04-09 23:00:41,325 INFO mapreduce.JobResourceUploader: Disabling Erasure Coding for path: /tmp/hadoo
p-yarn/staging/hadoop/.staging/job_1744210010524_0001
2025-04-09 23:00:41,616 INFO input.FileInputFormat: Total input files to process : 1
2025-04-09 23:00:41,717 INFO mapreduce.JobSubmitter: number of splits:1
2025-04-09 23:00:41,934 INFO mapreduce.JobSubmitter: Submitting tokens for job: job_1744210010524_0001
2025-04-09 23:00:41,934 INFO mapreduce.JobSubmitter: Executing with tokens: []
2025-04-09 23:00:42,266 INFO conf.Configuration: resource-types.xml not found
2025-04-09 23:00:42,267 INFO resource.ResourceUtils: Unable to find 'resource-types.xml'.
2025-04-09 23:00:42,638 INFO impl.YarnClientImpl: Submitted application application_1744210010524_0001
2025-04-09 23:00:42,711 INFO mapreduce.Job: The url to track the job: http://yuhui01:8088/proxy/applicati
on_1744210010524_0001/
2025-04-09 23:00:42,712 INFO mapreduce.Job: Running job: job_1744210010524_0001
2025-04-09 23:00:49,813 INFO mapreduce.Job: Job job_1744210010524_0001 running in uber mode : false
2025-04-09 23:00:49,814 INFO mapreduce.Job:  map 0% reduce 0%
2025-04-09 23:00:57,922 INFO mapreduce.Job:  map 100% reduce 0%
2025-04-09 23:01:04,970 INFO mapreduce.Job:  map 100% reduce 100%
2025-04-09 23:01:04,979 INFO mapreduce.Job: Job job_1744210010524_0001 completed successfully
2025-04-09 23:01:05,048 INFO mapreduce.Job: Counters: 54
        File System Counters
                FILE: Number of bytes read=1971
                FILE: Number of bytes written=625863
                FILE: Number of read operations=0
                FILE: Number of large read operations=0
                FILE: Number of write operations=0
                HDFS: Number of bytes read=1626
                HDFS: Number of bytes written=1402
                HDFS: Number of read operations=8
                HDFS: Number of large read operations=0
```

图 2-44　MapReduce 测试

```
hadoop@yuhui01:~/app/hadoop-3.4.0$
hadoop@yuhui01:~/app/hadoop-3.4.0$ hadoop fs -cat /out/part-r-00000
(BIS),  1
(ECCN)  1
(TSU)   1
(http://www.apache.org/).       1
(see    1
--------------------    1
2006    1
5D002.C.1,      1
740.13) 1
<http://www.wassenaar.org/>     1
APIs    1
Administration  1
Apache  4
BEFORE  1
BIS     1
Bouncy  1
BouncyCastle    1
Bureau  1
Castle  1
Commerce,       1
Commodity       1
Control 2
Copyright       1
Department      1
ENC     1
Exception       1
Export  3
Foundation      2
Foundation.     1
Government      1
```

图 2-45　MapReduce 测试结果

2.7　Spark 安装

本节将讲解在三台虚拟机中安装 Spark-3.5.3 版本及其验证方法。

2.7.1　下载和解压

安装 Spark 时，Zookeeper 和 Hadoop 集群节点必须启动。

Spark 下载地址为 https:// archive.apache.org/dist/spark/spark-3.5.3/spark-3.5.3-bin-hadoop3.tgz，下载 Spark 安装文件之后进行解压，先在 yuhui01 机器上操作，命令如下：

```
[hadoop@yuhui01 app]$ pwd
/home/hadoop/app
[hadoop@yuhui01 app]$ wget https:// archive.apache.org/dist/spark/spark-3.5.3/
spark-3.5.3-bin-hadoop3.tgz .
[hadoop@yuhui01 app]$ tar -zxvf spark-3.5.3-bin-hadoop3.tgz
```

2.7.2　配置系统环境变量

接下来，我们在三台机器上配置 Spark 环境变量。

配置文件/etc/profile：

```
export SCALA_HOME=/home/hadoop/app/scala-2.13.12
export JAVA_HOME=/home/hadoop/app/jdk1.8.0_77
export HADOOP_HOME=/home/hadoop/app/hadoop-3.4.0
export SPARK_HOME=/home/hadoop/app/spark-3.5.3
PATH=$PATH:$JAVA_HOME/bin:$SCALA_HOME/bin:$HADOOP_HOME/bin:$HADOOP_HOME/sbi
n:$SPARK_HOME/bin
```

2.7.3　配置核心文件

1. 配置 workers 文件

在 yuhui01 机器上配置文件 workers。

配置文件/home/hadoop/app/spark-3.5.3/conf/workers 的设置如下：

```
[hadoop@yuhui01 app]$ cd /home/hadoop/app/spark-3.5.3/conf
hadoop@yuhui01:~/app/spark-3.5.3/conf$ cp -r workers.template workers
[hadoop@yuhui01 conf]$ vim workers
yuhui01
yuhui02
yuhui03
```

2. 配置 spark-env 文件

在 yuhui01 机器上配置文件 spark-env.sh。

配置文件/home/hadoop/app/spark-3.5.3/conf/spark-env.sh 的设置如下：

```
[hadoop@yuhui01 conf]$ mv spark-env.sh.template spark-env.sh
[hadoop@yuhui01 conf]$ vim spark-env.sh
export SCALA_HOME=/home/hadoop/app/scala-2.13.12
export JAVA_HOME=/home/hadoop/app/jdk1.8.0_77
export HADOOP_HOME=/home/hadoop/app/hadoop-3.4.0
export HADOOP_CONF_DIR=/home/hadoop/app/hadoop-3.4.0/etc/hadoop
export SPARK_DIST_CLASSPATH=$(/home/hadoop/app/hadoop-3.4.0/bin/hadoop classpath)
export SPARK_MASTER_HOST=yuhui01
export SPARK_MASTER_PORT=7077
export SPARK_HISTORY_OPTS="-Dspark.history.ui.port=18080 -
Dspark.history.retainedApplications=50 -
Dspark.history.fs.logDirectory=hdfs:// yuhui01:9000/spark-eventlog"
```

2.7.4 分发 Spark

将配置好的 Spark 分发到 yuhui01 和 yuhui02 两台机器上，命令如下：

```
[hadoop@yuhui01 app]$ scp -r spark-3.5.3 hadoop@yuhui02:/home/hadoop/app/
[hadoop@yuhui01 app]$ scp -r spark-3.5.3 hadoop@yuhui03:/home/hadoop/app/
```

2.7.5 Spark 启动及 UI 界面查看

在 yuhui01 机器上启动 Spark 集群，命令如下：

```
[hadoop@yuhui01 sbin]# sh /home/hadoop/app/spark-3.5.3/sbin/start-all.sh
```

通过浏览器访问 http://yuhui01:8081/，即可打开 Spark 的监控和管理界面，页面如图 2-46 所示。

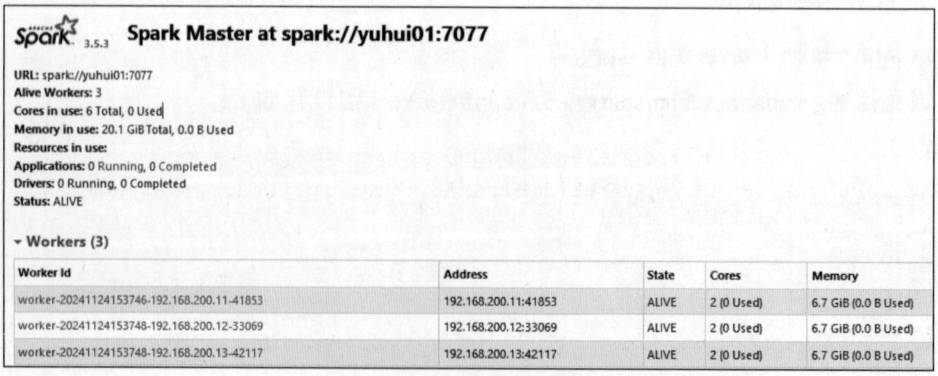

Spark Master at spark://yuhui01:7077

URL: spark://yuhui01:7077
Alive Workers: 3
Cores in use: 6 Total, 0 Used
Memory in use: 20.1 GiB Total, 0.0 B Used
Resources in use:
Applications: 0 Running, 0 Completed
Drivers: 0 Running, 0 Completed
Status: ALIVE

▼ Workers (3)

Worker Id	Address	State	Cores	Memory
worker-20241124153746-192.168.200.11-41853	192.168.200.11:41853	ALIVE	2 (0 Used)	6.7 GiB (0.0 B Used)
worker-20241124153748-192.168.200.12-33069	192.168.200.12:33069	ALIVE	2 (0 Used)	6.7 GiB (0.0 B Used)
worker-20241124153748-192.168.200.13-42117	192.168.200.13:42117	ALIVE	2 (0 Used)	6.7 GiB (0.0 B Used)

图 2-46 Spark 的 Web UI 界面

上传数据到 HDFS：

```
[hadoop@yuhui01 ~]$ hadoop fs -put people.json /spark_book_data

# 数据内容
{"name":"yuhui01"}
{"name":"yuhui02","age":21}
{"name":"yuhui03","age":22}
{"name":"xiaohui04","age":23}
```

2.7.6　spark-shell 启动验证

1. Cluster 模式验证

在 Cluster 模式下，spark-shell 会连接到指定的 Spark 集群。需要使用--master 参数来指定集群的 Master 节点的 URL，例如 spark:// hadoop01:7077。此外，还可以根据需要指定其他参数，如--executor-memory 和--total-executor-cores，来配置执行器和执行器使用的内存及核心数。其中，--master 参数是必需的，而其他参数则是可选的。在 Cluster 模式下，用户可以利用集群的计算资源来运行更大规模的 Spark 应用程序。

集群模式启动 spark-shell 加载 HDFS 数据进行验证，如图 2-47 所示。

```
spark-shell --master spark:// yuhui01:7077
val df= spark.read.json("hdfs:// ns/spark_book_data/people.json")
df.show()
```

```
hadoop@yuhui01:~/shell$ spark-shell --master spark://yuhui01:7077
Setting default log level to "WARN".
To adjust logging level use sc.setLogLevel(newLevel). For SparkR, use setLogLevel(newLevel).
24/12/08 20:26:06 WARN NativeCodeLoader: Unable to load native-hadoop library for your platform...
Spark context Web UI available at http://yuhui01:4040
Spark context available as 'sc' (master = spark://yuhui01:7077, app id = app-20241208202607-0001).
Spark session available as 'spark'.
Welcome to
      ____              __
     / __/__  ___ _____/ /__
    _\ \/ _ \/ _ `/ __/  '_/
   /___/ .__/\_,_/_/ /_/\_\   version 3.5.3
      /_/

Using Scala version 2.12.18 (Java HotSpot(TM) 64-Bit Server VM, Java 1.8.0_77)
Type in expressions to have them evaluated.
Type :help for more information.

scala> val df= spark.read.json("hdfs://ns/spark_book_data/people.json")
df: org.apache.spark.sql.DataFrame = [age: bigint, name: string]

scala> df.show()
+----+---------+
| age|     name|
+----+---------+
|NULL|  yuhui01|
|  21|  yuhui02|
|  22|  yuhui03|
|  23|xiaohui04|
+----+---------+
```

图 2-47　spark-shell 的 Cluster 模式测试

2. Local 模式验证

在 Local 模式下，spark-shell 仅在本机启动一个 SparkSubmit 进程，不会与集群建立联系。尽管该进程中有 SparkSubmit，但它不会被提交到集群中。当运行 spark-shell 命令时，如果 Master URL（即--master 参数）的值为 local[*]，就是使用本地模式启动 spark-shell。其中，中括号内的星号表示需要使用几个 CPU 核心（core），也就是启动几个线程来模拟 Spark 集群。如果不指定星号或使用 Local，则默认为使用本地单线程模式。在 Local 模式下，用户可以快速地在本地机器上开发和测试 Spark 应用程序，而无须配置和启动整个 Spark 集群。

在本地启动 spark-shell 加载本地数据进行验证，如图 2-48 所示。

```
spark-shell --master local[*] --executor-memory 2G
val df= spark.read.json("file://
/home/hadoop/app/spark_book_data/people.json"
df.show()
```

图 2-48　spark-shell 的 Local 模式测试

2.8　集群和代码下载

1. 本书资料下载

本书的代码、数据集、软件、视频、Hadoop 集群都存储在"码云"上，项目地址为 https://gitee.com/silentwolfyh/yuhui-spark3.x。实验项目在码云上的截图如图 2-49 所示。

图 2-49　实验项目截图

实验环境放在百度云盘上，截图如图 2-50 所示。

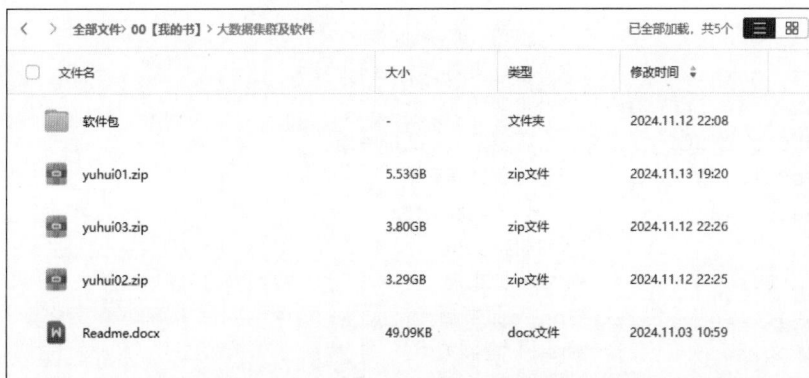

图 2-50　实验环境在百度云盘存储

2．主机的用户名和密码

主机用户名：root　　　　密码：yuhui888
主机用户名：hadoop　　　密码：yuhui888

3．物理机硬件要求

（1）内存推荐 32GB。

（2）硬盘推荐 500GB 固态硬盘。

4．一键启动的脚本清单

（1）hadoop 用户目录中包括 Hadoop 的各种组件，切记先启动 all-zookeeper-start.sh，再启

动 hadoop-start.sh，其余组件根据需求启动，如图 2-51 所示。

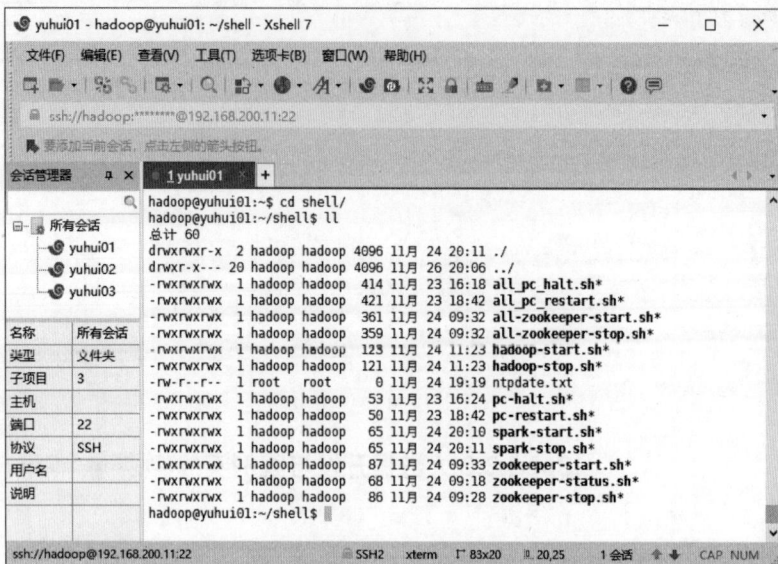

图 2-51　实验环境中一键启动脚本清单

（2）各个脚本的功能说明如下：

all-pc-halt.sh	三台机器批量关机
all-pc-restart.sh	三台机器批量重启
all-zookeeper-start.sh	三台机器的 ZK 批量启动
all-zookeeper-stop.sh	三台机器的 ZK 批量关闭
hadoop-start.sh	Hadoop 集群启动
hadoop-stop.sh	Hadoop 集群关闭
pc-halt.sh	本台机器关机
pc-restart.sh	本台机器重启
spark-start.sh	Spark 集群启动
spark-stop.sh	Spark 集群关闭
zookeeper-start.sh	本机器 ZooKeeper 启动
zookeeper-status.sh	本机器 ZooKeeper 状态查看
zookeeper-stop.sh	本机器 ZooKeeper 关闭

2.9　本章小结

本章详细阐述了在虚拟机上部署 Spark 集群环境的全过程。首先，我们从 VM 虚拟机的安装入手，为后续的操作系统安装提供了基础平台。接着，我们详细讲解了 Ubuntu 22.04 系统的安装步骤，确保集群的各个节点都运行在统一且稳定的操作系统上。在完成系统安装后，我们进一步对 Ubuntu 22.04 进行了网络配置，确保集群内部节点之间的网络通信畅通无阻。此外，我们还对环境进行了必要的配置，以满足 Spark 集群运行的各种需求。在环境准备就绪后，我们依次安装了 ZooKeeper、Hadoop 和 Spark，这些组件共同构成了完整的 Spark 集群环境。
ZooKeeper 提供了分布式协调服务，Hadoop 为 Spark 提供了分布式存储和计算的基础，而 Spark
则是我们进行大数据处理和分析的核心工具。最后，我们下载了集群所需的代码和资源，为后
续的集群测试和应用开发做好了充分的准备。通过本章的学习，读者可以掌握 Spark 集群环境
部署的基本流程和关键步骤。

第3章

Spark 编程体验

本章将引领读者探索 Scala 语言编程，随后指导读者如何在 IntelliJ IDEA 中建立一个 Spark 项目，并编写 Spark 程序。通过一系列学习，读者将掌握大数据编程技能。最后，本章小结将帮助你巩固所学，为后续学习打下坚实基础。

本章主要知识点：

- Scala 基础编程
- Spark 创建项目
- Spark 程序编写

3.1 Scala 基础编程

本节讲解 Spark 的核心编程语言 Scala，包括基本语法、函数、控制语句、函数式编程、类和对象、Scala 异常处理、Trait（特征）和 Scala 文件 I/O。

对于没有编程基础的读者来说，只要紧跟本章内容，循序渐进地学习与实践，就能迅速掌握 Scala 的基本知识点，为编程开发打下坚实基础，并为后续章节的学习做好铺垫。

而对于已经掌握 Java 语言基础知识的读者来说，学习 Scala 的基础语法将变得轻而易举。Scala 与 Java 在语法上大体相似，只存在细微差别，例如 Scala 语句末尾的分号是可选的。Scala 程序可以看作是对象的集合，对象之间通过调用彼此的方法来传递消息。

接下来，我们将深入介绍 Scala 语言的基础语法和编程常识，帮助读者更好地理解和运用这门强大的编程语言。无论你是编程新手还是有一定经验的开发者，都能在这里找到适合自己的学习路径。读者可以自行到 Scala 官网下载 Windows 系统安装包，在本机安装 Scala 进行学习，IDE 可以采用免费的 IntelliJ IDEA 社区版。

3.1.1　基本语法

1. 注释

注释有单行注释和多行注释。示例如下：

```
// 单行注释开始于两个斜杠
/*
 *  多行注释，如之前所见，看起来像这样
 */
```

2. 打印

打印分为两种，分别是强制换行的打印和没有强制换行的打印。示例如下：

```
// 打印并强制换行
println("Hello world!")
println(10)
// 没有强制换行的打印
print("Hello world")
```

3. 变量

通过 var 或 val 来声明变量。val 声明的是不可变的变量，var 声明的是可变的变量。不可变的变量非常有用。示例如下：

```
val x = 10        // x 现在是 10
x = 20            // 错误：对 val 声明的变量重新赋值
var y = 10
y = 20            // y 现在是 20
```

4. 数据类型

Scala 与 Java 有着相同的数据类型，表 3-1 列出了 Scala 支持的数据类型。

表 3-1　Scala 支持的数据类型

数据类型	描　　述
Byte	8 位有符号补码整数。数值区间为−128~127
Short	16 位有符号补码整数。数值区间为−32768~32767
Int	32 位有符号补码整数。数值区间为−2147483648~2147483647
Long	64 位有符号补码整数。数值区间为−9223372036854775808~9223372036854775807
Float	32 位，IEEE 754 标准的单精度浮点数
Double	64 位，IEEE 754 标准的双精度浮点数
Char	16 位无符号 Unicode 字符，区间值为 U+0000~U+FFFF
String	字符序列
Boolean	true 或 false
Unit	表示无值，和其他语言中的 void 等同。用作不返回任何结果的方法的结果类型。Unit 只有一个实例值，写成()

（续表）

数据类型	描　　述
Null	null 或空引用
Nothing	Nothing 类型在 Scala 的类层级的最底端，它是任何其他类型的子类型
Any	Any 是所有其他类的超类
AnyRef	AnyRef 类是 Scala 中所有引用类（reference class）的基类

Scala 数据类型设置示例如下：

```
val z: Int = 10
val a: Double = 1.0
```

注意，从 Int 到 Double 的自动转型，以下示例运行结果是 10.0，不是 10：

```
val b: Double = 10.0
```

布尔值：

```
true
False
```

布尔操作：

```
!true           // false
!false          // true
true == false   // false
10 > 5          // true
```

5. 运算符

Scala 与 Java 中的运算符相同。使用运算符进行数学运算的示例如下：

```
1 + 1     // 2
2 - 1     // 1
5 * 3     // 15
6 / 2     // 3
6 / 4     // 1
6.0 / 4   // 1.5
```

6. 字符串

Scala 的字符串被英文双引号引起来，不存在单引号字符串。

字符串有常见的 Java 字符串方法，例如：

```
"hello world".length
"hello world".substring(2, 6)
"hello world".replace("C", "3")
```

也有一些额外的 Scala 方法，例如：

```
"hello world".take(5)
```

```
"hello world".drop(5)
```

改写字符串时留意前缀"s":

```
val n = 45
s"We have $n apples" // => "We have 45 apples"
```

在要改写的字符串中使用表达式也是可以的:

```
val a = Array(11, 9, 6)
s"My second daughter is ${a(0) - a(2)} years old." // => "My second daughter
is 5 years old"
s"We have double the amount of ${n / 2.0} in apples." // => "We have double the
amount of 22.5 in apples."
s"Power of 2: ${math.pow(2, 2)}" // => "Power of 2: 4"
```

添加"f"前缀对要改写的字符串进行格式化:

```
f"Power of 5: ${math.pow(5, 2)}%1.0f" // "Power of 5: 25"
f"Square root of 122: ${math.sqrt(122)}%1.4f" // "Square root of 122: 11.0454"
```

对未处理的字符串,忽略特殊字符:

```
raw"New line feed: \n. Carriage return: \r." // => "New line feed: n. Carriage
return: r."
```

一些字符需要转义,可以使用转义字符"\"。例如,转义字符串中的双引号:

```
"They stood outside the \"Rose and Crown\"" // => "They stood outside the "Rose
and Crown""
```

三个双引号可以使字符串跨越多行,并包含引号:

```
val html = """<form id="daform">
<p>Press belo', Joe</p>
<input type="submit">
</form>"""
```

3.1.2 函数和方法

函数是用于执行一个任务的组合起来的语句。我们可以把代码划分到不同的函数中。如何把代码划分到不同的函数中由我们自己决定,但在逻辑上,通常是根据每个函数要执行的特定任务来划分代码的。

Scala 有函数和方法,二者在语义上的区别很小:Scala 方法是类的一部分,而函数是一个对象,可以赋值给一个变量。换句话说,在类中定义的函数就是方法。

我们可以在任何地方定义函数,甚至可以在函数内定义函数(内嵌函数)。更重要的一点是,Scala 函数名可以使用特殊字符,如+、++、~、&、-、--、\、/、:等。

以下是 Scala 中的函数和方法的详细说明,以及相应的案例解说。

1. 函数

Scala 中的函数是一个完整的对象，可以赋值给一个变量，也可以作为参数传递给其他函数，或者作为返回值返回。函数通常使用 val 或 var 关键字结合 lambda 表达式来定义。函数语法如下：

```
val functionName = (parameters) => expression
```

或

```
def functionName(parameters): ReturnType = expression
```

注意：虽然 def 也可以用来定义函数，但在这里它更多被看作定义方法的一种简写形式，当方法体只有一行时，可以省略花括号和 return 关键字。

下面是一个函数示例，这个例子定义了一个简单的加法函数，它接受两个整数参数，并返回两个整数的和：

```
val add = (x: Int, y: Int) => x + y
```

2. 方法

Scala 的方法是类的一部分，它们被定义在类的内部，并通过对象实例来调用。方法是组成类的一种重要方式，用于实现类的行为和功能。方法语法如下：

```
def methodName(parameters): ReturnType = {
    // 方法体
}
```

方法包括如下特点：

- 方法可以访问和修改类的成员变量（字段）。
- 方法可以重载，即同一个类中可以有多个同名但参数列表不同的方法。
- 方法可以有默认参数值和带名参数。

下面是一个方法示例。在这个例子中，Calculator 类定义了两个方法：add 和 subtract。add 方法接受两个整数参数并返回它们的和，而 subtract 方法接受两个整数参数，但有一个默认参数值为 0。在 Test 对象的 main 方法中，我们创建了一个 Calculator 的实例，并调用了这两个方法。

代码 3-1　TestFunc.scala

```
class Calculator {
  def add(a: Int, b: Int): Int = {
    a + b
  }

  def subtract(a: Int, b: Int = 0): Int = {
    a - b
  }
}
```

```
object Test {
  def main(args: Array[String]): Unit = {
    val calc = new Calculator()
    println(calc.add(5, 3))      // 输出：8
    println(calc.subtract(5))    // 输出：5，使用默认参数值 0
  }
}
```

执行以上代码，输出结果为：

```
8
5
```

3.1.3　控制语句

1. 控制语句变量的使用

Scala 对点和括号的要求非常宽松（注意，它们的规则是不同的），这有助于写出读起来像英语的 DSL（领域特定语言）和 API（应用编程接口）。测试代码如代码 3-2 和代码 3-3 所示。

代码 3-2　TestForeach.scala

```
val r = 1 to 5
r.foreach( println )
```

执行以上代码，输出结果为：

```
1,2,3,4,5
```

代码 3-3　TestForeach2.scala

```
(5 to 1 by -1) foreach ( println )
```

执行以上代码，输出结果为：

```
5,4,3,2,1,
```

2. while 循环

while 循环用于重复运行一系列语句。如果条件为 true，就重复运行，直到条件变为 false。测试代码如代码 3-4 所示。

代码 3-4　TestWhile.scala

```
var i = 0
while (i < 10) { println("i " + i); i+=1 }
```

执行以上代码，输出结果为：

```
i 0
i 1
i 2
```

```
i 3
i 4
i 5
i 6
i 7
i 8
i 9
```

3. do while 循环

do while 循环类似于 while 语句，与 while 的区别在于判断循环条件之前，do while 循环先执行一次循环的代码块。测试代码如代码 3-5 所示。

代码 3-5　TestDoWhile.scala

```
var x = 0;
do {
    println(x + " is still less than 10");
    x += 1
} while (x < 10)
```

执行以上代码，输出结果为：

```
0 is still less than 10
1 is still less than 10
2 is still less than 10
3 is still less than 10
4 is still less than 10
5 is still less than 10
6 is still less than 10
7 is still less than 10
8 is still less than 10
9 is still less than 10
```

4. for 循环

for 循环允许编写一个执行指定次数的循环控制结构。测试代码如代码 3-6 所示。

代码 3-6　TestFor.scala

```
def main(args: Array[String]) {
    var a = 0;
    // for 循环
    for( a <- 1 to 10){
        println( "Value of a: " + a );
    }
}
```

执行以上代码，输出结果为：

```
value of a: 1
```

```
value of a: 2
value of a: 3
value of a: 4
value of a: 5
value of a: 6
value of a: 7
value of a: 8
value of a: 9
value of a: 10
```

5. 条件语句

Scala 的 if…else 语句通过一条或多条语句的执行结果(true 或 false)来决定执行的代码块。测试代码如代码 3-7 所示。

代码 3-7　Test If-else.scala

```
val x = 10
if (x == 1) println("yeah")
if (x == 10) println("yeah")
if (x == 11) println("yeah")
if (x == 11) println ("yeah") else println("nay")
println(if (x == 10) "yeah" else "nope")
val text = if (x == 10) "yeah" else "nope"
```

执行以上代码,输出结果为:

```
yeah
nay
yeah
```

6. break 语句

当在循环中使用 break 语句并执行到该语句时,就会中断循环并执行循环体之后的代码块。Scala 语言中默认是没有 break 语句的。

Scala 中 break 语句的语法格式如下:

```
// 导入以下包
import scala.util.control._
// 创建 Breaks 对象
val loop = new Breaks;
// 在 breakable 中循环
loop.breakable{
    // 循环
    for(...){
        ...
        // 循环中断
        loop.break;
    }
```

```
    }
```

测试代码如代码 3-8 所示。

代码 3-8   TestBreak.scala

```
import scala.util.control._
object TestBreak {
    def main(args: Array[String]) {
        var a = 0;
        val numList = List(1,2,3,4,5,6,7,8,9,10);

        val loop = new Breaks;
        loop.breakable {
            for( a <- numList){
                println( "Value of a: " + a );
                if( a == 4 ){
                    loop.break;
                }
            }
        }
        println( "After the loop" );
    }
}
```

执行以上代码，输出结果为：

```
Value of a: 1
Value of a: 2
Value of a: 3
Value of a: 4
After the loop
```

3.1.4   函数式编程

1. Array（数组）

Scala 数组声明的语法格式如下：

```
var z:Array[String] = new Array[String](3)
```

或

```
var z = new Array[String](3)
```

数组的元素类型和数组的大小都是确定的，所以在处理数组元素时，我们通常使用基本的 for 循环来遍历数组元素。

代码 3-9 演示了数组的创建、初始化等处理过程。

代码 3-9　TestArray1.scala

```scala
object TestArray1 {
  def main(args: Array[String]) {
    var myList = Array(1.9, 2.9, 3.4, 3.5)
    // 输出所有数组元素
    for ( x <- myList ) {
      println( x )
    }
    // 计算数组中所有元素的总和
    var total = 0.0;
    for ( i <- 0 to (myList.length - 1)) {
      total += myList(i);
    }
    println("总和为 " + total);
    // 查找数组中的最大元素
    var max = myList(0);
    for ( i <- 1 to (myList.length - 1) ) {
      if (myList(i) > max) max = myList(i);
    }
    println("最大值为 " + max);
  }
}
```

执行以上代码，输出结果为：

```
1.9
2.9
3.4
3.5
总和为 11.7
最大值为 3.5
```

2. List（列表）

List 的特征是其元素以线性方式存储，列表中可以存放重复对象。

以下列出了多种类型的列表：

```scala
// 字符串列表
val site: List[String] = List("辉哥大数据的博客", "Google", "Baidu")
// 整型列表
val nums: List[Int] = List(1, 2, 3, 4)
// 空列表
val empty: List[Nothing] = List()
// 二维列表
val dim: List[List[Int]] =
  List(
    List(1, 0, 0),
```

```
        List(0, 1, 0),
        List(0, 0, 1)
    )
```

对于 Scala 列表的任何操作，都可以使用 head、tail、isEmpty 这 3 个基本操作来表达，示例代码如代码 3-10 所示。

代码 3-10　TestList.scala

```
object TestList {
  def main(args: Array[String]) {
    val site = "辉哥大数据的博客" :: ("Google" :: ("Baidu" :: Nil))
    val nums = Nil
    println( "第一网站是 : " + site.head )
    println( "最后一个网站是 : " + site.tail )
    println( "查看列表 site 是否为空 : " + site.isEmpty )
    println( "查看 nums 是否为空 : " + nums.isEmpty )
  }
}
```

执行以上代码，输出结果为：

```
第一网站是 : 辉哥大数据的博客
最后一个网站是 : List(Google, Baidu)
查看列表 site 是否为空 : false
查看 nums 是否为空 : true
```

3. Set（集合）

Set 是最简单的一种集合。Set 集合中的对象不按特定的方式排序，并且没有重复对象。

对于 Scala 集合的任何操作，都可以使用 head、tail、isEmpty 这 3 个基本操作来表达，示例代码如代码 3-11 所示。

代码 3-11　TestSet.scala

```
object TestSet {
  def main(args: Array[String]) {
    val site = Set("辉哥大数据的博客", "Google", "Baidu")
    val nums: Set[Int] = Set()
    println( "第一网站是: " + site.head )
    println( "最后一个网站是: " + site.tail )
    println( "查看列表 site 是否为空: " + site.isEmpty )
    println( "查看 nums 是否为空: " + nums.isEmpty )
  }
}
```

执行以上代码，输出结果为：

```
第一网站是: 辉哥大数据的博客
最后一个网站是: Set(Google, Baidu)
```

```
查看列表 site 是否为空: false
查看 nums 是否为空: true
```

4. Map（映射）

Map 是一种映射键对象和值对象的集合，它的每一个元素都包含一对键对象和值对象。映射操作可以通过 key、values、isEmpty 这 3 个方法来表达，示例代码如代码 3-12 所示。

代码 3-12　TestMap.scala

```scala
object TestMap {
  def main(args: Array[String]) {
    val colors = Map("red" -> "#FF0000",
                     "azure" -> "#F0FFFF",
                     "peru" -> "#CD853F")
    val nums: Map[Int, Int] = Map()
    println( "colors 中的键为 : " + colors.keys )
    println( "colors 中的值为 : " + colors.values )
    println( "检测 colors 是否为空 : " + colors.isEmpty )
    println( "检测 nums 是否为空 : " + nums.isEmpty )
  }
}
```

执行以上代码，输出结果为：

```
colors 中的键为 : Set(red, azure, peru)
colors 中的值为 : MapLike(#FF0000, #F0FFFF, #CD853F)
检测 colors 是否为空 : false
检测 nums 是否为空 : true
```

5. 元组

元组是不同类型的值的集合。与列表一样，元组也是不可变的。但与列表不同的是，元组可以包含不同类型的元素。

元组的值是通过将单个值包含在圆括号中构成的。例如：

```scala
val t = (1, 3.14, "Fred")
```

表示在元组中定义了 3 个元素，对应的类型分别为 Int、Double 和 java.lang.String。

此外，也可以使用以下方式来定义元组：

```scala
val t = new Tuple3(1, 3.14, "Fred")
```

可以使用 t._1 访问第一个元素，使用 t._2 访问第二个元素，以此类推。

元组的示例代码如代码 3-13 所示。

代码 3-13　TestTuple.scala

```scala
object TestTuple {
  def main(args: Array[String]) {
```

```
        val t = (4,3,2,1)
        val sum = t._1 + t._2 + t._3 + t._4
        println( "元素之和为: " + sum )
    }
}
```

执行以上代码，输出结果为：

```
元素之和为: 10
```

6. Option

Option[T]表示有可能包含值的容器，当然也可能不包含值。Scala Iterator（迭代器）不是一个容器，更确切地说，它是逐一访问容器内元素的方法。Scala Option（选项）类型用来表示一个值是可选的（有值或无值）。

Option[T]是一个类型为 T 的可选值的容器：如果值存在，那么 Option[T]就是一个 Some[T]；如果不存在，那么 Option[T]就是对象 None。

接下来看一段代码：

```
// 虽然 Scala 可以不定义变量的类型，不过为了清楚一些，还是把它显式地定义上
val myMap: Map[String, String] = Map("key1" -> "value")
val value1: Option[String] = myMap.get("key1")
val value2: Option[String] = myMap.get("key2")
println(value1) // Some("value1")
println(value2) // None
```

上面代码的解析如下：

（1）myMap 是一个键类型为 String、值类型为 String 的哈希表，但不一样的是它的 get()方法返回的是一个叫作 Option[String]的类别。

（2）Scala 使用 Option[String]来告诉我们："我会想办法回传一个 String，但也可能没有 String 可以返回。"

（3）myMap 中并没有 key2 数据，因此 get()方法返回 None。

Option 有两个子类别，一个是 Some，另一个是 None：当它回传 Some 时，代表这个函数成功地给了我们一个 String，而我们可以通过 get()函数获取那个 String；如果它返回的是 None，则代表没有字符串可以返回。

示例代码如代码 3-14 所示。

代码 3-14 TestOption.scala

```
object Test {
    def main(args: Array[String]) {
        val sites = Map("余辉" -> "辉哥大数据的博客", "google" -> "www.google.com")
        println("sites.get( \"余辉\" ) : " + sites.get( "余辉" ))
        println("sites.get( \"baidu\" ) : " + sites.get( "baidu" ))
    }
```

```
}
```

执行以上代码，输出结果为：

```
sites.get( "余辉" ) : Some(辉哥大数据的博客)
sites.get( "baidu" ) : None
```

此外，也可以通过模式匹配来输出匹配值，示例代码如代码 3-15 所示。

代码 3-15　TestOption2.scala

```
object Test {
  def main(args: Array[String]) {
    val sites = Map("余辉" -> "辉哥大数据的博客", "google" -> "www.google.com")
    println("show(sites.get( \"余辉\")) : " +
      show(sites.get( "余辉")) )
    println("show(sites.get( \"baidu\")) : " +
      show(sites.get( "baidu")) )
  }
  def show(x: Option[String]) = x match {
    case Some(s) => s
    case None => "?"
  }
}
```

执行以上代码，输出结果为：

```
show(sites.get( "余辉")) : 辉哥大数据的博客
show(sites.get( "baidu")) : ?
```

3.1.5　类和对象

1. 类的定义

类是对象的抽象，而对象是类的具体实例。类是抽象的，不占用内存；而对象是具体的，占用存储空间。类是用于创建对象的蓝图，是一个定义许多具有共性特征和行为的对象的软件模板。

Scala 中的类不声明为 public，一个 Scala 源文件中可以有多个类。我们可以使用 new 关键字来创建类的对象，示例如下：

```
class Point(xc: Int, yc: Int) {
  var x: Int = xc
  var y: Int = yc
  def move(dx: Int, dy: Int) {
    x = x + dx
    y = y + dy
    println ("x 的坐标点: " + x);
    println ("y 的坐标点: " + y);
```

```
        }
}
```

示例中类定义了两个变量，即 x 和 y；还定义了一个方法 move，该方法没有返回值。

Scala 的类定义可以有参数，称之为类参数，如上述示例中的 xc、yc。类参数在整个类中都可以访问。

下面使用 new 来实例化类，并访问类中的方法和变量，如代码 3-16 所示。

代码 3-16　TestPoint.scala

```
import java.io._
class Point(xc: Int, yc: Int) {
    var x: Int = xc
    var y: Int = yc
    def move(dx: Int, dy: Int) {
        x = x + dx
        y = y + dy
        println ("x 的坐标点: " + x);
        println ("y 的坐标点: " + y);
    }
}
object TestPoint {
    def main(args: Array[String]) {
        val pt = new Point(10, 20);

        // 移到一个新的位置
        pt.move(10, 10);
    }
}
```

执行以上代码，输出结果为：

```
x 的坐标点: 20
y 的坐标点: 30
```

2. 继承

Scala 使用 extends 关键字来表示继承一个类。Scala 继承一个基类的格式跟 Java 相似，但需要注意以下几点：

（1）重写一个非抽象方法时必须使用 override 修饰符。

（2）只有主构造函数才可以向基类的构造函数传递参数。

（3）在子类中重写超类的抽象方法时，不需要使用 override 关键字。

接下来我们来看一个示例代码，如代码 3-17 所示。

代码 3-17　TestInherit.scala

```
class Point(xc: Int, yc: Int) {
    var x: Int = xc
```

```
    var y: Int = yc
    def move(dx: Int, dy: Int) {
      x = x + dx
      y = y + dy
      println ("x 的坐标点: " + x);
      println ("y 的坐标点: " + y);
    }
}
class Location(override val xc: Int, override val yc: Int,
    val zc :Int) extends Point(xc, yc){
    var z: Int = zc
    def move(dx: Int, dy: Int, dz: Int) {
      x = x + dx
      y = y + dy
      z = z + dz
      println ("x 的坐标点 : " + x);
      println ("y 的坐标点 : " + y);
      println ("z 的坐标点 : " + z);
    }
}
```

示例中 Location 类继承了 Point 类，Point 称为父类（基类），Location 称为子类。override val xc 为重写了父类的字段。

继承会继承父类的所有属性和方法，Scala 只允许继承一个父类，示例代码如代码 3-18 所示。

代码 3-18　TestInherit1.scala

```
import java.io._
class Point(val xc: Int, val yc: Int) {
  var x: Int = xc
  var y: Int − yc
  def move(dx: Int, dy: Int) {
    x = x + dx
    y = y + dy
    println ("x 的坐标点 : " + x);
    println ("y 的坐标点 : " + y);
  }
}
class Location(override val xc: Int, override val yc: Int,
  val zc :Int) extends Point(xc, yc){
  var z: Int = zc

  def move(dx: Int, dy: Int, dz: Int) {
    x = x + dx
    y = y + dy
    z = z + dz
    println ("x 的坐标点 : " + x);
    println ("y 的坐标点 : " + y);
    println ("z 的坐标点 : " + z);
  }
}
```

```
object Test {
  def main(args: Array[String]) {
    val loc = new Location(10, 20, 15);

    // 移到一个新的位置
    loc.move(10, 10, 5);
  }
}
```

执行以上代码，输出结果为：

```
x 的坐标点 : 20
y 的坐标点 : 30
z 的坐标点 : 20
```

Scala 重写一个非抽象方法时，必须使用 override 修饰符，示例代码如代码 3-19 所示。

代码 3-19　TestInherit2.scala

```
class Person {
  var name = ""
  override def toString = getClass.getName + "[name=" + name + "]"
}
class Employee extends Person {
  var salary = 0.0
  override def toString = super.toString + "[salary=" + salary + "]"
}
object TestInherit1 extends App {
  val fred = new Employee
  fred.name = "Fred"
  fred.salary = 50000
  println(fred)
}
```

执行以上代码，输出结果为：

```
Employee[name=Fred][salary=50000.0]
```

3.1.6　Scala 异常处理

Scala 的异常处理和 Java 语言类似。Scala 的方法可以通过抛出异常方法的方式来终止相关代码的运行，而不必通过返回值来终止。

1. 抛出异常

Scala 抛出异常的方法和 Java 一样，使用 throw 关键字。例如，抛出一个新的参数异常：

```
throw new IllegalArgumentException
```

2. 捕获异常

Scala 异常捕捉的机制与其他语言类似。如果有异常发生，catch 子句会按次序捕捉异常。因此，在 catch 子句中，越具体的异常越靠前，越普遍的异常越靠后。如果抛出的异常不在 catch 子句中，该异常则无法处理，会被升级到调用者处。

Scala 捕捉异常的 catch 子句语法与其他语言不太一样。Scala 借用了模式匹配的思想来处理异常匹配，因此，其 catch 子句由一系列 case 子句组成，示例代码如代码 3-20 所示。

代码 3-20　TestExcept.scala

```scala
import java.io.FileReader
import java.io.FileNotFoundException
import java.io.IOException

object TestExcept{
  def main(args: Array[String]) {
    try {
      val f = new FileReader("input.txt")
    } catch {
      case ex: FileNotFoundException =>{
        println("Missing file exception")
      }
      case ex: IOException => {
        println("IO Exception")
      }
    }
  }
}
```

执行以上代码，输出结果为：

```
Missing file exception
```

catch 子句中的内容跟 match 中的 case 是完全一样的。由于异常捕捉是按次序进行的，如果最通用的异常 Throwable 写在最前面，则在它后面的 case 都捕捉不到，因此需要将它写在最后面。

3. finally 语句

finally 语句用于执行无论是正常处理还是有异常发生时都需要执行的步骤，示例代码如代码 3-21 所示。

代码 3-21　TestFinally.scala

```scala
import java.io.FileReader
import java.io.FileNotFoundException
import java.io.IOException
```

```
object TestFinally{
  def main(args: Array[String]) {
    try {
      val f = new FileReader("input.txt")
    } catch {
      case ex: FileNotFoundException => {
        println("Missing file exception")
      }
      case ex: IOException => {
        println("IO Exception")
      }
    } finally {
      println("Exiting finally...")
    }
  }
}
```

执行以上代码，输出结果为：

```
Missing file exception
Exiting finally...
```

3.1.7 Trait（特征）

Scala 的 Trait（特征）相当于 Java 的接口，实际上它比接口的功能还要强大。与接口不同的是，它还可以定义属性和方法的实现。一般情况下，Scala 的类只能够继承单一父类，但是如果是 Trait（特征），就可以继承多个，从结果来看就是实现了多重继承。

Trait（特征）定义的方式与类类似，但它使用的关键字是 trait，如下所示：

```
trait Equal {
  def isEqual(x: Any): Boolean
  def isNotEqual(x: Any): Boolean = !isEqual(x)
}
```

以上 Trait（特征）由两个方法组成：isEqual 和 isNotEqual。isEqual 方法没有定义方法的实现，isNotEqual 方法定义了方法的实现。子类继承特征可以实现未被实现的方法。因此，其实 Scala 的 Trait（特征）更像 Java 的抽象类。

以下示例演示 Trait 的完整用法。示例代码如代码 3-22 所示。

代码 3-22　TestTrait.scala

```
trait Equal {
  def isEqual(x: Any): Boolean
  def isNotEqual(x: Any): Boolean = !isEqual(x)
}
```

```
class Point(xc: Int, yc: Int) extends Equal {
  var x: Int = xc
  var y: Int = yc
  def isEqual(obj: Any) =
    obj.isInstanceOf[Point] &&
    obj.asInstanceOf[Point].x == x
}

object TestTrait{
  def main(args: Array[String]) {
    val p1 = new Point(2, 3)
    val p2 = new Point(2, 4)
    val p3 = new Point(3, 3)

    println(p1.isNotEqual(p2))
    println(p1.isNotEqual(p3))
    println(p1.isNotEqual(2))
  }
}
```

执行以上代码，输出结果为：

```
false
true
true
```

3.1.8　Scala 文件 I/O

1. I/O 介绍

Scala 进行文件写操作直接使用 Java 中的 I/O 类（java.io.File）。以下示例演示完整的写操作。示例代码如代码 3-23 所示。

代码 3-23　TestIO.scala

```
import java.io._

object TestIO{
  def main(args: Array[String]) {
    val writer = new PrintWriter(new File("test.txt" ))

    writer.write("辉哥大数据的博客 http:// blog.csdn.net/silentwolfyh")
    writer.close()
  }
}
```

执行以上代码，当前目录下会生成一个 test.txt 文件，该文件的内容为"辉哥大数据的博客

http:// blog.csdn.net/silentwolfyh"。

2. 从屏幕上读取用户输入

有时，我们需要接收用户在屏幕上输入的指令来处理程序，相关实现代码如下。

代码 3-24　TestConsole.scala

```
object Test {
  def main(args: Array[String]) {
    print("请输入辉哥大数据的博客: " )
    val line = Console.readLine

    println("谢谢，你输入的是: " + line)
  }
}
```

执行以上代码，屏幕上会显示如下信息：

```
请输入辉哥大数据的博客: http:// blog.csdn.net/silentwolfyh
谢谢，你输入的是: http:// blog.csdn.net/silentwolfyh
```

3. 从文件上读取内容

从文件上读取内容非常简单。我们可以使用 Scala 的 Source 类及其伴生对象来读取文件。以下实例演示从 test.txt（代码 3-23 创建的）文件中读取内容。

代码 3-25　TestIO.scala

```
import scala.io.Source

object TestIO{
  def main(args: Array[String]) {
    println("文件内容为:" )

    Source.fromFile("test.txt" ).foreach{
      print
    }
  }
}
```

执行以上代码，输出结果为：

```
文件内容为:
辉哥大数据的博客 http:// blog.csdn.net/silentwolfyh
```

3.1.9　Scala 练习题

为了巩固读者对上述知识点的掌握，下面提供了 3 道 Scala 练习题，难度由易到难。读者可以根据自己对 Scala 编程的掌握程度自行完成。

1. 九九乘法表

本练习旨在完成九九乘法表，复习变量、循环、运算符、数据类型和字符串处理等编程技巧。

代码 3-26　Chengfabiao.scala

```scala
package chapter03

/**
 * author: yuhui
 * descriptions:
 * date: 2024 - 12 - 23 8:02 下午
 */
object Chengfabiao {
  def main(args: Array[String]) {
    var i: Int = 1
    while (i <= 9) {
      {
        var j: Int = 1
        while (j <= i) {
          {
            System.out.print(i + "*" + j + "=" + (i * j) + "\t")
          }
          {
            j += 1;
            j - 1
          }
        }
        System.out.print("\n")
      }
      {
        i += 1;
        i - 1
      }
    }
  }
}
```

执行以上代码，输出结果为：

```
1*1=1
2*1=2   2*2=4
3*1=3   3*2=6   3*3=9
4*1=4   4*2=8   4*3=12  4*4=16
5*1=5   5*2=10  5*3=15  5*4=20  5*5=25
6*1=6   6*2=12  6*3=18  6*4=24  6*5=30  6*6=36
7*1=7   7*2=14  7*3=21  7*4=28  7*5=35  7*6=42  7*7=49
8*1=8   8*2=16  8*3=24  8*4=32  8*5=40  8*6=48  8*7=56  8*8=64
```

```
9*1=9    9*2=18  9*3=27  9*4=36  9*5=45  9*6=54  9*7=63  9*8=72  9*9=81
```

2. 冒泡排序

本练习旨在完成冒泡排序，复习数组、变量、循环、判断和数据类型等编程技巧。

代码 3-27　MaopaoSort.scala

```scala
package chapter03

/**
 * author: yuhui
 * descriptions:
 * date: 2024 - 12 - 23 8:03 下午
 */
object MaopaoSort{
 def main(args: Array[String]) {
    val score: Array[Int] = Array(67, 55, 75, 87, 89, 70, 99, 10)
    var i: Int = 0
    while (i < score.length - 1) {
      {
        // 最多做 n-1 趟排序
        var j: Int = 0
        while (j < score.length - i - 1) {
          {
            // 对当前无序区间 score[0...length-i-1]进行排序（j 的范围很关键，这个范围是
在逐步缩小的）
            if (score(j) < score(j + 1)) {
              // 把小的值交换到后面
              val temp: Int = score(j)
              score(j) = score(j + 1)
              score(j + 1) = temp
            }
          }
          {
            j += 1;
            j - 1
          }
        }
        System.out.print("第" + (i + 1) + "次排序结果: ")
        var a: Int = 0
        while (a < score.length) {
          {
            System.out.print(score(a) + "\t")
          }
          {
            a += 1;
            a - 1
```

```
      }
    }
    System.out.println("")
  }
  {
    i += 1;
    i - 1
  }
}
System.out.print("最终排序结果: ")
var a: Int = 0
while (a < score.length) {
  {
    System.out.print(score(a) + "\t")
  }
  {
    a += 1;
    a - 1
  }
}
    }
  }
}
```

执行以上代码，输出结果为：

```
第 1 次排序结果: 67  75  87  89  70  99  55  10
第 2 次排序结果: 75  87  89  70  99  67  55  10
第 3 次排序结果: 87  89  75  99  70  67  55  10
第 4 次排序结果: 89  87  99  75  70  67  55  10
第 5 次排序结果: 89  99  87  75  70  67  55  10
第 6 次排序结果: 99  89  87  75  70  67  55  10
第 7 次排序结果: 99  89  87  75  70  67  55  10
最终排序结果: 99  89  87  75  70  67  55  10
```

3. 设计模式 Command（命令）

命令模式（见图 3-1）是一种行为设计模式，它将一个请求封装为一个对象，从而使用户可以用不同的请求对客户进行参数化、对请求排队或记录请求日志，以及支持可撤销的操作。命令模式的关键在于引入了抽象命令接口，使得请求发送者和接收者之间解耦。

命令模式通常包含以下几个角色。

- Command: 声明了一个用于执行操作的接口。
- ConcreteCommand: 实现了 Command 接口，将接收者的动作绑定到一个具体的命令实现中。
- Invoker: 要求命令对象执行请求。
- Receiver: 执行命令的具体对象。

● Client: 创建具体的命令对象，并设置命令的接收者。

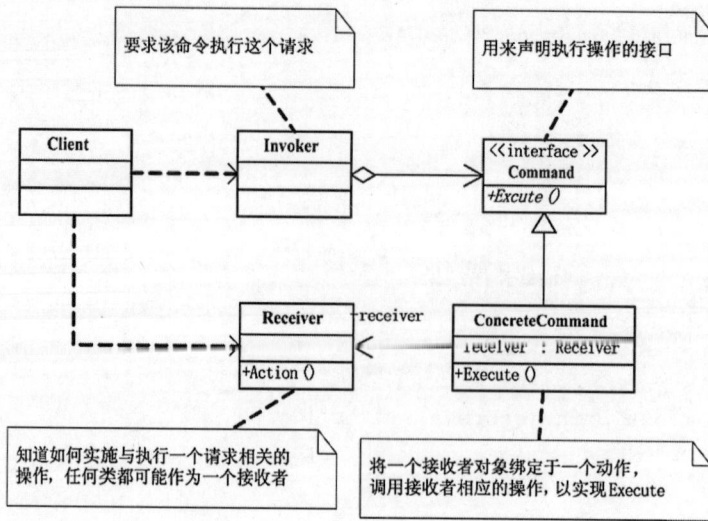

图 3-1　设计模式中的命令模式

以下代码完成设计模式 Command（命令）的用法，复习面向对象、继承、特征等编程技巧。

代码 3-28　CommandPatternDemo.scala

```scala
/**
 * author: yuhui
 * descriptions:
 * date: 2024 - 12 - 23 8:03 下午
 */
// 定义命令接口
trait Command {
  def execute(): Unit
}

// 定义接收者，即执行具体操作的类
trait Worker {
  def work(): Unit
}

// 具体的接收者实现
class JavaWorker extends Worker {
  override def work(): Unit = println("我是一个 Java 工程师")
}

class PhpWorker extends Worker {
  override def work(): Unit = println("我是一个 PHP 工程师")
}
```

```scala
class ScalaWorker extends Worker {
  override def work(): Unit = println("我是一个 Spark 工程师")
}


// 具体的命令实现，每个命令都封装了对一个接收者的调用
class JavaCommand(private val worker: Worker) extends Command {
  override def execute(): Unit = worker.work()
}

class PhpCommand(private val worker: Worker) extends Command {
  override def execute(): Unit = worker.work()
}

class ScalaCommand(private val worker: Worker) extends Command {
  override def execute(): Unit = worker.work()
}


// Invoker，负责调用命令
object Invoker {
  def executeCommand(command: Command): Unit = {
    command.execute()
  }
}


// Client，创建具体的命令对象，并设置命令的接收者，然后交给 Invoker 执行
object CommandPatternDemo {
  def main(args: Array[String]): Unit = {
    val javaWorker = new JavaWorker
    val javaCommand = new JavaCommand(javaWorker)
    Invoker.executeCommand(javaCommand)

    val phpWorker = new PhpWorker
    val phpCommand = new PhpCommand(phpWorker)
    Invoker.executeCommand(phpCommand)

    val scalaWorker = new ScalaWorker
    val scalaCommand = new ScalaCommand(scalaWorker)
    Invoker.executeCommand(scalaCommand)

    // 示例：如果需要一个未知命令的处理
    val unknownCommand = new Command {
      override def execute(): Unit = println("I don't know your job")
    }
    Invoker.executeCommand(unknownCommand)
  }
}
```

执行以上代码，输出结果为：

```
我是一个 Java 工程师
我是一个 PhpPeople 工程师
我是一个 Spark 工程师
I don't know your job
```

3.2 Spark 创建项目

本节示例项目的实验环境是在 Windows 10 操作系统上安装 Scala 2.13.12、Java 1.8 和 Apache Maven 3.9.7，并在 IntelliJ IDEA 2025.1 中创建 Spark 项目。IntelliJ IDEA 的安装步骤比较简单，本节不做讲解。创建一个 Spark 项目的步骤说明如下。

1. 查看 IntelliJ IDEA 2025.1 版本

如图 3-2 所示，确认你使用的是 IntelliJ IDEA 2025.1 版本。

2. 查看 Java、Scala、Maven 版本

如图 3-3 所示，查看 Java、Scala、Maven 版本。

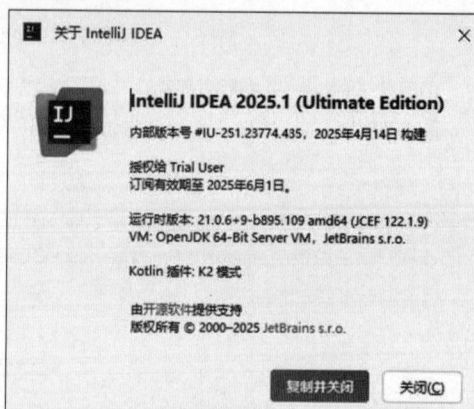

图 3-2 IntelliJ IDEA 2025.1 版本

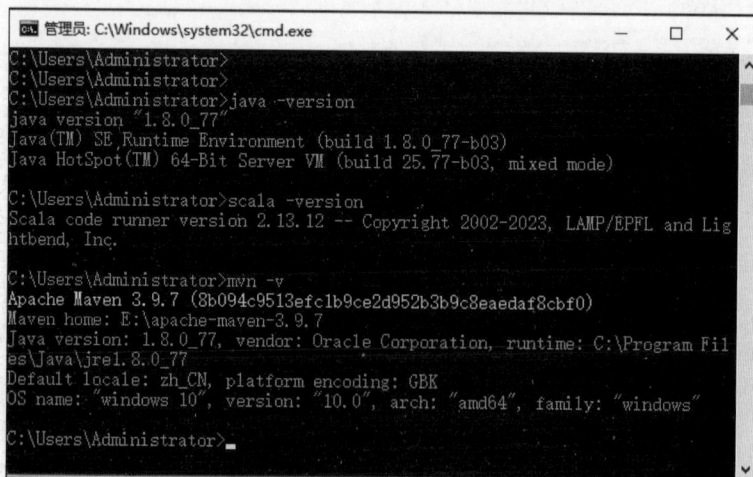

图 3-3 查看 Java、Scala、Maven 版本

3. 创建 Project

如图 3-4 所示，单击"新建"按钮，再单击"项目"，打开"新建项目"窗口。

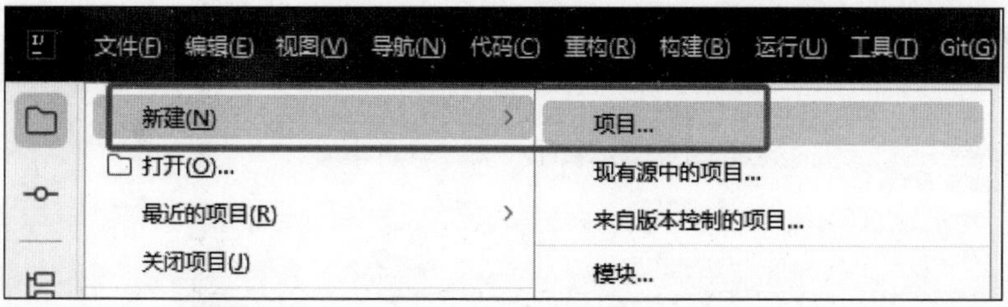

图 3-4　创建 Project

4. 选择模板

在"新建项目"窗口中，配置 Archetype 选择"maven-archetype-quickstart"，单击"创建"按钮，如图 3-5 所示。

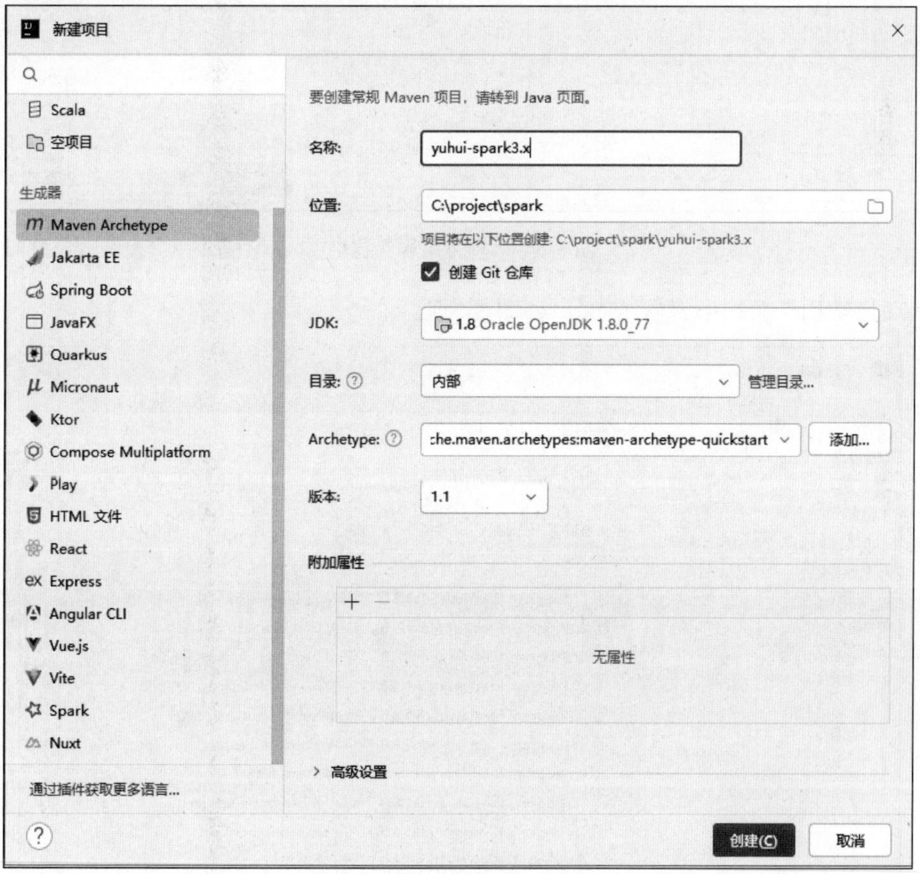

图 3-5　"新建项目"窗口

5. 项目结构配置

打开"项目结构"窗口，如图 3-6 所示。

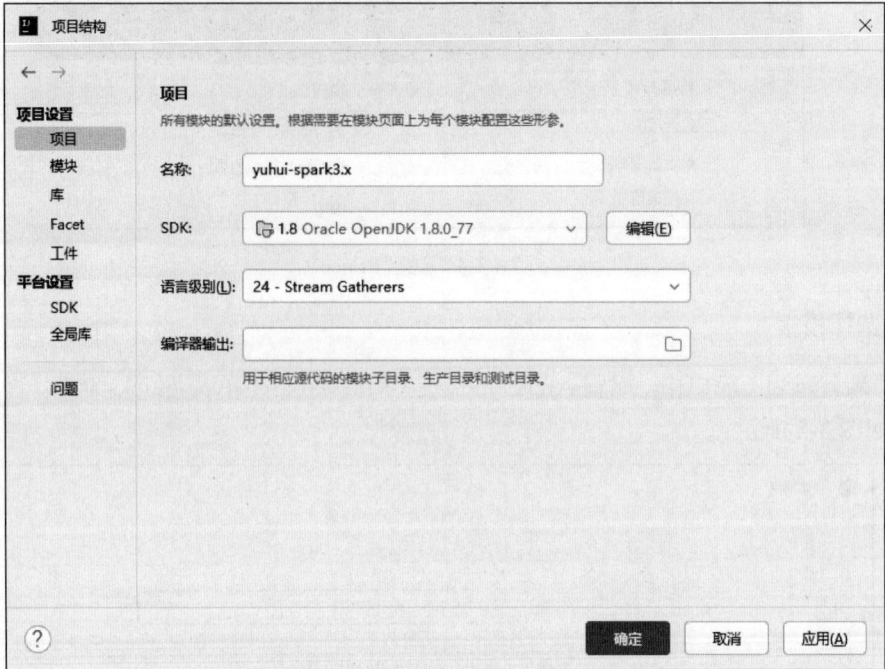

图 3-6 "项目结构"窗口

在"项目结构"窗口中设置 SDK，如图 3-7 所示。

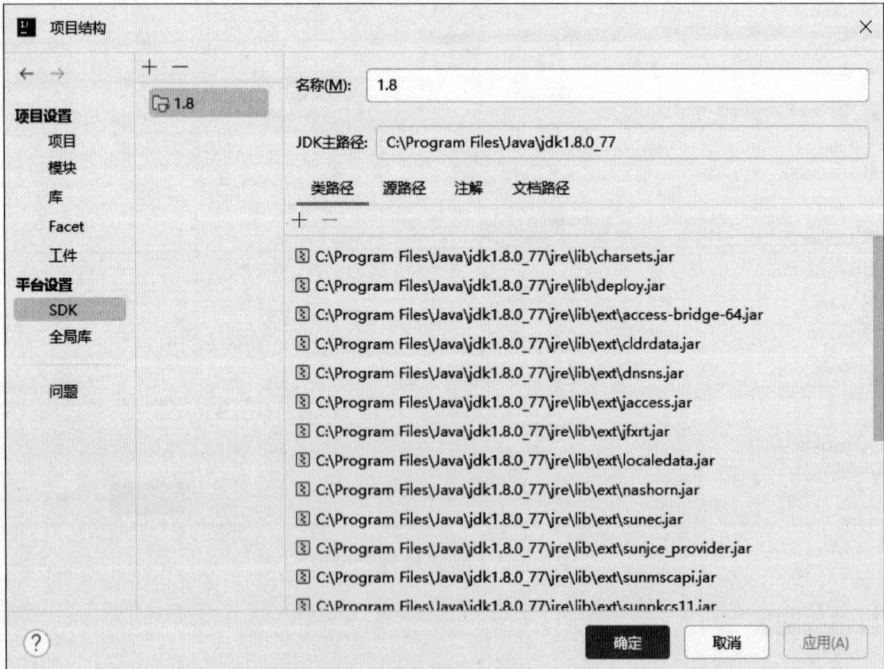

图 3-7 平台设置中的 SDK 配置

在"项目结构"窗口的全局库中配置 scala，如图 3-8 所示。设置 Maven 加载，如图 3-9 所示。

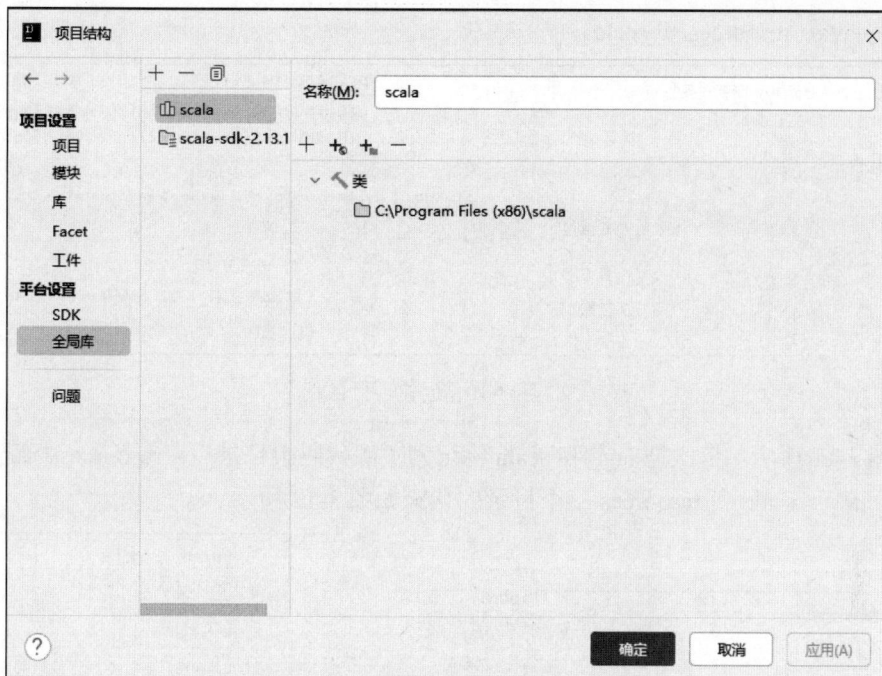

图 3-8　平台设置中全局库配置 scala

图 3-9　设置 Maven 加载

6. 项目创建目录和标记目录

如图 3-10 所示，右击 main 目录，在打开的菜单中依次单击"新建"→"目录"，分别创建文件夹 java、resources 和 scala。

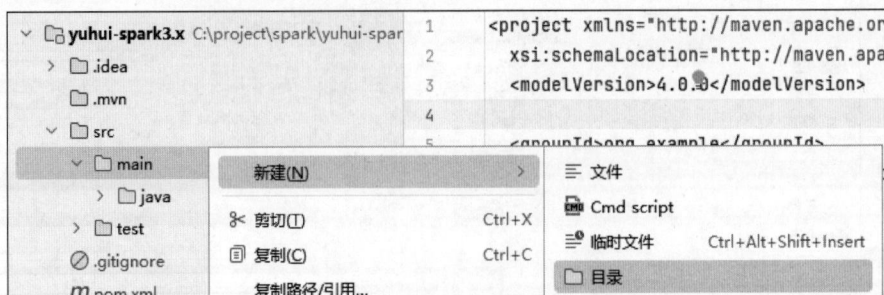

图 3-10　创建项目目录

如图 3-11 所示，依次把 java 和 scala 标记为"源代码根目录"，resources 标记为"资源根目录"。java、scala 和 resources 三个目录的状态如图 3-12 所示。

图 3-11　项目目录标记

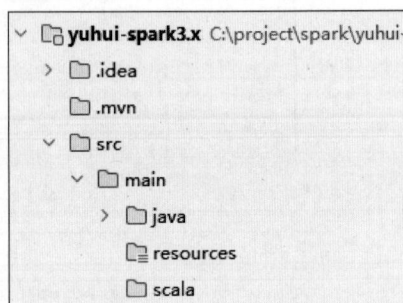

图 3-12　项目目录状态

7. 在 java 目录下创建 Package 目录

在 java 目录下创建 Package 目录的方法如图 3-13 所示。

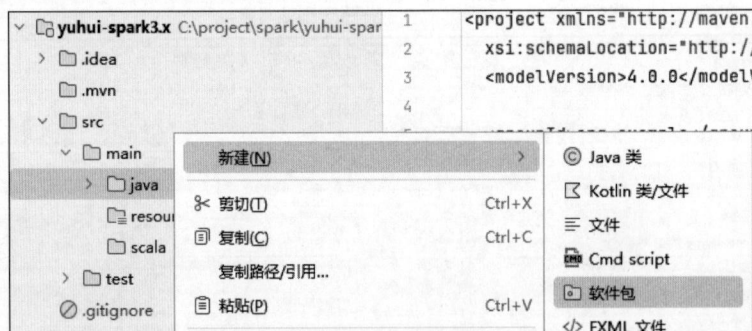

图 3-13　创建 Package 目录

8. 本书项目图片

本书在 IntelliJ IDEA 中创建的项目和代码整体清单如图 3-14 所示。代码存储在"码云"上，地址为 https:// gitee.com/silentwolfyh/yuhui-spark3.x。

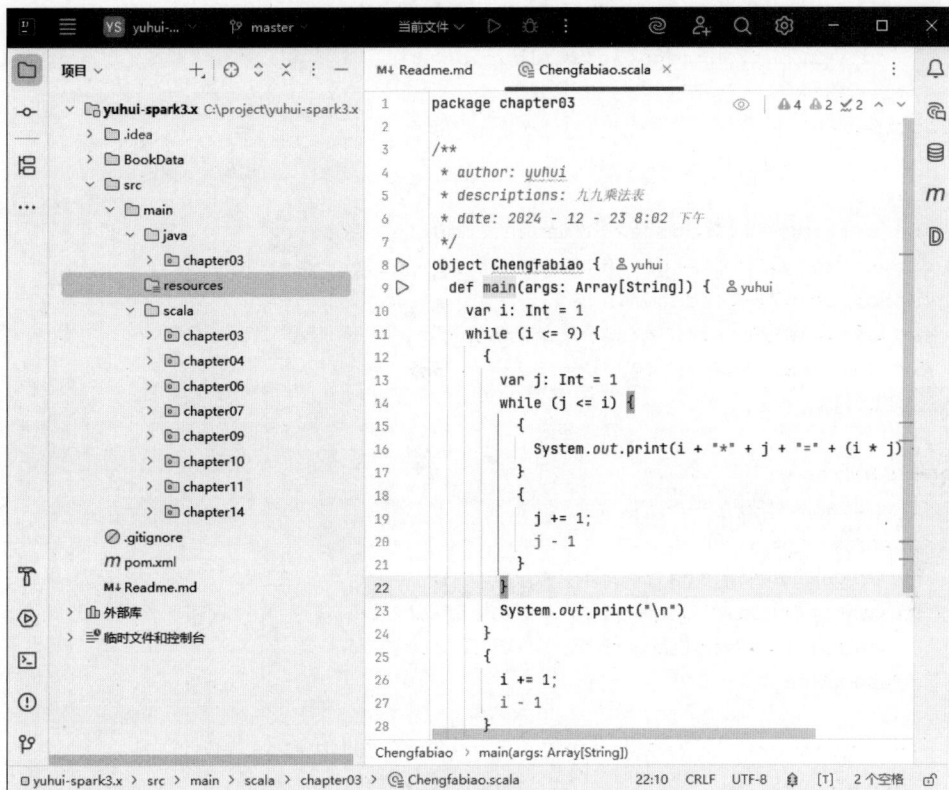

图 3-14　本书代码清单

9. 添加 Maven 依赖和插件

pom.xml 是 Maven 项目的核心配置文件，用于描述项目的各种信息。项目中可运行的代码都需要相关的依赖和插件，将 Maven 依赖和插件核心配置文件复制到指定的位置，如图 3-15 所示。

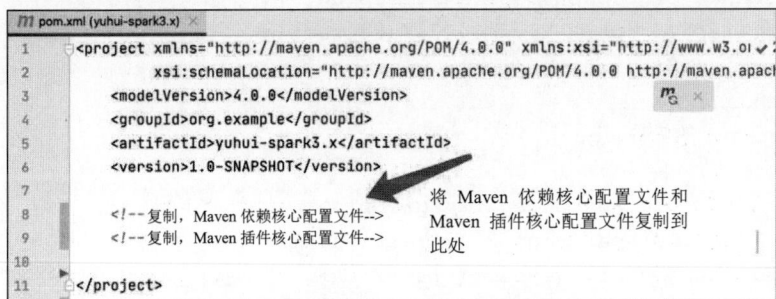

图 3-15　Maven 项目的核心配置文件

Maven 依赖核心配置文件：

```
<licenses>
<license>
     <name>My License</name>
```

```xml
            <url>http:// ....</url>
            <distribution>repo</distribution>
        </license>
    </licenses>

<properties>
    <maven.compiler.source>8</maven.compiler.source>
    <maven.compiler.target>8</maven.compiler.target>
    <encoding>UTF-8</encoding>
    <spark.version>3.5.3</spark.version>
    <scala.version>2.13.12</scala.version>
</properties>

<dependencies>
    <!-- Scala 的依赖 -->
    <dependency>
        <groupId>org.scala-lang</groupId>
        <artifactId>scala-library</artifactId>
        <version>${scala.version}</version>
    </dependency>

    <!-- spark core 即为 Spark 内核，其他高级组件都要依赖 Spark Core -->
    <dependency>
        <groupId>org.apache.spark</groupId>
        <artifactId>spark-core_2.13</artifactId>
        <version>${spark.version}</version>
    </dependency>

    <!-- spark-hive 的依赖-->
    <dependency>
        <groupId>org.apache.spark</groupId>
        <artifactId>spark-hive_2.13</artifactId>
        <version>${spark.version}</version>
    </dependency>
    <!-- spark-sql 的依赖 -->
    <dependency>
        <groupId>org.apache.spark</groupId>
        <artifactId>spark-sql_2.13</artifactId>
        <version>${spark.version}</version>
    </dependency>
    <!-- fastjson 的依赖 -->
    <dependency>
        <groupId>com.alibaba</groupId>
        <artifactId>fastjson</artifactId>
        <version>1.2.83</version>
    </dependency>
```

```xml
<!-- geohash 的依赖 -->
    <dependency>
        <groupId>ch.hsr</groupId>
        <artifactId>geohash</artifactId>
        <version>1.4.0</version>
    </dependency>
<!-- MySQL 的依赖-->
    <dependency>
        <groupId>mysql</groupId>
        <artifactId>mysql-connector-java</artifactId>
        <version>8.0.30</version>
    </dependency>
<!-- jackson-core 的依赖-->
    <dependency>
        <groupId>com.fasterxml.jackson.core</groupId>
        <artifactId>jackson-core</artifactId>
        <version>2.15.0</version>
    </dependency>
</dependencies>
```

Maven 插件核心配置文件：

```xml
<!-- 配置 Maven 的镜像库 -->
<!-- 依赖下载国内镜像库 -->
<repositories>
    <repository>
        <id>nexus-aliyun</id>
        <name>Nexus aliyun</name>
        <layout>default</layout>
        <url>http:// maven.aliyun.com/nexus/content/groups/public</url>
        <snapshots>
            <enabled>false</enabled>
            <updatePolicy>never</updatePolicy>
        </snapshots>
        <releases>
            <enabled>true</enabled>
            <updatePolicy>never</updatePolicy>
        </releases>
    </repository>
</repositories>

<!-- Maven 插件下载国内镜像库 -->
<pluginRepositories>
    <pluginRepository>
        <id>ali-plugin</id>
        <url>http:// maven.aliyun.com/nexus/content/groups/public/</url>
        <snapshots>
```

```xml
            <enabled>false</enabled>
            <updatePolicy>never</updatePolicy>
        </snapshots>
        <releases>
            <enabled>true</enabled>
            <updatePolicy>never</updatePolicy>
        </releases>
    </pluginRepository>
</pluginRepositories>

<build>
    <pluginManagement>
        <plugins>
            <!-- 编译 Scala 的插件 -->
            <plugin>
                <groupId>net.alchim31.maven</groupId>
                <artifactId>scala-maven-plugin</artifactId>
                <version>3.2.0</version>
            </plugin>
            <!-- 编译 Java 的插件 -->
            <plugin>
                <groupId>org.apache.maven.plugins</groupId>
                <artifactId>maven-compiler-plugin</artifactId>
                <version>3.5.1</version>
            </plugin>
        </plugins>
    </pluginManagement>
    <plugins>
<!-- Scala Maven Plugin -->
<!-- 用于在 Maven 项目中集成 Scala 编译和测试编译的支持 -->
        <plugin>
            <groupId>net.alchim31.maven</groupId>
            <artifactId>scala-maven-plugin</artifactId>
            <executions>
                <execution>
                    <id>scala-compile-first</id>
                    <phase>process-resources</phase>
                    <goals>
                        <goal>add-source</goal>
                        <goal>compile</goal>
                    </goals>
                </execution>
                <execution>
                    <id>scala-test-compile</id>
                    <phase>process-test-resources</phase>
                    <goals>
```

```xml
                          <goal>testCompile</goal>
                      </goals>
                  </execution>
              </executions>
          </plugin>
          <!-- Maven Compiler Plugin -->
<!-- 用于编译项目中的 Java 源代码 -->
          <plugin>
              <groupId>org.apache.maven.plugins</groupId>
              <artifactId>maven-compiler-plugin</artifactId>
              <executions>
                  <execution>
                      <phase>compile</phase>
                      <goals>
                          <goal>compile</goal>
                      </goals>
                  </execution>
              </executions>
          </plugin>
          <!-- Maven Shade Plugin -->
<!-- 用于将项目打包为一个可执行的 JAR 文件，同时处理依赖冲突和排除不需要的文件 -->
          <plugin>
              <groupId>org.apache.maven.plugins</groupId>
              <artifactId>maven-shade-plugin</artifactId>
              <version>2.4.3</version>
              <executions>
                  <execution>
                      <phase>package</phase>
                      <goals>
                          <goal>shade</goal>
                      </goals>
                      <configuration>
                          <filters>
                              <filter>
                                  <artifact>*:*</artifact>
                                  <excludes>
                                      <exclude>META-INF/*.SF</exclude>
                                      <exclude>META-INF/*.DSA</exclude>
                                      <exclude>META-INF/*.RSA</exclude>
                                  </excludes>
                              </filter>
                          </filters>
                      </configuration>
                  </execution>
              </executions>
          </plugin>
```

```
    </plugins>
</build>
```

3.3　Spark 程序编写与运行方法

本节将讲解 Spark 程序编写、程序本地运行、程序打包和程序线上运行等操作方法。

1. Spark 程序编写方法

在 chapter03 包下建立一个 WordCount.scala 类。代码 3-29 将演示 Spark 最基本的 WordCount 案例。

代码 3-29　WordCount.scala

```scala
import org.apache.spark.rdd.RDD
import org.apache.spark.{SparkConf, SparkContext}

/**
 * 1.创建 SparkContext
 * 2.创建 RDD
 * 3.调用 RDD 的 Transformation（s）方法
 * 4.调用 Action
 * 5.释放资源
 */
object WordCount {

  def main(args: Array[String]): Unit = {
    val conf: SparkConf = new SparkConf().setAppName("WordCount")
    // 创建 SparkContext，使用 SparkContext 来创建 RDD
    val sc: SparkContext = new SparkContext(conf)
    // 使用 SparkContext 创建 RDD
    val lines: RDD[String] = sc.textFile(args(0))
    // Transformation 开始 //
    // 切分并压平
    val words: RDD[String] = lines.flatMap(_.split(" "))
    // 将单词和 1 组合成元组
    val wordAndOne: RDD[(String, Int)] = words.map((_, 1))
    // 分组聚合，reduceByKey 可以先局部聚合再全局聚合
    val reduced: RDD[(String, Int)] = wordAndOne.reduceByKey(_+_)
    // 排序
    val sorted: RDD[(String, Int)] = reduced.sortBy(_._2, false)
    // Transformation 结束 //
    // 调用 Action 将计算结果保存到 HDFS 中
    sorted.saveAsTextFile(args(1))
    // 释放资源
```

```
    sc.stop()
  }
}
```

2. 本地运行方法

在 IEAD 中指定需要运行的类，单击"运行"按钮即可直接运行，如图 3-16 所示。

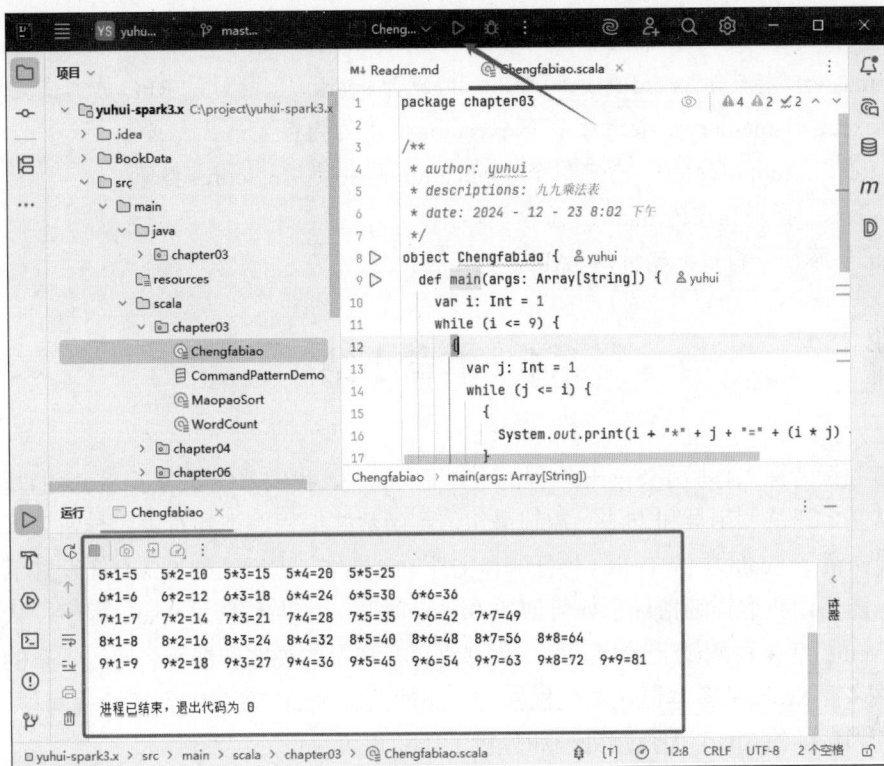

图 3-16 IDEA 本地运行界面

3. 使用 Maven 打包

使用 IDEA 图形界面，鼠标左键双击 package 打包，如图 3-17 所示。

使用 Maven 命令打包：

```
mvn clean package
```

两种方式任选其一即可。

4. 线上运行方法

通过 Maven 进行打包之后，得到一个 JAR 包。上传 JAR 包到 Spark 集群服务器的/home/hadoop/目录下，然后使用 spark-submit 命令提交任务。

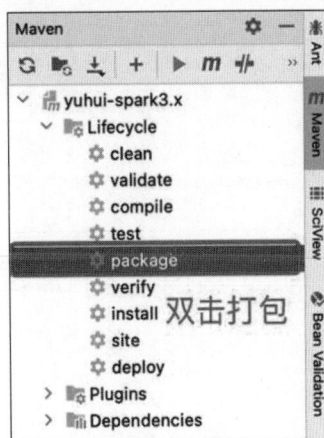

图 3-17 IDEA 图形界面打包

```
spark-submit \
--master spark:// yuhui01:7077 \
--executor-memory 1g \
--total-executor-cores 4 \
--class chapter03.WordCount \
/home/hadoop/spark-in-action-1.0.jar hdfs:// ns/words.txt hdfs:// ns/out
```

参数说明：

- --master：指定 masterd 地址和端口，协议为 spark://，端口是 RPC 的通信端口。
- --executor-memory：指定每一个 executor 使用的内存大小。
- --total-executor-cores：指定整个 application 总共使用的 cores 数量。
- --class：指定程序的 main 方法全类名。
- jar 包路径：指定打包后的 JAR 文件路径。

3.4　本章小结

本章带领读者深入体验了 Spark 编程的全过程。首先，我们系统学习了 Scala 的基础编程知识，涵盖从基本语法、函数和方法、控制语句，到函数式编程、类和对象、异常处理等核心内容，还特别介绍了 Scala 中的 Trait（特征）和文件 I/O 操作，为后续的 Spark 开发打下了坚实的语言基础。随后，我们详细指导了如何创建 Spark 项目，并动手编写 Spark 程序。从本地运行到使用 Maven 打包，再到线上运行，每一步都进行了详尽的说明和演示。通过本章的学习，读者不仅能够掌握 Scala 的基本语法和编程技巧，还能熟悉 Spark 项目的创建流程和程序的编写、运行方法，为后续的 Spark 大数据处理和分析工作积累了宝贵的实践经验。

第4章

RDD 深度解读

本章深入探索 Spark 的核心抽象——RDD（Resilient Distributed Dataset，弹性分布式数据集）。从 RDD 的基本概念出发，逐步解析其血缘关系、依赖类型及多种算子（包括 Transformation、Action 及特殊算子）。同时，通过模拟自定义 RDD 与任务执行原理图解，让读者掌握 Spark 的实战技巧。

本章主要知识点：

- RDD 的概念及特点
- RDD 的血缘和依赖
- RDD 的 Transformation 算子
- RDD 的 Action 算子
- RDD 的特殊算子
- RDD 转换算子的惰性
- 模拟 Spark 自定义 RDD
- Spark 任务执行原理

4.1　RDD 的概念及特点

本节将对 RDD 的基本概念、特点、分类、使用方法进行详细讲解。RDD 作为 Spark 的核心数据结构，承载着弹性分布式数据集的特性。本节将深入探讨 RDD 的特点、算子的精细分类以及多样化的创建方法，为 Spark 数据处理奠定坚实基础。

4.1.1　RDD 的特点

RDD 是 Apache Spark 中的一个核心概念，具有以下特点。

（1）不可变性（Immutability）：RDD 一旦创建，就不能被修改。这种不可变性确保了数据的一致性和容错性。如果需要修改数据，可以创建一个新的 RDD。

（2）分布式存储：RDD 中的数据是分布式存储的，可以跨多个节点进行存储和处理。这种分布式存储方式使得 Spark 能够处理大规模数据集。

（3）容错性（Fault Tolerance）：由于 RDD 是不可变的，Spark 可以记录 RDD 的创建过程（即 Lineage，血统）。当某个 RDD 的分区丢失时，Spark 可以通过重新计算其依赖的 RDD 来恢复丢失的数据，而无须重新计算整个数据集。

（4）惰性计算（Lazy Evaluation）：RDD 的操作是惰性的，即只有在实际需要计算结果时（如调用 collect()、count()等行动操作）才会执行。这种惰性计算机制使得 Spark 能够优化执行计划，提高计算效率。

（5）多种操作：RDD 支持两种类型的操作，即转换（Transformation）和行动（Action）。转换操作会返回一个新的 RDD，而行动操作会触发计算并返回结果到驱动程序。

（6）自定义分区：RDD 允许用户自定义分区策略，以优化数据分布和计算性能。用户可以通过实现 Partitioner 接口来自定义分区方式。

（7）与存储系统的集成：RDD 可以与多种存储系统（如 HDFS、S3、Cassandra 等）进行集成，方便从这些存储系统中读取数据和写入数据。

（8）高效的内存计算：RDD 支持将数据缓存到内存中，从而加速后续的计算操作。这种内存计算模式使得 Spark 在处理迭代计算、机器学习等任务时具有显著的性能优势。

（9）灵活性：RDD 提供了丰富的 API，允许用户以灵活的方式对数据进行处理。用户可以使用高阶函数（如 map、filter、reduce 等）来定义复杂的计算逻辑。

（10）扩展性：RDD 的抽象层次较低，允许开发者根据需要创建自定义的 RDD 类型，以支持特定的数据处理需求。例如，Spark SQL 中的 DataFrame 和 Dataset 都是基于 RDD 构建的更高层次的抽象。

这些特点使得 RDD 成为处理大规模数据集的强大工具，特别适用于需要高效、容错和灵活数据处理的应用场景。

RDD 之间存在一系列依赖关系（见图 4-1）。RDD 调用 Transformation 后会生成一个新的 RDD，子 RDD 会记录父 RDD 的依赖关系，包括宽依赖（有 Shuffle）和窄依赖（没有 Shuffle）。4.1.2 节会对依赖关系中的算子分类进行 Reduce Join 详细讲解。

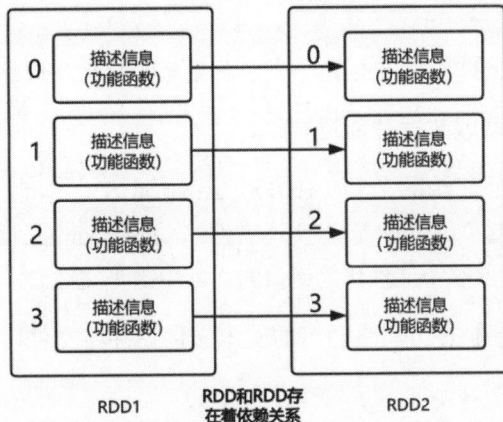

图 4-1 RDD 的依赖关系

4.1.2 RDD 的算子分类

RDD 中的算子分为两大类：Transformation（转换算子）和 Action（行动算子）。

- Transformation：转换算子，调用转换算子会生成一个新的 RDD，Transformation 是惰性的，不会触发作业（Job）执行。
- Action：行动算子，调用行动算子会触发作业（Job）执行，本质上是调用了 sc.runJob 方法。该方法从最后一个 RDD 开始，根据其依赖关系，从后往前划分阶段（Stage），并生成任务集（TaskSet）。

RDD 的算子通过转换和行动两类算子的组合，实现了对分布式数据的复杂处理。转换算子定义了数据的转换逻辑；而行动算子则触发了这些转换逻辑的执行，并产生了最终结果。这种设计使得 Spark 能够高效地处理大规模数据集。

4.1.3 RDD 创建方法

在 Apache Spark 中，RDD 是一个容错、并行的数据结构，可以让用户在高层次上执行大规模的数据集操作。RDD 可以通过多种方式在 Spark 应用程序中创建，下面介绍一些常见的 RDD 创建方法。

1. 从集合中创建 RDD

在 Spark 的 Scala API 中，可以从一个已经存在的 Scala 集合（如 List、Array 等）中直接创建 RDD。这是通过调用 SparkContext 的 parallelize 方法实现的。

```
// 定义数组
val data = Array(1, 2, 3, 4, 5)

// 创建 RDD
```

```
val rdd = sc.parallelize(data)
```

这里，sc 是 SparkContext 的实例，data 是一个包含整数的数组，rdd 是由 data 转换而来的 RDD。

2. 从外部文件系统中读取数据并创建 RDD

Spark 提供了多种从外部存储系统（如 HDFS、Amazon S3、本地文件系统等）读取数据并创建 RDD 的方法。这些方法包括 textFile（读取文本文件）、sequenceFile（读取 Hadoop 的 SequenceFile 文件）、wholeTextFiles（读取整个文件作为键值对，其中键是文件名，值是文件内容）等。

下面这行代码会读取指定 HDFS 路径下的文本文件，并将文件内容作为 RDD 中的元素。

```
// 读取 HDFS 文件为 RDD
val rdd = sc.textFile("hdfs:// path/to/textfile.txt")
```

3. 从其他 RDD 转换而来

RDD 支持丰富的转换（Transformations）操作，这些操作会返回一个新的 RDD。这些转换操作包括 map、filter、flatMap、groupByKey 等。因此，可以通过在一个已存在的 RDD 上应用这些转换操作来创建新的 RDD。

```
// 创建原始 RDD
val originalRDD = sc.parallelize(Array(1, 2, 3, 4, 5))

// 映射转换 RDD
val transformedRDD = originalRDD.map(x => x * 2)
```

4. 使用 SparkContext 的 makeRDD 方法

SparkContext 的 makeRDD 方法允许直接从 Scala 的并行集合（如 ParSeq）或迭代器（Iterator）中创建 RDD。这种方法虽不常用，但是对于从非标准数据源创建 RDD 特别有用。

```
// 本地数据集合
data = [1, 2, 3, 4, 5]

// 使用 makeRDD 方法从本地数据集合中创建一个 RDD
rdd = sc.makeRDD(data)
```

5. 从数据库中读取数据

虽然 Spark SQL 和 DataFrame API 通常是处理数据库数据的首选方法，但也可以通过 JDBC 等接口从数据库中读取数据并转换为 RDD。这通常涉及使用 JdbcRDD（在 Spark 1.x 版本中可用，但在 Spark 2.x 及更高版本中可能需要自定义实现或使用 DataFrame API）。

以下示例演示 Spark 通过 JDBC 调用 MySQL。

代码 4-1　SparkJDBCReadMySQL.scala

```
import org.apache.spark.sql.SparkSession

object SparkJDBCReadMySQL {
```

```
def main(args: Array[String]): Unit = {
  // 创建 SparkSession
  val spark = SparkSession.builder()
    .appName("Spark JDBC Read MySQL")
    .config("spark.master", "local[*]") // 本地模式，使用所有可用核心
    .getOrCreate()

  // MySQL JDBC URL、用户名和密码，读者需要根据自己的数据库信息修改这些配置
  val jdbcUrl = "jdbc:mysql:// <hostname>:<port>/<database>"
  val jdbcUsername = "<username>"
  val jdbcPassword = "<password>"

  // JDBC 查询，可以根据 MySQL 自带的示例数据库修改以下 SQL 语句
  val jdbcQuery = "(SELECT * FROM your_table) as table_alias" // 通常需要一个
别名
  // 读取 MySQL 数据为 DataFrame
  val df = spark.read
    .format("jdbc")
    .option("url", jdbcUrl)
    .option("dbtable", jdbcQuery) // 注意：这里使用 jdbcQuery 而不是直接表名
    .option("user", jdbcUsername)
    .option("password", jdbcPassword)
    .load()
  // 显示 DataFrame 内容
  df.show()

  // 停止 SparkSession
  spark.stop()
  }
}
```

　　请读者自行安装 MySQL，并运行代码测试一下。RDD 的创建通常与 SparkContext 实例紧密相关，因为大多数创建 RDD 的方法都是通过 SparkContext 的实例调用的。

　　在 Spark 2.x 及更高版本中，DataFrame 和 Dataset API 提供了更加高级和灵活的数据处理功能。因此，在可能的情况下，推荐使用这些 API。然而，对于某些特定场景或遗留代码，RDD 仍然是一个有用的选项。

4.2　RDD 的血缘和依赖

　　如果要深入探索 Apache Spark 的核心组件 RDD（弹性分布式数据集），理解其血缘（Lineage）和依赖（Dependency）机制至关重要。本节将从血缘与依赖的概念出发，详细剖析窄依赖与宽依赖，并通过源码解说和实证，揭示 Dependency 的形成过程。

4.2.1 血缘与依赖的概念

相邻的两个 RDD 的关系称为依赖关系，新的 RDD 依赖于旧的 RDD。一系列连续的依赖关系称为血缘关系（见图 4-2）。在图 4-2 中，RDD1 依赖于数据源，RDD2 依赖于 RDD1，以此类推到 RDD4。

每个 RDD 会保存依赖关系，但每个 RDD 不会保存数据。在 reduceByKey 过程中出现错误时，虽然 RDD3 不会保存数据，但可以根据依赖链条（即血缘关系）从数据源重新读取进行计算。

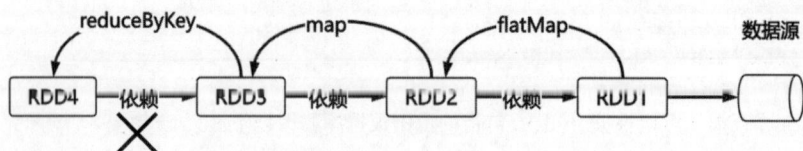

图 4-2 血缘关系

4.2.2 Dependency 依赖关系

1. Dependency 概念

Dependency 不仅描述了父子 RDD 的血缘关系，更关键的是它描述了父子 RDD 的分区（Partitions）之间的依赖关系。

● Dependency 是判断是否需要划分阶段（Stage，即是否需要 Shuffle）的依据。下面是 RDD 的抽象类定义：

```
abstract class RDD[T: ClassTag](
    @transient private var _sc: SparkContext,
    @transient private var deps: Seq[Dependency[_]]
) extends Serializable with Logging {}
```

● Dependency 抽象类定义：

```
abstract class Dependency[T] extends Serializable {
    def rdd: RDD[T]
}
```

● Dependency 的实现类，包括 ShuffleDependency 类（宽依赖）和 NarrowDependency 类（窄依赖），都继承自 Dependency 类，如图 4-3 所示。

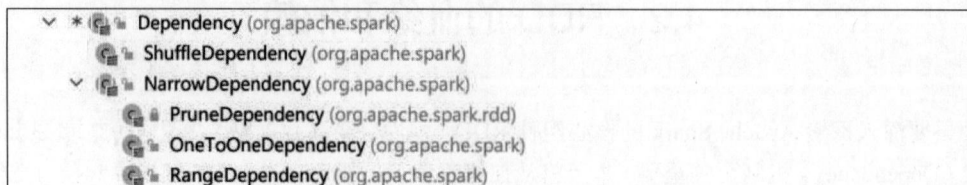

图 4-3 Dependency 的实现类

2. NarrowDependency（窄依赖）

窄依赖指的是父 RDD 中的一个分区最多只会被子 RDD 中的一个分区使用。这意味着子 RDD 和父子 RDD 的计算逻辑在同一个任务（Task）中执行，而无须通过 Shuffle 来重组数据。窄依赖（见图 4-4）包括两种类型：一对一依赖（OneToOne Dependency）和范围依赖（Range Dependency）。

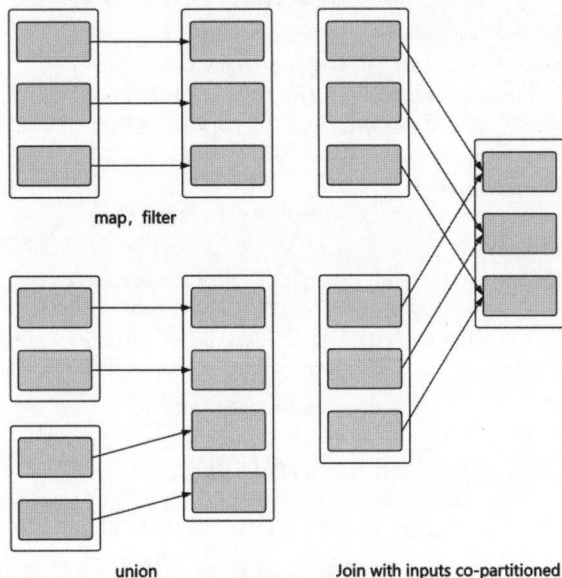

图 4-4　窄依赖

窄依赖的主要特点如下：

● 父 RDD 的一个分区，仅会被子 RDD 的一个分区所依赖。
● 子 RDD 的一个分区，可以依赖父 RDD 的多个分区。

3. ShuffleDependency（宽依赖）

宽依赖（见图 4-5）指的是父 RDD 的一个分区可能会被子 RDD 的所有分区所依赖。因此，父 RDD 的一个分区的数据需要被分割成多份，以形成子 RDD 的各个分区。这意味着从父 RDD 计算出子 RDD 的过程中，需要一个 Shuffle 过程。

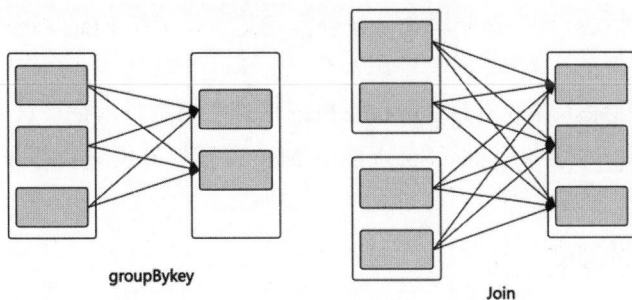

图 4-5　宽依赖

宽依赖的核心特点如下：

- 父 RDD 的一个分区，会被子 RDD 的多个（所有）分区所依赖。
- 宽依赖在源码中只有一种定义，即 ShuffleDependency，如图 4-6 所示。

```
class ShuffleDependency[K: ClassTag, V: ClassTag, C: ClassTag](
    @transient private val _rdd: RDD[_ <: Product2[K, V]], 所依赖的父RDD
    val partitioner: Partitioner, 分区器
    val serializer: Serializer = SparkEnv.get.serializer,
    val keyOrdering: Option[Ordering[K]] = None, Key排序比较器
    val aggregator: Option[Aggregator[K, V, C]] = None, 聚合算子
    val mapSideCombine: Boolean = false) 是否开启map端聚合
  extends Dependency[Product2[K, V]] {

  if (mapSideCombine) {
    require(aggregator.isDefined, "Map-side combine without Aggregator specified!")
  }            返回的就是所依赖的父RDD
  override def rdd: RDD[Product2[K, V]] = rdd.asInstanceOf[RDD[Product2[K, V]]]
```

图 4-6　ShuffleDependency 类

ShuffleDependency 主要记录了以下几个方面的信息。

- 父 RDD：记录了产生 Shuffle 操作的 RDD，即这个 Shuffle 操作的数据来源。在 Spark 中，Shuffle 操作通常发生在需要将数据进行重新分区或进行聚合操作时，例如 reduceByKey、groupByKey 等算子。
- 分区器（Partitioner）：指定了如何将父 RDD 中的数据分配到不同的分区中。分区器是 Shuffle 操作的关键组成部分，它决定了数据的分布和后续处理的并行度。
- 序列化器（Serializer）：由于 Shuffle 操作可能涉及网络传输，因此需要对数据进行序列化以减少传输开销。序列化器指定了如何将数据对象转换为字节序列，以便在网络中传输。
- 排序规则（KeyOrdering）：对于需要排序的 Shuffle 操作（如 sortByKey），ShuffleDependency 还记录了排序规则，以确保数据在 Shuffle 过程中或之后能够按照指定的顺序进行排序。
- 聚合器（Aggregator）：在某些情况下，为了减少 Shuffle 过程中的数据传输量，可以在 Map 端对数据进行部分聚合。聚合器定义了如何在 Map 端合并数据，以减少需要传输的数据量。
- Map 端聚合标志（Map-Side Combine Flag）：这个标志指示是否启用 Map 端聚合优化。如果启用 Map 端聚合优化，Spark 会在 Map 阶段对数据进行部分聚合，以减少传输到 reduce 阶段的数据量。

4. Dependency 的形成

在 Spark 中，Dependency 的形成主要发生在 RDD 的转换操作（Transformation）过程中。当用户通过调用 Spark API（如 map、filter、join 等）来创建新的 RDD 时，Spark 会根据这些操

作的性质来决定新 RDD 与旧 RDD 之间的依赖关系，并创建相应的 Dependency 对象。

例如，当用户调用 map 函数时，由于 map 操作是逐个元素进行处理的，并且每个输入元素都独立地映射到输出元素，因此它形成的依赖关系就是窄依赖。相反，当用户调用 join 函数时，由于需要将两个 RDD 中的元素按照某个键进行匹配和合并，这通常需要通过 Shuffle 操作来实现，因此它形成的依赖关系就是宽依赖。

5. Dependency 形成源码解说

下面通过 rdd3 生成 rdd4 的代码解说依赖源码过程：

```
// rdd3 通过 reduceByKey 算子转换成 rdd4
val rdd4: RDD[(String, Int)] = rdd3.reduceByKey(_ + _,2)
```

reduceByKey 这个算子生成了 rdd4。本质上，rdd4 就是由 reduceByKey 方法构造出来的。因而，rdd4 与 rdd3 的依赖关系就是由 reduceByKey 构造 rdd4 时决定的。

那么，rdd1.reduceByKey(_+_)是否一定会让返回的结果 rdd2 与调用 rdd1 形成宽依赖关系呢？并不是！可参考如图 4-7 所示的源码，这是 reduceByKey 最终返回结果的关键源码。

```
if (self.partitioner == Some(partitioner)) {
  self.mapPartitions(iter => {
    val context = TaskContext.get()
    new InterruptibleIterator(context, aggregator.combineValuesByKey(iter, context))
  }, preservesPartitioning = true)
} else {
  new ShuffledRDD[K, V, C](self, partitioner)
    .setSerializer(serializer)
    .setAggregator(aggregator)
    .setMapSideCombine(mapSideCombine)
}
```

图 4-7　reduceByKey 最终返回结果的关键源码

如果走的是 else 分支（父子 RDD 的分区器不同），则返回一个 ShuffledRDD。而 ShuffledRDD 里面的依赖关系就是一个宽依赖 ShuffleDependency，如图 4-8 所示。

```
override def getDependencies: Seq[Dependency[_]] = {
  val serializer = userSpecifiedSerializer.getOrElse {
    val serializerManager = SparkEnv.get.serializerManager
    if (mapSideCombine) {
      serializerManager.getSerializer(implicitly[ClassTag[K]], implicitly[ClassTag[C]])
    } else {
      serializerManager.getSerializer(implicitly[ClassTag[K]], implicitly[ClassTag[V]])
    }
  }
  List(new ShuffleDependency(prev, part, serializer, keyOrdering, aggregator, mapSideCombine))
}
```

图 4-8　ShuffleDependency 宽依赖

如果走的是 if 分支（父子 RDD 的分区器相同），则返回一个 MapPartitionsRDD，如图 4-9 所示。

```
new MapPartitionsRDD(
  prev = this,
  (context: TaskContext, index: Int, iter: Iterator[T]) => cleanedF(iter),
  preservesPartitioning)
```

图 4-9　MapPartitionsRDD 类

这里看似没有传递依赖关系到 MapPartitionsRDD 的构造方法（见图 4-10），但实际上，这个构造方法会继承父抽象类 RDD 的构造方法。

```
order-sensitive.
private[spark] class MapPartitionsRDD[U: ClassTag, T: ClassTag](
    var prev: RDD[T],
    f: (TaskContext, Int, Iterator[T]) => Iterator[U],   // (TaskContext, partition i
    preservesPartitioning: Boolean = false,
    isFromBarrier: Boolean = false,
    isOrderSensitive: Boolean = false)
  extends RDD[U](prev) {
```

图 4-10　MapPartitionsRDD 的构造方法

而 RDD 的构造函数会再调用另一个辅助构造函数，并传入一个 OneToOneDependency 依赖属性，如图 4-11 所示。

```
Construct an RDD with just a one-to-one dependency on one parent
def this(@transient oneParent: RDD[_]) =
  this(oneParent.context, List(new OneToOneDependency(oneParent)))
```

图 4-11　OneToOneDependency 依赖属性

6. Dependency 形成实证

验证 reduceBykey 返回的 RDD 中的依赖关系。

（1）reduceBykey 将返回一个 ShuffledRDD，形成宽依赖关系，如图 4-12 所示。

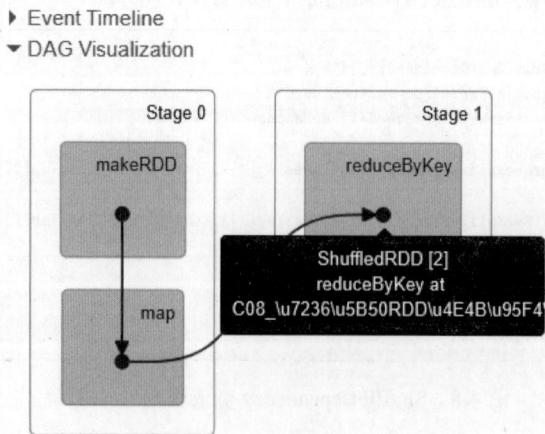

图 4-12　ShuffledRDD 形成宽依赖关系

读者可以参考以下代码。

```
// ShuffledRDD 形成宽依赖关系
val rdd1= sc.parallelize(Array(1, 2, 3, 4, 5))
val res = rdd1.map(x=>(x,10)).reduceByKey( _ + _,2 )
res.foreach(print)
```

（2）参考以下代码，reduceBykey 将返回一个 MapPartitionsRDD，形成窄依赖关系，如图 4-13 所示。

```
// MapPartitionsRDD 形成窄依赖关系
import org.apache.spark.HashPartitioner
val rdd1= sc.parallelize(Array(1, 2, 3, 4, 5))
val res = rdd1.map(x=>(x,10)).partitionBy(new
HashPartitioner(2)).reduceByKey( _ + _,2 )
res.foreach(print)
```

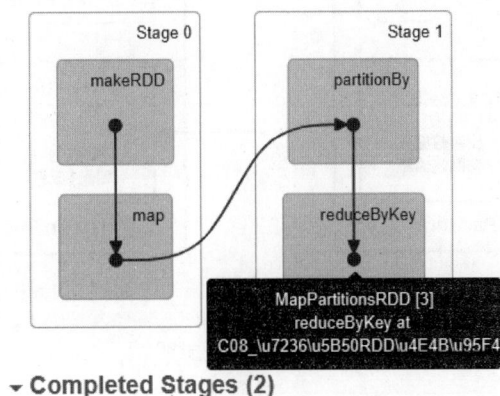

图 4-13　MapPartitionsRDD 形成窄依赖关系

我们可以得出结论，子 RDD 和父 DD 之间的依赖关系类型由算子在构造子 RDD 时决定。例如，算子返回 ShuffledRDD，父子之间就是 ShuffleDependency（宽依赖）；算子返回 MapPartitionsRDD，父子之间就是 OneToOneDependency（窄依赖）。

4.3　RDD 的 Transformation 算子

本节将主要讲解 RDD 的 Transformation 算子。RDD 的 Map 算子是一种转换（Transformation）算子，其主要功能是将 RDD 中的数据集按照指定的函数进行一对一的转换，并返回一个新的 RDD。本节的实验环境为 Linux 系统，可直接启动 Spark Shell 来运行以下代码。

1. map

map 算子的功能是进行映射，即将原始 RDD 中的每一个元素应用外部传入的函数进行运算，返回一个新的 RDD。测试代码如代码 4-2 所示，其中 sc 用于存储创建的 Sparkcontext 对象。

代码 4-2　TestMap.scala

```
// 创建并分区 RDD
val rdd1 = sc.parallelize(List(1,2,3,4,5,6,7,8,9,10), 2)

// 映射 RDD 元素翻倍
val rdd2 = rdd1.map(_ * 2)
```

下面的 map 逻辑图（见图 4-14）是对运算逻辑的表述。因为 RDD 中并不包含真正要计算的数据，而是保存的描述信息。

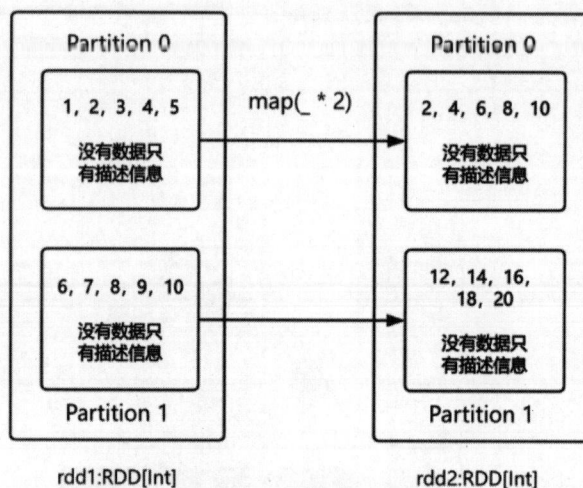

图 4-14　map 逻辑图

2. flatMap

flatMap 算子的功能是进行扁平化映射，即将原来 RDD 中对应的每一个元素应用外部的运算逻辑进行运算，然后将返回的数据进行压平，类似于先执行 map 操作，再执行 flatten 操作，最后返回一个新的 RDD。测试代码如代码 4-3 所示，其中 sc 用于存储创建的 Sparkcontext 对象。

代码 4-3　TestflatMap.scala

```
// 定义字符串数组
val arr = Array(
  "spark,hive,flink",
  "hive,hive,flink",
  "hive,spark,flink",
  "hive,spark,flink"
)
// 创建并分区 RDD
val rdd1 = sc.makeRDD(arr, 2)
// 扁平化并分割字符串
val rdd2 = rdd1.flatMap(_.split(","))
```

下面的 flatMap 逻辑图（见图 4-15）是对运算逻辑的表述。因为 RDD 中并不包含真正要计算的数据，而是保存的描述信息。

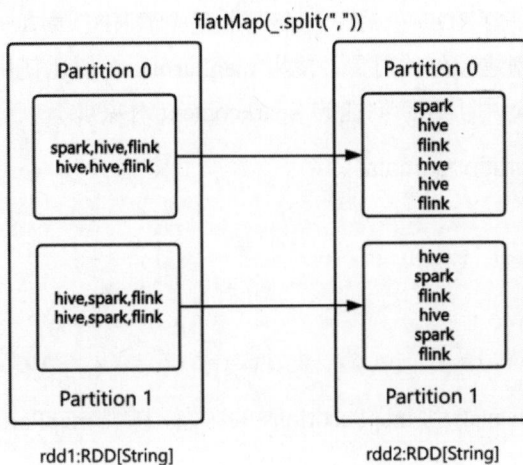

图 4-15　flatMap 逻辑图

3. filter

filter 的功能是过滤，即将原来 RDD 中对应的每一个元素应用外部传入的过滤逻辑，然后返回一个新的 RDD。测试代码如代码 4-4 所示，其中 sc 用于存储创建的 Sparkcontext 对象。

代码 4-4　Testfilter.scala

```
// 创建并分区整数 RDD
val rdd1 = sc.parallelize(List(1,2,3,4,5,6,7,8,9,10), 2)
// 过滤非偶数
val rdd2 = rdd1.filter(_ % 2 == 0)
```

下面的 filter 逻辑图（见图 4-16）是对运算逻辑的表述。因为 RDD 中并不包含真正要计算的数据，而是保存的描述信息。

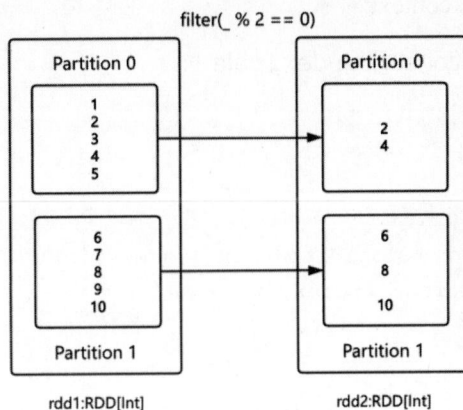

图 4-16　filter 逻辑图

4. mapPartitions

将数据以分区的形式返回并进行 map 操作，一个分区对应一个迭代器。该方法和 map 方法类似，只不过该方法的参数由 RDD 中的每一个元素变成了 RDD 中每一个分区的迭代器。如果在映射的过程中需要频繁创建额外的对象，使用 mapPartitions 要比使用 map 高效得多。测试代码如代码 4-5 所示，其中 sc 用于存储创建的 Sparkcontext 对象。

代码 4-5 TestmapPartitions.scala

```
// 创建并分区 RDD
val rdd1 = sc.parallelize(List(1, 2, 3, 4, 5), 2)

// 分区映射并乘以10
var rdd2 = rdd1.mapPartitions(it => it.map(x => x * 10))
```

这里我们重点解说一下 map 和 mapPartitions 的区别，以及 mapPartitions 是否一定会比 map 效率更高。

不一定。如果对 RDD 中的数据进行简单的映射操作，例如将字符串转换为大写，或者对数据进行简单的运算，map 和 mapPartitions 的效果是一样的。但是，如果使用到了外部共享的对象或数据库连接，mapPartitions 的效率会更高。原因是 map 传入的函数是一条一条地进行处理，如果使用数据库连接，会每来一条数据创建一个连接，导致性能过低；而 mapPartitions 传入的函数参数是迭代器，是以分区为单位进行操作的，可以事先创建好一个连接，反复使用，操作一个分区中的多条数据。

温馨提示：如果使用 mapPartitions 方法不当，例如将迭代器中的数据转换为列表（toList），就是将数据全部加载到内存中，可能会出现内存溢出的情况。

5. mapPartitionsWithIndex

类似于 mapPartitions，不过函数要输入两个参数，第一个参数为分区的索引，第二个参数是对应分区的迭代器。函数返回的是一个经过该函数转换的迭代器。测试代码如代码 4-6 所示，其中 sc 用于存储创建的 Sparkcontext 对象。

代码 4-6 TestmapPartitionsWithIndex.scala

```
// 创建并分区 RDD
val rdd1 = sc.parallelize(List(1,2,3,4,5,6,7,8,9), 2)

// 带索引分区映射
val rdd2 = rdd1.mapPartitionsWithIndex((index, it) => {
  it.map(e => s"partition: $index, val: $e")
})
```

6. keys

RDD 中的数据为对偶元组类型，调用 keys 方法后返回一个新的 RDD，该 RDD 对应的数据为原来对偶元组的全部 key，该方法存在隐式转换。测试代码如代码 4-7 所示，其中 sc 用于存储创建的 Sparkcontext 对象。

代码 4-7　Testkeys.scala

```scala
// 定义键值对列表
val lst = List(
  ("spark", 1), ("hadoop", 1), ("hive", 1), ("spark", 1),
  ("spark", 1), ("flink", 1), ("hbase", 1), ("spark", 1),
  ("kafka", 1), ("kafka", 1), ("kafka", 1), ("kafka", 1),
  ("hadoop", 1), ("flink", 1), ("hive", 1), ("flink", 1)
)

// 并行化列表为 RDD, 4 分区
val wordAndOne = sc.parallelize(lst, 4)

// 提取 RDD 中的键
val keyRDD = wordAndOne.keys
```

7. values

RDD 中的数据为对偶元组类型，调用 values 方法后返回一个新的 RDD，该 RDD 对应的数据为原来对偶元组的全部 values。测试代码如代码 4-8 所示，其中 sc 用于存储创建的 Sparkcontext 对象。

代码 4-8　Testvalues.scala

```scala
// 定义键值对列表
val lot - Liot(
  ("spark", 1), ("hadoop", 1), ("hive", 1), ("spark", 1),
  ("spark", 1), ("flink", 1), ("hbase", 1), ("spark", 1),
  ("kafka", 1), ("kafka", 1), ("kafka", 1), ("kafka", 1),
  ("hadoop", 1), ("flink", 1), ("hive", 1), ("flink", 1)
)

// 并行化列表为 RDD, 4 分区
val wordAndOne: RDD[(String, Int)] = sc.parallelize(lst, 4)

// 提取 RDD 中的值
val valueRDD: RDD[Int] = wordAndOne.values
```

8. mapValues

RDD 中的数据为对偶元组类型，将 value 应用传入的函数进行运算后，再与 key 组合成元组返回一个新的 RDD。测试代码如代码 4-9 所示，其中 sc 用于存储创建的 Sparkcontext 对象。

代码 4-9　TestmapValues.scala

```scala
// 定义键值对列表
```

```
val lst = List(("spark", 5), ("hive", 3), ("hbase", 4), ("flink", 8))

// 并行化列表为 RDD，2 分区
val rdd1: RDD[(String, Int)] = sc.parallelize(lst, 2)
// 将每一个元素的次数乘以 10，再跟 key 组合在一起
// val rdd2 = rdd1.map(t => (t._1, t._2 * 10))
// 值乘以 10
val rdd2 = rdd1.mapValues(_ * 10)
```

9. flatMapValues

RDD 中的数据为对偶元组类型，将 value 应用传入的函数进行 flatMap 操作打平后，再与 key 组合成元组返回一个新的 RDD。测试代码如代码 4-10 所示，其中 sc 用于存储创建的 Sparkcontext 对象。

代码 4-10　TestflatMapValues.scala

```
// 定义键值对列表
val lst = List( ("spark", "1,2,3"),
                ("hive", "4,5"),
                ("hbase", "6"),
                ("flink", "7,8"))
// 并行化列表为 RDD，2 分区
val rdd1: RDD[(String, String)] = sc.parallelize(lst, 2)
// 值拆分并映射为整数
val rdd2: RDD[(String, Int)] = rdd1.flatMapValues(_.split(",").map(_.toInt))
```

10. union

union 逻辑图（见图 4-17）将两个类型一样的 RDD 合并到一起，返回一个新的 RDD。新的 RDD 的分区数量是原来两个 RDD 的分区数量之和，数据没有被打散，即没有 Shuffle。测试代码如代码 4-11 所示，其中 sc 用于存储创建的 Sparkcontext 对象。

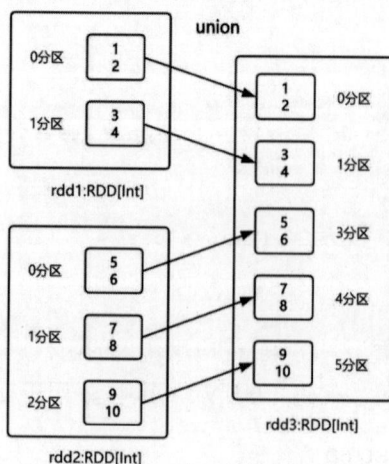

图 4-17　union 逻辑图

代码 4-11　Testunion.scala

```
// 创建并分区 RDD1
val rdd1 = sc.parallelize(List(1,2,3,4), 2)
// 创建并分区 RDD2
val rdd2 = sc.parallelize(List(5, 6, 7, 8, 9,10), 3)
// 合并 RDD1 和 RDD2
val rdd3 = rdd1.union(rdd2)
// 打印分区数量
println(rdd3.partitions.length)
```

11. reduceByKey

reduceByKey 逻辑图如图 4-18 所示，它可以将数据按照相同的 key 进行聚合。它的特点是先在每个分区中进行局部分组聚合，然后将每个分区聚合的结果从上游拉取到下游，再进行全局分组聚合。测试代码如代码 4-12 所示，其中 sc 用于存储创建的 Sparkcontext 对象。

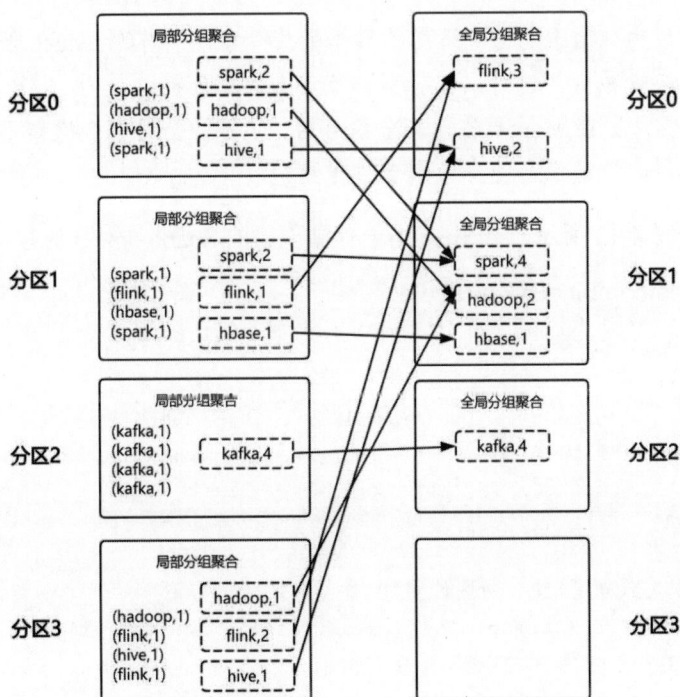

图 4-18　reduceByKey 逻辑图

代码 4-12　TestreduceByKey.scala

```
// 定义键值对列表
val lst = List(
  ("spark", 1), ("hadoop", 1), ("hive", 1), ("spark", 1),
  ("spark", 1), ("flink", 1), ("hbase", 1), ("spark", 1),
  ("kafka", 1), ("kafka", 1), ("kafka", 1), ("kafka", 1),
  ("hadoop", 1), ("flink", 1), ("hive", 1), ("flink", 1)
```

```
)
// 并行化列表为 RDD，4 分区
val wordAndOne: RDD[(String, Int)] = sc.parallelize(lst, 4)
// 按键聚合值
val reduced: RDD[(String, Int)] = wordAndOne.reduceByKey(_ + _)
```

12. combineByKey

combineByKey 是 Spark 中的一个转换操作（Transformation），用于对具有相同键的值进行聚合。当你设置 mapSideCombine = true 时，这意味着在数据被发送到下游（比如 Reduce 端）进行全局聚合之前，Spark 会在 Map 端（也就是数据生成的源头或处理的前端）尽可能先对相同键的值进行局部聚合。这样做有以下几个好处：

- 减少数据传输量：通过在 Map 端进行聚合，可以显著减少通过网络发送到下游的数据量。这对于大规模数据处理来说尤为重要，因为它可以减少网络 I/O，提高整体处理效率。

- 降低下游压力：由于发送到下游的数据量减少了，下游的 reduce 任务需要处理的数据量也会相应地减少，这可以减轻下游节点的计算负担。

- 提高聚合效率：在 Map 端进行部分聚合后，下游的全局聚合操作只需要处理更少的聚合中间结果，这通常会使全局聚合过程更快。

测试代码如代码 4-13 所示，其中 sc 用于存储创建的 Sparkcontext 对象。

代码 4-13　TestcombineByKey.scala

```
// 定义键值对列表
val lst = List(
  ("spark", 1), ("hadoop", 1), ("hive", 1), ("spark", 1),
  ("spark", 1), ("flink", 1), ("hbase", 1), ("spark", 1),
  ("kafka", 1), ("kafka", 1), ("kafka", 1), ("kafka", 1),
  ("hadoop", 1), ("flink", 1), ("hive", 1), ("flink", 1)
)
// 通过并行化的方式创建 RDD，分区数量为 4
val wordAndOne: RDD[(String, Int)] = sc.parallelize(lst, 4)
// 调用 combineByKey 传入三个函数
// val reduced = wordAndOne.combineByKey(x => x, (a: Int, b: Int) => a + b, (m: Int,
n: Int) => m + n)
val f1 = (x: Int) => {
  val stage = TaskContext.get().stageId()
  val partition = TaskContext.getPartitionId()
  println(s"f1 function invoked in state: $stage, partition: $partition")
  x
}
// 在每个分区内，将 key 相同的 value 进行局部聚合操作
val f2 = (a: Int, b: Int) => {
  val stage = TaskContext.get().stageId()
```

```
val partition = TaskContext.getPartitionId()
println(s"f2 function invoked in state: $stage, partition: $partition")
 a + b
}
// 第三个函数是在下游完成的
val f3 = (m: Int, n: Int) => {
 val stage = TaskContext.get().stageId()
 val partition = TaskContext.getPartitionId()
 println(s"f3 function invoked in state: $stage, partition: $partition")
 m + n
}
val reduced = wordAndOne.combineByKey(f1, f2, f3)
```

13. groupByKey

groupByKey 逻辑图如图 4-19 所示。groupByKey 是 Spark 中一个按照 key 分组但不聚合的操作，它底层依赖 ShuffledRDD 来重新分区数据。在执行 groupByKey 时，mapSideCombine = false 表明 Spark 不会在 Map 端对相同 key 的值进行局部聚合，所有键值对都将被发送到下游进行分组。这是因为 groupByKey 的目标是纯粹的分组操作，不涉及任何聚合逻辑。虽然有时会提到三个函数，但在 groupByKey 中，这些函数实际上并不被调用。mapSideCombine = false 确保了数据的纯粹分组特性，但也可能导致网络传输量较大，因此在进行大规模数据处理时，开发者可能会选择其他支持 Map 端聚合的操作。

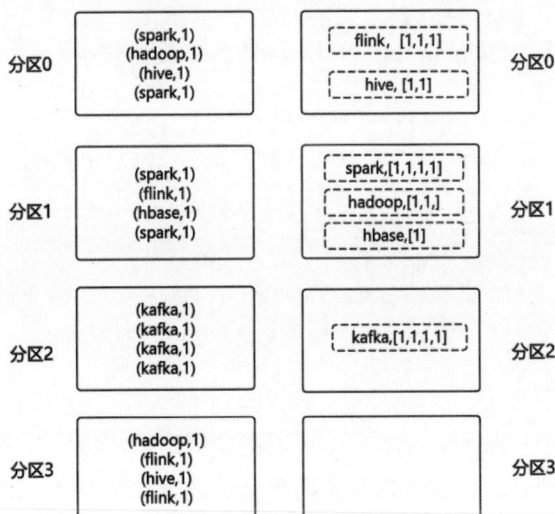

图 4-19　groupByKey 逻辑图

测试代码如代码 4-14 所示，其中 sc 用于存储创建的 Sparkcontext 对象。

代码 4-14　TestgroupByKey.scala

```
// 定义键值对列表
val lst = List(
```

```
  ("spark", 1), ("hadoop", 1), ("hive", 1), ("spark", 1),
  ("spark", 1), ("flink", 1), ("hbase", 1), ("spark", 1),
  ("kafka", 1), ("kafka", 1), ("kafka", 1), ("kafka", 1),
  ("hadoop", 1), ("flink", 1), ("hive", 1), ("flink", 1)
)
// 通过并行化的方式创建 RDD，分区数量为 4
val wordAndOne: RDD[(String, Int)] = sc.parallelize(lst, 4)
// 按照 key 进行分组
val grouped: RDD[(String, Iterable[Int])] = wordAndOne.groupByKey()
```

温馨提示：为什么不设置 mapSideCombine = true？其实设置 mapSideCombine = true 或 false 的结果一样。但是，如果设置 mapSideCombine = true，有可能会导致上游内存溢出，而设置 mapSideCombine = false 的风险更小一些，因为下游拉取数据时不是将多个 key 的数据同时拉取，而是按照顺序拉取。

14. foldByKey

与 reduceByKey 类似，foldByKey 可以指定初始值，每个分区应用一次初始值，先在每个分区进行局部聚合，再进行全局聚合。局部聚合的逻辑与全局聚合的逻辑相同。测试代码如代码 4-15 所示，其中 sc 用于存储创建的 Sparkcontext 对象。

代码 4-15　TestfoldByKey.scala

```
// 定义键值对列表
val lst: Seq[(String, Int)] = List(
  ("spark", 1), ("hadoop", 1), ("hive", 1), ("spark", 1),
  ("spark", 1), ("flink", 1), ("hbase", 1), ("spark", 1),
  ("kafka", 1), ("kafka", 1), ("kafka", 1), ("kafka", 1),
  ("hadoop", 1), ("flink", 1), ("hive", 1), ("flink", 1)
)
// 通过并行化的方式创建 RDD，分区数量为 4
val wordAndOne: RDD[(String, Int)] = sc.parallelize(lst, 4)
// 与 reduceByKey 类似，只不过是可以指定初始值，每个分区应用一次初始值
val reduced: RDD[(String, Int)] = wordAndOne.foldByKey(0)(_ + _)
```

15. aggregateByKey

与 reduceByKey 类似，aggregateByKey 可以指定初始值，每个分区应用一次初始值，传入的两个函数分别是局部聚合的计算逻辑和全局聚合的逻辑。测试代码如代码 4-16 所示，其中 sc 用于存储创建的 Sparkcontext 对象。

代码 4-16　TestaggregateByKey.scala

```
val lst: Seq[(String, Int)] = List(
  ("spark", 1), ("hadoop", 1), ("hive", 1), ("spark", 1),
  ("spark", 1), ("flink", 1), ("hbase", 1), ("spark", 1),
  ("kafka", 1), ("kafka", 1), ("kafka", 1), ("kafka", 1),
  ("hadoop", 1), ("flink", 1), ("hive", 1), ("flink", 1)
```

```
)
// 通过并行化的方式创建 RDD，分区数量为 4
val wordAndOne: RDD[(String, Int)] = sc.parallelize(lst, 4)
// 在第一个括号中传入初始化，第二个括号中传入两个函数，分别是局部聚合的逻辑和全局聚合的逻辑
val reduced: RDD[(String, Int)] = wordAndOne.aggregateByKey(0)(_ + _, _ + _)
```

16. ShuffledRDD

reduceByKey、combineByKey、aggregateByKey、foldByKey 底层都是使用 ShuffledRDD，并且 mapSideCombine=true。groupByKey 和 groupBy 底层也是使用 ShuffledRDD，但是 mapSideCombine = false。测试代码如代码 4-17 所示，其中 sc 用于存储创建的 Sparkcontext 对象。

代码 4-17　TestShuffledRDD.scala

```
val f1 = (x: Int) => {
  val stage = TaskContext.get().stageId()
  val partition = TaskContext.getPartitionId()
  println(s"f1 function invoked in state: $stage, partition: $partition")
  x
}
// 在每个分区内，将 key 相同的 value 进行局部聚合操作
val f2 = (a: Int, b: Int) => {
  val stage = TaskContext.get().stageId()
  val partition = TaskContext.getPartitionId()
  println(s"f2 function invoked in state: $stage, partition: $partition")
  a + b
}
// 第三个函数是在下游完成的
val f3 = (m: Int, n: Int) => {
  val stage = TaskContext.get().stageId()
  val partition = TaskContext.getPartitionId()
  println(s"f3 function invoked in state: $stage, partition: $partition")
  m + n
}
// 指定分区器为 HashPartitioner
val partitioner = new HashPartitioner(wordAndOne.partitions.length)
val shuffledRDD = new ShuffledRDD[String, Int, Int](wordAndOne, partitioner)
// 设置聚合器并关联三个函数
val aggregator = new Aggregator[String, Int, Int](f1, f2, f3)
shuffledRDD.setAggregator(aggregator)   // 设置聚合器
shuffledRDD.setMapSideCombine(true)       // 设置 Map 端聚合
```

温馨提示：如果设置了 setMapSideCombine(true)，那么聚合器中的三个函数都会执行，前两个函数在上游执行，第三个函数在下游执行。如果设置了 setMapSideCombine(false)，那么聚合器中的三个函数只会执行前两个，并且这两个函数都是在下游执行的。

17. distinct

distinct 用于对 RDD 中的元素进行去重，底层使用 reduceByKey 实现，先局部去重，再全局去重。测试代码如代码 4-18 所示，其中 sc 用于存储创建的 Sparkcontext 对象。

代码 4-18　Testdistinct.scala

```
// 定义字符串数组
val arr = Array(
  "spark", "hive", "spark", "flink",
  "spark", "hive", "hive", "flink",
  "flink", "flink", "flink", "spark"
)
// 并行化数组为 RDD，3 分区
val rdd1: RDD[String] = sc.parallelize(arr, 3)
// 去重
val rdd2: RDD[String] = rdd1.distinct()
```

distinct 的底层实现如下：

```
// 映射为(key, null)
val rdd11: RDD[(String, Null)] = rdd1.map((_, null))
// 还原并取键
val rdd12: RDD[String] = rdd11.reduceByKey((a, _) => a).keys
```

18. partitionBy

partitionBy 按照指定的分区器进行分区，底层使用的是 ShuffledRDD。测试代码如代码 4-19 所示，其中 sc 用于存储创建的 Sparkcontext 对象。

代码 4-19　TestpartitionBy.scala

```
val lst: Seq[(String, Int)] = List(
  ("spark", 1), ("hadoop", 1), ("hive", 1), ("spark", 1),
  ("spark", 1), ("flink", 1), ("hbase", 1), ("spark", 1),
  ("kafka", 1), ("kafka", 1), ("kafka", 1), ("kafka", 1),
  ("hadoop", 1), ("flink", 1), ("hive", 1), ("flink", 1)
)
// 通过并行化的方式创建 RDD，分区数量为 4
val wordAndOne: RDD[(String, Int)] = sc.parallelize(lst, 4)
val partitioner = new HashPartitioner(wordAndOne.partitions.length)
// 按照指定的分区器进行分区
val partitioned: RDD[(String, Int)] = wordAndOne.partitionBy(partitioner)
```

19. repartitionAndSortWithinPartitions

repartitionAndSortWithinPartitions 按照指定的分区器进行分区，并且将数据按照指定的排序规则在分区内排序，底层使用的是 ShuffledRDD，设置了指定的分区器和排序规则。测试代码如代码 4-20 所示，其中 sc 用于存储创建的 Sparkcontext 对象。

代码 4-20　TestrepartitionAndSortWithinPartitions.scala

```scala
val lst: Seq[(String, Int)] = List(
  ("spark", 3), ("hadoop", 1), ("hive",3), ("spark", 2),
  ("spark", 9), ("flink", 2), ("hbase", 1), ("spark", 4),
  ("kafka", 8), ("kafka", 5), ("kafka", 7), ("kafka", 1),
  ("hadoop", 5), ("flink", 4), ("hive", 6), ("flink", 3)
)
// 通过并行化的方式创建 RDD，分区数量为 4
val wordAndOne: RDD[(String, Int)] = sc.parallelize(lst, 4)
val partitioner = new HashPartitioner(wordAndOne.partitions.length)
// 按照指定的分区器进行分区，并且将数据按照指定的排序规则在分区内排序
val partitioned = wordAndOne.repartitionAndSortWithinPartitions(partitioner)
```

repartitionAndSortWithinPartitions 的底层实现如下：

```scala
new ShuffledRDD[K, V, V](self, partitioner).setKeyOrdering(ordering)
```

20. sortBy

sortBy 按照指定的排序规则进行全局排序。测试代码如代码 4-21 所示，其中 sc 用于存储创建的 Sparkcontext 对象。

代码 4-21　TestsortBy.scala

```scala
val lines: RDD[String] = sc.textFile("hdfs:// yuhui01:9000/words")
// 切分压平
val words: RDD[String] = lines.flatMap(_.split(" "))
// 将单词和 1 组合
val wordAndOne: RDD[(String, Int)] = words.map((_, 1))
// 分组聚合
val reduced: RDD[(String, Int)] = wordAndOne.reduceByKey(_ + _)
// 按照单词出现的次数，从高到低进行排序
val sorted: RDD[(String, Int)] = reduced.sortBy(_._2, false)
```

21. sortByKey

sortByKey 按照指定的 key 排序规则进行全局排序。测试代码如代码 4-22 所示，其中 sc 用于存储创建的 Sparkcontext 对象。

代码 4-22　TestsortByKey.scala

```scala
val lines: RDD[String] = sc.textFile("hdfs:// yuhui01:9000/words")
// 切分压平
val words: RDD[String] = lines.flatMap(_.split(" "))
// 将单词和 1 组合
val wordAndOne: RDD[(String, Int)] = words.map((_, 1))
// 分组聚合
val reduced: RDD[(String, Int)] = wordAndOne.reduceByKey(_ + _)
// 按照单词出现的次数，从高到低进行排序
```

```
// val sorted: RDD[(String, Int)] = reduced.sortBy(_._2, false)
// val keyed: RDD[(Int, (String, Int))] = reduced.keyBy(_._2).sortByKey()
val sorted = reduced.map(t => (t._2, t)).sortByKey(false)
```

温馨提示：sortBy、sortByKey 是 Transformation 操作，但为什么会生成 Job？因为 sortBy、sortByKey 需要实现全局排序，使用的是 RangePartitioner。在构建 RangePartitioner 时，会对数据进行采样，这会触发 Action 操作。根据采样的结果来构建 RangePartitioner。RangePartitioner 可以保证数据按照一定的范围全局有序。同时，在 Shuffle 过程中，如果设置 setKeyOrdering 指定了排序规则，还可以保证数据在每个分区内有序。

22. reparation

reparation 逻辑示意图如图 4-20 所示。reparation 的功能是重新分区，一定会触发 Shuffle，即将数据随机打散。reparation 的功能是改变分区数量（可以增大、减少、不变），可以将数据相对均匀地重新分区，可以改善数据倾斜的问题。测试代码如代码 4-23 所示，其中 sc 用于存储创建的 Sparkcontext 对象。

代码 4-23　Testreparation.scala

```
val rdd1 = sc.parallelize(List(1,2,3,4,5,6,7,8,9,10), 3)
// repartition 方法一定是 Shuffle
// 不论将分区数量变多、变少或不变，都 Shuffle
val rdd2 = rdd1.repartition(3)
```

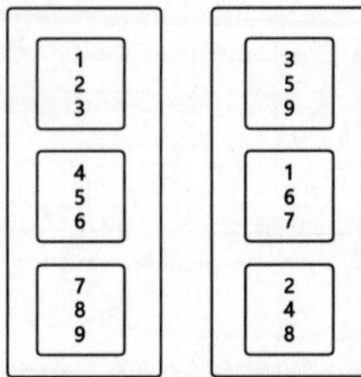

图 4-20　reparation 逻辑图

reparation 底层调用的是 coalesce 方法，其中 shuffle = true。

```
coalesce(numPartitions, shuffle = true)
```

23. coalesce

coalesce 可以触发 Shuffle，也可以不触发 Shuffle。如果将分区数量减少，并且 shuffle = false，表示的就是将分区进行合并。coalesce 逻辑示意图如图 4-21 所示。

当 shuffle = true 时，测试代码如代码 4-24 所示，其中 sc 用于存储创建的 Sparkcontext 对象。

代码 4-24　TestcoalesceTrue.scala

```
val rdd1 = sc.parallelize(List(1,2,3,4,5,6,7,8,9,10), 3)
// shuffle = true
val rdd2 = rdd1.coalesce(3, true)
// 与 repartition(3)功能一样
```

当 shuffle = false 时，测试代码如代码 4-25 所示。其中 sc 用于存储创建的 Sparkcontext 对象。

代码 4-25　TestcoalesceFalse.scala

```
val rdd1 = sc.parallelize(List(1,2,3,4,5,6,7,8,9,10), 4)
// shuffle = false
val rdd2 = rdd1.coalesce(2, false)
```

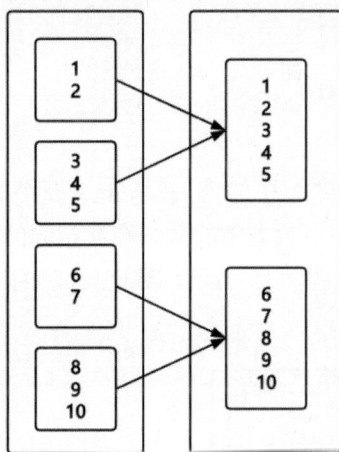

图 4-21　coalesce 逻辑图

24. cogroup

cogroup 协同分组，即将多个 RDD 中对应的数据，使用相同的分区器（HashPartitioner），将来自多个 RDD 中 key 相同的数据通过网络传入同一台机器的同一个分区中。它与 groupByKey、groupBy 的区别是 groupByKey、groupBy 只能对一个 RDD 进行分组。cogroup 逻辑图如图 4-22 所示。需要注意的是，调用 cogroup 方法时，两个 RDD 中对应的数据都必须是对偶元组类型，并且 key 类型一定相同。

测试代码如代码 4-26 所示，其中 sc 用于存储创建的 Sparkcontext 对象。

代码 4-26　Testcogroup.scala

```
// 通过并行化的方式创建一个 RDD
val rdd1 = sc.parallelize(List(("tom", 1), ("tom", 2), ("jerry", 3), ("kitty", 2)), 2)
// 通过并行化的方式再创建一个 RDD
val rdd2 = sc.parallelize(List(("jerry", 2), ("tom", 1), ("shuke", 2), ("jerry",
```

```
4)), 2)
// 将两个 RDD 都进行分组
val grouped: RDD[(String, (Iterable[Int], Iterable[Int]))] = rdd1.cogroup(rdd2)
```

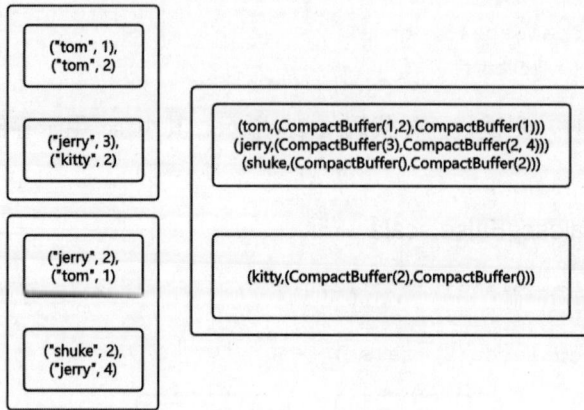

图 4-22 cogroup 逻辑图

25. join

两个 RDD 进行 join，相当于 SQL 中的内关联 join。两个 RDD 为什么要进行 join？因为想要的数据来自两个数据集，并且两个数据集的数据存在相同的条件，必须关联起来才能得到想要的全部数据。join 逻辑示意图如图 4-23 所示。测试代码如代码 4-27 所示，其中 sc 用于存储创建的 Sparkcontext 对象。

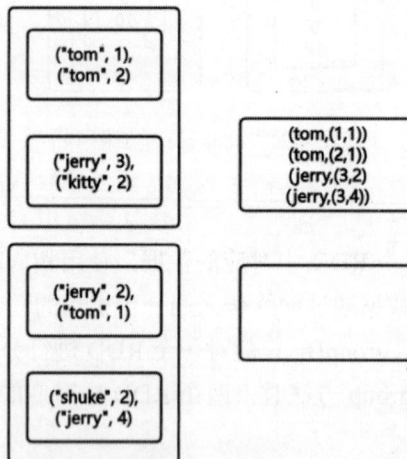

图 4-23 join 逻辑图

代码 4-27 Testjoin.scala

```
// 通过并行化的方式创建一个 RDD
val rdd1 = sc.parallelize(List(("tom", 1), ("tom", 2), ("jerry", 3), ("kitty",
2)), 2)
// 通过并行化的方式再创建一个 RDD
```

```
val rdd2 = sc.parallelize(List(("jerry", 2), ("tom", 1), ("shuke", 2), ("jerry",
4)), 2)
    val rdd3: RDD[(String, (Int, Double))] = rdd1.join(rdd2)
```

26. leftOuterJoin

leftOuterJoin 指左外连接，相当于 SQL 中的左外关联。leftOuterJoin 逻辑图如图 4-24 所示。测试代码如代码 4-28 所示，其中 sc 用于存储创建的 Sparkcontext 对象。

代码 4-28　TestleftOuterJoin.scala

```
// 通过并行化的方式创建一个 RDD
val rdd1 = sc.parallelize(List(("tom", 1), ("tom", 2), ("jerry", 3), ("kitty",
2)), 2)
    // 通过并行化的方式再创建一个 RDD
val rdd2 = sc.parallelize(List(("jerry", 2), ("tom", 1), ("shuke", 2), ("jerry",
4)), 2)
    val rdd3: RDD[(String, (Int, Option[Int]))] = rdd1.leftOuterJoin(rdd2)
```

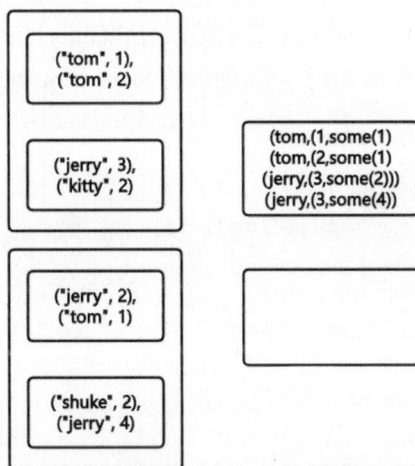

图 4-24　leftOuterJoin 逻辑图

27. rightOuterJoin

rightOuterJoin 指右外连接，相当于 SQL 中的右外关联。rightOuterJoin 逻辑示意图如图 4-25 所示。测试代码如代码 4-29 所示，其中 sc 用于存储创建的 Sparkcontext 对象。

代码 4-29　TestrightOuterJoin.scala

```
// 通过并行化的方式创建一个 RDD
val rdd1 = sc.parallelize(List(("tom", 1), ("tom", 2), ("jerry", 3), ("kitty",
2)), 2)
    // 通过并行化的方式再创建一个 RDD
val rdd2 = sc.parallelize(List(("jerry", 2), ("tom", 1), ("shuke", 2), ("jerry",
4)), 2)
    val rdd3: RDD[(String, (Option[Int], Int))] = rdd1.rightOuterJoin(rdd2)
```

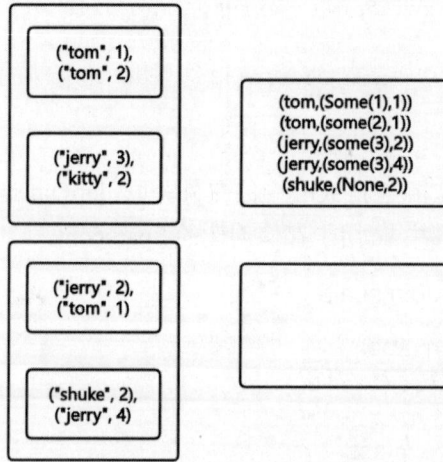

图 4-25　rightOuterJoin 逻辑图

28. fullOuterJoin

fullOuterJoin 指全连接，相当于 SQL 中的全关联。fullOuterJoin 逻辑示意图如图 4-26 所示。测试代码如代码 4-30 所示，其中 sc 用于存储创建的 Sparkcontext 对象。

代码 4-30　TestfullOuterJoin.scala

```
// 通过并行化的方式创建一个 RDD
val rdd1 = sc.parallelize(List(("tom", 1), ("tom", 2), ("jerry", 3), ("kitty", 2)), 2)
// 通过并行化的方式再创建一个 RDD
val rdd2 = sc.parallelize(List(("jerry", 2), ("tom", 1), ("shuke", 2), ("jerry", 4)), 2)
val rdd3: RDD[(String, (Option[Int], Option[Int]))] = rdd1.fullOuterJoin(rdd2)
```

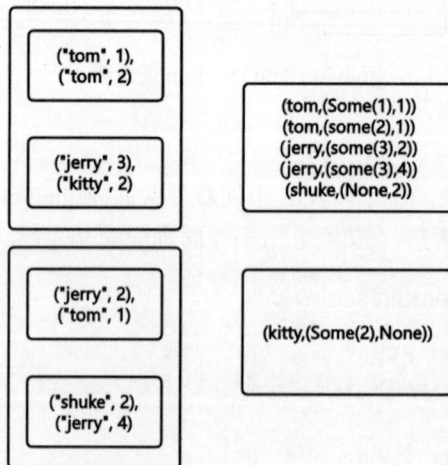

图 4-26　fullOuterJoin 逻辑图

29. intersection

intersection 表示求交集，底层是使用 cogroup 实现的。测试代码如代码 4-31 所示，其中 sc 用于存储创建的 Sparkcontext 对象。

代码 4-31　Testintersection.scala

```
// 并行化列表 rdd1
val rdd1 = sc.parallelize(List(1,2,3,4,4,6), 2)
// 并行化列表 rdd2
val rdd2 = sc.parallelize(List(3,4,5,6,7,8), 2)

// 求交集
val rdd3: RDD[Int] = rdd1.intersection(rdd2)

// rdd1 映射为(key, null)
val rdd11 = rdd1.map((_, null))

// rdd2 映射为(key, null)
val rdd22 = rdd2.map((_, null))

// cogroup 操作
val rdd33: RDD[(Int, (Iterable[Null], Iterable[Null]))] = rdd11.cogroup(rdd22)

// 过滤并取键的交集
val rdd44: RDD[Int] = rdd33.filter { case (_, (it1, it2)) => it1.nonEmpty &&
it2.nonEmpty }.keys
```

30. subtract

subtract 用于求两个 RDD 的差集，第一个 RDD 中的数据如果在第二个 RDD 中出现了，就从第一个 RDD 中移除。测试代码如代码 4-32 所示，其中 sc 用于存储创建的 Sparkcontext 对象。

代码 4-32　Testsubtract.scala

```
// 并行化列表 rdd1
val rdd1 = sc.parallelize(List("A", "B", "C", "D", "E"))

// 并行化列表 rdd2
val rdd2 = sc.parallelize(List("A", "B"))

// 求差集
val rdd3: RDD[String] = rdd1.subtract(rdd2)
```

31. cartesian

cartesian 用于求笛卡儿积。测试代码如代码 4-33 所示，其中 sc 用于存储创建的 Sparkcontext 对象。

代码 4-33   Testcartesian.scala

```
// 并行化 rdd1, 2 分区
val rdd1 = sc.parallelize(List("tom", "jerry"), 2)

// 并行化 rdd2, 3 分区
val rdd2 = sc.parallelize(List("tom", "kitty", "shuke"), 3)

// 求笛卡儿积
val rdd3 = rdd1.cartesian(rdd2)
```

4.4　RDD 的 Action 算了

本节将主要讲解 RDD 的 Action 算子。RDD 的 Action 算子是 RDD 中用于触发任务调度和执行的一类算子，其主要功能是对 RDD 的每个元素应用一个函数，并生成结果。

1. saveAsTextFile

saveAsTextFile 方法用于将数据以文本形式保存到文件系统中，每个分区对应生成一个结果文件。该方法支持指定 HDFS 文件系统或本地文件系统（在指定本地文件系统时需添加 file:// 协议）。数据的写入操作是在 Executor 的 Task 中完成的，支持多个 Task 并行写入以提高效率。测试代码如代码 4-34 所示，其中 sc 代表已创建的 SparkSession 对象。

代码 4-34   TestsaveAsTextFile.scala

```
// 并行化列表为 RDD
val rdd1 = sc.parallelize(List(1,2,3,4,5), 2)

// 保存 RDD 到 HDFS
rdd1.saveAsTextFile("hdfs:// yuhui01:9000/out2")
```

2. collect

每个分区都会分配一个 Task，该 Task 在 Executor 中执行，并将数据以数组的形式保存在内存中。随后，每个分区对应的数据数组会通过网络被收集回 Driver 端，这个过程中数据会按照分区的编号有序返回。Task 与 Driver 之间的数据传输过程如图 4-27 所示。

测试代码如代码 4-35 所示，其中 sc 用于存储创建的 Sparkcontext 对象。

代码 4-35   Testcollect.scala

```
// 并行化列表为 RDD
val rdd1 = sc.parallelize(List(1,2,3,4,5,6,7,8,9,10), 4)

// 映射每个元素乘以 10
val rdd2 = rdd1.map(_ * 10)
```

```
// 收集 RDD 为数组
val res = rdd2.collect()
```

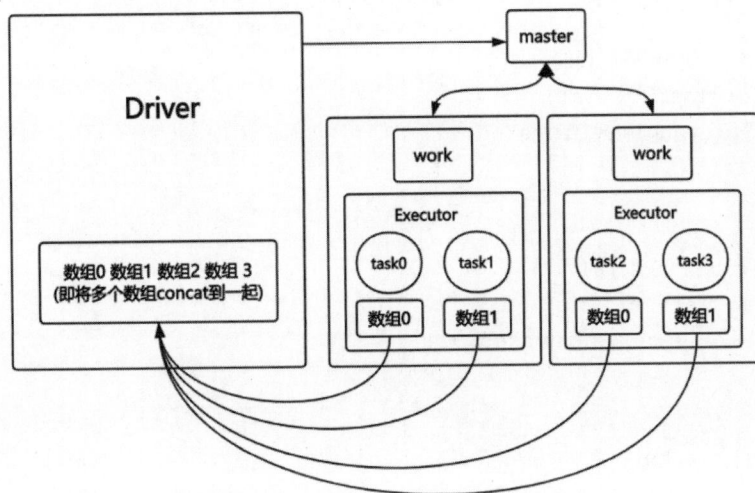

图 4-27　Task 和 Driver 的数据传输

collect 底层实现如下：

```
def collect(): Array[T] = withScope {
    // this 代表最后一个 RDD，即触发 Action 的 RDD
    // (iter: Iterator[T]) => iter.toArray 函数代表对最后一个 RDD 进行的处理逻辑，即将
每个分区对应的迭代器中的数据迭代出来，放到内存中
    // 最后将每个分区对应的数组通过网络传输到 Driver 端
    val results = sc.runJob(this, (iter: Iterator[T]) => iter.toArray)
    // 在 Driver 端，将多个数组合并成一个数组
    Array.concat(results: _*)
}
```

使用 collect 方法有以下注意事项：

（1）如果 Driver 的内存相对较小，并且每个分区对应的数据比较大，通过网络传输的数据返回 Driver 端时，当返回 Driver 端的数据达到了一定大小，就不收集了，即将一部分无法收集的数据丢弃。

（2）如果需要将大量的数据收集到 Driver 端，那么可以在提交任务时指定 Driver 的内存大小（--driver-memory 2g）。

3. aggregate

aggregate 是一种 Action 操作，可以将多个分区的数据进行聚合运算，例如进行相加、比较大小等。aggregate 方法可以指定一个初始值，初始值在每个分区进行聚合时会使用一次，全局聚合时会再使用一次。

测试代码如代码 4-36 所示，其中 sc 用于存储创建的 Sparkcontext 对象。

代码 4-36　Testaggregate.scala

```
val rdd1 = sc.parallelize(List(1,2,3,4,5,6,7,8,9,10), 4)

// f1 是在 Executor 端执行的
val f1 = (a: Int, b: Int) => {
 println("f1 function invoked ~~~~")
 a + b
}

// f2 是在 Driver 端执行的
val f2 = (m: Int, n: Int) => {
 println("f2 function invoked !!!!")
 m + n
}

// 返回的结果为 55
val r1 = rdd1.aggregate(0)(f1, f2)

// 返回的结果为 50055
val r2= rdd1.aggregate(10000)(f1, f2)
val rdd1 = sc.parallelize(List("a", "b", "c", "d"), 2)
val r = rdd1.aggregate("&")(_ + _, _ + _)

// 返回的结果有两种：因为 Task 的分布式是并行运行的，先返回的结果在前面
// &&cd&ab 或 &&ab&cd
```

4. reduce

先将数据在每个分区内进行局部聚合，再将每个分区返回的结果在 Driver 端进行全局聚合。测试代码如代码 4-37 所示，其中 sc 用于存储创建的 Sparkcontext 对象。

代码 4-37　Testreduce.scala

```
val rdd1 = sc.parallelize(List(1,2,3,4,5,6,7,8,9,10), 4)
val f1 = (a: Int, b: Int) => {
 println("f1 function invoked ~~~~")
 a + b
}
// f1 这个函数既在 Executor 中执行，又在 Driver 端执行
// reduce 方法局部聚合的逻辑和全局聚合的逻辑是一样的
// 局部聚合是在每个分区内完成的（Executor）
// 全局聚合是在 Driver 端完成的
val r = rdd1.reduce(f1)
```

5. sum

sum 方法是一个常用的 Action 算子，它实现的逻辑只能是相加。测试代码如代码 4-38 所示，

其中 sc 用于存储创建的 Sparkcontext 对象。

代码 4-38　Testsum.scala

```
val rdd1 = sc.parallelize(List(1,2,3,4,5,6,7,8,9,10), 4)
// sum 底层调用的是 fold，该方法是一个柯里化方法，第一个括号传入的初始值是 0.0
// 第二个括号传入的函数(_ + _)，局部聚合和全局聚合都是相加的
val r = rdd1.sum()


// sum 的底层实现
val r = rdd1.fold(0)(_ + _)
```

6. fold

fold 跟 reduce 类似，第一个参数可以指定一个初始值。测试代码如代码 4-39 所示，其中 sc 用于存储创建的 Sparkcontext 对象。

代码 4-39　Testfold.scala

```
val rdd1 = sc.parallelize(List(1,2,3,4,5,6,7,8,9,10), 4)
// fold 与 reduce 方法类似，该方法是一个柯里化方法，第一个括号传入的初始值是 0.0
// 第二个括号传入的函数(_ + _)，局部聚合和全局聚合都是相加的
val r = rdd1.fold(0)(_ + _)
```

7. min 和 max

min 和 max 是对整个 RDD 中全部对应的数据分别求最大值或最小值，它们底层的实现是：先在每个分区内求最大值或最小值，然后将每个分区返回的数据在 Driver 端进行比较（min、max 没有 Shuffle）。测试代码如代码 4-40 所示，其中 sc 用于存储创建的 Sparkcontext 对象。

代码 4-40　TestMaxAndMin.scala

```
val rdd1 = sc.parallelize(List(5,7 ,9,6,1 ,8,2, 4,3,10), 4)
// 没有 Shuffle
val r = rdd1.max()
// 没有 Shuffle
val r = rdd1.min()
```

8. count

count 算子返回 rdd 元素的数量。它先在每个分区内求数据的条数，然后将每个分区返回的条数在 Driver 中求和。测试代码如代码 4-41 所示，其中 sc 用于存储创建的 Sparkcontext 对象。

代码 4-41　Testcount.scala

```
val rdd1 = sc.parallelize(List(5,7 ,9,6,1 ,8,2, 4,3,10), 4)
// 在每个分区内先计算每个分区对应的数据条数（使用的是边遍历，边计数）
// 然后将每个分区返回的条数在 Driver 端进行求和
val r = rdd1.count()
```

9. take

take 返回一个由数据集的前 n 个元素组成的数组，即从 RDD 的 0 号分区开始取数据。take 可能触发一到多次 Action（可能生成多个 Job），它首先从 0 号分区取数据，如果取够了，就直接返回，如果没有取够，再触发 Action，从后面的分区继续取数据，直到取够指定的条数为止。测试代码如代码 4-42 所示，其中 sc 用于存储创建的 Sparkcontext 对象。

代码 4-42　Testtake.scala

```
val rdd1 = sc.parallelize(List(5,7 ,9,6,1 ,8,2, 4,3,10), 4)
// 可能会触发一到多次 Action
val res: Array[Int] = rdd1.take(2)
```

10. first

first 返回 RDD 中的第一个元素，类似于 take(1)，first 返回的不是数组。测试代码如代码 4-43 所示，其中 sc 用于存储创建的 Sparkcontext 对象。

代码 4-43　Testfirst.scala

```
val rdd1 = sc.parallelize(List(5,7 ,9,6,1 ,8,2, 4,3,10), 4)
// 返回 RDD 中对应的第一条数据
val r: Int = rdd1.first()
```

11. top

top 将 RDD 中的数据按照降序或指定的排序规则返回前 n 个元素。测试代码如代码 4-44 所示，其中 sc 用于存储创建的 Sparkcontext 对象。

代码 4-44　Testtop.scala

```
// 并行化二维列表为 RDD
val rdd1 = sc.parallelize(List(
  5, 7, 6, 4,
  9, 6, 1, 7,
  8, 2, 8, 5,
  4, 3, 10, 9
), 4)
// 获取前 2 大元素（默认升序）
val res1: Array[Int] = rdd1.top(2)
// 隐式定义降序排序
implicit val ord = Ordering[Int].reverse
// 受隐式影响，仍前 2 大（降序）
val res2: Array[Int] = rdd1.top(2)
// 明确指定降序，前 2 大
val res3: Array[Int] = rdd1.top(2)(Ordering[Int].reverse)
```

top 底层调用的是 takeOrdered，以下代码是 top 方法的源码。

```
def top(num: Int)(implicit ord: Ordering[T]): Array[T] = withScope {
```

```
takeOrdered(num)(ord.reverse)
}
```

12. takeOrdered

top 底层调用的是 takeOrdered，takeOrdered 更灵活，可以传入指定的排序规则。底层是先在每个分区内求 topN，然后将每个分区返回的结果在 Driver 端求 topN。代码 4-45 是 takeOrdered 方法的源码。其中 sc 用于存储创建的 Sparkcontext 对象。

代码 4-45 TesttakeOrdered.scala

```
def takeOrdered(num: Int)(implicit ord: Ordering[T]): Array[T] = withScope {
  if (num == 0) {
    Array.empty
  } else {
    val mapRDDs = mapPartitions { items =>
      // Priority keeps the largest elements, so let's reverse the ordering.
      // 使用有界优先队列
      val queue = new BoundedPriorityQueue[T](num)(ord.reverse)
      queue ++= collectionUtils.takeOrdered(items, num)(ord)
      Iterator.single(queue)
    }
    if (mapRDDs.partitions.length == 0) {
      Array.empty
    } else {
      mapRDDs.reduce { (queue1, queue2) =>
        // 将多个有界优先队列进行++=，返回所有有界优先队列中最大的 N 个
        queue1 ++= queue2
        queue1
      }.toArray.sorted(ord)
    }
  }
}
```

注意： 在每个分区内进行排序，使用的是有界优先队列。其特点是数据添加到其中就会按照指定的排序规则排序，并且允许数据重复，最多只存放最大或最小的 N 个元素。

13. foreach

foreach 将数据一条一条地取出来进行处理，函数没有返回值。测试代码如代码 4-46 所示，其中 sc 用于存储创建的 Sparkcontext 对象。

代码 4-46 Testforeach.scala

```
val sc = SparkUtil.getContext("FlowCount", true)

val rdd1 = sc.parallelize(List(
  5, 7, 6, 4,
  9, 6, 1, 7,
```

```
  8, 2, 8, 5,
  4, 3, 10, 9
), 4)

rdd1.foreach(e => {
  println(e * 10) // 函数是在 Executor 中执行的
})
```

使用 foreach 将数据写入 MySQL 中，效率比较低，一般不建议使用。正常情况下使用 foreachPartition，下文会有讲解。

```
rdd1.foreach(e => {
  // 但是不好，为什么
  // 每写一条数据都用一个连接对象，效率太低了
  val connection = DriverManager.getConnection("jdbc:mysql://
yuhui01:3306/bigdata?characterEncoding=utf-8", "root", "123456")
  val preparedStatement = connection.prepareStatement("Insert into tb_res
values (?)")
  preparedStatement.setInt(1, e)
  preparedStatement.executeUpdate()
})
```

14. foreachPartition

foreachPartition 的作用和 foreach 类似，只不过 foreachPartition 以分区为单位，一个分区对应一个迭代器。它应用外部传入的函数，函数没有返回值，通常使用该方法将数据写入外部存储系统中，一个分区获取一个连接，效率更高。测试代码如代码 4-47 所示，其中 sc 用于存储创建的 Sparkcontext 对象。

代码 4-47　TestforeachPartition.scala

```
val sc = SparkUtil.getContext("FlowCount", true)

val rdd1 = sc.parallelize(List(
  5, 7, 6, 4,
  9, 6, 1, 7,
  8, 2, 8, 5,
  4, 3, 10, 9
), 4)

rdd1.foreachPartition(it => {
  // 先创建好一个连接对象
  val connection = DriverManager.getConnection("jdbc:mysql://
yuhui01:3306/bigdata?characterEncoding=utf-8", "root", "123456")
  val preparedStatement = connection.prepareStatement("Insert into tb_res
values (?)")
  // 一个分区中的多条数据用一个连接进行处理
  it.foreach(e => {
```

```
  preparedStatement.setInt(1, e)
  preparedStatement.executeUpdate()
})
// 用完后关闭连接
preparedStatement.close()
connection.close()
})
```

4.5　RDD 的特殊算子

本节将详细讲解 cache 和 persist 及其使用案例，并对 checkpoint 进行简要介绍。

4.5.1　cache 和 persist

在 Spark 中，cache 和 persist 用于将 RDD 缓存到内存中，以便在后续的计算中重用。这样可以显著提高处理速度，特别是在处理大数据集和多次迭代计算时。

1. 使用场景

（1）多次 Action 触发：当你的一个 Spark 应用程序多次触发 Action 操作时，比如多次进行 reduce、collect 等操作，可以通过缓存来避免重复计算，提高计算效率。

（2）避免重复读取数据源：当数据来自 HDFS、S3 等存储系统时，每次读取都会消耗大量时间和资源。通过缓存可以将数据留在内存中，避免重复读取。

2. cache 和 persist 的区别

cache 是 persist 的一个简单封装，它默认将数据缓存到内存中（MEMORY_ONLY）。

persist 提供了更丰富的存储级别，包括内存、磁盘、序列化内存等，允许用户根据实际需求和数据集大小选择最合适的存储策略。

3. 存储级别

- MEMORY_ONLY：数据只存储在内存中。
- MEMORY_AND_DISK：数据优先存储在内存中，如果内存不足，则写入磁盘。
- MEMORY_ONLY_SER：数据以序列化形式存储在内存中，可以节省空间，但增加了反序列化的开销。
- MEMORY_AND_DISK_SER：数据以序列化形式优先存储在内存中，不足时写入磁盘。
- DISK_ONLY：数据只存储在磁盘上。
- 其他更复杂的组合存储级别。

cache 和 persist 测试代码如代码 4-48 所示。

代码 4-48　CacheExample.scala

```scala
import org.apache.spark.{SparkConf, SparkContext}
import org.apache.spark.serializer.KryoSerializer

object CacheExample {
  def main(args: Array[String]): Unit = {
    // 创建 Spark 配置和上下文
    val conf = new SparkConf()
      .setAppName("CacheExample")
      .set("spark.serializer", classOf[KryoSerializer].getName)
    val sc = new SparkContext(conf)

    // 读取数据
    val data = sc.textFile("hdfs:// /path/to/data")

    // 对数据进行缓存，使用默认的 MEMORY_ONLY 存储级别
    data.cache()

    // 第一次 Action 操作，触发数据读取和缓存
    val result1 = data.filter(line => line.contains("error")).count()
    println(s"Number of error lines: $result1")

    // 第二次 Action 操作，直接从缓存中读取数据，无须重新计算
    val result2 = data.filter(line => line.contains("warning")).count()
    println(s"Number of warning lines: $result2")

    // 使用 persist 指定存储级别
    data.persist(org.apache.spark.storage.StorageLevel.MEMORY_AND_DISK_SER)

    // 注意：在 Scala 中，如果后续没有更多的 Action 操作
    // Spark 作业可能会因为没有触发执行计划而提前结束
    // 为了演示目的，这里我们不再添加额外的 Action 操作
    // 但在实际应用中，你应该根据需要添加更多的数据处理逻辑
    // 停止 SparkContext
    sc.stop()
  }
}
```

在使用 cache 和 persist 时，有以下几点注意事项：

（1）在 Scala 中，我们使用 object 来定义一个可执行的入口点，类似于 Java 中的 public static void main(String[] args) 方法。

（2）SparkConf 和 SparkContext 的创建方式与 PySpark 类似，但语法是 Scala 的。

（3）数据读取和缓存的 API 调用在 Scala 和 PySpark 中是相似的，但语法差异导致它们看起来不同。

（4）在 Scala 中，我们使用字符串插值（s"..."）来格式化字符串，这与 Python 中的 f-string 类似。

（5）persist 方法接受一个 StorageLevel 对象作为参数，该对象在 org.apache.spark.storage. StorageLevel 中定义。

在上述代码中，注释提到了在 Scala 中如果没有后续的 Action 操作，Spark 作业可能会提前结束。这是因为在 Spark 中，只有 Action 操作才会触发执行计划的执行。如果你在 persist 之后没有添加任何 Action 操作，那么这些操作实际上可能不会被执行（除非在之前的代码中已经触发了执行）。在实际应用中，你应该根据需要添加更多的数据处理逻辑。

另外，虽然上述代码示例中包含 persist 方法的调用，但在实际应用中，如果你在 cache 之后没有改变存储级别或数据的分区方式的需求，那么通常不需要再次调用 persist。cache 方法已经默认使用了 MEMORY_ONLY 存储级别。如果你需要更改存储级别，请在首次调用时使用 persist 方法，并指定所需的存储级别。

4.5.2　checkpoint

checkpoint 是另一种优化 Spark 计算的方法，主要用于截断 RDD 的依赖链，减少任务失败时的重计算开销。它通常与 persist 一起使用，以确保在检查点之前的数据已经被持久化。

1. 使用场景

（1）长依赖链：当 RDD 的依赖链非常长时，一旦某个节点失败，重新计算的成本会非常高。通过 checkpoint 可以截断依赖链，减少重计算的范围。

（2）大数据集：对于非常大的数据集，即使使用了缓存，如果数据没有持久化到磁盘，在节点失败时仍然需要重新计算。

2. 使用方法

（1）启用检查点：通过 new SparkContext(conf).setCheckpointDir(directory) 设置检查点目录。

（2）对 RDD 调用 checkpoint 方法，在需要截断依赖链的 RDD 上调用 checkpoint 方法。

checkpoint 测试示例如代码 4-49 所示。

代码 4-49　RDDCheckpointExample.scala

```scala
package chapter04
/**
 * author: yuhui
 * descriptions:
 * date: 2025 - 02 - 12 11:06 上午
 */
import org.apache.spark.{SparkConf, SparkContext}

object RDDCheckpointExample {
```

```scala
def main(args: Array[String]): Unit = {
  // 初始化 Spark 配置和上下文
  val conf = new SparkConf()
    .setAppName("RDDCheckpointExample")
    .setMaster("local[*]")
  val sc = new SparkContext(conf)

  // 设置检查点目录
  sc.setCheckpointDir("hdfs:// /path/to/checkpoint/dir")

  // 读取数据（例如，从一个文本文件中）
  val initialRDD = sc.textFile("hdfs:// /path/to/initial/data.txt")

  // 执行一些转换操作
  val transformedRDD = initialRDD.map(line => {
    val parts = line.split(",")
    (parts(0), parts(1).toInt)
  })

  // 对转换后的 RDD 进行 checkpoint
  transformedRDD.checkpoint()

  // 后续操作（例如，进行 reduceByKey 操作）
  val resultRDD = transformedRDD.reduceByKey(_ + _)

  // 第一次 Action 操作
  val result1 = resultRDD.collect()
  println("First result: " + result1.mkString(", "))

  // 后续可能还有更多的 Action 操作，它们都会重用 checkpointed 的 RDD
  // ...

  // 停止 SparkContext
  sc.stop()
}
}
```

使用 checkpoint 有以下注意事项：

（1）在 Scala 中，我们同样使用 object 来定义一个可执行的入口点。

（2）SparkConf 和 SparkContext 的创建方式与 PySpark 类似，但语法是 Scala 的。

（3）在读取数据并进行转换时，Scala 使用了更简洁的语法来处理字符串分割和类型转换。

（4）checkpoint 方法在 Scala 和 PySpark 中的调用方式是一样的，都是 RDD 的一个方法。

（5）在进行 reduceByKey 操作时，Scala 使用了占位符语法_ + _来简洁地表示 lambda 函数，这与 Python 中的 lambda a, b: a + b 功能相同。

（6）在收集结果并打印时，Scala 中的 mkString 方法用于将数组或集合中的元素连接成一个字符串，这里用逗号分隔每个元素。当然，根据你的具体需求，可以选择不同的分隔符或格式化方式。

（7）请确保你的 Spark 集群和 HDFS 配置正确，以便能够访问指定的 checkpoint 目录和数据文件。

4.6　RDD 转换算子的惰性

本节将主要讲解 RDD 转换算子的惰性（Lazy），首先对惰性进行介绍，再介绍 Scala 的迭代器 Iterator 接口和迭代器的 Lazy 现象及原理，同时配合案例进行详细介绍。

在 RDD 的上下文中，惰性指的是 RDD 的转换操作（也称为转换算子）不会立即执行，而是会延迟执行，直到遇到一个行动操作（Action）为止。这种机制是 Spark 数据处理框架中的一个核心特性，它允许 Spark 以更高效的方式处理大规模数据集。

4.6.1　Scala 迭代器 Iterator 接口

在 Scala（以及 Java 等其他 JVM 语言）中，Iterator 接口是一个非常基础且重要的接口，它属于 Scala 集合库（Scala Collections Library）的一部分。尽管它本身并不直接属于 Apache Spark 的 RDD（弹性分布式数据集）API，但 RDD 的操作经常涉及迭代器的使用，特别是在处理大规模数据集的情形下。

在 Spark 中，RDD 的许多操作（如 map、filter 等）都会返回一个新的 RDD，这些操作内部实际上会利用迭代器来遍历输入 RDD 的元素，并对它们执行相应的操作。当执行行动操作（如 collect、count 等）时，Spark 会触发计算，并通过迭代器来收集结果。

值得注意的是，虽然 Iterator 在 Scala 和 Spark 中非常重要，但 Spark 的 RDD API 本身并不直接暴露 Iterator 给开发者，而是通过一系列高级操作来隐藏这些细节。然而，了解 Iterator 的工作原理和特性对于理解 Spark 如何处理大数据集是非常有帮助的。

Iterator 接口定义了一些核心的方法，包括：

- hasNext: Boolean：检查迭代器是否还有更多的元素。
- next(): A：返回迭代器的下一个元素，并移动到下一个位置。如果迭代器没有更多的元素，则抛出 NoSuchElementException 异常。

Scala 迭代器 Iterator 源码如代码 4-50 所示。

代码 4-50　IteratorExample.scala

```
trait Iterator[+A] extends TraversableOnce[A] {
    def hasNext: Boolean
    def next(): A
```

```
}

trait Iterable[+A] extends Traversable[A]
                    with GenIterable[A]
                    with GenericTraversableTemplate[A, Iterable]
                    with IterableLike[A, Iterable[A]] {
  def iterator: Iterator[A]
}
```

4.6.2 Scala 迭代器 Lazy 特性及原理

1. Lazy 特性

有关 Lazy 特性，我们从示例代码开始，以方便读者理解。在以下测试代码（代码 4-51）中，如果把 foreach 去掉，会发现运行程序后没有任何打印输出。

代码 4-51 TestLazy.scala

```
val iter = List(1, 2).iterator
val iter2 = iter.map(x=>{println("第1级map算子"); x*10})
val iter3 = iter2.map(x=>{println("第2级map算子"); x+1000})
```

如果把 foreach 这句代码加上（代码 4-52），会发现运行程序后有打印输出。

代码 4-52 TestLazy2.scala

```
val iter = List(1, 2).iterator
val iter2 = iter.map(x=>{println("第1级map算子"); x*10})
val iter3 = iter2.map(x=>{println("第2级map算子"); x+1000})
iter3.foreach(println)  // 加上了 foreach
```

执行以上代码，输出结果为：

```
第1级map算子
第2级map算子
1010

第1级map算子
第2级map算子
1020
```

在 Scala 中，迭代器调用 map、flatMap、groupBy 等算子时，运算逻辑并不会真正执行，而在调用 foreach 这样的算子之后，才会触发整个算子链条的执行，这就是所谓的 Lazy 特性。这就类似 RDD 上的"转换算子"和"行动算子"。

2. Lazy 原理

所谓 Lazy 特性，原理其实非常简单，看一下 map 算子的源码，如代码 4-53 所示。

代码 4-53　TestLazyMap.scala

```scala
def map[B](f: A => B): Iterator[B] = new AbstractIterator[B] {
  def hasNext = self.hasNext
  def next() = f(self.next())
}
```

迭代器要真正执行计算，需要调用 hasNext 判断是否还有数据，然后 next 取数返回。Scala 迭代器的 map 算子中，既没有调用 hasNext，也没有调用 next，所以根本没有执行计算。

map 方法只是创建一个新的迭代器，然后返回，新的迭代器（子迭代器）中：

● hasNext 的实现是直接调父迭代器的 hasNext。

● next() 是在父迭代器 next() 的返回结果上，应用了 map 算子传入的函数 f。

如果在 iter1 上连续调用"转换算子"，例如：

```scala
val iter2 = iter1.map( f1 )
val iter3 = iter2.map( f2 )
// ...
val iter100 = iter99.map( f99 )
```

它不会真正执行计算，但它形成了一个迭代器的链条（也就是数据处理的逻辑链条）。iter100 中的 next() 方法，如下所示：

```scala
def next() = {
    f99 (f98 ( f97(... f3(f2(f1(iter1.next ))) )))
}
```

因此，当对 iter100 调用 next() 方法时，就会从 iter1.next 拿到数据，然后依次应用函数 f1、f2、f3... 的处理，得到最终结果后作为 iter100.next() 的返回值。

4.7　模拟 Spark 自定义 RDD

本节将深入模拟 Spark 的自定义 RDD，通过定义抽象集合 RDD 的 Trait 及多种具体实现的 RDD 类（如内存源、文件源、中间映射等），并结合创建集合的工具类，来实现这一目标。我们通过示例代码，以主函数形式展示如何开发及运行这些自定义 RDD，从而帮助读者更加深入地了解 RDD 的工作流程。

具体而言，这些自定义 RDD 应能够加载多种数据源以形成一个抽象集合，并在此集合上提供 Transformation 算子，供用户传入计算逻辑（但此时并不真正执行）。同时，还需提供 Action 算子，一旦用户触发这些算子，之前定义好的完整计算逻辑将得到执行。

定义抽象集合 RDD 的 Trait，示例代码如代码 4-54 所示。

代码 4-54 Rdd.scala

```scala
trait Rdd {
  var dep: List[Rdd]
  val iter: Iterator[String]
  def map(f: String => String): MapRdd
  def compute(): Iterator[String]
  def foreach(f:String=>Unit):Unit
}
```

定义 RDD 集合类的内存源 RDD、文件源 RDD、中间映射 RDD 来进行具体实现，内存源 RDD 示例代码如代码 4-55 所示。

代码 4-55 SeqRdd.scala

```scala
class SeqRdd(val c: Seq[String]) extends Rdd {
  override val iter = compute()
  override var dep: List[Rdd] = Nil
  override def compute(): Iterator[String] = {
    c.iterator
  }
  override def map(f: String => String): MapRdd = {
    new MapRdd(iter => iter.map(f), List(this))
  }
  override def foreach(f: String => Unit): Unit = iter.foreach(f)
}
```

文件源 RDD 示例代码如代码 4-56 所示。

代码 4-56 FileRdd.scala

```scala
class FileRdd(val path: String) extends Rdd {
  override val iter = compute()
  override var dep: List[Rdd] = Nil

  override def compute(): Iterator[String] = {
    new FileIterator(path)
  }

  override def map(f: String => String): MapRdd = {
    new MapRdd(iter => iter.map(f), List(this))
  }

  override def foreach(f: String => Unit): Unit = iter.foreach(f)

  class FileIterator(val s: String) extends Iterator[String] {
    private val br = new BufferedReader(new FileReader(s))
    private var line: String = _
    private var flag:Boolean = false
```

```
    override def hasNext: Boolean = {
      line = br.readLine()
      if(line != null) flag = true else flag=false
      flag
    }
    override def next(): String = {
      line
    }
  }
}
```

中间映射 RDD 示例代码如代码 4-57 所示。

代码 4-57　MapRdd.scala

```
class MapRdd(val f: Iterator[String] => Iterator[String],
            var dep: List[Rdd]) extends Rdd {
  def compute(): Iterator[String] = {
    f(dep(0).iter)
  }

  def map(f: String => String): MapRdd = {
    new MapRdd(iter => iter.map(f), List(this))
  }

  override val iter: Iterator[String] = compute()
  override def foreach(f: String => Unit): Unit = iter.foreach(f)
}
```

定义创建集合的工具类，示例代码如代码 4-58 所示。

代码 4-58　Context.scala

```
class Context{
  def textFile(path:String):FileRdd = {
    new FileRdd(path)
  }

  def makeRdd(seq:Seq[String]):SeqRdd = {
    new SeqRdd(seq)
  }

  def runJob(rdd:Rdd): Unit ={
    val iter = rdd.iter
    iter.foreach(println)
  }
}
```

主函数代码开发及运行，主函数示例代码如代码 4-59 所示。

代码 4-59 MainTest.scala

```scala
object MainTest{
  def main(args: Array[String]): Unit = {
    val sc = new Context
    val rdd = sc.textFile("d:/a.txt")
    val res = rdd.map(_.toUpperCase())
      .map("xx - " + _)
      .map(_ ++ " _ ")
    res.foreach(println)
  }
}
```

4.8 Spark 任务执行原理图解分析

本节将主要讲解 Spark 任务执行原理，通过 Spark 的 WordCount 案例，帮助读者了解在一个任务中会产生多少个 RDD、多少个 Stage、多少个 TaskSet、多少个 Task，同时对 Stage 和 Task 的类型进行概括。

4.8.1 WordCount 程序元素分解

我们来看一下，下面的示例代码（见代码 4-60）在运行过程中会产生多少个 RDD、多少个 Stage、多少个 TaskSet、多少个 Task，以及 Task 的类型有哪些。

代码 4-60 WordCount.scala

```scala
object WordCount {
  def main(args: Array[String]): Unit = {
    val conf: SparkConf = new SparkConf()
    val sc: SparkContext = new SparkContext(conf)
    sc.textFile(args(0))
      .flatMap(_.split(" "))
      .map((_, 1))
      .reduceByKey(_+_)
      .saveAsTextFile(args(1))

    sc.stop()
  }
}
```

1. RDD 数量分析

步骤 01 sc.textFile(args(0))：读取 HDFS 文件，生成第一个 RDD（HadoopRDD）。

步骤 02　flatMap(_.split(" "))：对第一个 RDD 进行 flatMap 操作，生成第二个 RDD。

步骤 03　map((_, 1))：对第二个 RDD 进行 map 操作，生成第三个 RDD。

步骤 04　reduceByKey(_+_)：对第三个 RDD 进行 reduceByKey 操作，生成第四个 RDD（会产生 Shuffle）。

步骤 05　saveAsTextFile(args(1))：将第四个 RDD 保存为文件，此操作不会生成新的 RDD，但会触发 Action 操作。

从上面的步骤可以看出，完成这个任务一共产生了 4 个 RDD。

2. Stage 数量分析

（1）第一个 Stage：包括从读取文件到 reduceByKey 之前的所有转换操作（textFile→flatMap→map），因为它们没有触发 Shuffle。

（2）第二个 Stage：reduceByKey 操作，因为它会触发 Shuffle。

可以看出，完成这个任务一共产生了两个 Stage。

3. TaskSet 和 Task 数量分析

（1）第一个 Stage：由于 RDD 的分区数量是 2，并且没有改变分区数量，因此该 Stage 会有两个 Task，类型为 ShuffleMapTask。

（2）第二个 Stage：同样地，由于 RDD 的分区数量仍然是 2，因此该 Stage 会有两个 Task，类型为 ResultTask（或称为 Non-ShuffleMapTask，因为它不涉及 Shuffle）。

可以看出，完成这个任务一共产生了两个 TaskSet（每个 Stage 一个），每个 TaskSet 有两个 Task，因此总共有 4 个 Task。

4. Task 类型总结

（1）ShuffleMapTask：两个（在第一个 Stage 中）。

（2）ResultTask：两个（在第二个 Stage 中）。

5. 总结

（1）RDD 数量：4 个。

（2）Stage 数量：两个。

（3）TaskSet 数量：两个（每个 Stage 对应一个）。

（4）Task 数量：4 个（每个 TaskSet 有两个 Task）。

（5）Task 类型：两个 ShuffleMapTask（第一个 Stage）和两个 ResultTask（第二个 Stage）。

4.8.2　WordCount 程序图解

1. WordCount 的逻辑执行计划

WordCount 示例代码从 Spark 任务的逻辑执行计划上进行分解，共有 6 个步骤，依次是：从外部数据源读取文本文件→使用 flatMap 操作进行扁平化处理→使用 map 操作生成键值对→

执行 ShuffleMapStage 进行分区和排序→使用 reduceByKey 操作进行聚合→将结果保存到外部数据源。下面将对这 6 个步骤进行详细解释。

1）数据源读取

从外部数据源（如 HDFS）读取文本文件，这一步通过 textFile 操作完成。此时，数据被加载为 Hadoop RDD，其元素类型为[LongWritable, Text]，其中 LongWritable 表示数据的偏移量，Text 表示数据行的内容。

2）数据扁平化

使用 flatMap 操作对文本行进行扁平化处理。这一步将文本行拆分成单词或其他更小的数据单元，并输出为新的 RDD。此时，RDD 的元素类型转变为[String]，即单词或数据单元的集合。

3）数据映射

通过 map 操作对每个单词进行映射，生成键值对。这一步通常是将单词映射为其自身和一个初始值（如 1），用于后续的聚合操作。此时，RDD 的元素类型转变为[String, Int]，即单词和其对应值的集合。

4）ShuffleMapStage

在进行 reduceByKey 操作之前，Spark 会执行 ShuffleMapStage。这一步负责将数据按照键（在这里是单词）进行分区和排序，以便后续的聚合操作能够高效地执行。ShuffleMapStage 的输出是 ShuffledRDD，其元素类型仍然为[String, Int]，但数据已经按照键进行了分区和排序。

5）聚合操作

使用 reduceByKey 操作对键值对进行聚合。这一步将具有相同键的所有值进行聚合操作（如求和），生成新的键值对。输出类型为[String, Int]的集合，其中 Int 表示聚合后的值。

6）结果存储

最后，使用 saveAsTextFile 操作将结果保存到外部数据源（如 HDFS）。这一步将聚合后的键值对转换为文本格式，并写入指定的文件中。

Spark 任务的逻辑执行计划如图 4-28 所示。

2. WordCount 的物理执行计划

WordCount 示例代码从 Spark 任务的物理执行计划上进行分解，共有 8 个步骤，依次是：任务集初始化→ShuffleMapTask 的分配→数据文件的读取与 Map 操作→索引文件的生成→数据的迭代与传递→ShuffleMapTask 的数据分组与排序→结果发送到 RedultTask→HDFS 上的数据存储。下面将对这 8 个步骤进行详细解释。

1）任务集初始化

Spark 首先初始化两个任务集（TaskSet），这些任务集将负责执行后续的数据处理任务。

2）ShuffleMapTask 的分配

在任务集之间，有一个 ShuffleMapTask 起到了关键作用。ShuffleMapTask 负责将数据分布到不同的迭代器上，以便进行后续的处理和分组。

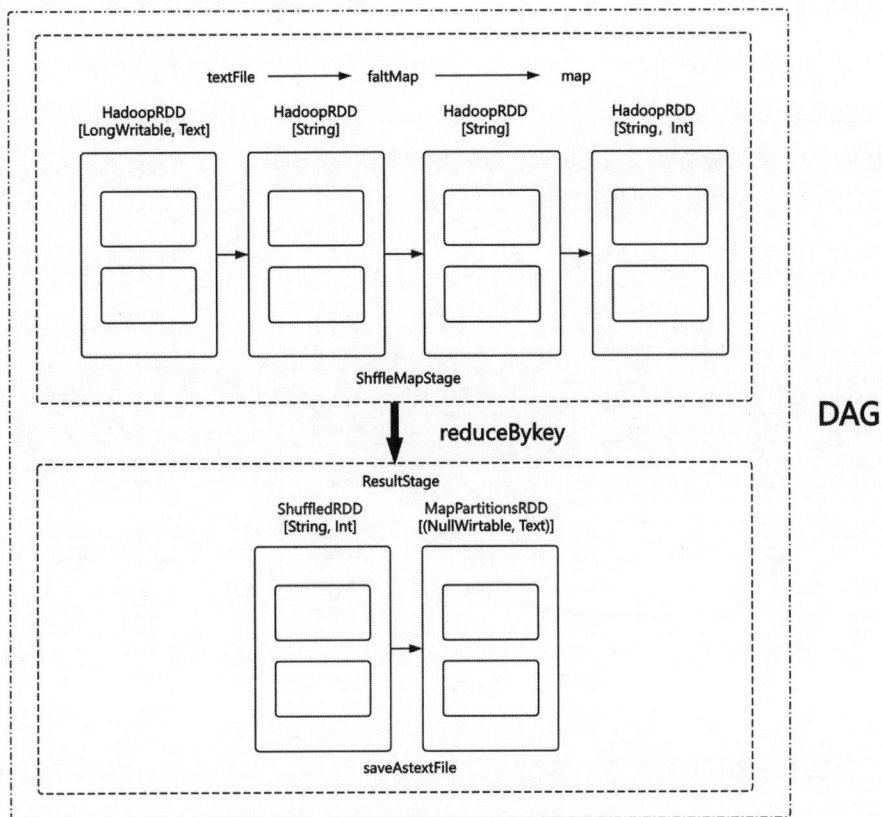

图 4-28　Spark 任务的逻辑执行计划

3）数据文件的读取与 Map 操作

每个任务集中的迭代器开始执行，它们首先读取数据文件（如 a.txt、b.txt 等）。这些文件可能存储在 HDFS 上。迭代器对读取的数据执行 map 操作。这里的 map 操作可能包括数据的扁平化（flatMap）和进一步的映射（map），以生成键值对或其他所需的数据结构。

4）索引文件的生成

经过 map 操作处理后的数据，被存储到索引文件中。这里的索引文件可能是指中间结果的存储形式，用于后续的任务集处理。

5）数据的迭代与传递

每个任务集中的迭代器都会从 HDFS 读取数据，并进行迭代处理。迭代器之间会传递数据位置信息（如 a.txt,part-0000），以确保后续迭代器能够正确处理对应的数据部分。

6）ShuffleMapTask 的数据分组与排序

ShuffleMapTask 不仅负责数据的分布，还负责数据的分组和排序。这是为了确保在 Reduce 阶段能够高效地处理数据。

7）结果发送到 RedultTask

ResultTask 有两个 Iterator，第一个读取数据，第二个迭代数据，为 ResultTask 的最终结果聚合和输出的任务集做准备。

8）HDFS 上的数据存储

最终处理结果会被存储到 HDFS 上，供后续使用或分析。

Spark 任务的物理执行计划如图 4-29 所示。

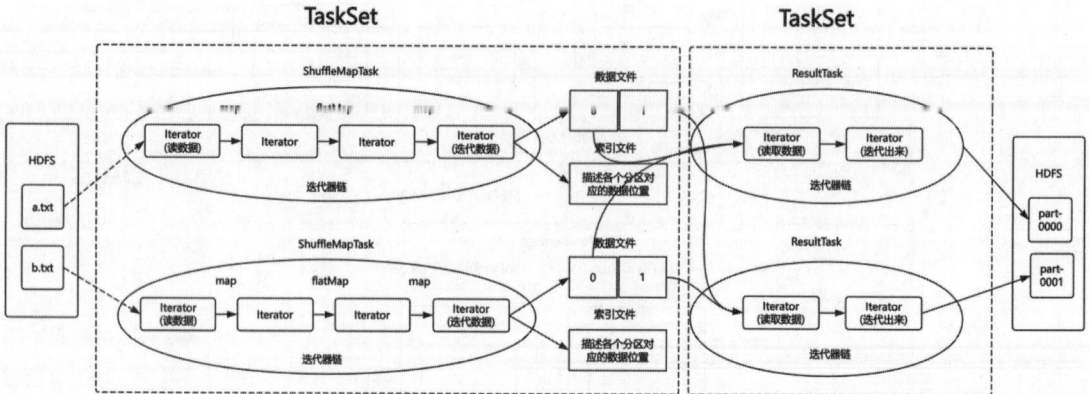

图 4-29　Spark 任务的物理执行计划

4.8.3　Stage 和 Task 的类型

Stage 有两种类型，分别是 ShuffleMapStage 和 ResultStage。ShuffleMapStage 生成的 Task 叫作 ShuffleMapTask，ResultStage 生成的 Task 叫作 ResultTask。

1. ShuffleMapTask

（1）可以读取各种数据源中的数据。

（2）可以读取 Shuffle 的中间结果（Shuffle Read）。

（3）为 Shuffle 做准备，即应用分区器，将数据溢写到磁盘（Shuffle Write）。

2. ResultTask

（1）可以读取各种数据源中的数据。

（2）可以读取 Shuffle 的中间结果（Shuffle Read）。

（3）是整个 Job 中最后一个阶段对应的 Task，一定会产生结果数据（将产生的结果返回 Driver 并写入外部的存储系统）。

3. ShuffleMapStage 和 ResultStage 的结合

一个 Spark 任务中，ShuffleMapStage 和 ResultStage 之间通常有三种结合的情况：

（1）第一种是一个 ShuffleMapStage 和一个 ResultStage 结合，如图 4-30 所示。

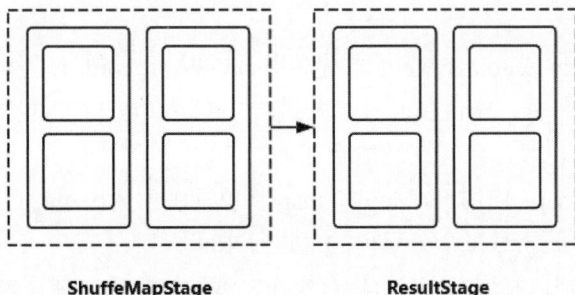

图 4-30　一个 ShuffleMapStage 和一个 ResultStage 的结合

（2）第二种是多个 ShuffleMapStage 和一个 ResultStage 结合，如图 4-31 所示。

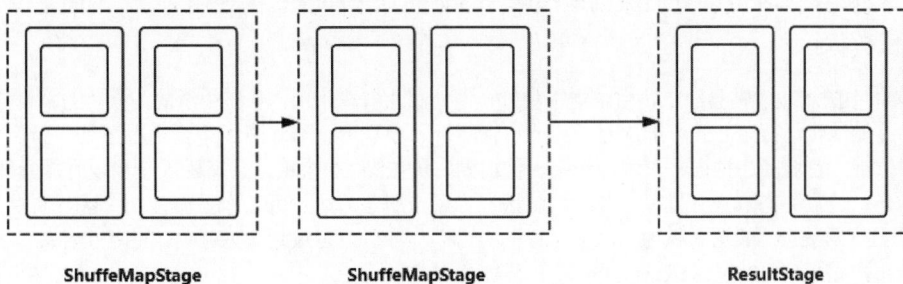

图 4-31　多个 ShuffleMapStage 和一个 ResultStage 相结合

（3）第三种只有一个 ResultStage，如图 4-32 所示。

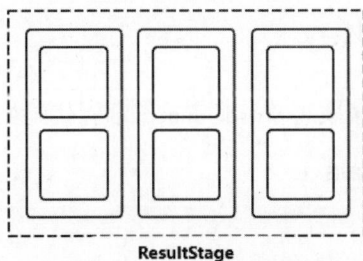

图 4-32　一个 ResultStage

4.9　案例：多种算子实现 WordCount

在 Spark 中，我们可以使用多种算子来实现 WordCount 任务。以下是其中 6 种方法的简要案例说明。

（1）map + reduceByKey：首先使用 map 函数将每个单词映射为(word, 1)的键值对，然后使用 reduceByKey 对具有相同键的值进行累加。

（2）countByValue：通过 flatMap 将文本行拆分为单词，然后使用 countByValue 直接统计

每个单词出现的次数。

（3）aggregateByKey 或 foldByKey：首先将单词映射为(word, 1)，然后使用 aggregateByKey 或 foldByKey 进行聚合。aggregateByKey 需要指定分区内和分区间的聚合函数，而 foldByKey 是 aggregateByKey 的简化版，两者在功能上相似。

（4）groupByKey+map：使用 flatMap 和 map 将单词映射为(word, 1)，然后使用 groupByKey 按单词分组，最后通过 map 对每个分组内的值进行求和。

（5）Scala 原生实现：利用 Scala 的集合操作，读取文件后，使用 flatMap 拆分单词，然后使用 Scala 的 groupBy 和 mapValues 进行分组和计数。

（6）combineByKey：使用 combineByKey 算子原生实现单词计数功能。

通过本练习，读者可以更加深刻地理解 Spark 的算子和算子的使用方法。下面是 WordCount 任务的测试数据：

赤壁市，中国湖北省辖县级市，由咸宁市代管，地处湖北省东南部，长江中游的南岸，为幕阜低山丘陵与江汉平原的接触地带。截至 2024 年 9 月，赤壁市辖蒲圻、赤马港、陆水湖 3 个街道办事处，新店、赵李桥、茶庵岭、中伙铺、官塘驿、神山、车埠、赤壁、柳山湖、黄盖湖 10 个镇，余家桥 1 个乡，官塘驿林场、羊楼洞茶场 2 个场，沧湖生态农业开发区、赤壁高新区、赤壁市服务蒲纺片区工作委员会 3 个区。共辖 140 个村委会、51 个社区居委会。版图面积为 1717.72 平方千米。 赤壁方言被划分为赣语，属南方语系。 截至 2024 年 2 月，全市户籍人口 526148 人。

赤壁市有名景点有：三国赤壁古战场、羊楼洞、龙佑温泉、陆水湖风景区、山水温泉、青山竹海、玄素洞风景区、雪峰山、赤壁市博物馆、汀泗桥战役遗址、赤壁古温泉、三峡试验坝主题公园、四季香农家乐。

欢迎亲爱的读者们到湖北省赤壁市游玩。

4.9.1　map + reduceByKey

使用 map + reduceByKey 算子实现 wordCount，示例代码如代码 4-61 所示。

代码 4-61　WordCount1.scala

```scala
package chapter04
import org.apache.spark.rdd.RDD
import org.apache.spark.{SparkConf, SparkContext}

/**
 * author: yuhui
 * descriptions: WordCount 实现第一种方式:map + reduceByKey
 * date: 2024 - 10 - 29 11:28 上午
 */
object WordCount1 {
  def main(args: Array[String]): Unit = {
    val config: SparkConf = new
SparkConf().setMaster("local[*]").setAppName("WordCount1")

    val sc: SparkContext = new SparkContext(config)
```

```
    val lines: RDD[String] = sc.textFile("BookData/input/04data.txt")

    lines
      .coalesce(1)
      .flatMap(_.split("[,。、]"))
      .map((_, 1))
      .reduceByKey(_ + _)
      .collect()
      .foreach(println)
  }
}
```

执行以上代码，输出结果为：

```
(茶庵岭,1)
(赤壁市博物馆,1)
( 赤壁方言被划分为赣语,1)
(神山,1)
(全市户籍人口 526148 人,1)
(沧湖生态农业开发区,1)
```

由于执行内容太长，仅展示部分内容。通过 6 个 Wordcount 案例的执行，结果一致，因此下面 5 个案例不再重复展示执行结果。

4.9.2　countByValue

使用 countByValue 算子实现 wordCount，示例代码如代码 4-62 所示。

代码 4-62　WordCount2.scala

```
package chapter04
import org.apache.spark.rdd.RDD
import org.apache.spark.{SparkConf, SparkContext}

/**
 * author: yuhui
 * descriptions:
 * WordCount 实现第二种方式：使用 countByValue 代替 map + reduceByKey
 *
 * 根据数据集每个元素相同的内容来计数，返回相同内容的元素对应的条数（不必作用在 kv 格式上）
 * map(value => (value, null)).countByKey()
 *
 * date: 2024 - 10 - 29 11:30 上午
 */
object WordCount2 {
  def main(args: Array[String]): Unit = {
    val config: SparkConf = new
```

```
SparkConf().setMaster("local[*]").setAppName("WordCount2")

    val sc: SparkContext = new SparkContext(config)

    val lines: RDD[String] = sc.textFile("BookData/input/04data.txt")

    lines
      .coalesce(1)
      .flatMap(_.split("[, 。、]"))
      .countByValue()
      .foreach(println)


  }
}
```

4.9.3　aggregateByKey 或 foldByKey

使用 aggregateByKey 或 foldByKey 算子实现 wordCount，示例代码如代码 4-63 所示。

代码 4-63　WordCount3.scala

```
package chapter04
import org.apache.spark.rdd.RDD
import org.apache.spark.{SparkConf, SparkContext}

/**
 * author: yuhui
 * descriptions:
 *
 * WordCount 实现第三种方式：aggregateByKey 或 foldByKey
 *
 * def aggregateByKey[U: ClassTag](zeroValue: U)(seqOp: (U, V) => U,combOp: (U,
U) => U): RDD[(K, U)]
 * 1.zeroValue: 给每一个分区中的每一个 key 一个初始值
 * 2.seqOp: 函数用于在每一个分区中用初始值逐步迭代 value（分区内聚合函数）
 * 3.combOp: 函数用于合并每个分区中的结果（分区间聚合函数）
 *
 * foldByKey 相当于 aggregateByKey 的简化操作，seqop 和 combop 相同
 *
 * date: 2024 - 10 - 29 11:33 上午
 */
object WordCount3 {
  def main(args: Array[String]): Unit = {
    val config: SparkConf = new
SparkConf().setMaster("local[*]").setAppName("WordCount3")
```

```scala
    val sc: SparkContext = new SparkContext(config)

    val lines: RDD[String] = sc.textFile("BookData/input/04data.txt")

    lines
      .coalesce(1)
      .flatMap(_.split("[, 。、]"))
      .map((_, 1))
      .aggregateByKey(0)(_ + _, _ + _)
      .collect()
      .foreach(println)

    lines
      .coalesce(1)
      .flatMap(_.split("[, 。、]"))
      .map((_, 1))
      .foldByKey(0)(_ + _)
      .collect()
      .foreach(println)

  }
}
```

4.9.4   groupByKey+map

使用 groupByKey+map 算子实现 wordCount，示例代码如代码 4-64 所示。

代码 4-64   WordCount4.scala

```scala
package chapter04
import org.apache.spark.rdd.RDD
import org.apache.spark.{SparkConf, SparkContext}

/**
 * author: yuhui
 * descriptions:
 * WordCount 实现的第四种方式：groupByKey+map
 *
 * date: 2024 - 10 - 29 11:35 上午
 */
object WordCount4 {
  def main(args: Array[String]): Unit = {
    val config: SparkConf = new
SparkConf().setMaster("local[*]").setAppName("WordCount4")

    val sc: SparkContext = new SparkContext(config)
```

```scala
    val lines: RDD[String] = sc.textFile("BookData/input/04data.txt")

    lines
      .coalesce(1)
      .flatMap(_.split("[，。、]"))
      .map((_, 1))
      .groupByKey()
      .map(tuple => {
        (tuple._1, tuple._2.sum)
      })
      .collect()
      .foreach(println)
  }
}
```

4.9.5　Scala 原生实现 wordCount

使用 Scala 原生实现 wordCount，示例代码如代码 4-65 所示。

代码 4-65　WordCount5.scala

```scala
package chapter04
/**
 * author: yuhui
 * descriptions: Scala 原生实现 wordCount
 * date: 2024 - 10 - 29 11:36 上午
 */

object WordCount5 {
  def main(args: Array[String]): Unit = {

    val list = List("cw is cool", "wc is beautiful", "andy is beautiful", "mike is cool")
    /**
     * 第一步，将 list 中的元素按照分隔符（这里是空格）拆分，然后展开
     * 先用 map(_.split(" "))将每一个元素按照空格拆分
     * 然后 flatten 展开
     * flatmap 即为上面两个步骤的整合
     */

    val res0 = list.map(_.split(" ")).flatten
    val res1 = list.flatMap(_.split(" "))
    println("第一步结果")
    println(res0)
    println(res1)
```

```
    /**
     * 第二步是将拆分后得到的每个单词生成一个元组
     * k 是单词名称，v 是任意字符，这里选择 1
     */
    val res3 = res1.map((_, 1))
    println("第二步结果")
    println(res3)
    /**
     * 第三步是根据相同的 key 合并
     */
    val res4 = res3.groupBy(_._1)
    println("第三步结果")
    println(res4)

    /**
     * 最后一步是求出 groupBy 后的每个 key 对应的 value 的 size 大小，即单词出现的个数
     */
    val res5 = res4.mapValues(_.size)
    println("最后一步结果")
    println(res5.toBuffer)
  }
}
```

4.9.6　combineByKey

使用 combineByKey 算子原生实现单词计数功能（即 wordCount），示例代码如代码 4-66 所示。

代码 4-66　WordCount6.scala

```
package chapter04
import org.apache.spark.rdd.RDD
import org.apache.spark.{SparkConf, SparkContext}

/**
 * author: yuhui
 * descriptions: WordCount 实现的第六种方式：combineByKey
 * date: 2024 - 10 - 29 11:37 上午
 */
object WordCount6 {
  def main(args: Array[String]): Unit = {
    val config: SparkConf = new
SparkConf().setMaster("local[*]").setAppName("combineByKey")

    val sc: SparkContext = new SparkContext(config)
```

```
val lines: RDD[String] = sc.textFile("BookData/input/04data.txt")

lines
  .coalesce(1)
  .flatMap(_.split("[，。、]"))
  .map((_, 1))
  .combineByKey(
    x => x,
    (x: Int, y: Int) => x + y,
    (x: Int, y: Int) => x + y
  )
  .collect()
  .foreach(println)
  }
}
```

4.10 本章小结

本章对 RDD 进行了全面而深入的解读。RDD 作为 Spark 框架中的核心概念，具有不可变、分布式和容错性等特点，为大数据处理提供了强大的支持。我们首先了解了 RDD 的基本概念和特点，进而探讨了 RDD 的血缘和依赖关系，这是 Spark 能够高效地进行容错和数据恢复的基础。随后，我们详细解析了 RDD 的 Transformation 算子和 Action 算子，这两类算子分别用于数据的转换和触发计算任务。此外，本章还介绍了 RDD 的特殊算子，这些算子在特定场景下能够发挥重要作用。同时，我们深入剖析了 RDD 转换算子的惰性特性，这一特性使得 Spark 能够优化执行计划，提高处理效率。为了加深理解，我们还模拟了 Spark 自定义 RDD 的过程，并通过图解分析了 Spark 任务的执行原理。最后，通过一系列的算子练习，巩固了所学知识，提升了实践能力。

第5章

RDD 的 Shuffle 详解

本章将深入探索 Spark RDD 的 Shuffle 机制，为读者揭开分布式计算的核心奥秘。首先，我们从 Shuffle 的概念入手，追溯其历史演进，全面解析其在数据处理中的关键作用及验证方法，并探讨其复用性带来的性能提升。随后，聚焦 Spark 中最核心的两个 Shuffle 组件——HashShuffleManager 与 SortShuffleManager，通过详细剖析它们的工作原理，揭示其在数据分发、排序及聚合过程中的高效实现。

本章主要知识点：

- Shuffle 的概念和历史
- Shuffle 的验证及复用实验
- 了解 HashShuffleManager
- 了解 SortShuffleManager

5.1 Shuffle 的概念及历史

5.1.1 Shuffle 的概念

Spark 的 Shuffle 是指 Map 任务与 Reduce 任务之间的数据交换过程。在 Spark 作业执行中，为了将数据按照特定的规则（如 key 值）重新分区，确保相同 key 的数据汇聚到同一个节点进行聚合或处理，会触发 Shuffle 操作。这个过程涉及磁盘 I/O 和网络传输，对作业性能有显著影响。Shuffle 分为 Shuffle Write 和 Shuffle Read 两个阶段，前者负责生成中间文件，后者负责拉取并处理数据。优化 Shuffle 过程是提高 Spark 作业效率的关键。

如图 5-1 所示为 Spark 的 Shuffle 网络传输，Spark 通过 Shuffle 将 Map 端的数据按照 key

进行分组，之后在 Reduce 端进行汇总且值累加。下面对每一个步骤进行详细描述。

（1）Map 端有两个分区且都存放 Key-Value 的数据，应用分区器来计算每个键值对应该被分配到哪个 Reduce 端分区。

（2）ShuffleWrite 是指数据在写入溢写磁盘之前，会暂时存储在内存中。当内存不足时，数据会被溢写到磁盘上。

（3）Reduce 任务从上游（即 Map 端）拉取数据，并根据键值对进行分组；使用 reduceByKey 函数对来自不同 Map 端分区但具有相同键的键值对进行合并。

（4）ShuffleRead 是指合并后的数据被写入溢写磁盘上，这个过程可能涉及内存中的临时存储和磁盘上的溢写操作。

经过 Reduce 端处理后，最终的结果被写入另一个分区。

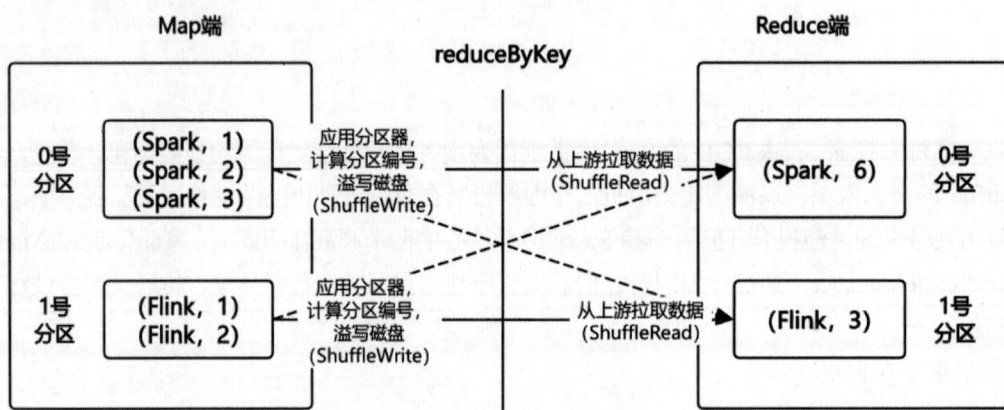

图 5-1　Shuffle 网络传输

5.1.2　Shuffle 演进的历史

Spark 的 Shuffle 机制在历史版本中经历了多次重要的演进，从 Spark 0.8 到 Spark 3.0，其发展历程可以概述如下。

- Spark 0.8 及以前：使用 Hash Based Shuffle 作为数据混洗的主要机制。
- Spark 0.8.1：在 Hash Based Shuffle 的基础上，引入了 File Consolidation 机制，旨在优化磁盘 I/O，减少小文件的数量，从而提高数据读取效率。
- Spark 0.9：引入了 ExternalAppendOnlyMap，这一改进进一步增强了内存管理，使得数据处理更加高效。
- Spark 1.1：虽然 Hash Based Shuffle 仍然是可选的，但 Sort Based Shuffle 被正式引入。Sort Based Shuffle 通过对数据进行排序，优化了数据在磁盘上的布局，减少了磁盘 I/O 操作，提高了数据混洗的性能。然而，在这一版本中，Hash Based Shuffle 仍然是默认选项。
- Spark 1.2：Sort Based Shuffle 成为默认的 Shuffle 方式。这一变化标志着 Spark 在处理

大数据时性能上的显著提升，因为 Sort Based Shuffle 在处理大规模数据集时表现出了更高的效率和稳定性。

- Spark 1.4：引入了 Tungsten-Sort Based Shuffle，这是 Tungsten 执行引擎的一部分。Tungsten 执行引擎通过减少 JVM 的开销和优化内存管理，进一步提升了 Spark 的性能。Tungsten-Sort Based Shuffle 在此基础上进一步优化了数据混洗的性能。
- Spark 1.6：Tungsten-Sort 与 Sort Based Shuffle 进一步整合，使得 Spark 的性能得到了更全面的提升。这一整合不仅简化了 Shuffle 机制的实现，还提高了数据处理的效率和稳定性。
- Spark 2.0：Hash Based Shuffle 正式退出历史舞台，Sort Based Shuffle 成为 Spark 中唯一的数据混洗机制。这一变化标志着 Spark 在数据处理性能上的又一次重大飞跃，因为 Sort Based Shuffle 在处理大规模数据集时表现出了更高的效率和稳定性。
- Spark 3.0 及以后：在 Spark 3.0 及后续版本中，Sort Based Shuffle 继续作为默认的 Shuffle 机制，同时 Spark 团队也在不断探索和优化新的数据混洗算法和技术，以进一步提高 Spark 的性能和稳定性。例如，Spark 3.x 版本中引入了 Adaptive Query Execution（AQE）等特性，这些特性进一步增强了 Spark 在处理复杂查询和大规模数据集时的能力。

5.2 Shuffle 的验证及复用性

本节将讲述 Shuffle 的验证及复用性。Spark 的 reduceByKey 和 join 均属于转换（Transformation）类型中的分组或聚合算子。一般情况下使用时会产生 Shuffle，但本节中通过讲解案例、图文并茂的方式带领读者一步一步了解，在特定情况下 reduceByKey 和 join 不产生 Shuffle 的方法。

5.2.1 案例：reduceByKey 一定会 Shuffle 吗

reduceByKey 一定会 Shuffle 吗？不一定。如果一个 RDD 事先使用了 HashPartitioner 分区，然后调用 reduceByKey 方法，使用的也是 HashPartitioner，并且没有改变分区数量，此时调用 redcueByKey 就不会触发 Shuffle。

如果多次使用自定义的分区器，并且没有改变分区的数量，为了减少 Shuffle 的次数，提高计算效率，需要重新自定义分区器的 equals 方法。

我们通过下面的案例来解说调用 redcueByKey 不产生 Shuffle。其中 sc 用于存储创建的 Sparkcontext 对象。

启动 spark-shell：

```
spark-shell --master spark:// yuhui01:7077
```

执行以下命令：

```
// 导入必要的类
import org.apache.spark.HashPartitioner
// 创建 RDD，并没有立即读取数据，而是触发 Action 才会读取数据
val lines = sc.textFile("hdfs:// yuhui01:9000/words")
val wordAndOne = lines.flatMap(_.split(" ")).map((_, 1))
// 先使用 HashPartitioner 进行 partitionBy
val partitioner = new HashPartitioner(10)
val partitioned = wordAndOne.partitionBy(partitioner)
// 然后调用 reduceByKey
val reduced = partitioned.reduceByKey(_ + _)
reduced.saveAsTextFile("hdfs:// yuhui01:9000/out-36-82")
```

执行上述命令后，从 Spark 的 UI 中获得的 reduceByKey 的 DAG 展示如图 5-2 所示。

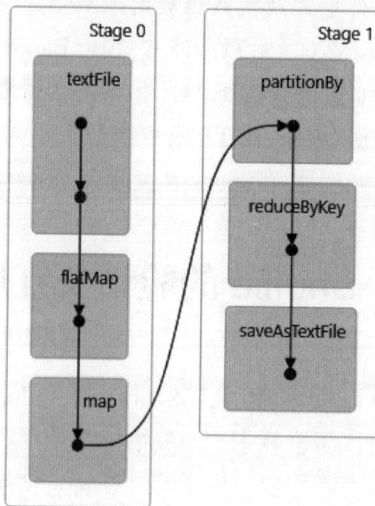

图 5-2　reduceByKey 的 DAG 展示图

下面对每一行命令进行详解，说明不产生 Shuffle 的原因。

（1）创建 RDD：

```
val lines = sc.textFile("hdfs:// yuhui01:9000/words")
val wordAndOne = lines.flatMap(_.split(" ")).map((_, 1))
```

这里，linesRDD 是从 HDFS 文件系统中读取的文本文件，而 wordAndOne RDD 是将每行文本拆分成单词，并将每个单词映射为(word, 1)的键值对。

（2）使用 HashPartitioner 进行 partitionBy：

```
val partitioner = new HashPartitioner(10)
val partitioned = wordAndOne.partitionBy(partitioner)
```

partitionBy 是一个转换操作，它根据提供的分区器（在这里是 HashPartitioner）对 RDD 进行重新分区。重要的是要注意，HashPartitioner 会根据 key 的哈希值将数据分布到不同的分区中。

（3）调用 reduceByKey：

```
val reduced = partitioned.reduceByKey(_ + _)
```

尽管 partitioned 的 RDD 已经通过 partitionBy 进行了分区，但 reduceByKey 操作仍然需要检查每个分区中的数据，以确保具有相同 key 的元素被聚合在一起。如果 partitioned 的 RDD 的分区确实按照 key 的哈希值进行了正确的分区，那么 reduceByKey 不需要额外的 Shuffle 来重新组织数据。

（4）保存结果：

```
reduced.saveAsTextFile("hdfs:// yuhui01:9000/out-36-82")
```

5.2.2　案例：join 操作一定会触发 Shuffle 吗

join 操作一定会触发 Shuffle 吗？不一定。Join 操作在一般情况下会触发 Shuffle，但是如果两个要执行 join 操作的 RDD 已经使用相同的分区器进行了分区，并且在 join 操作时仍然使用相同类型的分区器，且没有改变分区数量，那么不会触发 Shuffle。我们通过下面的案例来解说调用 join 不产生 Shuffle 的情况，其中 sc 用于存储创建的 Sparkcontext 对象。

启动 spark-shell：

```
spark-shell --master spark:// yuhui01:7077
```

执行以下命令：

```
// 通过并行化的方式创建一个 RDD
val rdd1 = sc.parallelize(List(("tom", 1), ("tom", 2), ("jerry", 3), ("kitty",
2)), 2)
// 通过并行化的方式再创建一个 RDD
val rdd2 = sc.parallelize(List(("jerry", 2), ("tom", 1), ("shuke", 2), ("jerry",
4)), 2)
// 对 RDD 中的 key 进行分组
val rdd11 = rdd1.groupByKey()
val rdd22 = rdd2.groupByKey()
// 下面的 join 操作不会产生 Shuffle
val rdd33 = rdd11.join(rdd22)
rdd33.saveAsTextFile("hdfs:// ns/spark_book_data/out-36-86")
```

执行上述命令后，从 Spark 的 UI 中获得的 join 的 DAG 展示如图 5-3 所示。

下面对每一行命令进行详解，说明不产生 Shuffle 的原因。

（1）创建 RDDs：

```
val rdd1 = sc.parallelize(List(("tom", 1), ("tom", 2), ("jerry", 3), ("kitty",
2)), 2)
val rdd2 = sc.parallelize(List(("jerry", 2), ("tom", 1), ("shuke", 2), ("jerry",
4)), 2)
```

这里，两个 RDDs 都是通过 parallelize 方法创建的，并且指定了分区数为 2。此时，数据还没有经过 Shuffle。

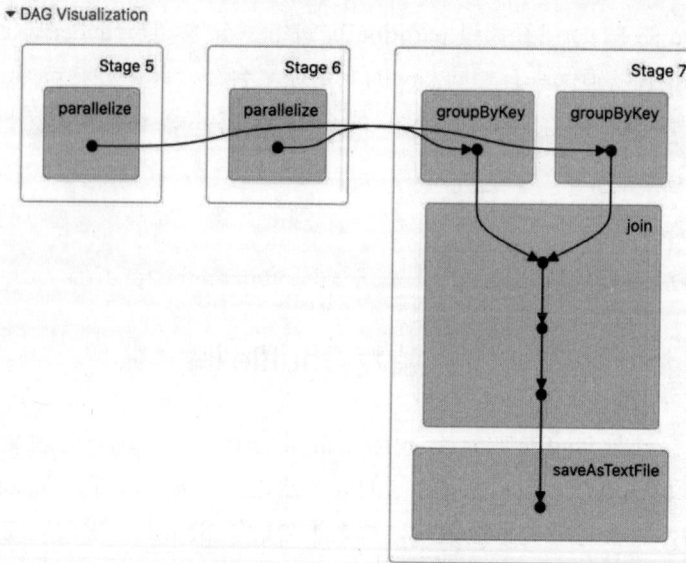

图 5-3　join 的 DAG 展示图

（2）对 RDDs 进行 groupByKey：

```
val rdd11 = rdd1.groupByKey()
val rdd22 = rdd2.groupByKey()
```

groupByKey 是一个宽依赖操作，它需要对数据进行重新分区，以便将所有具有相同 key 的元素聚集到同一个分区中。因此，这一步会导致 Shuffle。每个 RDD 的所有元素都会根据 key 被发送到正确的分区，以便进行分组。

（3）对分组后的 RDDs 进行 join：

```
val rdd33 = rdd11.join(rdd22)
```

由于 rdd11 和 rdd22 都已经通过 groupByKey 进行了 Shuffle 和分组，在执行 join 时可能不需要额外的 Shuffle 来重新组织数据。

（4）保存结果：

```
rdd33.saveAsTextFile("hdfs:// ns/spark_book_data/out-36-86")
```

5.2.3　Shuffle 数据的复用实验

Spark 在 Shuffle 时会应用分区器，当读取达到一定大小或整个分区的数据被处理完，会将数据溢写到磁盘（包括数据文件和索引文件）。溢写到磁盘的数据会保存在 Executor 所在机器的本地磁盘（默认保存在/temp 目录，也可以配置到其他目录）。只要应用程序一直运行，Shuffle

的中间结果数据就会被保存。

如果后续再次触发 Action 算子，使用到了以前 Shuffle 的中间结果，那么就不会从源头重新计算，而是复用 Shuffle 中间结果。因此，Shuffle 是一种特殊的 persist 操作，当再次触发 Action 算子时，就会跳过前面的 Stage，直接读取 Shuffle 的数据，从而提高程序的执行效率。

启动 spark-shell：

```
spark-shell --master spark:// yuhui01:7077
```

执行以下命令：

```
// 创建 RDD，并没有立即读取数据，而是触发 Action 才会读取数据
val lines = sc.textFile("hdfs:// ns/spark_book_data/stu.txt");
// 调用 flatMap 和 map 函数
val words = lines.flatMap(_.split(","))
val wordAndOne = words.map((_, 1))
// 调用 reduceByKey 算子
val reduced  = wordAndOne.reduceByKey(_+_)
// 触发 Action 算子 saveAsTextFile，开始执行
reduced.saveAsTextFile("hdfs:// ns/spark_book_data/stu")
```

执行上述命令，Spark UI 界面如图 5-4 所示。

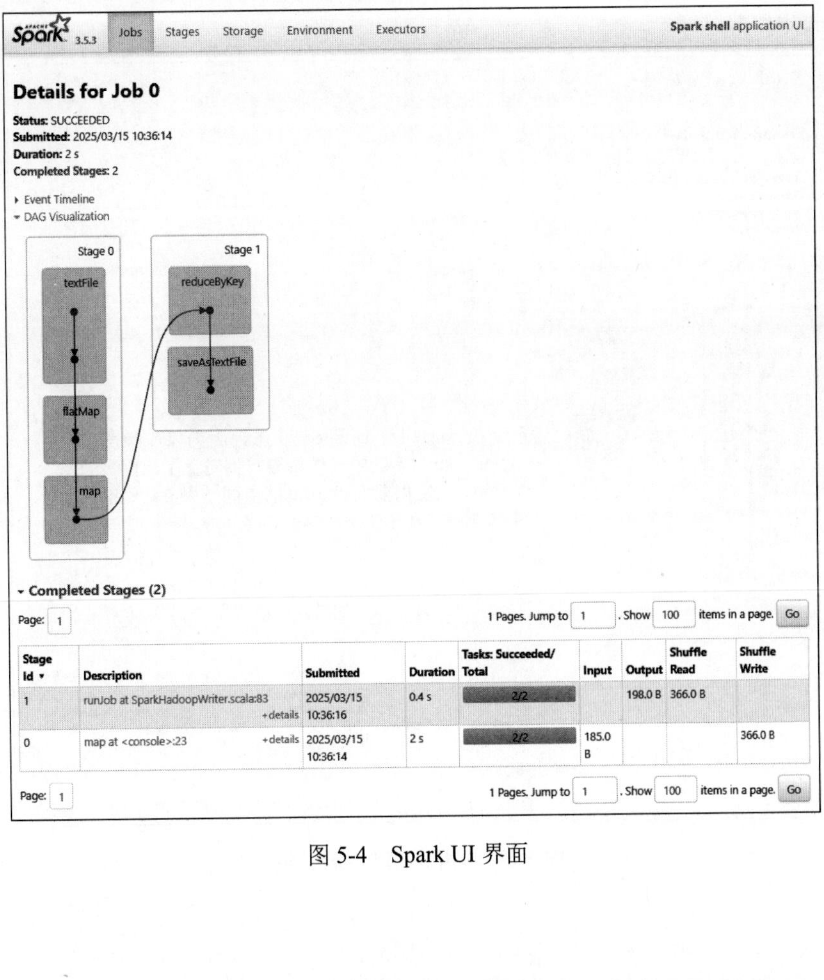

图 5-4　Spark UI 界面

在删除 HDFS 路径/spark_book_data/stu 的结果数据后，再次触发 Action 算子 saveAsTextFile()，Stages 上出现 skipped 状态。因为是从 Shuffle 中间数据获取数据，不需要从头开始计算，如图 5-5 所示。

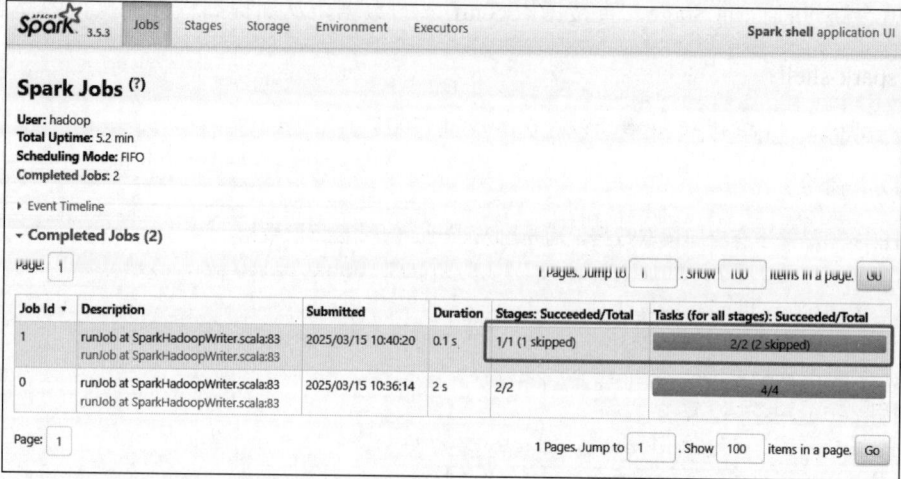

图 5-5 从 Shuffle 中间数据获取数据，不需要从头开始计算

单击 Job Id 查看详情，如图 5-6 所示，发现 Stage 2 状态为 skipped，因为复用了前面的 Shuffle 结果，不用重新计算。

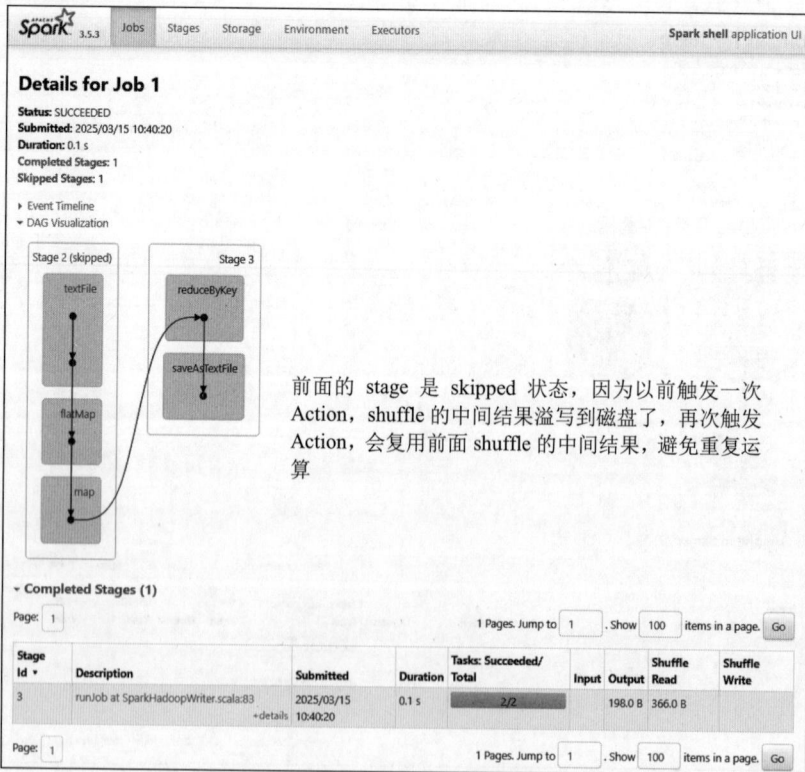

图 5-6 单击 Job Id 查看详情

　　将 yuhui03 节点上的 work 角色进程终止后，删除 HDFS 路径/spark_book_data/stu 中的结果数据，再次触发 Action 算子 saveAsTextFile()。此时发现 Stage 6 不再处于 skipped 状态，而是正常执行了一遍，如图 5-7 所示。这是 Shuffle 的中间数据丢失导致的。单击 Job Id 查看详情，如图 5-8 所示。

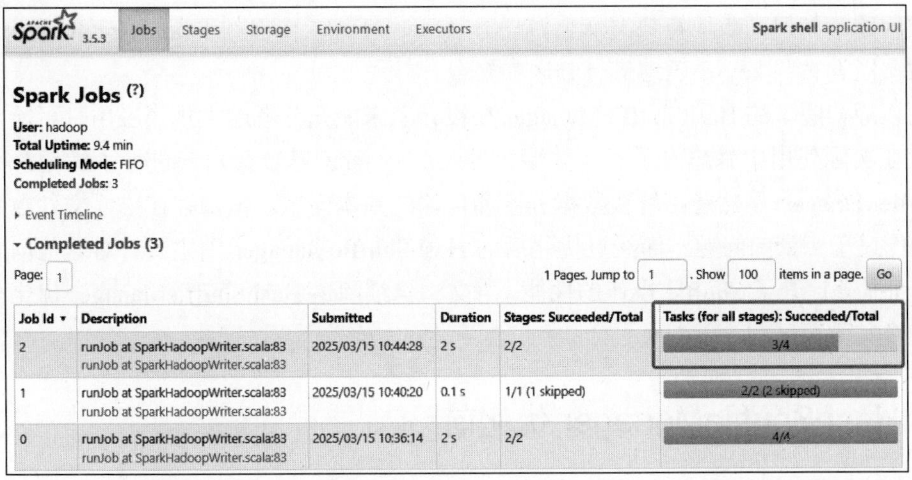

图 5-7　正常执行一遍的状态

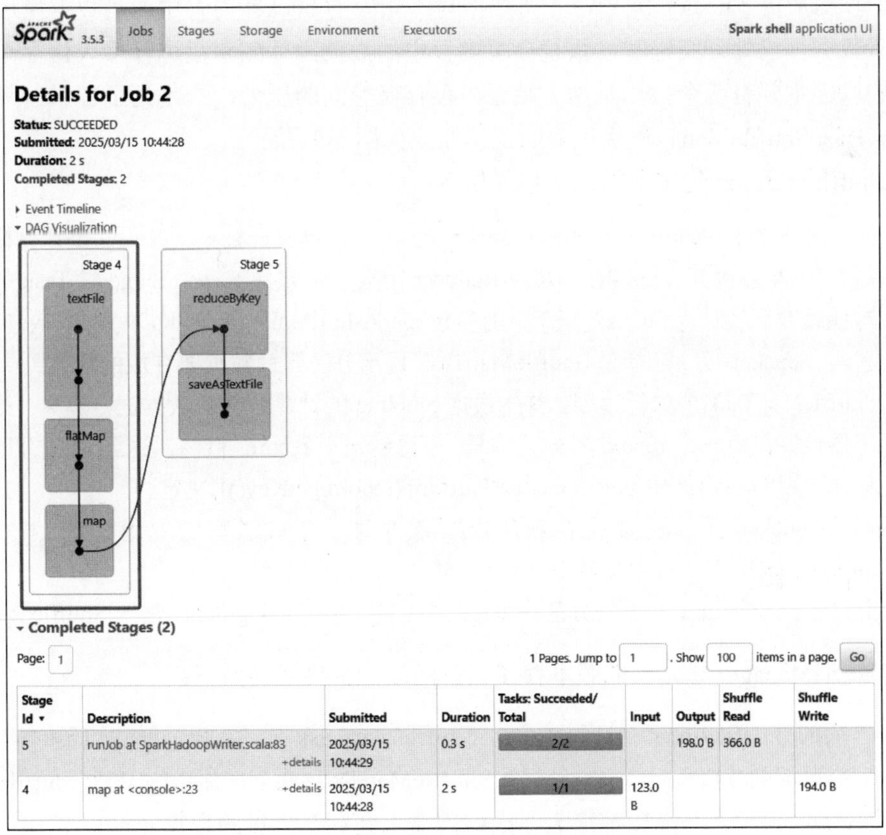

图 5-8　单击 Job Id 查看详情

5.3 HashShuffleManager

HashShuffleManager 在 Spark 早期版本（Spark 1.2 以前）中是默认的 Shuffle 管理器，但在后续的 Spark 版本中已经被停用。HashShuffleManager 最初旨在解决分布式计算框架 Spark 中的一个关键问题：如何高效地将数据从上游任务（Map 任务）传输到下游任务（Reduce 任务），并确保数据能够按照 key 正确地进行分区和聚合。

然而，最初版本的 HashShuffleManager 在设计上未能充分考虑大规模应用时可能出现的问题，因此在实际使用中暴露出了一些弊端。为此，Apache 基金会对其进行了优化。优化前的 HashShuffleManager 虽然能够解决数据分区和传输的基本问题，但却存在磁盘文件数量过多以及 I/O 操作过于频繁的问题。而经过优化后的 HashShuffleManager 则主要针对这些问题进行了改进，从而显著提升了 Shuffle 操作的性能。下文将详细阐述 HashShuffleManager 优化前和优化后的功能及其主要区别。

5.3.1 HashShuffleManager 优化前

在 Shuffle Write 阶段之前，HashShuffleManager 会应用分区器。根据分区规则，它会计算出每个数据项对应的 partition 编号，并将数据写入相应的 bucket 内存中。当数据量达到一定阈值或者所有数据都已处理完毕时，系统会将内存中的数据溢写到磁盘进行持久化存储。进行持久化存储的原因主要有两个：一是为了减轻内存存储空间的压力；二是为了容错，降低数据恢复的成本。HashShuffleManager 优化前的工作原理如图 5-9 所示。

HashShuffleManager 优化前的执行步骤如下：

步骤 01 图中有 1 个 Executor，包括两个 Task，每个 Task 的执行结果会被溢写到本地磁盘上。

步骤 02 每个 Task 包含 R 个缓冲区（R = Reducer 个数，也就是下一个 Stage 中 Task 的个数）。这些缓冲区被称为 bucket，其大小由参数 spark.shuffle.file.buffer.kb 决定，默认值是 32KB。其实，bucket 缓冲区就是 ShuffleMapTask 调用分区器后数据要存放的地方。

步骤 03 ShuffleMapTask 的执行过程：首先根据 pipeline 的计算逻辑对数据进行运算，然后根据分区器计算出每一个 record 的分区编号。每得到一个 record，就将其送到对应的 bucket 中，具体是哪个 bucket 由 partitioner.getPartition(record.getKey())) 决定。

步骤 04 每个 bucket 里面的数据在满足溢写条件时，会被溢写到本地磁盘上，形成一个 ShuffleBlockFile，或者简称 FileSegment。

步骤 05 之后，下游的 Task 会根据分区来 fetch 属于自己的 FileSegment，进入 Shuffle Read 阶段。

HashShuffleManager 优化前的版本存在一些问题，主要问题如下：

（1）产生的 FileSegment 过多。每个 ShuffleMapTask 产生 R（下游 Task 的数量）个 ShuffleBlockFile（简称 FileSegment），M 个 ShuffleMapTask 就会产生 M×R 个 ShuffleBlockFile 文件。一般 Spark Job 的 M 和 R 都很大，因此磁盘上会存在大量的数据文件。

（2）缓冲区占用内存空间大。每个 ShuffleMapTask 需要开 R 个 bucket，M 个 ShuffleMapTask

就会产生 M×R 个 bucket。虽然一个 ShuffleMapTask 结束后，对应的缓冲区可以被回收，但一个 Worker Node 上同时存在的 bucket 个数可以达到 cores×R 个（R = Reducer 个数），占用的内存空间也就达到了 cores×R×32KB（32KB 是 bucket 的默认值）。对于 8 核 1000 个 Reducer 来说，占用内存就是 256MB。

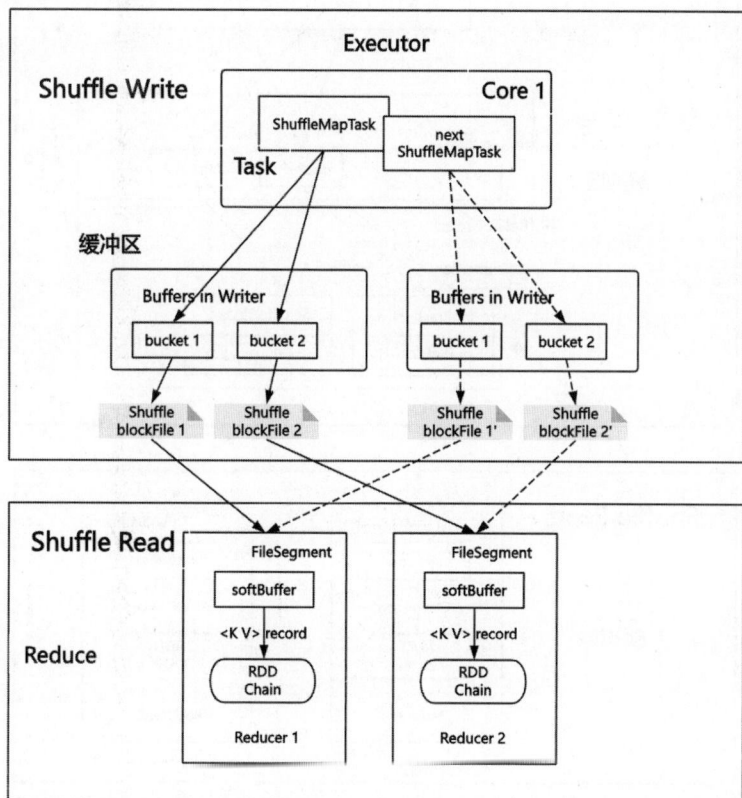

图 5-9　HashShuffleManager 优化前结构图

5.3.2　HashShuffleManager 优化后

可以明显看出，在一个 Core 上连续执行的 ShuffleMapTasks 可以共用一个输出文件 ShuffleFile。先执行完的 ShuffleMapTask 形成 ShuffleBlock i，后执行的 ShuffleMapTask 可以将输出数据直接追加到 ShuffleBlock i 后面，形成 ShuffleBlock i'，每个 ShuffleBlock 被称为 FileSegment。下一个 Stage 的 Reducer 只需要 fetch 整个 ShuffleFile 即可。这样每个 Executor 持有的文件数降为 cores × R（R=reducer 个数）。FileConsolidation 功能可以通过 spark.shuffle.consolidateFiles=true 来开启。HashShuffleManager 优化后的结构图如图 5-10 所示。

使用 HashShuffle 的 Spark 在 Shuffle 时会产生大量的文件。当数据量越来越多时，产生的文件量是不可控的，这严重制约了 Spark 的性能及扩展能力。因此，Spark 必须解决这个问题，减少 Mapper 端 ShuffleWriter 产生的文件数量。这样，Spark 就可以从支持几百台集群的规模，瞬间扩展到支持几千台集群，甚至几万台集群的规模。5.4 节讲述 Spark 的 SortShuffleManager。

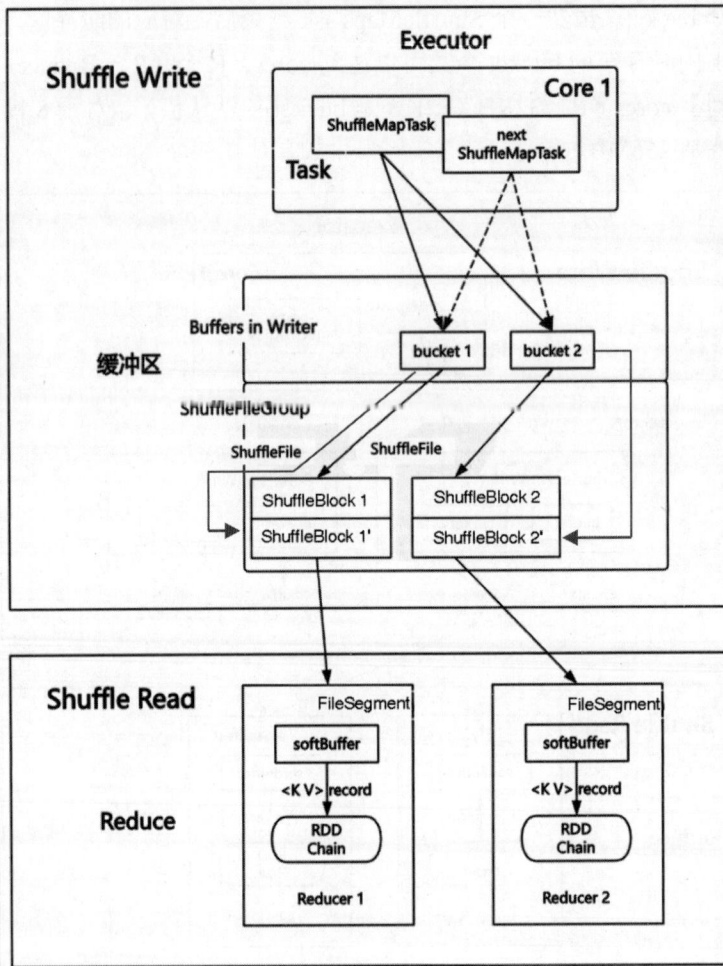

图 5-10　HashShuffleManager 优化后结构图

5.4　SortShuffleManager

为了解决 HashShuffleManager 存在的问题，Spark 在 1.2 以后的版本中引入了 SortShuffleManager 作为默认的 Shuffle 管理器。SortShuffleManager 在数据写入时会先将数据写入内存缓冲，当内存缓冲填满后再溢写到磁盘文件中。在 Shuffle 的 Reduce 阶段，它会对所有临时文件进行合并（Merge），最终每个 Task 只产生一个磁盘文件。这种策略有效地减少了磁盘文件的数量和磁盘 I/O 操作的次数，从而提高了性能。

SortShuffleManager 的运行机制主要分成两种，一种是普通运行机制，另一种是 bypass 运行机制。当 Shuffle Read Task 的数量小于或等于 spark.shuffle.sort.bypassMergeThreshold 参数的值时（默认为 200），就会启用 bypass 运行机制。

5.4.1　普通运行机制

在 SortShuffleManager 的普通运行机制中，每个 Task 会分配一块内存缓冲区（默认大小为 5MB）。当缓冲区中的数据达到预设的阈值时，会触发数据的落地操作。这一过程中，数据会按照 key 进行排序并可能进行预聚合，以减少后续处理的数据量。排序和预聚合完成后，数据会被写入磁盘，生成两个文件：一个是数据文件，用于存储实际的 Shuffle 输出；另一个是索引文件，记录了下游 Task 所需数据在数据文件中的位置信息，以便快速访问。

SortShuffleManager 的普通运行机制的工作原理，如图 5-11 所示，步骤说明如下：

步骤 01　Task 将数据写入内存数据，不同的 Shuffle 算子可能选用不同的数据结构（如果是 reduceByKey，会选用 Map 数据结构，如果是 join，会选用 Array 数据结构）。

步骤 02　对内存数据结构中的数据进行排序，之后会分批次写入磁盘文件。

步骤 03　内存数据结构每写入一条数据，就会执行一次判断，如果达到临界阈值，则会执行 flush（刷盘）操作，并清空内存数据结构。为了不影响 Task 的继续执行，会生成一个新的 Map 或者 Buffer。

步骤 04　多次溢写形成的临时磁盘文件会合并成一个大文件，并且会生成一个索引文件，用来记录该文件中每个分区数据的起始偏移量。

步骤 05　最后把分区数据分配到不同 Task 中，从而达到分区排序的效果。

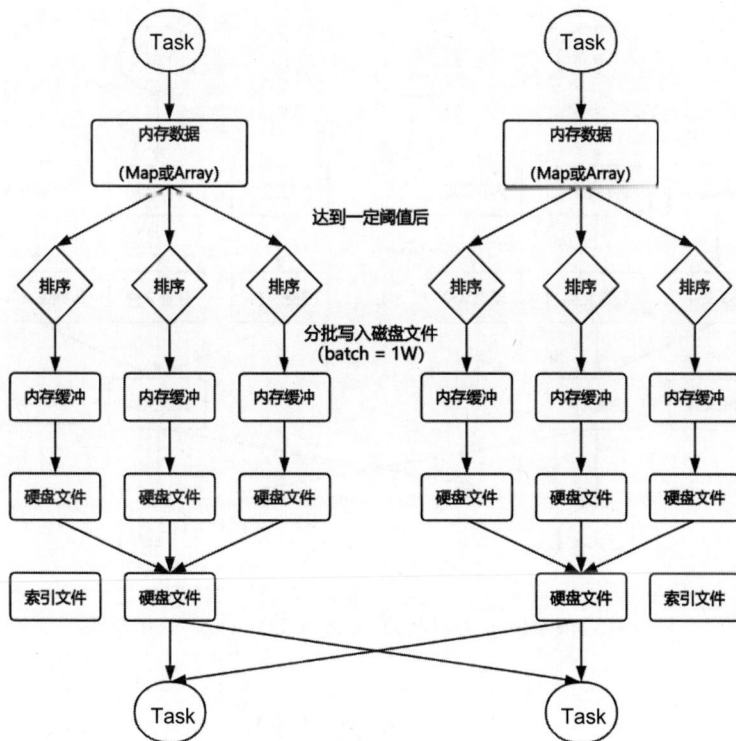

图 5-11　SortShuffleManager 的普通运行机制的工作原理

5.4.2 Bypass 运行机制

SortShuffleManager 的 Bypass 运行机制是一种高效的 Shuffle 处理方式，主要在特定条件下触发。当 Shuffle Write Task 的数量小于或等于 spark.shuffle.sort.bypassMergeThreshold 参数的值（默认为 200）时，且不是 map combine 聚合的 Shuffle 算子（如 reduceByKey 带有 map combine），就会启用 Bypass 机制。

在 Bypass 运行机制下，数据会先写入内存数据结构，然后根据 key 的 hash 值将数据写入对应的磁盘文件。当内存缓冲区满时，数据会溢写到磁盘，但此时不会进行排序操作。最后，所有临时磁盘文件会被合并成一个磁盘文件，并创建一个索引文件，用于记录下游 Task 所需数据的位置。

这种机制的好处在于避免了数据的排序操作，从而节省了性能开销，提高了 Shuffle 操作的效率。

Bypass 运行机制的 SortShuffleManager 工作原理，如图 5-12 所示，步骤说明如下：

步骤 01 Task 应用将数据写入内存缓冲。

步骤 02 内存缓冲写满之后再溢写到磁盘文件。

步骤 03 同样会将所有临时磁盘文件都合并成一个磁盘文件，并创建一个单独的索引文件。

步骤 04 最后将分区数据分配到不同 Task 中，从而达到分区排序的效果。

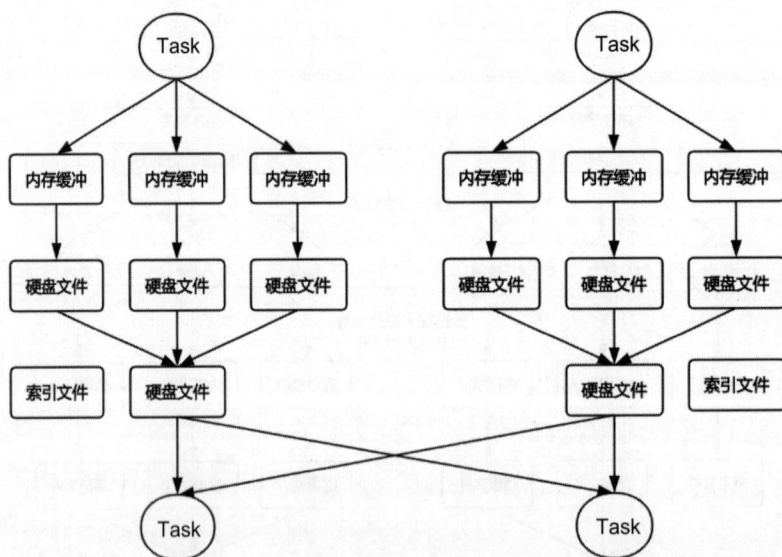

图 5-12 Bypass 运行机制的 SortShuffleManager 工作原理

5.5 本章小结

本章深入探讨了 Spark 中 RDD 的 Shuffle 机制。首先，通过介绍 Shuffle 的概念，明确了它在分布式计算中的关键作用，即将数据从多个 Map 任务输出到多个 Reduce 任务的过程。接着，回顾了 Shuffle 机制的演进历史，展现了其不断优化和完善的历程。随后，通过具体案例分析了 Shuffle 的验证及复用性，探讨了 reduceByKey 和 join 操作是否一定会触发 Shuffle，并通过实验验证了 Shuffle 数据的复用性。在 Shuffle 管理器的介绍中，我们详细讲解了 HashShuffleManager 和 SortShuffleManager 的工作原理。HashShuffleManager 部分分别介绍了其优化前后的差异，而 SortShuffleManager 则介绍了其普通运行机制和 Bypass 运行机制。这些内容为深入理解 Spark 的 Shuffle 机制提供了全面而深入的视角。

第 6 章

Spark 共享变量

本章将带你深入探索 Spark 中的两大重要分布式共享变量——广播变量与累加器。通过详细解读它们的定义、用途及工作原理，助你高效处理大规模数据。最后，对本章内容进行总结，巩固学习成果。

本章主要知识点：

- 广播变量
- 累加器

6.1　广播变量

在 Apache Spark 中，广播变量（Broadcast Variables）是一种非常有用的优化技术，它们允许程序员将一个只读变量缓存到每个工作节点的内存中，而不是在每个任务中重新发送这个变量。这样做可以显著减少网络通信开销，并提高 Spark 程序的运行效率，尤其是在变量体积较大且需要跨多个任务访问时。

6.1.1　广播变量的使用场景

在很多计算场景中，经常会遇到两个 RDD 进行 join 操作。如果一个 RDD 对应的数据比较大，而另一个 RDD 对应的数据比较小，这种情况下使用 join 操作，肯定会触发 Shuffle，从而导致效率降低。广播变量就是将相对较小的数据先收集到 Driver 端，然后通过网络广播到属于该 Application 的每个 Executor 中。这样，在处理大量数据对应的 RDD 时，就不需要进行 Shuffle 操作了，而是可以直接在内存中关联已经广播好的数据。也就是说，通过实现 mapside join，将

Driver 端的数据广播到属于该 Application 的每个 Executor，然后通过 Driver 广播变量返回的引用，获取并使用广播到 Executor 的数据。

广播变量的特点是：广播出去的数据就无法再改变了，在每个 Executor 中是只读的，在每个 Executor 中多个 Task 共享一份广播变量。

广播变量的执行步骤（见图 6-1）可以总结如下。

（1）准备数据：确定需要广播的数据，这些数据通常相对较小，且需要在多个 Executor 之间共享。这些数据必须在 Driver 端准备完毕。

（2）通过 BroadcastManager 管理：在 Driver 端，使用 BroadcastManager 来管理要广播的数据。BroadcastManager 负责将数据打包并准备进行广播。

（3）广播数据：Driver 端通过网络将数据以比特流的方式发送到属于该 Application 的每个 Executor 中。这个过程是由 BroadcastManager 协调完成的，确保数据能够高效地传输到每个 Executor。

（4）Executor 接收数据：每个 Executor 接收到广播的数据后，会将其存储在本地内存中。这些数据在 Executor 中是只读的，且每个 Executor 中多个 Task 共享一份广播变量。

（5）Task 执行时使用广播变量：当 Task 需要访问广播变量中的数据时，它会通过 Driver 广播变量返回的引用来获取这些数据。由于数据已经广播到每个 Executor 中，因此 Task 可以直接在本地内存中访问这些数据，而无须进行 Shuffle 操作。

（6）提高效率：通过使用广播变量，可以避免在 RDD join 等操作中进行不必要的 Shuffle 操作。这可以显著提高数据处理的效率，减少网络通信的时间开销。

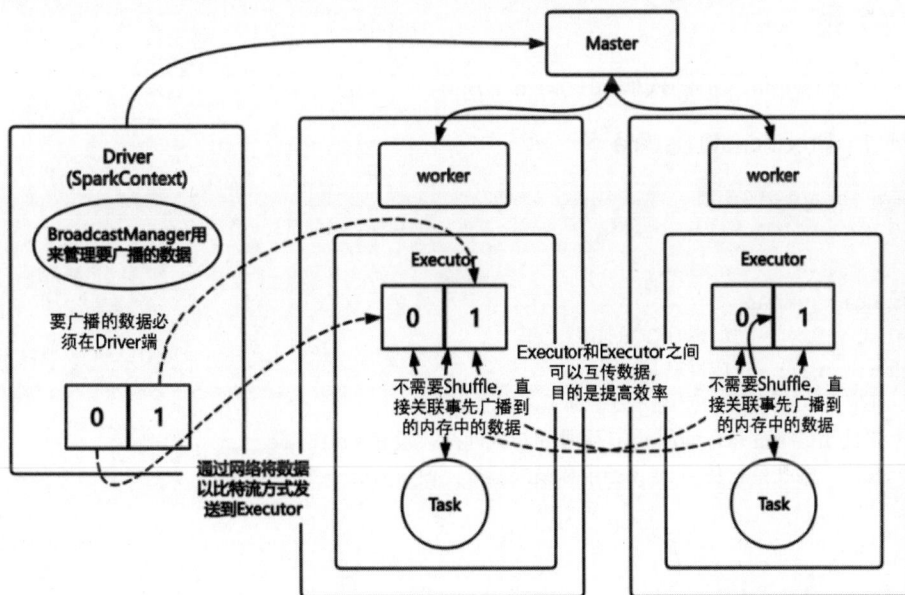

图 6-1　广播变量的特点

综上所述，广播变量的执行步骤包括准备数据、通过 BroadcastManager 管理、广播数据、

Executor 接收数据、Task 执行时使用广播变量以及提高效率等关键步骤。这些步骤共同确保了广播变量能够在分布式计算框架中高效地工作。

6.1.2 广播变量的实现原理

广播变量是通过 Spark 的内部通信机制来分发的，多个 Executor 可以相互传递数据，可以提高效率。sc.broadcast 这个方法是阻塞的（同步的）。

广播变量一旦广播出去就不能改变，为了以后可以定期改变要关联的数据，可以定义一个 object[单例对象]在函数内使用，并且设置一个定时器来定期更新数据。

广播到 Executor 的数据，可以在 Driver 端获取到一个引用。这个引用会随着每一个 Task 发送到 Executor，然后 Task 可以通过这个引用来获取事先广播好的数据。

6.1.3 案例：两个集合进行结合

1. 需求说明

在满足两个集合进行结合的情况下，本案例还将满足以下三点要求：

- 不使用广播变量，使用 join 算子，有 Shuffle。
- 不使用广播变量，使用 map 函数和模式匹配，没有 Shuffle。
- 使用广播变量，使用 map 函数和模式匹配，没有 Shuffle。

2. 代码实现

两个集合进行 join，示例代码如代码 6-1 所示。

代码 6-1　Broadcast01.scala

```scala
package chapter06

/**
 * author: yuhui
 * date: 2024 - 11 - 03 8:50 上午
 * descriptions: 广播变量
 * 1）不使用广播变量，使用 join 算子，有 Shuffle
 * 2）不使用广播变量，使用 map 函数和模式匹配，没有 Shuffle
 * 3）使用广播变量，使用 map 函数和模式匹配，没有 Shuffle
 *
 */

import org.apache.spark.broadcast.Broadcast
import org.apache.spark.rdd.RDD
import org.apache.spark.{SparkConf, SparkContext}
import scala.collection.mutable
```

```scala
object Broadcast01 {
  def main(args: Array[String]): Unit = {
    val conf: SparkConf = new
SparkConf().setMaster("local[4]").setAppName("BroadcastDemo")
    val sc: SparkContext = new SparkContext(conf)
    val rdd: RDD[(String, Int)] = sc.makeRDD(List(("a", 1), ("b", 2), ("c", 3),
("d", 4)), 4)

    println("==========不使用广播变量, 有 Shuffle=====分隔线==================")
    val list2: List[(String, Int)] = List(("a", 4), ("b", 5), ("c", 6), ("d",
7))

    // 将 List 转换为 RDD
    val rdd2: RDD[(String, Int)] = sc.parallelize(list2)

    // 将 RDD 转换为键值对 RDD, 键为 String, 值为 Int
    val keyValueRdd1: RDD[(String, Int)] = rdd.mapValues(v => v) // 实际上这个
mapValues 是多余的, 因为 rdd1 已经是(String, Int)类型
    val keyValueRdd2: RDD[(String, Int)] = rdd2.mapValues(v => v) // 同上

    // 直接进行连接, 不需要转换值的类型
    keyValueRdd2.join(keyValueRdd1).mapValues {
      case (value1, value2) => (value2, value1)
    }.sortBy(_._1).collect().foreach(println)

    println("==========不使用广播变量, 没有 Shuffle=====分隔线==================")
    val map = mutable.Map(("a", 4), ("b", 5), ("c", 6), ("d", 7))
    rdd.map {
      case (key, num) =>
        val l: Int = map.getOrElse(key, 0)
        (key, (num, l))
    }.collect.foreach(println)

    println("==========使用广播变量, 没有 Shuffle=====分隔线==================")
    val list: List[(String, Int)] = List(("a", 4), ("b", 5), ("c", 6), ("d", 7))
    val broadcast: Broadcast[List[(String, Int)]] = sc.broadcast(list)
    rdd.map {
      case (key, num) =>
        var num2 = 0
        for ((k, v) <- broadcast.value) {
          if (k == key) {
            num2 = v
          }
        }
        (key, (num, num2))
```

```
        }.collect().foreach(println)

    }
}
```

执行以上代码，输出结果为：

```
(a,(1,4))
(b,(2,5))
(c,(3,6))
(d,(4,7))
```

6.2　累加器

在 Spark 中，累加器（Accumulator）是一种只能累加的分布式变量，用于将运行在集群节点上的任务中的结果累积到驱动程序（Driver Program）中。累加器主要用于支持只读的聚合操作，比如计数或求和等。累加器的值只能从各个节点传输到驱动程序，而不能反向传播。

通过使用累加器，可以避免在分布式环境中并发操作导致的数据不一致性问题。在 Spark 中，累加器是一种只写、多读的共享变量，提供了一种可靠的方式来更新汇总数据。

6.2.1　累加器使用场景

Spark 累加器的使用场景主要集中在需要进行分布式数据聚合的统计类任务中。以下介绍一些具体的使用场景。

1）计数统计

● 统计一段时间内访问网站的用户数量或 IP 地址数量。

● 在数据清洗过程中，统计满足特定条件的记录数量。

2）求和计算

● 计算分布式数据集中所有数值的总和，如计算所有销售额的总和。

● 在机器学习模型的训练过程中，计算损失函数的总和以评估模型性能。

3）调试与监控

● 在调试阶段，使用累加器来记录任务执行过程中的事件数量，如任务失败次数、数据读取次数等。

● 监控特定类型的数据处理情况，如监控某个字段的异常值数量。

4）性能评估

● 通过累加器记录每个任务或阶段的处理时间，以评估 Spark 作业的性能。

● 在大数据处理过程中，使用累加器来跟踪数据的处理进度。

5）安全监控

● 监控某些灰黑产利用平台可能存在漏洞大肆薅羊毛的行为，通过累加器记录异常访问或请求的数量，并通知相关人员及时采取对策。

6）自定义聚合

● 在某些复杂的业务场景中，可能需要自定义聚合逻辑。此时，可以通过自定义累加器来实现特定的聚合操作。

6.2.2　累加器实现原理

在 Spark 中，累加器是一种特殊的分布式变量，用于在分布式环境中进行可靠的聚合操作。其工作原理是，在驱动程序中创建一个全局累加器，并在任务执行时，为每个任务创建累加器值的副本。任务通过 add 方法向副本中添加值，任务完成后，这些局部值会被传回驱动程序进行聚合，最终得到累加器的全局值。累加器在任务端是只写的，确保了分布式环境中数据的一致性。

下面通过一个案例深入理解累加器的作用，这个案例将对一个数据集进行求和。

（1）使用 Reduce 算子时，数据在 Executor 端执行完毕后将 sum 结果数据返回，从而可以实现求和操作。然而，数据量大会产生 Shuffle。示例代码如代码 6-2 所示，其中 sc 用于存储创建的 Sparkcontext 对象，原理如图 6-2 所示。

代码 6-2　Test1.scala

```
val rdd = sc.makeRDD(List(1, 2, 3, 4), 2)
val i = rdd.reduce(_ + _)
println(i)
```

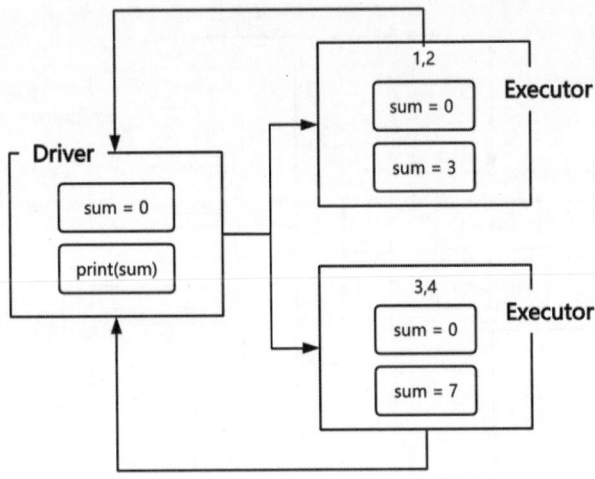

图 6-2　Test1.scala 图解执行过程

（2）使用全局变量，数据在 Executor 端执行完毕后并没有将 sum 结果数据返回，无法求和，且不产生 Shuffle。示例代码如代码 6-3 所示，其中 sc 用于存储创建的 Sparkcontext 对象，原理如图 6-3 所示。

代码 6-3　Test2.scala

```
var sum = 0
val rdd2 = sc.makeRDD(List(1, 2, 3, 4), 2)
rdd2.foreach(num => {
  sum += num
})
println(sum)
```

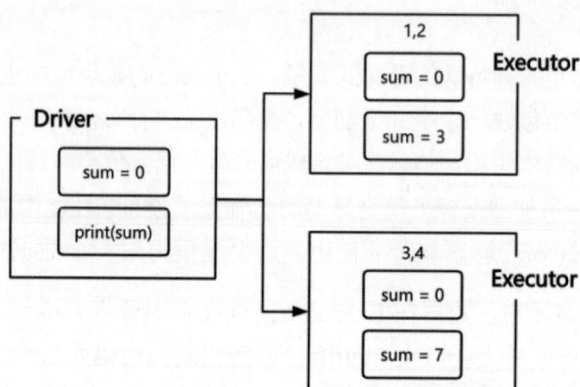

图 6-3　Test2.scala 图解执行过程

（3）使用累加器，数据在 Executor 端执行完毕后将 sum 结果数据返回，可以求和，且不产生 Shuffle。示例代码如代码 6-4 所示，其中 sc 用于存储创建的 Sparkcontext 对象，原理如图 6-4 所示。

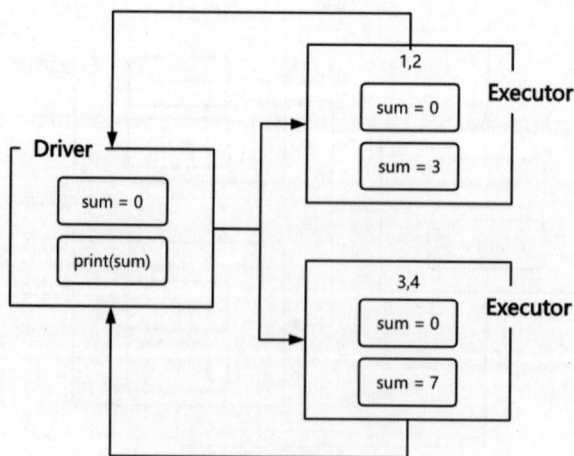

图 6-4　Test3.scala 图解执行过程

代码 6-4　Test3.scala

```scala
// 声明累加器，分布式共享只写变量
val sum01 = sc.longAccumulator
val rdd3 = sc.makeRDD(List(1, 2, 3, 4), 2)
rdd3.foreach(num => {
  // 调用累加器
  sum01.add(num)
})
println(sum01.value)
```

6.2.3　案例：自定义累加器

本案例的自定义累加器用于统计单词出现的次数。示例代码如代码 6-5 所示。

代码 6-5　MyAccDemo.scala

```scala
package chapter06

import org.apache.spark.util.AccumulatorV2
import org.apache.spark.{SparkConf, SparkContext}

import scala.collection.mutable
/**
 * 需求:
 * 自定义累加器，用于统计单词出现的次数
 */

object MyAccDemo {
  def main(args: Array[String]): Unit = {
    val conf = new SparkConf().setMaster("local").setAppName("wc")
    val sc = new SparkContext(conf)

    val rdd = sc.makeRDD(List("hello spark", "hello scala", "hello spark", "spark
scala"))
    // 声明自定义累加器
    val sum = new MyWordCountAcc
    // 注册累加器到 Spark
    sc.register(sum, "WordCountAcc")

    // 处理 RDD，统计单词
    rdd.flatMap(_.split(" ")).foreach(word => sum.add(word))

    // 在任务完成后打印累加器的值
    println(sum.value)

    sc.stop()
```

```
    }
  }

  // 自定义累加器,用于统计单词出现的次数
  class MyWordCountAcc extends AccumulatorV2[String, mutable.Map[String, Int]]
{
    // 使用可变映射来存储单词及其计数,初始值为 0
    protected val wordMap = mutable.Map[String, Int]().withDefaultValue(0)

    // 检查累加器是否处于"零"状态,即没有单词被添加
    override def isZero: Boolean = wordMap.isEmpty

    // copy 方法应该返回一个新的累加器实例,而不是复制当前状态
    // 这里的实现是错误的,因为它试图在匿名子类中访问受保护的 wordMap
    // 正确的做法应该是返回一个新的 MyWordCountAcc 实例,可能是一个空实例
    // 但由于 AccumulatorV2 的设计,我们通常不需要在 copy 方法中复制状态
    // 因此,下面是一个修正后的实现,它只返回一个新的空累加器实例
    override def copy(): AccumulatorV2[String, mutable.Map[String, Int]] = new
MyWordCountAcc

    // 重置累加器的状态,清空单词映射
    override def reset(): Unit = wordMap.clear()

    // 向累加器中添加一个单词,并增加其计数
    override def add(word: String): Unit = {
      wordMap(word) += 1
    }

    // 合并另一个累加器的状态到当前累加器中
    // 注意:这里的实现应该只读取 other.value 并更新 wordMap,而不是修改 other
    override def merge(other: AccumulatorV2[String, mutable.Map[String, Int]]):
Unit = {
      other.value.foreach { case (word, count) => wordMap(word) += count }
    }

    // 返回累加器的当前状态,即单词及其计数的映射
    override def value: mutable.Map[String, Int] = wordMap
  }
```

执行以上代码,输出结果为:

```
Map(scala -> 2, spark -> 3, hello -> 3)
```

6.2.4 案例:不使用累加器的方案

本案例在处理数据的同时统计指标数据。具体的需求为:将 RDD 中对应的每个元素乘以

10，同时统计每个分区中偶数的数据。由于不使用累加器，需要多次触发 Action，这会导致效率低下，数据会被重复计算。示例代码如代码 6-6 所示。

代码 6-6　AccumulatorDemo1.scala

```scala
/**
 * 不使用累加器，而是触发两次 Action
 */
object AccumulatorDemo1 {

  def main(args: Array[String]): Unit = {

    val conf = new SparkConf()
      .setAppName("WordCount")
      .setMaster("local[*]") // 本地模式，开启多个线程
    // 1.创建 SparkContext
    val sc = new SparkContext(conf)

    val rdd1 = sc.parallelize(List(1,2,3,4,5,6,7,8,9), 2)
    // 对数据进行转换操作（将每个元素乘以 10），同时还要统计每个分区的偶数的数量
    val rdd2 = rdd1.map(_ * 10)
    // 第一次触发 Action
    rdd2.saveAsTextFile("out/111")

    // 附加的指标统计
    val rdd3 = rdd1.filter(_ % 2 == 0)

    // 第二次触发 Action
    val c = rdd3.count()
    println(c)
  }
}
```

执行以上代码，输出结果为：

```
4
```

6.2.5　案例：使用累加器的方法

本案例触发一次 Action，并且将附带的统计指标计算出来。本案例可以使用 Accumulator 进行处理。Accumulator 的本质是一个实现了序列化接口的类，每个 Task 都有自己的累加器，用来避免累加的数据发送冲突。示例代码如代码 6-7 所示。

代码 6-7　AccumulatorDemo2.scala

```scala
object AccumulatorDemo2 {
```

```
def main(args: Array[String]): Unit = {

  val conf = new SparkConf()
    .setAppName("WordCount")
    .setMaster("local[*]") // 本地模式，开启多个线程
  // 1.创建 SparkContext
  val sc = new SparkContext(conf)

  val rdd1 = sc.parallelize(List(1,2,3,4,5,6,7,8,9), 2)
  // 在 Driver 定义一个特殊的变量，即累加器
  // Accumulator 可以将每个分区的计数结果，通过网络传输到 Driver，然后进行全局求和
  val accumulator: LongAccumulator = sc.longAccumulator("even-age")
  val rdd2 = rdd1.map(e => {
    if (e % 2 == 0) {
      accumulator.add(1)  // 闭包，在 Executor 中累计的
    }
    e * 10
  })

  // 就触发一次 Action
  rdd2.saveAsTextFile("out/113")

  // 每个 Task 中累计的数据会返回到 Driver 吗？
  println(accumulator.count)
  }
}
```

执行以上代码，输出结果为：

4

6.3　本章小结

本章聚焦于 Spark 中的共享变量——广播变量和累加器，这两种机制为 Spark 任务间的数据共享提供了有效手段。首先详细介绍广播变量，它允许开发者将一个只读的大变量高效地分发到集群中的所有节点，避免了数据的重复传输，显著提升了程序性能。随后，累加器作为另一种重要的共享变量，被用于在并行操作中安全地进行累加操作，其线程安全的设计保证了数据的一致性和准确性。通过本章的学习，读者能够深刻理解广播变量和累加器的工作原理和使用场景，掌握在 Spark 程序中高效共享数据的方法。这不仅有助于提升程序的性能，还能让开发者在编写 Spark 程序时更加得心应手。

第 7 章

Spark 序列化和线程安全

本章将深入剖析 Spark 的核心机制，从数据序列化的基础讲起，再到 Task 执行的线程安全问题，全面揭示 Spark 运行时的关键细节。通过本章的学习，你将更深入地理解 Spark 的内部工作原理。

本章主要知识点：

● 序列化

● 线程安全

7.1 Spark 序列化

本节将讲解 Spark 序列化，序列化用于保证 Spark 程序稳定运行。本节内容包括序列化问题的场景、未实现序列化的程序抛出的异常以及多种方式实现序列化。

7.1.1 序列化问题的场景

Spark 任务在执行过程中，由于编写的程序不适当，任务在执行时会出现序列化问题，通常有以下两种情况。

（1）封装数据的 Bean 未实现序列化接口（Task 已经生成），在 ShuffleWirte 之前要将数据溢写到磁盘，会抛出异常。

（2）函数闭包问题，即函数内部使用了外部没有实现序列化的引用（Task 没有生成）。

下文会基于上面两种序列化情况，通过案例和图示来解说如何避免序列化问题，以及序列化的解决方案。

7.1.2 数据 Bean 未实现序列化接口

Spark 在运算过程中，由于很多场景必须进行 Shuffle 操作，即数据需要溢写到磁盘并在网络间传输。如果封装数据的 Bean 没有实现序列化接口，就会导致序列化错误。示例代码如代码 7-1 所示。

代码 7-1 CustomSort.scala

```scala
package chapter07

import org.apache.spark.rdd.RDD
import org.apache.spark.{SparkConf, SparkContext}

/**
 * descriptions: 自定义排序
 * date: 2024 - 09 - 02 11:19 上午
 */
object CustomSort {

  def main(args: Array[String]): Unit = {

    val conf = new SparkConf()
      .setAppName("CustomSort")
      .setMaster("local[*]") // 本地模式，开启多个线程

    val sc = new SparkContext(conf)

    // 使用并行化的方式创建 RDD
    val lines = sc.parallelize(
      List(
        "laoduan,38,99.99",
        "nianhang,33,99.99",
        "laozhao,18,9999.99"
      )
    )
    val tfBoy: RDD[Boy] = lines.map(line => {
      val fields = line.split(",")
      val name = fields(0)
      val age = fields(1).toInt
      val fv = fields(2).toDouble
      new Boy(name, age, fv) // 将数据封装到一个普通的 class 中
    })

    implicit val ord = new Ordering[Boy] {
      override def compare(x: Boy, y: Boy): Int = {
        if (x.fv == y.fv) {
```

```
            x.age - y.age
        } else {
            java.lang.Double.compare(y.fv, x.fv) // 注意这里是 y.fv, x.fv 以实现降序
        }
    }
}
// sortBy 会产生 Shuffle，如果 Boy 没有实现序列化接口，Shuffle 时会报错
val sorted: RDD[Boy] = tfBoy.sortBy(bean => bean)

val res = sorted.collect()

// 遍历并打印每个 Boy 对象
res.foreach(println)

sc.stop() // 停止 SparkContext
  }
}

// 如果以后定义 Bean，建议使用 Case Class
class Boy(val name: String, var age: Int, var fv: Double) // extends Serializable
{
  override def toString = s"Boy($name, $age, $fv)"
}
```

异常说明：

```
// 如果以后定义 Bean，建议使用 Case Class
class Boy(val name: String, var age: Int, var fv: Double) // extends Serializable
{
  override def toString = s"Boy($name, $age, $fv)"
}
```

数据 Bean 未实现序列化接口异常的截图如图 7-1 所示。

```
Exception in thread "main" org.apache.spark.SparkException: Job aborted due to stage failure: task
 5.0 in stage 0.0 (TID 5) had a not serializable result: chapter07.Boy
Serialization stack:
    - object not serializable (class: chapter07.Boy, value: Boy(nianhang, 33, 99.99))
    - element of array (index: 0)
    - array (class [Lchapter07.Boy;, size 1)
    - field (class: scala.Tuple3, name: _3, type: class java.lang.Object)
    - object (class scala.Tuple3, (5,1,[Lchapter07.Boy;@737a5639))
    - element of array (index: 0)
```

图 7-1　数据 Bean 未实现序列化接口异常的截图

7.1.3　函数闭包及其示例

1. 闭包的定义

闭包是一个函数，这个函数能够访问和操作在其定义时捕获的外部变量的值。在 Spark 中，

当你将一个函数作为参数传递给 Spark 的操作（如 map、filter 等）时，Spark 会捕获这个函数及其所依赖的所有外部变量，并形成一个闭包。这个闭包随后会被序列化，并发送到集群中的工作节点上执行。

2. 闭包在 Spark 中的作用

在 Spark 中，闭包的作用主要体现在以下几个方面。

（1）数据并行处理：闭包允许函数在集群的不同节点上并行执行，同时访问和操作相同的外部变量（尽管这些变量在每个节点上都是副本）。

（2）代码重用：通过闭包，可以将复杂的逻辑封装在函数中，并在 Spark 操作中重用这些函数，而无须重复编写代码。

（3）状态管理：虽然闭包中的变量在并行执行时不是线程安全的，但可以通过累加器或广播变量等机制来管理状态，从而实现跨节点的状态共享和更新。

3. 闭包注意事项

在使用 Spark 的闭包时，需要注意以下几点：

（1）确保闭包中的所有对象都是可序列化的，以避免序列化错误。

（2）优化闭包的大小，以减少序列化和传输的开销。

（3）避免在闭包中创建不必要的对象或数据结构，以减少内存使用和垃圾回收的开销。

（4）注意变量共享和作用域问题，以避免潜在的并发错误和状态不一致问题。

4. 闭包的未序列化异常

在调用 RDD 的 Transformation 和 Action 时，可能会传入自定义的函数。如果函数内部使用到了外部未被序列化的引用，就会报 Task 无法序列化的错误（函数无法序列化，进而导致 Task 无法序列化）。

这个问题产生的原因是 Spark 的 Task 是在 Driver 端生成的，并且需要通过网络传输到 Executor 中。Task 本身实现了序列化接口，函数也实现了序列化接口，但是函数内部使用到的外部引用不支持序列化，就会导致函数无法序列化，从而导致 Task 无法序列化，因此无法发送到 Executor 中。

调用 RDD 的 Transformation 或 Action 时，第一步会进行检测，即调用 sc 的 clean 方法。为了避免错误，在 Driver 初始化的 object 或 class 必须实现序列化接口，不然会报错。

下面的代码 7-2 是 Spark RDD 的 map 转换操作及序列化检测的实现。map 接收一个函数 f，将其转换为可清理的函数 cleanF 以确保可序列化，然后创建一个新的 MapPartitionsRDD。ensureSerializable 方法用于检测函数是否可序列化，若不可序列化，则抛出 SparkException。

代码 7-2　TestException.scala

```
def map[U: ClassTag](f: T => U): RDD[U] = withScope {
  val cleanF = sc.clean(f) // 检测函数是否可以序列化，如果可以，直接将函数返回，如果不可以，则抛出异常
```

```scala
      new MapPartitionsRDD[U, T](this, (_, _, iter) => iter.map(cleanF))
  }
  private def ensureSerializable(func: AnyRef): Unit = {
    try {
      if (SparkEnv.get != null) {
```
// 获取 Spark 执行环境的序列化器，如果函数无法序列化，直接抛出异常，程序退出，根本就没有生成 Task
```scala
        SparkEnv.get.closureSerializer.newInstance().serialize(func)
      }
    } catch {
      case ex: Exception => throw new SparkException("Task not serializable", ex)
    }
  }
```

5. 闭包的未序列化异常应用

闭包的未序列化异常应用，示例代码如代码 7-3 所示。

代码 7-3　Closure01.scala

```scala
package chapter07
import java.net.InetAddress
import org.apache.spark.{SparkConf, SparkContext, TaskContext}

object Closure01 {
  def main(args: Array[String]): Unit = {
    val conf: SparkConf = new
parkConf().setAppName("ClosureDemo").setMaster("local[*]")
    // 创建 SparkContext，使用 SparkContext 来创建 RDD
    val sc: SparkContext = new SparkContext(conf)
    val lines = sc.textFile("BookData/input/Closure.txt")
    // 没有实现序列化接口，并且是在 Driver 端初始化的，会抛出异常 EROOR
    val rulesObj = new RuleClassSer
    // val rulesObj = new RuleClassNotSer
    // 函数是在 Driver 端定义的
    val func = (line: String) => {
     val fields = line.split(",")
     val id = fields(0)
     val code = fields(1)
     val name = rulesObj.rulesMap.getOrElse(code, "未知")  // 闭包
     // 获取当前线程 ID
     val treadId = Thread.currentThread().getId
     // 获取当前 Task 对应的分区编号
     val partitiondId = TaskContext.getPartitionId()
     // 获取当前 Task 运行时所在机器的主机名
     val host = InetAddress.getLocalHost.getHostName
     (id, code, name, treadId, partitiondId, host, rulesObj.toString)
    }
```

```
    // 处理数据，关联维度
    val res = lines.map(func)
    res.foreach(println)
  }
}
```

异常说明：

```
// 没有实现序列化接口，并且是在 Driver 端初始化的，会抛出异常 EROOR
val rulesObj = RuleClassNotSer
```

异常解决办法是在 RuleClassNotSer 前面加一个 new 关键字：

```
val rulesObj = new RuleClassNotSer
```

异常截图如图 7-2 所示。

```
Exception in thread "main" org.apache.spark.SparkException Create breakpoint : Task not serializable
    at org.apache.spark.util.ClosureCleaner$.ensureSerializable(ClosureCleaner.scala:444)
    at org.apache.spark.util.ClosureCleaner$.clean(ClosureCleaner.scala:416)
    at org.apache.spark.util.ClosureCleaner$.clean(ClosureCleaner.scala:163)
    at org.apache.spark.SparkContext.clean(SparkContext.scala:2669)
    at org.apache.spark.rdd.RDD.$anonfun$map$1(RDD.scala:418)
    at org.apache.spark.rdd.RDDOperationScope$.withScope(RDDOperationScope.scala:151)
    at org.apache.spark.rdd.RDDOperationScope$.withScope(RDDOperationScope.scala:112)
    at org.apache.spark.rdd.RDD.withScope(RDD.scala:410)
    at org.apache.spark.rdd.RDD.map(RDD.scala:417)
    at chapter07.Closure01$.main(Closure01.scala:43)
```

图 7-2　异常截图

6. 在 Driver 端初始化实现序列化的 object

在一个Executor中，多个Task可以共享同一个object对象，因为在Scala中，object是一个单例对象。一个Executor中只有一个实例，Task会反序列化多次，但是引用的单例对象只反序列化一次，如图 7-3 所示。

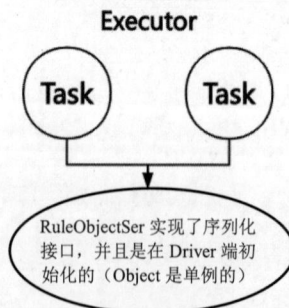

图 7-3　RuleObjectSer 实现了序列化接口

在 Driver 端初始化实现序列化的 object 实例，工具类 RuleObjectSer，示例代码如代码 7-4 所示。

代码 7-4　RuleObjectSer.scala

```
package chapter07
```

```
import java.io.Serializable
import scala.collection.immutable.Map

object RuleObjectSer extends Serializable {
  // 假设这些规则在对象初始化时是已知的
  val rulesMap: Map[String, String] = Map(
    "ln" -> "Line item",
    "st" -> "Store item"
    // 添加其他规则
    // 注意：这里应该包含所有可能在输入文件中出现的代码
  )

  // 如果需要，可以添加其他方法和属性
}
```

在 Driver 端初始化实现序列化的 object 实例，主类 Closure02，示例代码如代码 7-5 所示。

代码 7-5　Closure02.scala

```
package chapter07
import java.net.InetAddress
import org.apache.spark.{SparkConf, SparkContext, TaskContext}

object Closure02 {

  def main(args: Array[String]): Unit = {
    val conf: SparkConf = new
SparkConf().setAppName("ClosureDemo").setMaster("local[*]")
    // 创建 SparkContext，使用 SparkContext 来创建 RDD
    val sc: SparkContext = new SparkContext(conf)

    val lines = sc.textFile("BookData/input/Closure.txt")
    // 函数外部定义的一个引用类型（变量）
    // RuleObjectSer 是一个静态对象，第一次使用时被初始化了（是在 Driver 端被初始化的）
    val rulesObj = RuleObjectSer
  // val rulesObj = RuleObjectNotSer

    // 函数是在 Driver 端定义的
    val func = (line: String) => {
      val fields = line.split(",")
      val id = fields(0)
      val code = fields(1)
      val name = rulesObj.rulesMap.getOrElse(code, "未知") // 闭包
      // 获取当前线程 ID
      val treadId = Thread.currentThread().getId
      // 获取当前 Task 对应的分区编号
      val partitiondId = TaskContext.getPartitionId()
```

```
    // 获取当前 Task 运行时所在机器的主机名
    val host = InetAddress.getLocalHost.getHostName
    (id, code, name, treadId, partitiondId, host, rulesObj.toString)
  }

    // 处理数据，关联维度
    val res = lines.map(func)
    res.foreach(println)


  }

}
```

Closure02.scala 执行结果如图 7-4 所示。

```
(余辉,闭包测试,未知,59,1,yuhuideMacBook-Pro.local,chapter07.RuleObjectSer$@6deee370)
(aaa,ln,Line item,58,0,yuhuideMacBook-Pro.local,chapter07.RuleObjectSer$@6deee370)
(bbb,st,Store item,58,0,yuhuideMacBook-Pro.local,chapter07.RuleObjectSer$@6deee370)
(huige,测试,未知,58,0,yuhuideMacBook-Pro.local,chapter07.RuleObjectSer$@6deee370)
```

图 7-4 Closure02.scala 执行结果

7. 在 Driver 端初始化实现序列化的 class

在一个 Executor 中，每个 Task 都会使用自己独享的 class 实例，因为在 Scala 中，class 实例是多例的。Task 会反序列化多次，每个 Task 引用的 class 实例也会被序列化，如图 7-5 所示。

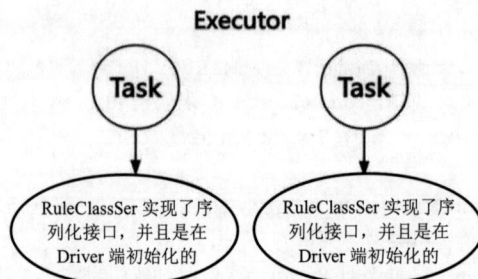

图 7-5 RuleClassSer 实现了序列化接口

在 Driver 端初始化实现序列化的 class 实例，工具类 RuleClassSer，示例代码如代码 7-6 所示。

代码 7-6 RuleClassSer.scala

```
package chapter07
import java.io.Serializable
import scala.collection.immutable.Map


class RuleClassSer extends Serializable {
  // 假设这些规则在对象初始化时是已知的
  val rulesMap: Map[String, String] = Map(
    "ln" -> "Line item",
```

```
      "st" -> "Store item"
      // 添加其他规则
      // 注意：这里应该包含所有可能在输入文件中出现的代码
    )
    // 如果需要，可以添加其他方法和属性
}
```

在 Driver 端初始化实现序列化的 class 实例，主类 Closure03，示例代码如代码 7-7 所示。

代码 7-7　Closure03.scala

```scala
package chapter07
import java.net.InetAddress
import org.apache.spark.{SparkConf, SparkContext, TaskContext}

object Closure03 {

  def main(args: Array[String]): Unit = {

    val conf: SparkConf = new
SparkConf().setAppName("ClosureDemo").setMaster("local[*]")
    // 创建 SparkContext，使用 SparkContext 来创建 RDD
    val sc: SparkContext = new SparkContext(conf)
    val lines = sc.textFile("BookData/input/Closure.txt")
    // 函数外部定义的一个引用类型（变量）
    // RuleClassSer 是一个类，需要 new 才能实现（是在 Driver 端初始化的）
    val rulesClass = new RuleClassSer
    // val rulesClass = new RuleClassNotSer

    // 处理数据，关联维度
    val res = lines.map(e => {
      val fields = e.split(",")
      val id = fields(0)
      val code = fields(1)
      val name = rulesClass.rulesMap.getOrElse(code, "未知") // 闭包
      // 获取当前线程 ID
      val treadId = Thread.currentThread().getId
      // 获取当前 Task 对应的分区编号
      val partitiondId = TaskContext.getPartitionId()
      // 获取当前 Task 运行时所在机器的主机名
      val host = InetAddress.getLocalHost.getHostName
      (id, code, name, treadId, partitiondId, host, rulesClass.toString)
    })
    res.foreach(println)
  }
}
```

Closure03.scala 执行结果如图 7-6 所示。

```
(余辉,闭包测试,未知,59,1,yuhuideMacBook-Pro.local,chapter07.RuleClassSer@6af377ad)
(aaa,ln,Line item,58,0,yuhuideMacBook-Pro.local,chapter07.RuleClassSer@1aea97d8)
(bbb,st,Store item,58,0,yuhuideMacBook-Pro.local,chapter07.RuleClassSer@1aea97d8)
(huige,测试,未知,58,0,yuhuideMacBook-Pro.local,chapter07.RuleClassSer@1aea97d8)
```

图 7-6　Closure03.scala 执行结果

8. 在函数内部初始化未序列化的 object

如果 object 没有实现序列化接口，通常不会出现问题。因为该 object 是在 Excutor 中被初始化的，而不是在 Driver 中初始化的，如图 7-7 所示。

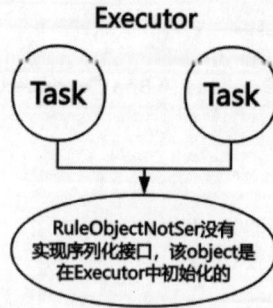

图 7-7　RuleObjectNotSer 没有实现序列化接口

在函数内部初始化未序列化的 object，示例代码如代码 7-8 所示。

代码 7-8　RuleObjectNotSer.scala

```scala
package chapter07
import scala.collection.immutable.Map

object RuleObjectNotSer {
  // 假设这些规则在对象初始化时是已知的
  val rulesMap: Map[String, String] = Map(
    "ln" -> "Line item",
    "st" -> "Store item"
    // 添加其他规则
    // 注意：这里应该包含所有可能在输入文件中出现的代码
  )
  // 如果需要，可以添加其他方法和属性
}
```

在函数内部初始化未序列化的 object，示例代码如代码 7-9 所示。

代码 7-9　Closure04.scala

```scala
package chapter07
import java.net.InetAddress
import org.apache.spark.{SparkConf, SparkContext, TaskContext}

object Closure04 {
```

```scala
def main(args: Array[String]): Unit = {
    val conf: SparkConf = new
SparkConf().setAppName("ClosureDemo").setMaster("local[*]")
    // 创建 SparkContext，使用 SparkContext 来创建 RDD
    val sc: SparkContext = new SparkContext(conf)
    // 1,ln
    val lines = sc.textFile("BookData/input/Closure.txt")
    // 不在 Driver 端初始化 RuleObjectSer 或 RuleClassSer
    // 函数是在 Driver 端定义的
    val func = (line: String) => {
      val fields = line.split(",")
      val id = fields(0)
      val code = fields(1)
      // 在函数内部初始化没有实现序列化接口的 RuleObjectNotSer
      val name = RuleObjectNotSer.rulesMap.getOrElse(code, "未知")
      // val name = RuleObjectSer.rulesMap.getOrElse(code, "未知")

      // 获取当前线程 ID
      val treadId = Thread.currentThread().getId
      // 获取当前 Task 对应的分区编号
      val partitiondId = TaskContext.getPartitionId()
      // 获取当前 Task 运行时所在机器的主机名
      val host = InetAddress.getLocalHost.getHostName
      (id, code, name, treadId, partitiondId, host, RuleObjectNotSer.toString)
    }
    // 处理数据，关联维度
    val res = lines.map(func)
    res.foreach(println)
    sc.stop()
  }
}
```

Closure04.scala 执行结果如图 7-8 所示。

```
(余辉,闭包测试,未知,59,1,yuhuideMacBook-Pro.local,chapter07.RuleObjectNotSer$@3c8dd51a)
(aaa,ln,Line item,58,0,yuhuideMacBook-Pro.local,chapter07.RuleObjectNotSer$@3c8dd51a)
(bbb,st,Store item,58,0,yuhuideMacBook-Pro.local,chapter07.RuleObjectNotSer$@3c8dd51a)
(huige,测试,未知,58,0,yuhuideMacBook-Pro.local,chapter07.RuleObjectNotSer$@3c8dd51a)
```

图 7-8　Closure04.scala 执行结果

9. 在函数内部初始化未序列化的 class

这种方式非常不好，因为每来一条数据就需要创建一个 class 的实例，这会导致消耗更多资源，并且 JVM 会频繁进行垃圾回收（GC），如图 7-9 所示。

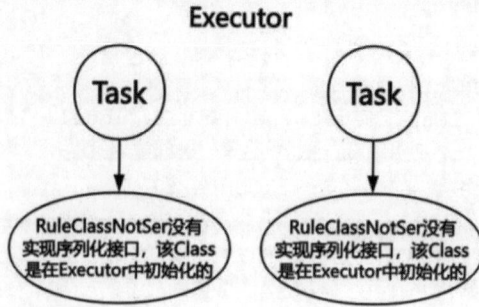

图 7-9　RuleClassNotSer 没有实现序列化接口

在函数内部初始化未序列化的 object，示例代码如代码 7-10 所示。

代码 7-10　RuleClassNotSer.scala

```scala
package chapter07

import scala.collection.immutable.Map

class RuleClassNotSer {
  // 假设这些规则在对象初始化时是已知的
  val rulesMap: Map[String, String] = Map(
    "ln" -> "Line item",
    "st" -> "Store item"
    // 添加其他规则
    // 注意：这里应该包含所有可能在输入文件中出现的代码
  )
  // 如果需要，可以添加其他方法和属性
}
```

在函数内部初始化未序列化的 object，示例代码如代码 7-11 所示。

代码 7-11　Closure05.scala

```scala
package chapter07
import java.net.InetAddress
import org.apache.spark.{SparkConf, SparkContext, TaskContext}

object Closure05 {

  def main(args: Array[String]): Unit = {

    val conf: SparkConf = new
SparkConf().setAppName("ClosureDemo").setMaster("local[*]")
    // 创建 SparkContext，使用 SparkContext 来创建 RDD
    val sc: SparkContext = new SparkContext(conf)
    // 1,ln
    val lines = sc.textFile("BookData/input/Closure.txt")
```

```
  // 处理数据，关联维度
  val res = lines.map(e => {
    val fields = e.split(",")
    val id = fields(0)
    val code = fields(1)
    // RuleClassNotSer 是在 Executor 中被初始化的
    val rulesClass = new RuleClassNotSer
    // 但是如果每来一条数据创建一个 RuleClassNotSer，效率低，浪费资源，频繁 GC
    val name = rulesClass.rulesMap.getOrElse(code, "未知")
    // 获取当前线程 ID
    val treadId = Thread.currentThread().getId
    // 获取当前 Task 对应的分区编号
    val partitiondId = TaskContext.getPartitionId()
    // 获取当前 Task 运行时所在机器的主机名
    val host = InetAddress.getLocalHost.getHostName
    (id, code, name, treadId, partitiondId, host, rulesClass.toString)
  })
  res.foreach(println)
  }
}
```

Closure05.scala 执行结果如图 7-10 所示。

```
(余辉,闭包测试,未知,59,1,yuhuideMacBook-Pro.local,chapter07.RuleClassNotSer@4bf5533b)
(aaa,ln,Line item,58,0,yuhuideMacBook-Pro.local,chapter07.RuleClassNotSer@338db40f)
(bbb,st,Store item,58,0,yuhuideMacBook-Pro.local,chapter07.RuleClassNotSer@17e500be)
(huige,测试,未知,58,0,yuhuideMacBook-Pro.local,chapter07.RuleClassNotSer@69e896d2)
```

图 7-10　Closure05.scala 执行结果

10. 调用 mapPartitions 在函数内部初始化未序列化的 class

一个分区使用一个 class 的实例，即每个 Task 都是自己的 class 实例，如图 7-11 所示。

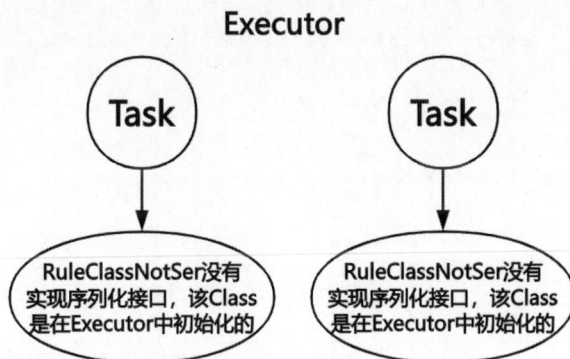

图 7-11　RuleClassNotSer 没有实现序列化接口

调用 mapPartitions 在函数内部初始化未序列化的 class，示例代码如代码 7-12 所示。

代码 7-12 Closure06.scala

```scala
package chapter07
import java.net.InetAddress
import org.apache.spark.{SparkConf, SparkContext, TaskContext}

object Closure06 {

  def main(args: Array[String]): Unit = {
    val conf: SparkConf = new
SparkConf().setAppName("ClosureDemo").setMaster("local[*]")
    // 创建 SparkContext，使用 SparkContext 来创建 RDD
    val sc: SparkContext = new SparkContext(conf)
    // 1,ln
    val lines = sc.textFile("BookData/input/Closure.txt")
    // 处理数据，关联维度
    val res = lines.mapPartitions(it => {
      // RuleClassNotSer 是在 Executor 中被初始化的
      // 一个分区的多条数据，使用同一个 RuleClassNotSer 实例
      val rulesClass = new RuleClassNotSer
      // val rulesClass = new RuleClassSer
      it.map(e => {
        val fields = e.split(",")
        val id = fields(0)
        val code = fields(1)
        val name = rulesClass.rulesMap.getOrElse(code, "未知")
        // 获取当前线程 ID
        val treadId = Thread.currentThread().getId
        // 获取当前 Task 对应的分区编号
        val partitiondId = TaskContext.getPartitionId()
        // 获取当前 Task 运行时所在机器的主机名
        val host = InetAddress.getLocalHost.getHostName
        (id, code, name, treadId, partitiondId, host, rulesClass.toString)
      })
    })
    res.foreach(println)
    sc.stop()
  }
}
```

Closure06.scala 执行结果如图 7-12 所示。

```
(余辉,闭包测试,未知,59,1,yuhuideMacBook-Pro.local,chapter07.RuleClassNotSer@2efd91c2)
(aaa,ln,Line item,58,0,yuhuideMacBook-Pro.local,chapter07.RuleClassNotSer@23cb3aaf)
(bbb,st,Store item,58,0,yuhuideMacBook-Pro.local,chapter07.RuleClassNotSer@23cb3aaf)
(huige,测试,未知,58,0,yuhuideMacBook-Pro.local,chapter07.RuleClassNotSer@23cb3aaf)
```

图 7-12 Closure06.scala 执行结果

7.2　Task 线程安全

7.2.1　线程不安全及其解决方案

在 Spark 中，一个 Executor 可以同时运行多个 Task。这些 Task 在运行时可能会访问或修改共享的资源，例如共享的单例对象。当多个 Task 同时对共享的数据进行读写操作时，就可能引发线程不安全的问题：

- 多个 Task 同时访问和修改共享的单例对象，导致数据不一致或竞态条件。
- 可能会出现数据丢失、数据覆盖或数据错误等问题。

引发线程不安全的原因是：

- 在多线程环境中，如果多个线程（或 Task）同时访问和修改同一个资源，而没有适当的同步机制，就会导致数据不一致。
- Spark 的 Task 在 Executor 中并行运行，如果它们共享同一个对象，而没有进行同步控制，就可能引发线程安全问题。

为了避免这个问题，一种常见的做法是使用锁机制。然而，加锁虽然可以保证线程安全，但也会带来性能上的损失。因为在一个 Executor 中，同一个时间点只能有一个 Task 使用共享的数据，这样就变成了串行执行，大大降低了并发度和效率。

为了既保证线程安全，又尽量提高效率，可以考虑以下几种解决方案。

（1）避免共享状态：

- 尽可能避免在多个 Task 之间共享数据。如果数据可以在每个 Task 内部处理，就无须考虑线程安全问题。
- 可以使用局部变量或线程局部变量来存储数据，以避免共享状态。

（2）使用线程安全的集合和数据结构：

- 如果必须共享数据，可以使用线程安全的集合和数据结构，比如 Java 中的 ConcurrentHashMap 等。
- 这些数据结构内部已经实现了高效的并发控制机制，可以保证线程安全。

（3）累加器：

- 在 Spark 中，累加器是一种特殊的变量，用于在分布式计算中进行全局累加操作。
- 每个 Task 都有自己的累加器副本，它们只会在 Driver 端进行合并。
- 累加器是线程安全的，并且不需要加锁，因为它们的设计就是为了在分布式环境中进行高效的累加操作。

（4）广播变量：

- 广播变量用于将只读数据分发到集群中的所有节点。
- 每个节点都会接收并缓存广播变量的副本，这样 Task 就可以在不加锁的情况下安全地访问这些数据。

（5）无锁编程：

- 对于某些特定场景，可以使用无锁数据结构（如原子变量）和算法来实现高效的并发控制。
- 无锁编程通常比较复杂，需要深入理解并发编程的原理和硬件特性。

综上所述，在 Spark 中处理 Task 线程安全问题时，需要根据具体的应用场景选择合适的解决方案。既要保证线程安全，又要尽量提高效率，以实现更好的性能和可扩展性。

7.2.2 避免线程不安全的示例

本案例定义一个工具类 object，用于格式化日期，由于 SimpleDateFormat 线程不安全，可能会导致异常。因此，我们自定义一个线程安全的 DateUtilObj 工具类。在主函数中调用 DateUtilObj 工具类，示例代码如代码 7-13 所示。

代码 7-13　DateUtilObj.scala

```scala
package chapter07

import java.text.SimpleDateFormat

import org.apache.spark.rdd.RDD
import org.apache.spark.{SparkConf, SparkContext}

object DateUtilObj {

  def main(args: Array[String]): Unit = {
    val conf = new SparkConf()
      .setAppName("DateUtilObj")
      .setMaster("local[*]") // 本地模式，开启多个线程

    // 1.创建 SparkContext
    val sc = new SparkContext(conf)

    val lines = sc.textFile("BookData/input/06.txt")

    lines.foreach(println)

    val timeRDD: RDD[Long] = lines.map(e => {
      // 将字符串转换成 long 类型时间戳
      // 使用自定义的 object 工具类
```

```
    val time: Long = DateUtilObj.parse(e)
    time
  })

  val res = timeRDD.collect()
  println(res.toBuffer)
}

// 多个 Task 使用了一个共享的 SimpleDateFormat, SimpleDateFormat 是线程不安全的
val sdf = new SimpleDateFormat("yyyy-MM-dd HH:mm:ss")

// 线程安全的
// val sdf: FastDateFormat = FastDateFormat.getInstance("yyyy-MM-dd
HH:mm:ss")

def parse(str: String): Long = {
  // 2022-05-23 11:39:30
  sdf.parse(str).getTime
}
}
```

上面的程序会出现错误，由于多个 Task 同时使用一个单例对象格式化日期，因此会报错。SimpleDateFormat 线程不安全异常如图 7-13 所示。

```
Exception in thread "main" org.apache.spark.SparkException Create breakpoint : Job aborted due to stage
failure: Task 1 in stage 1.0 failed 1 times, most recent failure: Lost task 1.0 in stage 1.0 (TID
3) (101.5.28.51 executor driver): java.lang.NumberFormatException: For input string: ""
    at java.lang.NumberFormatException.forInputString(NumberFormatException.java:65)
    at java.lang.Long.parseLong(Long.java:601)
    at java.lang.Long.parseLong(Long.java:631)
    at java.text.DigitList.getLong(DigitList.java:195)
    at java.text.DecimalFormat.parse(DecimalFormat.java:2051)
    at java.text.SimpleDateFormat.subParse(SimpleDateFormat.java:1869)
    at java.text.SimpleDateFormat.parse(SimpleDateFormat.java:1514)
    at java.text.DateFormat.parse(DateFormat.java:364)
    at chapter07.DateUtilObj$.parse(DateUtilObj.scala:49)
    at chapter07.DateUtilObj$.$anonfun$main$2(DateUtilObj.scala:32)
    at chapter07.DateUtilObj$.$anonfun$main$2$adapted(DateUtilObj.scala:29)
```

图 7-13　SimpleDateFormat 线程不安全异常

如果加锁，程序会变慢。原示例中自定义了工具类 DateUtilClass，在主函数中调用 DateUtilClass 工具类。改进后的示例，一个 Task 使用一个 DateUtilClass 实例，从而避免了线程安全问题。改进后的示例代码如代码 7-14 所示。

代码 7-14　DateUtilClass.scala

```
package chapter07

import java.text.SimpleDateFormat
```

```scala
import org.apache.spark.{SparkConf, SparkContext}

/**
 * descriptions:
 * date: 2024 - 09 - 02 11:33 上午
 */
object DateUtilClass {

  def main(args: Array[String]): Unit = {

    val conf = new SparkConf()
      .setAppName("WordCount")
      .setMaster("local[*]") // 本地模式，开启多个线程
    // 1.创建 SparkContext
    val sc = new SparkContext(conf)

    val lines = sc.textFile("BookData/input/06.txt")

    val timeRDD = lines.mapPartitions(it => {
      // 一个 Task 使用自己单独的 DateUtilClass 实例，缺点是浪费内存资源
      val dateUtil = new DateUtilClass
      it.map(e => {
        dateUtil.parse(e)
      })
    })

    val res = timeRDD.collect()
    println(res.toBuffer)

  }
}

class DateUtilClass {

  val sdf = new SimpleDateFormat("yyyy-MM-dd HH:mm:ss")

  def parse(str: String): Long = {
    // 2022-05-23 11:39:30
    sdf.parse(str).getTime
  }
}
```

执行以上代码，输出结果为：

```
ArrayBuffer(1716428370000, 1719110370000, 1721705970000, 1724384370000)
```

7.3　本章小结

　　本章深入探讨了 Spark 中的序列化和线程安全问题，这是 Spark 程序稳定运行和高效执行的关键。在序列化部分，我们详细分析了序列化问题的常见场景，包括数据 Bean 未实现序列化接口、函数闭包中的序列化陷阱等，通过具体案例展示了序列化不当可能导致的错误和性能问题。同时，我们也提供了正确的序列化实践，比如在 Driver 端初始化实现序列化的对象和类等，以确保数据在集群中的正确传输和处理。在线程安全部分，我们揭示了 Spark 任务执行中的线程安全问题和解决方案，通过案例分析让读者对 Task 线程安全有了更深入的理解。通过本章的学习，读者能够掌握 Spark 中的序列化和线程安全知识，为编写健壮、高效的 Spark 程序提供有力保障。

第8章

Spark 内存管理机制

本章将全面介绍内存管理的两大领域——堆内内存与堆外内存。首先，我们将讲解两者的基本概念，随后详细探讨它们之间的区别及各自的特点。通过深入了解堆内内存（On-heap Memory）与堆外内存（Off-heap Memory）的运作机制，你将能够更好地管理和优化内存资源，为高效的数据处理和应用性能提供保障。

本章主要知识点：

- 堆内内存和堆外内存的区别
- 堆内内存
- 堆外内存

8.1 内存管理概述

在执行 Spark 的应用程序时，Spark 集群会启动 Driver 和 Executor 两种 JVM 进程。

- Driver 进程：为主控进程，负责创建 Spark 上下文，提交 Spark 作业（Job），并将作业转换为计算任务（Task），在各个 Executor 进程间协调任务的调度。
- Executor 进程：负责在工作节点上执行具体的计算任务，并把结果返回给 Driver 端或把时间写入外部的存储系统中，同时为需要持久化的 RDD 提供存储功能。

由于 Driver 的内存管理相对来说比较简单，本节将对 Executor 的内存管理（见图 8-1）进行分析。注意，下文中的 Spark 内存均特指 Executor 的内存。8.2 节讲述堆内内存和堆外内存的区别。

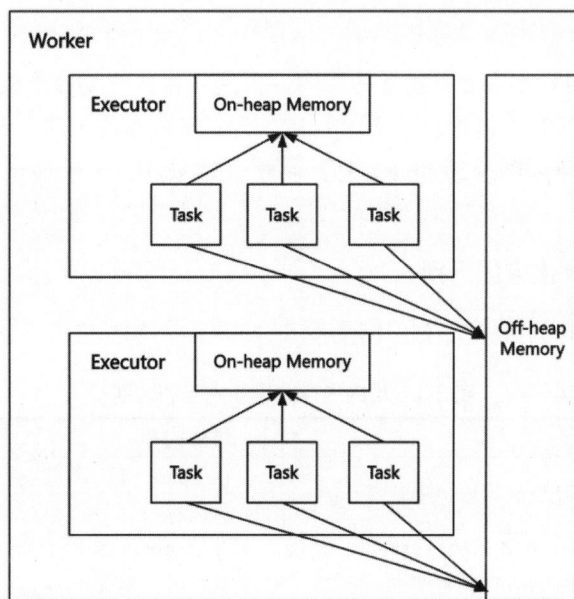

图 8-1　Executor 的内存管理

8.2　堆内内存和堆外内存的区别

在 Spark 中，堆内内存（On-Heap Memory）和堆外内存（Off-Heap Memory）共同构成了
Spark 应用程序可用的内存资源。但在功能和用途上存在显著差异，这些差异主要源于它们各
自的管理方式和性能特性。

1. 堆内内存

堆内内存主要用于存储 Spark 作业中的对象和数据结构，包括 RDD（弹性分布式数据集）
的缓存、广播变量等。它是 JVM（Java 虚拟机）直接管理的内存区域，对象的申请和释放由 JVM
的垃圾回收器（GC）负责。

堆内内存的特点：

- 堆内内存的管理较为方便，因为 JVM 提供了全面的内存管理机制。
- 频繁的 GC 操作可能会影响性能，特别是在处理大规模数据集时，GC 停顿可能会导
  致延迟增加。
- 堆内内存的大小可以通过 Spark 配置参数（如 spark.executor.memory）进行调整。

2. 堆外内存

堆外内存是 Spark 为了优化性能而引入的一种内存管理机制，它允许 Spark 直接在操作系
统的内存空间中申请和释放内存。堆外内存主要用于存储那些对性能要求较高的数据，如
Shuffle 操作中的中间数据、Sort 和 Aggregate 操作的数据等。

堆外内存的特点：

● 堆外内存不受 JVM 垃圾回收器的影响，因此可以减少 GC 停顿对性能的影响。

● 堆外内存的管理相对复杂，需要 Spark 自己实现内存的申请、释放和监控机制。

● 堆外内存的使用可以通过 Spark 配置参数（如 spark.memory.offHeap.enabled）进行启用和调整。

3. 堆内内存和堆外内存的区别

堆内内存和堆外内存的区别如表 8-1 所示。

表 8-1　堆内内存和堆外内存的区别

区　　别	堆内内存	堆外内存
管理方式	由 JVM 垃圾回收器自动管理	由 Spark 自己管理，直接向操作系统申请和释放内存
主要用途	存储 Spark 作业中的对象和数据结构，如 RDD 缓存、广播变量等	存储对性能要求较高的数据，如 Shuffle 中间数据、Sort 和 Aggregate 操作的数据等
性能影响	受 JVM 垃圾回收器的影响，频繁的 GC 操作可能影响性能	不受 JVM 垃圾回收器的影响，可以减少 GC 停顿对性能的影响
配置方式	通过 Spark 配置参数（如 spark.executor.memory）调整堆内内存大小	通过 Spark 配置参数（如 spark.memory.offHeap.enabled）启用和调整堆外内存使用

综上所述，堆内内存和堆外内存在 Spark 中各有其应用场景和优势。我们可以根据作业的具体需求和性能要求，选择合适的内存管理机制来优化 Spark 作业的性能。

8.3　堆内内存

堆内内存的大小由 Spark 应用程序启动时使用的 --executor-memory 或 spark.executor.memory 参数配置。Executor 内运行的并发任务共享 JVM 堆内内存，这些任务在缓存 RDD 和广播（Broadcast）数据时占用的内存被规划为存储（Storage）内存；而这些任务在执行 Shuffle 时占用的内存被规划为执行（Execution）内存，剩余的部分不做特殊规划；那些 Spark 内部的对象实例，或者用户定义的 Spark 应用程序中的对象实例，均占用剩余的空间。不同的管理模式下，这三部分占用的空间大小各不相同。

1. 堆内内存的申请与释放

Spark 对堆内内存的管理是一种逻辑上"规划式"的管理，因为对象实例占用内存的申请和释放都由 JVM 完成，Spark 只能在申请后和释放前记录这些内存。

● 申请内存：Spark 在代码中新建一个对象实例，JVM 从堆内内存分配空间，创建对象并返回对象 Spark 保存该对象的引用，记录该对象占用的内存。

● 释放内存：Spark 记录该对象释放的内存，删除该对象的引用，等待 JVM 的垃圾回收
机制释放该对象占用的堆内内存。

下面我们分析一下堆内内存的优缺点。

堆内内存采用 JVM 进行管理。而 JVM 的对象可以以序列化的方式存储，序列化的过程是
将对象转换为二进制字节流，本质上可以理解为将非连续空间的链式存储转换为连续空间或块
存储，在访问时则需要进行序列化的逆过程——反序列化，将字节流转换为对象。序列化的方
式可以节省存储空间，但增加了存储和读取时的计算开销。

对于 Spark 中序列化的对象，由于是字节流的形式，其占用的内存大小可直接计算。

对于 Spark 中非序列化的对象，其占用的内存是通过周期性采样近似估算而得的，即并不
是每次新增的数据项都会计算一次占用的内存大小。这种方法降低了时间开销，但是有可能误
差较大，导致某一时刻的实际内存有可能远远超出预期。此外，在被 Spark 标记为释放的对象
实例中，很有可能实际上并没有被 JVM 回收，导致实际可用的内存小于 Spark 记录的可用内存。
因此，Spark 并不能准确记录实际可用的堆内内存，从而也就无法完全避免内存溢出（Out Of
Memory，OOM）的异常。

虽然不能精准控制堆内内存的申请和释放，但 Spark 通过对存储内存和执行内存各自独立
的规划管理，可以决定是否要在存储内存中缓存新的 RDD，以及是否为新的任务分配执行内存。
这样在一定程度上可以提升内存的利用率，减少异常的出现。

2. 堆内内存早期版本分配

在 Spark 1.6 之前，Spark 采用的是静态内存管理方式。在静态内存管理机制下，存储内存、
执行内存和其他内存三部分的大小在 Spark 应用程序运行期间是固定的，但用户可以在应用程
序启动前进行配置。堆内内存的分配如图 8-2 所示。

从图 8-2 可以看到，可用的堆内内存的大小需要按照以下方式计算：

```
可用的存储内存 = systemMaxMemory * spark.storage.memoryFraction *
spark.storage.safetyFraction
可用的执行内存 = systemMaxMemory * spark.shuffle.memoryFraction *
spark.shuffle.safetyFraction
```

其中 systemMaxMemory 取决于当前 JVM 堆内内存的大小，最后可用的执行内存或者存储
内存要在此基础上与各自的 memoryFraction 参数和 safetyFraction 参数相乘得出。上述计算公式
中的两个 safetyFraction 参数，其意义在于在逻辑上预留出 1-spark.storage.safetyFraction 这么一
块保险区域，降低因实际内存超出当前预设范围而导致 OOM 的风险（上文提到，对于非序列
化对象的内存采样估算会产生误差）。值得注意的是，这个预留的保险区域仅仅是一种逻辑上
的规划，在具体使用时 Spark 并没有区别对待，和其他内存一样交给了 JVM 来管理。

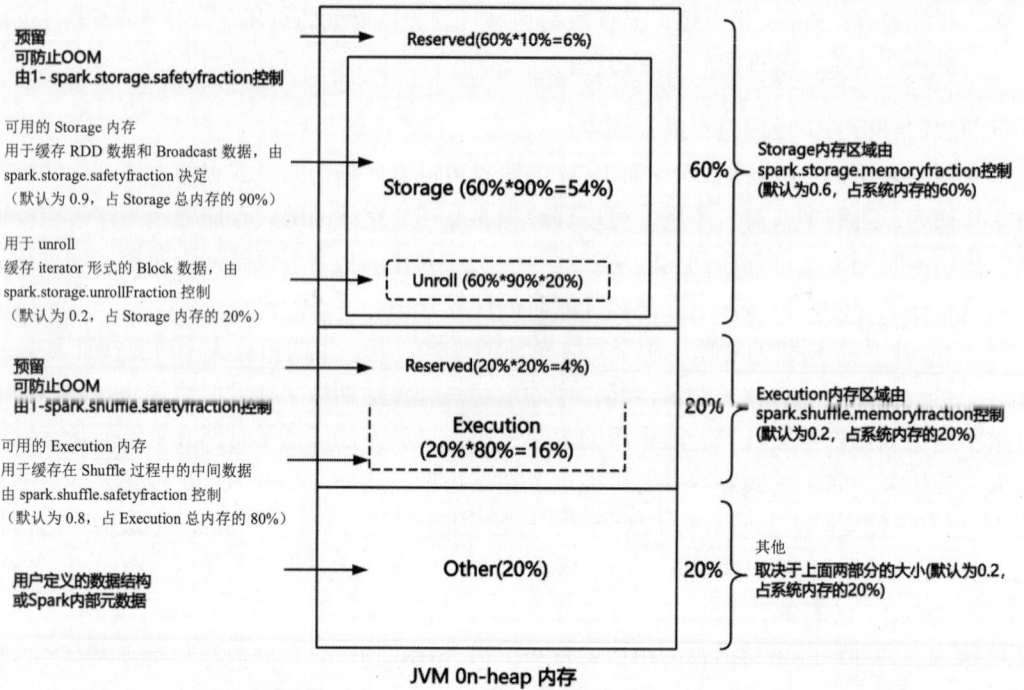

图 8-2　堆内内存的分配

3. 堆内内存按新版本分配

从 Spark 1.6 版本开始，Spark 引入了统一内存管理方式。在统一内存管理机制下，Spark 仅仅使用了堆内内存。Executor 端的堆内内存区域大致可以分为四大块，包括 Execution 内存、Storage 内存、用户内存与预留内存。

- Execution 内存：用于存放 Shuffle、Join、Sort、Aggregation 等计算过程中的临时数据。
- Storage 内存：用于存储 Spark 的 cache 数据，例如 RDD 的缓存、unroll 数据。
- 用户内存（User Memory）：用于存储 RDD 转换操作所需要的数据，例如 RDD 依赖等信息。
- 预留内存（Reserved Memory）：系统预留内存，用来存储 Spark 内部对象。

整个 Executor 端堆内内存如果用图来表示的话，概括如图 8-3 所示。
图中的变量说明如下：

- systemMemory=Runtime.getRuntime.maxMemory，其实就是通过参数 spark.executor.memory 或--executor-memory 进行配置。
- reservedMemory 在 Spark 2.2.1 中是写死的，其值等于 300MB，这个值不能修改（如果在测试环境下，我们可以通过 spark.testing.reservedMemory 参数进行修改）。
- usableMemory = systemMemory − reservedMemory，这个就是 Spark 可用内存。

Storage 内存
用于缓存数据, 由
spark.storage.storageFraction 控制
（默认为 0.5, 占统一内存的 50%）

动态占用机制
若己方不足对方余余, 则可占用对方
Execution 内存被对方占用后可强制收回

Execution 内存
用于缓存在执行 Shuffle
过程中产生的中间数据
由 1-spark.storage.storageFraction 控制

用户定义的数据结构
或 Spark 内部元数据

作用与 other 相同, 可
保障留出足够的空间

Storage (usable*60%*50%)

Execution (usable*60 %*50%)

Other (usable*40%)

System Reserved (300M)

JVM 0n-heap 内存

Unified Memory 统一内存
Storage 和 Execution 共用
ispark.memory.fraction 控
制（Spark 2.0+默认为 0.6,
占可用内存的 60%, Spark
1.6 默认为 0.75）

Usable Memory 可用
内存等于系统内存减
去预留内存

其他默认占可
用内存的 40%

Reserved Memory 预留
内存默认为 300MB

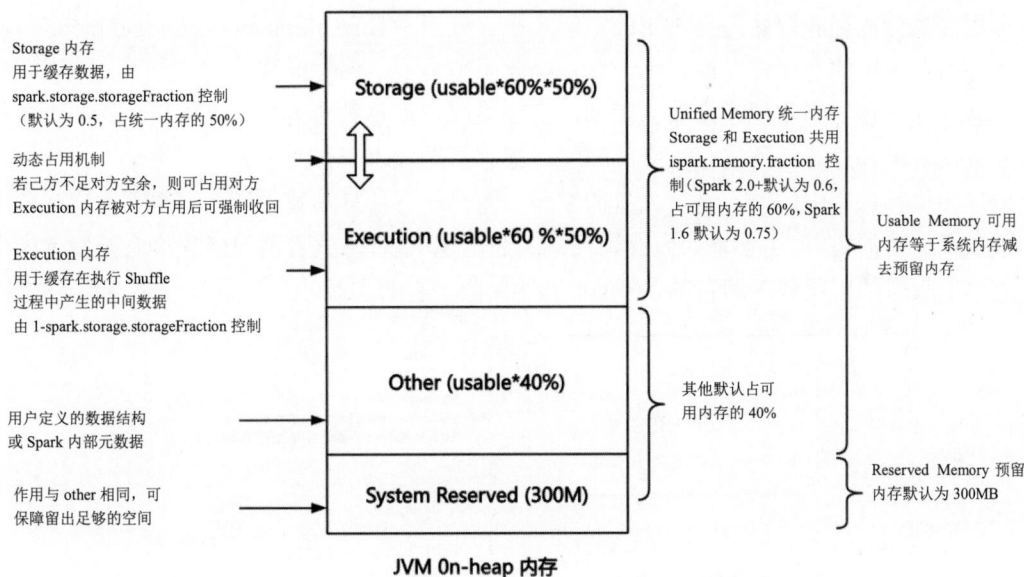

图 8-3　Executor 端堆内内存

8.4　堆外内存

为了进一步优化内存的使用以及提高 Shuffle 时排序的效率, Spark 引入了堆外内存, 使之可以直接在工作节点的系统内存中开辟空间, 存储经过序列化的二进制数据。除了没有 other 内存空间外, 堆外内存与堆内内存的划分方式相同, 所有运行中的并发任务共享存储内存和执行内存。

1. 堆外内存的优缺点

堆外内存具有的优点:

● 不受 JVM 垃圾回收影响, 能减少内存管理开销和垃圾回收延迟。
● 可突破 JVM 堆大小限制, 适用于大型数据集, 避免堆内存不足。

但堆外内存也存在缺点:

● 需要手动管理, 容易引发内存泄露问题。
● 在堆外内存和堆内内存之间切换可能带来性能开销。

开发者应根据应用场景和数据规模, 谨慎选择是否使用堆外内存。

2. 堆外内存分区

（1）在 Spark 1.6 之前, Spark 采用的是静态内存管理方式。在静态内存的堆外空间（见图 8-4）分配较为简单, 存储内存、执行内存的大小同样是固定的。

可用的执行内存和存储内存占用的空间大小直接由参数 spark.memory.storageFraction 决定，由于堆外内存占用的空间可以被精确计算，因此无须再设定保险区域。

静态内存管理机制实现起来较为简单，但如果用户不熟悉 Spark 的存储机制，或没有根据具体的数据规模和计算任务进行相应的配置，很容易造成"一半海水，一半火焰"的局面，即存储内存和执行内存中的一方剩余大量的空间，而另一方却早早被占满，不得不淘汰或移出旧的内容以存储新的内容。由于新的内存管理机制的出现，这种方式目前已经很少有开发者使用，出于兼容旧版本的应用程序的目的，Spark 仍然保留了它的实现。

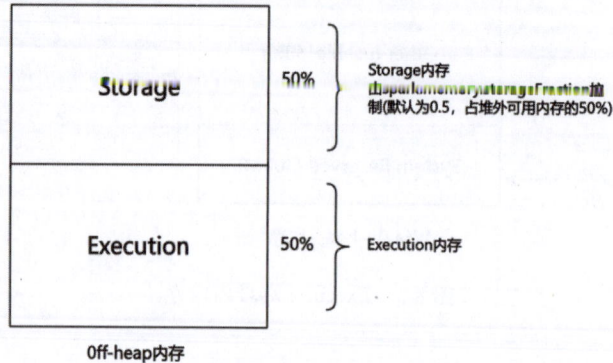

图 8-4　静态内存的堆外空间

（2）从 Spark 1.6 版本开始，Spark 引入了统一内存管理方式。在统一内存管理的堆外内存，只区分 Execution 内存和 Storage 内存。堆外内存分布如图 8-5 所示。

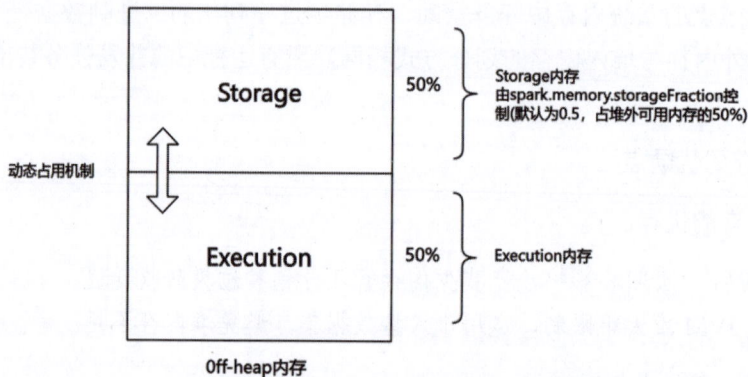

图 8-5　统一内存管理的堆外内存

关于动态占用机制，由于统一内存管理方式中堆内内存、堆外内存的管理均基于此机制，因此单独提出来讲解。

3. 动态占用机制

上面图 8-4 和图 8-5 中的 Execution 内存和 Storage 内存之间存在一条实线，这是为什么呢？在 Spark 1.5 之前，Execution 内存和 Storage 内存分配是静态的。换句话说，如果 Execution 内存不足，即使 Storage 内存有很大空闲程序，也是无法利用的，反之亦然。这就导致我们很难进行内存的调优工作，我们必须非常清楚地了解 Execution 和 Storage 两块区域的内存分布。

　　而目前 Execution 内存和 Storage 内存可以互相共享。也就是说，如果 Execution 内存不足，而 Storage 内存有空闲，那么 Execution 可以从 Storage 中申请空间，反之亦然。所以图 8-6 中的虚线代表 Execution 内存和 Storage 内存是可以随着运作动态调整的，这样可以有效地利用内存资源。Execution 内存和 Storage 内存之间的动态调整概括如图 8-6 所示。

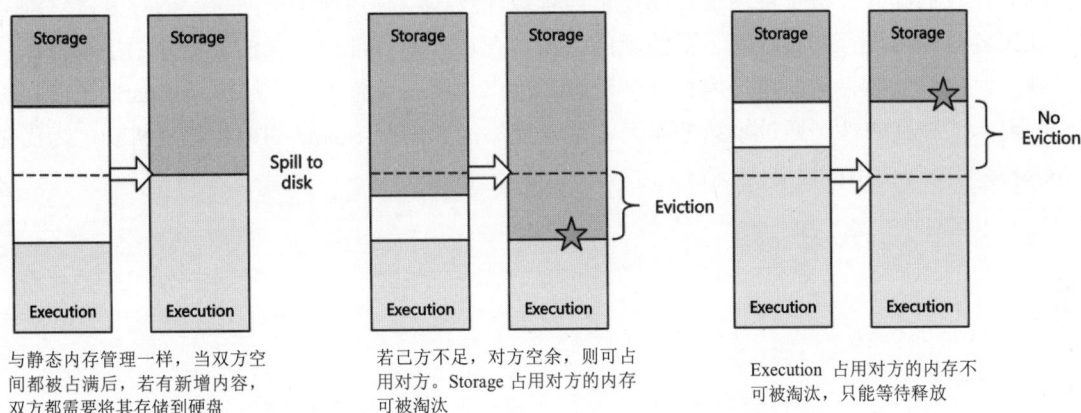

图 8-6　Execution 内存和 Storage 内存之间的动态调整

4．动态调整策略

动态调整策略具体的实现逻辑如下：

　　（1）在程序提交时，我们都会设定基本的 Execution 内存和 Storage 内存区域（通过 spark.memory.storageFraction 参数设置）。

　　（2）在程序运行时，双方的空间都不足时，则存储到硬盘；将内存中的块存储到磁盘的策略是按照 LRU（Least Recently Used）规则进行的。若己方空间不足而对方空余，则可借用对方的空间（存储空间不足是指不足以放下一个完整的 Block）。

　　（3）Execution 内存的空间被对方占用后，可让对方将占用的部分转存到硬盘，然后"归还"借用的空间。

　　（4）Storage 内存的空间被对方占用后，目前的实现是无法让对方"归还"，因为需要考虑 Shuffle 过程中的很多因素，实现起来较为复杂；而且 Shuffle 过程产生的文件在后面一定会被使用到，而 Cache 在内存的数据不一定在后面使用。

　　注意，上面说的借用对方的内存，需要借用方和被借用方的内存类型一样，都是堆内内存或者都是堆外内存。不存在堆内内存不够去借用堆外内存的空间。

　　统一内存分配机制的优点是：提高了内存的利用率，可以更加灵活、可靠地分配和管理内存，增强了 Spark 程序的健壮性。

8.5 本章小结

本章全面解析了 Spark 的内存管理机制，详细探讨了堆内内存与堆外内存的区别及其各自的管理方式。首先，我们讲解了 Spark 内存管理的基本概念，为后续内容奠定了基础。接着，通过对比堆内内存和堆外内存的特点，揭示了两者在功能上的差异和各自的适用场景。在堆内内存部分，我们深入分析了堆内内存的申请与释放流程，以及当前采用的统一内存分区管理方式，让读者对堆内内存的管理有了更清晰的认识。在堆外内存部分，我们重点介绍了堆外内存的优缺点，以及当前采用的统一内存分区管理和动态占用、调整策略，展示了 Spark 在内存管理上的灵活性和高效性。通过本章的学习，读者能够深入理解 Spark 的内存管理机制，为优化 Spark 程序的内存使用提供有力支持。

第 9 章

Spark SQL 简介

本章将带你走进Spark SQL的世界，了解其定义与核心特性。通过深入探索Spark SQL的编程抽象，你将能够掌握其强大的数据处理能力。此外，我们还将提供快速使用指南，让你亲身体验Spark SQL的便捷与高效。本章旨在为你打下坚实的Spark SQL基础。

本章主要知识点：

- Spark SQL的定义和特性
- Spark SQL编程抽象
- Spark SQL如何使用

9.1　Spark SQL 的定义和特性

1. Spark SQL 的定义

Spark SQL是Apache Spark的一个核心模块，专门用于处理结构化数据。Spark SQL的功能说明如下：

- 模块功能：Spark SQL提供了用于处理结构化数据的高级API和查询引擎，允许开发者以类似于SQL的方式对大数据集进行查询和分析。
- 数据抽象：Spark SQL引入了DataFrame和Dataset两个核心编程抽象，用于表示和操作结构化数据。
- 执行效率：Spark SQL通过Catalyst优化器对查询进行逻辑和物理优化，以及利用列式存储、压缩和代码生成等技术，实现高效的数据处理性能。

2. Spark SQL 的特性

（1）易整合。Spark SQL使得在Spark编程中可以如丝般顺滑地混搭SQL和算子API编程。Spark SQL可以处理结构化数据，可以将DataFrame（DF）转换成RDD，也可以将RDD转换成DataFrame处理。Spark SQL和RDD之间的转换如图9-1所示。

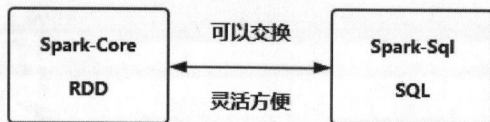

图 9-1　Spark SQL 和 RDD 之间的转换

（2）统一的数据访问方式。Spark SQL为各类不同数据源提供统一的访问方式，可以跨各类数据源进行高效的Join操作。所支持的数据源包括Hive、Avro、CSV、Parquet、ORC、JSON、JDBC等。

（3）兼容Hive。Spark SQL支持HiveQL语法及Hive的SerDes、UDFs，并允许用户访问已经存在的Hive数据仓库中的数据。

（4）标准的数据连接。Spark SQL的Server模式可为各类BI工具提供标准JDBC/ODBC连接，从而可以为支持标准JDBC/ODBC连接的各类工具提供无缝对接。

Spark SQL可以看作一个转换层，向下对接各种不同的结构化数据源（比如Hive、JSON、Parquet等），向上提供不同的数据访问方式（比如JDBC/ODBC、Your Application、Spark SQL Shell等）。Spark SQL转换层如图9-2所示。

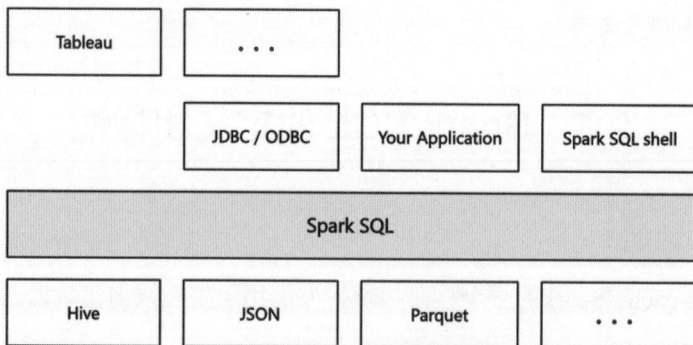

图 9-2　Spark SQL 转换层

9.2　Spark SQL 编程抽象

Spark SQL提供了两个核心的编程抽象DataFrame和Dataset，用于在Spark环境中以结构化的方式处理数据。这两个抽象允许开发者以类似SQL的方式或通过编程接口（如Scala、Java、Python）来查询和操作大规模数据集。

1. DataFrame

DataFrame是一个分布式数据集合，它以表格形式组织数据，类似于传统数据库中的表或Excel中的电子表格。DataFrame拥有行和列的概念，每列可以是不同的数据类型（如整数、字符串、浮点数等），并且每列都有一个名称。DataFrame的主要特性包括：

- 强类型模式（在Spark 2.0及更高版本中）：尽管DataFrame在底层是动态类型的（即在JVM中使用Row对象表示），但在Scala和Java中，Spark SQL可以利用Scala的类型推断和Java的类型信息来推断DataFrame的模式（Schema），并在编译时提供类型检查。
- 易于使用的API：DataFrame API提供了一系列用于数据转换和聚合的操作，包括选择列、过滤行、分组和聚合数据等。
- SQL集成：DataFrame支持将DataFrame注册为临时视图，然后可以使用SQL语句来查询它们。

2. Dataset

Dataset是Spark 1.6中引入的一个更高层次的抽象，旨在提供比DataFrame更多的类型安全性和灵活性。Dataset是强类型的，它提供了编译时类型安全检查的能力，并允许开发者在保持Spark的优化能力的同时，使用Scala、Java或Python中的自定义类型。

- 类型安全：Dataset是强类型的，即它维护了元素的类型信息。这意味着在编写代码时，编译器可以检查类型错误，而不是在运行时才发现。
- 性能优化：与DataFrame类似，Dataset也利用了Spark的优化引擎（如Catalyst查询优化器）来优化查询计划，并利用了列式存储和代码生成等技术来提高性能。
- 功能丰富的API：Dataset API提供了比DataFrame更丰富的功能，包括支持复杂的类型（如嵌套类型）和lambda函数，使得数据转换和聚合操作更加灵活和强大。

3. DataFrame 和 Dataset 使用场景

- 当你需要处理结构化的数据时，无论是从数据库、文件还是其他数据源中读取的，都可以使用DataFrame或Dataset。
- 如果你需要更高的类型安全性和灵活性，并且愿意使用Scala、Java或Python中的自定义类型，那么Dataset是更好的选择。
- DataFrame由于其易用性和广泛的社区支持，通常是处理结构化数据的首选方式，尤其是在使用PySpark（Python API for Spark）时。然而，在需要更高级的类型检查和转换能力时，Dataset提供了额外的优势。

9.3　Spark SQL 快速体验

本节将指导读者如何使用 Spark SQL，通过命令行和程序案例帮助读者快速体验 Spark SQL 方便和高效的数据处理能力。

9.3.1　程序使用示例

IntelliJ IDEA中Spark SQL程序的开发方式和Spark Core类似。

首先添加Maven依赖：

```
<dependency>
    <groupId>org.apache.spark</groupId>
    <artifactId>spark-sql_2.13</artifactId>
    <version>3.5.3</version>
</dependency>
```

读取CSV数据，返回DataFrame对象，使用SQL分析数据，执行步骤如下：

步骤01　获取编程环境SparkSession，使用Spark SQL处理结构化数据。

步骤02　加载结构化数据RDD+数据结构=DataFrame。

步骤03　创建视图：使用SQL分析数据。

代码9-1是Spark SQL的测试案例。

代码 9-1　Demo01.scala

```
package chapter09
import org.apache.spark.sql.{DataFrame, SparkSession}
object D02Demo {
  def main(args: Array[String]): Unit = {
    /**
     * 1 获取编程环境SparkSession ，使用Spark SQL处理结构化数据
     */

    val session: SparkSession = SparkSession.builder()
      .master("local[*]")
      .appName("test02")
      .getOrCreate()
    /***
     * 2 加载结构化数据RDD + 数据结构 = DataFrame
     */
    val frame: DataFrame = session.read.option("header" ,
"true").csv("BookData/input/08user.txt")
    /**
     * 3 创建视图，使用SQL分析数据
     */
    frame.createTempView("tb_user")
    session.sql(
      """
        |select
        |id ,
        |name
```

```
      |from
      |tb_user
      |
      |""".stripMargin).show()
  /*   frame.printSchema()  // 打印结构
      frame.show()   // 打印结构*/
  }
}
```

执行以上代码，输出结果为：

```
+---+------------+
| id|        name|
+---+------------+
|  1|     北京小辉|
|  2|       yuhui|
|  3|         余辉|
|  4|         涛哥|
|  5| 抖音辉哥大数据|
+---+------------+
```

9.3.2 命令行使用示例

本示例要求查询年龄大于30岁的用户。首先启动Spark Shell，如图9-3所示。

```
hadoop@yuhui01:~/app$ spark-shell
Setting default log level to "WARN".
To adjust logging level use sc.setLogLevel(newLevel). For SparkR, use setLogLevel(ne
24/11/26 21:20:08 WARN NativeCodeLoader: Unable to load native-hadoop library for yo
 where applicable
Spark context Web UI available at http://yuhui01:4040
Spark context available as 'sc' (master = local[*], app id = local-1732627209283).
Spark session available as 'spark'.
Welcome to
      ____              __
     / __/__  ___ _____/ /__
    _\ \/ _ \/ _ `/ __/  '_/
   /___/ .__/\_,_/_/ /_/\_\   version 3.5.3
      /_/

Using Scala version 2.12.18 (Java HotSpot(TM) 64-Bit Server VM, Java 1.8.0_77)
Type in expressions to have them evaluated.
Type :help for more information.

scala>
```

图 9-3 启动 Spark Shell

创建如下JSON文件，注意JSON的格式，然后存放到Linux本地并上传到HDFS上。JSON文件名称为9-1.json，内容如下：

```
{"name":"xiaohui01"}
{"name":"xiaohui02","age":21}
{"name":"xiaohui03","age":22}
{"name":"xiaohui04","age":23}
```

如果读取本地文件系统，文件的Schema为file://。下面是在Linux中使用Spark SQL的命令行模式进行操作。

```scala
scala> val df = spark.read.json("file:// /home/hadoop/app/9-1.json")
df: org.apache.spark.sql.DataFrame = [age: bigint, name: string]

scala> df.printSchema
root
 |-- age: long (nullable = true)
 |-- name: string (nullable = true)

scala> df.filter($"age" > 21).show
+---+---------+
|age|     name|
+---+---------+
| 22|xiaohui03|
| 23|xiaohui04|
+---+---------+

scala> df.createTempView("v_user")
scala> spark.sql("select * from v_user where age > 21").show
+---+---------+
|age|     name|
+---+---------+
| 22|xiaohui03|
| 23|xiaohui04|
+---+---------+
```

如果读取HDFS文件系统，文件的Schema为hdfs:// ns（ns为nameservices）。下面是在Linux中使用Spark SQL的命令行模式进行操作。

```scala
scala> val df = spark.read.json("hdfs:// ns/data/9-1.json")
df: org.apache.spark.sql.DataFrame = [age: bigint, name: string]
scala> df.printSchema
root
 |-- age: long (nullable = true)
 |-- name: string (nullable = true)
scala> df.filter($"age" > 21).show
+---+---------+
|age|     name|
+---+---------+
| 22|xiaohui03|
| 23|xiaohui04|
+---+---------+

scala> df.createTempView("v_user")
scala> spark.sql("select * from v_user where age > 21").show
```

```
+---+---------+
|age|     name|
+---+---------+
| 22|xiaohui03|
| 23|xiaohui04|
+---+---------+
```

9.3.3　新的编程入口 SparkSession

在旧版本中，Spark SQL提供两种SQL查询起始点，一个是SQLContext，用于Spark自己提供的SQL查询；另一个是HiveContext，用于连接Hive的查询。SparkSession是Spark最新的SQL查询起始点，实质上是SQLContext和SparkContext的组合，所以在SQLContext和HiveContext上可用的API，在SparkSession上同样是可以使用的。SparkSession内部封装了sparkContext，所以计算实际上是由sparkContext完成的。

SparkSession的创建方法如代码9-2所示。

代码 9-2　Demo02.scala

```
import org.apache.spark.sql.SparkSession
val spark = SparkSession
  .builder()
  .appName("Spark SQL basic example")
  .config("spark.some.config.option", "some-value")
  .getOrCreate()
// 提供隐式转换支持，如RDDs to DataFrames
import spark.implicits._
```

SparkSession.builder用于创建一个SparkSession。 import spark.implicits._的引入用于将DataFrame隐式转换成RDD，使DataFrame能够使用RDD中的方法。

代码9-3是Spark连接Hive的方法。

代码 9-3　Demo03.scala

```
import org.apache.spark.sql.SparkSession

val spark = SparkSession
  .builder( )
  .appName("Spark SQL basic example")
  .config("spark.some.config.option", "some-value")
  .enableHiveSupport( ) // 开启对Hive的支持
  .getOrCreate( )

// For implicit conversions like converting RDDs to DataFrames
import spark.implicits._
```

9.4　本章小结

　　本章为读者揭开了Spark SQL的神秘面纱，详细阐述了其定义、特性和编程抽象。Spark SQL作为Spark中处理结构化数据的重要模块，凭借其容易整合、统一数据访问、兼容Hive及标准数据连接等特性，在大数据处理领域占据了一席之地。在编程抽象方面，DataFrame和Dataset作为Spark SQL的两大核心组件，为开发者提供了高效、灵活的数据处理手段。通过程序使用示例、命令行使用示例以及新的编程入口SparkSession的展示，读者能够迅速上手Spark SQL，体验其强大的数据处理能力。本章内容翔实，结构清晰，是学习Spark SQL不可或缺的入门指南。

第 10 章

Spark SQL 抽象编程详解

本章将引领你深入探索DataFrame和Dataset的奥秘，从创建到输出，再到各类运算，全面展现其数据处理能力。同时，你还将学习如何在RDD与SQL代码间自由切换，掌握RDD、Dataset、DataFrame之间的转换技巧。本章是你掌握DataFrame编程的必备指南。

本章主要知识点：

- DataFrame创建
- DataFrame运算
- DataFrame输出
- RDD代码和SQL代码混合编程
- RDD/Dataset/DataFrame互转

10.1 DataFrame 创建

在Spark SQL中，SparkSession是创建DataFrame和执行SQL的入口。创建DataFrame有以下3种方式：

（1）从一个已存在的RDD进行转换。

（2）从JSON/Parquet/CSV/ORC等结构化文件源创建。

（3）从Hive/JDBC各种外部结构化数据源（服务）创建。

创建DataFrame，需要创建"RDD+元信息Schema定义"。RDD来自数据，Schema则可以由开发人员定义，或者由框架从数据中推断。接下来将通过具体案例带领读者进入实战练习环节。

10.1.1 使用 RDD 创建 DataFrame

（1）将RDD关联Case Class创建DataFrame。示例代码如代码10-1所示。

代码 10-1 DataFrameDemo1.scala

```scala
object DataFrameDemo1 {

  def main(args: Array[String]): Unit = {

    val conf = new SparkConf()
      .setAppName(this.getClass.getSimpleName)
      .setMaster("local[*]")
    // 1.SparkSession，是对SparkContext的增强
    val session: SparkSession = SparkSession.builder()
      .config(conf)
      .getOrCreate()

    // 2.创建DataFrame
    // 2.1先创建RDD
    val lines: RDD[String] = session.sparkContext.textFile("data/user.txt")
    // 2.2对数据进行整理并关联Schema
    val tfBoy: RDD[Boy] = lines.map(line => {
      val fields = line.split(",")
      val name = fields(0)
      val age = fields(1).toInt
      val fv = fields(2).toDouble
      Boy(name, age, fv) // 字段名称，字段的类型
    })

    // 2.3将RDD关联Schema，将RDD转换成DataFrame
    // 导入隐式转换
    import session.implicits._
    val df: DataFrame = tfBoy.toDF
    // 打印DataFrame的Schema信息
    df.printSchema()
    // 3.将DataFrame注册成视图（虚拟的表）
    df.createTempView("v_users")
    // 4.写sql（Transformation）
    val df2: DataFrame = session.sql("select * from v_users order by fv desc, age asc")
    // 5.触发Action
    df2.show()
    // 6.释放资源
    session.stop()
```

```
    }
  }

case class Boy(name: String, age: Int, fv: Double)
```

执行结果如图10-1所示。

```
root
 |-- name: string (nullable = true)
 |-- age: integer (nullable = false)
 |-- fv: double (nullable = false)

SLF4J: Failed to load class "org.slf4j.
SLF4J: Defaulting to no-operation MDCAd
SLF4J: See http://www.slf4j.org/codes.h
+----------+---+-----+
|      name|age|   fv|
+----------+---+-----+
|        余辉| 37|99.99|
|     yuhui| 35|88.88|
|        辉哥| 36|78.78|
|辉哥大数据| 38|66.86|
+----------+---+-----+
```

图 10-1　执行结果

（2）将RDD关联Scala Class创建DataFrame，示例代码如代码10-2所示。

代码 10-2　DataFrameDemo2.scala

```scala
package chapter10

import org.apache.spark.rdd.RDD
import org.apache.spark.sql.{DataFrame, SparkSession}

import scala.beans.BeanProperty

object DataFrameDemo2 {

  def main(args: Array[String]): Unit = {

    // 1.创建SparkSession
    val spark = SparkSession.builder()
      .appName("DataFrameDemo2")
      .master("local[*]")
      .getOrCreate()

    // 2.创建RDD
    val lines: RDD[String] =
spark.sparkContext.textFile("BookData/input/10boy.txt")
    // 将数据封装到普通的class中
```

```scala
val boyRDD: RDD[Boy2] = lines.map(line => {
  val fields = line.split(",")
  val name = fields(0)
  val age = fields(1).toInt
  val fv = fields(2).toDouble
  new Boy2(name, age, fv) // 字段名称，字段的类型
})
// 3.将RDD和Schema进行关联
val df = spark.createDataFrame(boyRDD, classOf[Boy2])
// df.printSchema()
// 4.使用DSL风格的API
import spark.implicits._
df.show()
spark.stop()
  }
}


// 参数前面必须有var或val，同时参数上面加上@BeanProperty
class Boy2(
        @BeanProperty
        val name: String,
        @BeanProperty
        val age: Int,
        @BeanProperty
        val fv: Double) {

}
```

执行结果如图10-2所示。注意，普通的Scala Class必须为成员变量加上@BeanProperty属性，因为Spark SQL需要通过反射来调用getter获取Schema信息。

图 10-2　执行结果

（3）将RDD关联Java Class创建DataFrame，示例代码如代码10-3所示。

代码 10-3　JBoy 的 JavaBean 的 JBoy.scala

```scala
package chapter10;

public class JBoy {

    private String name;
    private Integer age;
    private Double fv;

    public String getName() {
        return name;
    }

    public Integer getAge() {
        return age;
    }

    public Double getFv() {
        return fv;
    }

    public JBoy(String name, Integer age, Double fv) {
        this.name = name;
        this.age = age;
        this.fv = fv;
    }
}
```

代码 10-4　主函数 DataFrameDemo3.scala

```scala
package chapter10

import org.apache.spark.rdd.RDD
import org.apache.spark.sql.{DataFrame, SparkSession}

object DataFrameDemo3 {

  def main(args: Array[String]): Unit = {

    val spark: SparkSession = SparkSession.builder()
      .appName(this.getClass.getSimpleName)
      .master("local[*]")
      .getOrCreate()

    val lines = spark.sparkContext.textFile("BookData/input/10boy.txt")
    // 将RDD关联的数据封装到Java的class中，但依然是RDD
    val jboyRDD: RDD[JBoy] = lines.map(line => {
```

```
        val fields = line.split(",")
        new JBoy(fields(0), fields(1).toInt, fields(2).toDouble)
    })
    // 强制将关联了Schema信息的RDD转换成DataFrame
    val df: DataFrame = spark.createDataFrame(jboyRDD, classOf[JBoy])
    df.printSchema()

    // 注册视图
    df.createTempView("v_boy")
    // 写sql
    val df2: DataFrame = spark.sql("select name, age, fv from v_boy order by fv
desc, age asc")
    df2.show()
    spark.stop()
  }
}
```

执行结果如图10-3所示。

```
root
 |-- age: integer (nullable = true)
 |-- fv: double (nullable = true)
 |-- name: string (nullable = true)

SLF4J: Failed to load class "org.slf4j
SLF4J: Defaulting to no-operation MDCA
SLF4J: See http://www.slf4j.org/codes.
+----------+---+-----+
|      name|age|   fv|
+----------+---+-----+
|      余辉| 37|99.99|
|     yuhui| 35|88.88|
|      辉哥| 36|78.78|
|辉哥大数据| 38|66.86|
+----------+---+-----+
```

图 10-3　执行结果

（4）将RDD关联Schema创建DataFrame，示例代码如代码10-5所示。

代码 10-5　DataFrameDemo4.scala

```
package chapter10
import org.apache.spark.rdd.RDD
import org.apache.spark.sql.types.{DoubleType, IntegerType, StringType,
StructField, StructType}
import org.apache.spark.sql.{DataFrame, Row, SparkSession}

object DataFrameDemo4 {

  def main(args: Array[String]): Unit = {
```

```
val spark: SparkSession = SparkSession.builder()
  .appName(this.getClass.getSimpleName)
  .master("local[*]")
  .getOrCreate()

val lines = spark.sparkContext.textFile("BookData/input/10boy.txt")
// 将RDD关联了Schema，但依然是RDD
val rowRDD: RDD[Row] = lines.map(line => {
  val fields = line.split(",")
  Row(fields(0), fields(1).toInt, fields(2).toDouble)
})

val schema = StructType.apply(
  List(
    StructField("name", StringType),
    StructField("age", IntegerType),
    StructField("fv", DoubleType)
  )
)
val df: DataFrame = spark.createDataFrame(rowRDD, schema)
// 打印Schema信息
df.printSchema()
// 注册视图
df.createTempView("v_boy")
// 编写SQL语句
val df2: DataFrame = spark.sql("select name, age, fv from v_boy order by fv
desc, age asc")
df2.show()
spark.stop()
  }
}
```

执行结果如图10-4所示。

```
root
 |-- name: string (nullable = true)
 |-- age: integer (nullable = true)
 |-- fv: double (nullable = true)

SLF4J: Failed to load class "org.slf4j.
SLF4J: Defaulting to no-operation MDCAd
SLF4J: See http://www.slf4j.org/codes.h
+----------+---+-----+
|      name|age|   fv|
+----------+---+-----+
|      余辉| 37|99.99|
|     yuhui| 35|88.88|
|      辉哥| 36|78.78|
|辉哥大数据| 38|66.86|
+----------+---+-----+
```

图 10-4　执行结果

10.1.2 从结构化文件创建 DataFrame

1. 从 CSV 文件（不带 header）中创建

文件名称为10stu.csv，文件内容如下：

```
1,张飞,21,北京,80.0
2,关羽,23,北京,82.0
3,赵云,20,上海,88.6
4,刘备,26,上海,83.0
5,曹操,30,深圳,90.0
```

从CSV文件（不带header）进行创建，示例代码如代码10-6所示。

代码 10-6   DataFrameDemo5.scala

```scala
package chapter10
import org.apache.spark.sql.SparkSession
object DataFrameDemo5 {
  def main(args: Array[String]): Unit = {
    val spark: SparkSession = SparkSession.builder()
      .appName(this.getClass.getSimpleName)
      .master("local[*]")
      .getOrCreate()
    val df = spark.read.csv("BookData/input/10stu.csv")
    df.printSchema()
    df.show()
  }
}
```

执行结果如图10-5所示。

```
root
 |-- _c0: string (nullable = true)
 |-- _c1: string (nullable = true)
 |-- _c2: string (nullable = true)
 |-- _c3: string (nullable = true)
 |-- _c4: string (nullable = true)


+---+----+---+----+----+
|_c0| _c1|_c2| _c3| _c4|
+---+----+---+----+----+
|  1|张飞| 21|北京|  80|
|  2|关羽| 23|北京|  82|
|  3|赵云| 20|上海|  88|
|  4|刘备| 26|上海|  83|
|  5|曹操| 30|深圳|90.8|
+---+----+---+----+----+
```

图 10-5   执行结果

可以看出，框架将读取进来的CSV数据自动生成了Schema，其字段名为_c0、_c1、_c2、_c3、_c4，字段类型全为String。但这种数据格式不一定符合我们的需求。下面我们使用自定义

Schema创建DataFrame。

2. 从 CSV 文件（不带 header）自定义 Schema 进行创建

创建DataFrame时，传入自定义的Schema。Schema在API中用StructType这个类来描述，字段用StructField来描述。示例代码如代码10-7所示。

代码 10-7　DataFrameDemo6.scala

```scala
package chapter10
import org.apache.spark.sql.SparkSession
import org.apache.spark.sql.types.{DataTypes, StructType}

object DataFrameDemo6 {
  def main(args: Array[String]): Unit = {
    val spark: SparkSession = SparkSession.builder()
      .appName(this.getClass.getSimpleName)
      .master("local[*]")
      .getOrCreate()
    val schema = new StructType()
      .add("id", DataTypes.IntegerType)
      .add("name", DataTypes.StringType)
      .add("age", DataTypes.IntegerType)
      .add("city", DataTypes.StringType)
      .add("score", DataTypes.DoubleType)
    val df = spark.read.schema(schema).csv("BookData/input/10stu.csv")
    df.printSchema()
    df.show()
  }
}
```

执行结果如图10-6所示。

```
root
 |-- id: integer (nullable = true)
 |-- name: string (nullable = true)
 |-- age: integer (nullable = true)
 |-- city: string (nullable = true)
 |-- score: double (nullable = true)

SLF4J: Failed to load class "org.slf4j
SLF4J: Defaulting to no-operation MDCA
SLF4J: See http://www.slf4j.org/codes.
+---+----+---+----+-----+
| id|name|age|city|score|
+---+----+---+----+-----+
|  1|张飞| 21|北京| 80.0|
|  2|关羽| 23|北京| 82.0|
|  3|赵云| 20|上海| 88.0|
|  4|刘备| 26|上海| 83.0|
|  5|曹操| 30|深圳| 90.8|
+---+----+---+----+-----+
```

图 10-6　执行结果

3. 从 CSV 文件（带 header）进行创建

示例代码参看代码10-8。示例中使用的文件名称为10stu2.csv，文件内容如下。

```
id,name,age,city,score
1,张飞,21,北京,80.0
2,关羽,23,北京,82.0
3,赵云,20,上海,88.6
4,刘备,26,上海,83.0
5,曹操,30,深圳,90.0
```

代码 10-8　DataFrameDemo7.scala

```scala
package chapter10
import org.apache.spark.sql.SparkSession
import org.apache.spark.sql.types.{DataTypes, StructType}
object DataFrameDemo7 {
  def main(args: Array[String]): Unit = {
    val spark: SparkSession = SparkSession.builder()
      .appName(this.getClass.getSimpleName)
      .master("local[*]")
      .getOrCreate()
    val df = spark.read
      .option("header",true) // 读取表头信息
      .csv("BookData/input/10stu2.csv")
    df.printSchema()
    df.show()
  }
}
```

执行结果如图10-7所示。

```
root
 |-- id: string (nullable = true)
 |-- name: string (nullable = true)
 |-- age: string (nullable = true)
 |-- sex: string (nullable = true)
 |-- city: string (nullable = true)
 |-- score: string (nullable = true)


+---+----+---+---+----+-----+
| id|name|age|sex|city|score|
+---+----+---+---+----+-----+
|  1|张飞| 21|  M|北京|   80|
|  2|关羽| 23|  M|北京|   82|
|  7|周瑜| 24|  M|北京|   85|
|  3|赵云| 20|  F|上海|   88|
|  4|刘备| 26|  M|上海|   83|
|  8|孙权| 26|  M|上海|   78|
|  5|曹操| 30|  F|深圳| 90.8|
|  6|孔明| 35|  F|深圳| 77.8|
|  9|吕布| 28|  M|深圳|   98|
+---+----+---+---+----+-----+
```

图 10-7　执行结果

注意，此文件的第一行是字段描述信息，需要进行特别处理，否则会被当作RDD中的一行数据。这个处理的关键点是设置一个header=true的参数，示例代码如下：

```scala
val df = spark.read
  .option("header",true) // 读取表头信息
  .csv("data_ware/demodata/stu.csv")
df.printSchema()
df.show()
```

注意，虽然字段名正确指定，但是字段类型还是无法确定，默认情况下全部视作String类型。当然，可以开启一个参数inferSchema=true来让框架对CSV中的数据字段进行合理的类型推断。

```scala
val df = spark.read
  .option("header",true)
  .option("inferSchema",true)  // 推断字段类型
  .csv("data_ware/demodata/stu.csv")
df.printSchema()
df.show()
```

注意，如果推断的结果不如人意，可以自定义Schema。让框架自动推断Schema效率太低，不建议使用！

4. 从 JSON 文件进行创建

文件名称为10student.json，文件内容如下：

```json
{"name":"A","lesson":"Math","score":100}
{"name":"B","lesson":"Math","score":100}
{"name":"C","lesson":"Math","score":99}
{"name":"D","lesson":"Math","score":98}
{"name":"A","lesson":"E","score":100}
{"name":"B","lesson":"E","score":99}
{"name":"C","lesson":"E","score":99}
{"name":"D","lesson":"E","score":98}
```

示例代码如代码10-9所示。

代码 10-9　DataFrameDemo8.scala

```scala
package chapter10
import org.apache.spark.sql.SparkSession
object DataFrameDemo8 {

  def main(args: Array[String]): Unit = {

    val spark: SparkSession = SparkSession.builder()
      .appName(this.getClass.getSimpleName)
      .master("local[*]")
      .getOrCreate()
```

```
    val df = spark.read.json("BookData/input/10student.json")
    df.printSchema()
    df.show()
  }
}
```

执行结果如图10-8所示。

```
root
 |-- lesson: string (nullable = true)
 |-- name: string (nullable = true)
 |-- score: long (nullable = true)

+------+----+-----+
|lesson|name|score|
+------+----+-----+
|  Math|   A|  100|
|  Math|   B|  100|
|  Math|   C|   99|
|  Math|   D|   98|
|     E|   A|  100|
|     E|   B|   99|
|     E|   C|   99|
|     E|   D|   98|
+------+----+-----+
```

图 10-8　执行结果

5. 从 Parquet 文件进行创建

Parquet文件是一种列式存储文件格式，文件自带Schema描述信息。任意一个DataFrame，调用write.parquet()方法即可将df保存为一个Parquet文件。示例代码如下：

```
val df = spark.read.parquet("data/parquet/")
```

6. 从 ORC 文件进行创建

ORC文件是一种列式存储文件格式，文件自带Schema描述信息，任意一个DataFrame，调用.write.format("orc").save("/path")方法即可将df保存为一个ORC文件。示例代码如下：

```
val df = spark.read.orc("data/orcfiles/")
```

10.1.3　外部存储服务创建 DataFrame

从JDBC连接数据库服务器进行创建。

1. 实验数据准备

在一个MySQL服务器中，创建一个数据库名为spark，在库中再创建一张表student，如图10-9所示。

要使用JDBC连接读取数据库的数据，需要引入JDBC的驱动JAR包依赖：

```
<dependency>
    <groupId>mysql</groupId>
    <artifactId>mysql-connector-java</artifactId>
    <version>8.0.30</version>
</dependency>
```

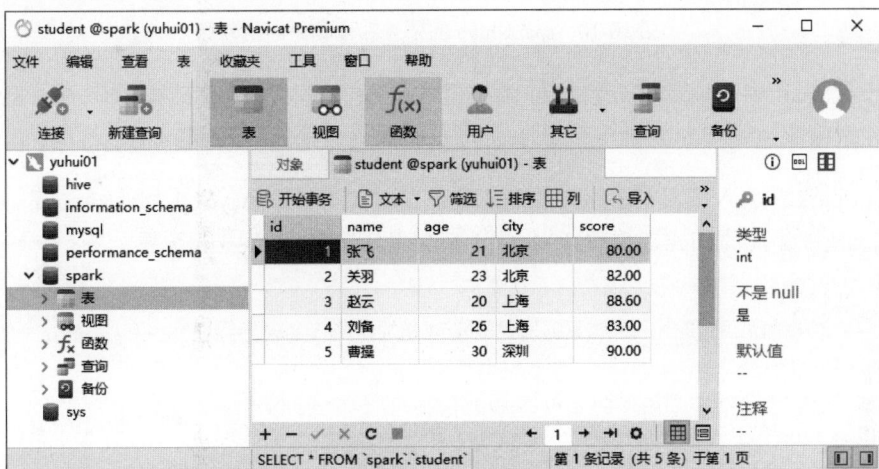

图 10-9　表 student

示例代码如下：

```
val props = new Properties()
    props.setProperty("user","root")
    props.setProperty("password","yuhui888")
    val df = spark.read.jdbc("jdbc:mysql://
yuhui01:3306/spark","student",props)
    df.show()
```

执行结果如下：

```
+---+------+---+------+-----+
| id|name  |age|city  |score|
+---+------+---+------+-----+
|  1|  张飞| 21|  北京| 80.0|
|  2|  关羽| 23|  北京| 82.0|
|  3|  赵云| 20|  上海| 88.6|
|  4|  刘备| 26|  上海| 83.0|
|  5|  曹操| 30|  深圳| 90.0|
+---+------+---+------+-----+
```

　　Spark SQL添加了spark-hive的依赖，并在SparkSession构造时开启了enableHiveSupport，之后就整合了Hive的功能（通俗地说，就是Spark SQL具备了Hive的功能），spark-hive的依赖和依赖中的组件如图10-10所示。

　　既然具备了Hive的功能，那么就可以执行Hive中所有能执行的动作，包括建表、查看表、建库、查看库、修改表等。只不过，此时看到的表是Spark中集成的Hive的本地元数据库中的表。

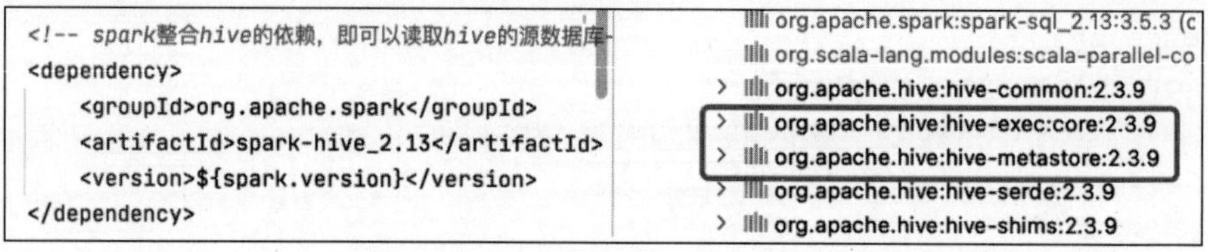

图 10-10　spark-hive 的依赖和依赖中的组件

如果想让Spark中集成的Hive看到外部集群中的Hive表，只要修改配置即可：把Spark端的Hive的元数据服务地址指向外部集群中Hive的元数据服务地址。有两种指定办法：

- 在Spark端加入hive-site.xml，其中配置目标元数据库MySQL的连接信息，这会使得Spark中集成的Hive直接访问MySQL元数据库。hive-site.xml配置如下：

```xml
<configuration>
    <!-- 使用JDBC连接到MySQL数据库，自动创建数据库（如果不存在） -->
    <property>
        <name>javax.jdo.option.ConnectionURL</name>
<value>jdbc:mysql://
<mysql-host>:<mysql-port>/<hive-metastore-db>?createDatabaseIfNotExist=true</value>
    </property>
    <!-- 配置MySQL数据库JDBC连接驱动 -->
    <property>
        <name>javax.jdo.option.ConnectionDriverName</name>
        <value>com.mysql.jdbc.Driver</value>
    </property>
    <!-- 配置连接数据库的用户名 -->
    <property>
        <name>javax.jdo.option.ConnectionUserName</name>
        <value><mysql-username></value>
    </property>
    <!-- 配置连接数据库的密码 -->
    <property>
        <name>javax.jdo.option.ConnectionPassword</name>
        <value><mysql-password></value>
    </property>
    <!-- 以下可能包含其他Hive相关的配置信息，具体配置根据需求添加 -->
</configuration>
```

- 在Spark端加入hive-site.xml，其中配置目标Hive的元数据服务器地址，这会使得Spark中集成的Hive通过外部独立的Hive元数据服务来访问元数据库。hive-site.xml配置如下：

```xml
<configuration>
    <!-- Hive元数据配置 -->
    <property>
        <name>hive.metastore.uris</name>
        <value>thrift:// <metastore-host>:<metastore-port></value>
```

```
    </property>
    <!-- 其他Hive配置 -->
</configuration>
```

2. 从 Hive 创建 DataFrame

Spark SQL通过spark-hive整合包来集成Hive的功能。Spark SQL加载"外部独立Hive"的数据，本质上是不需要外部独立Hive参与的。因为外部独立Hive的表数据就在HDFS中，而元数据信息存储在MySQL中。无论是数据还是元数据，Spark SQL都可以直接获取。

从Hive创建DataFrame的操作步骤如下：

步骤 01　在工程中添加spark-hive的依赖JAR以及MySQL的JDBC驱动JAR。

```xml
<!-- MySQL的依赖-->
<dependency>
    <groupId>mysql</groupId>
    <artifactId>mysql-connector-java</artifactId>
    <version>8.0.30</version>
</dependency>

<!-- Spark整合Hive的依赖，即可读取Hive的源数据库-->
<dependency>
    <groupId>org.apache.spark</groupId>
    <artifactId>spark-hive_2.13</artifactId>
    <version>3.5.3</version>
</dependency>
```

步骤 02　在工程中添加hive-site.xml、core-site.xml和hdfs-site.xml配置文件，如图10-11所示。

步骤 03　在hive-site.xml中配置Hive元数据服务地址信息。

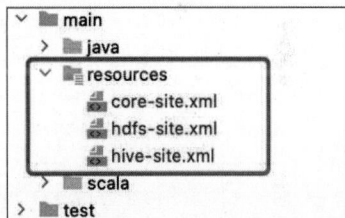

图 10-11　Spark 整合 Hive 的配置文件

```xml
<configuration>
    <property>
        <name>hive.metastore.uris</name>
        <value>thrift:// yuhui01:9083</value>
    </property>
</configuration>
```

步骤 04　创建SparkSession时需要调用.enableHiveSupport()方法。

```scala
val spark = SparkSession
  .builder()
  .appName(this.getClass.getSimpleName)
  .master("local[*]")
  // 启用Hive支持，需要调用enableHiveSupport，还需要添加一个依赖spark-hive
  // 默认sparksql内置了自己的hive
  // 如果程序能从classpath中加载hive-site配置文件,那么它访问的Hive元数据库就不是本地内
```

置的，而是配置文件中指定的元数据库

　　// 如果程序能从classpath中加载core-site配置文件，那么它访问的文件系统也不再是本地文件系统，而是配置中指定的HDFS文件系统

```
.enableHiveSupport()
.getOrCreate()
```

步骤 05 加载Hive中的表。

```
val df = spark.sql("select * from t1")
```

注意，如果你用DataFrame注册了一个同名的视图，那么这个视图会替换掉Hive的表。

3. 从 HBase 创建 DataFrame

Spark SQL可以连接任意外部数据源（只要有对应的"连接器"即可）。Spark SQL对HBase是有第三方连接器（华为）的，但是久不维护。建议用Hive作为连接器（Hive可以访问HBase，而Spark SQL可以集成Hive）在HBase中建表：

```
create 'bigdata_stu','f'
```

插入数据到HBase表bigdata_stu：

```
put 'bigdata_stu','001','f:name','zhangsan'
put 'bigdata_stu','001','f:name','张三'
put 'bigdata_stu','001','f:age','26'
put 'bigdata_stu','001','f:gender','m'
put 'bigdata_stu','001','f:salary','28000'
put 'bigdata_stu','002','f:name','lisi'
put 'bigdata_stu','002','f:age','22'
put 'bigdata_stu','002','f:gender','m'
put 'bigdata_stu','002','f:salary','26000'
put 'bigdata_stu','003','f:name','wangwu'
put 'bigdata_stu','003','f:age','21'
put 'bigdata_stu','003','f:gender','f'
put 'bigdata_stu','003','f:salary','24000'
put 'bigdata_stu','004','f:name','zhaoliu'
put 'bigdata_stu','004','f:age','22'
put 'bigdata_stu','004','f:gender','f'
put 'bigdata_stu','004','f:salary','25000'
```

创建Hive外部表映射HBase中的表：

```
CREATE EXTERNAL TABLE bigdata_stu
(
  id       string ,
  name     string ,
  age      int    ,
  gender   string ,
  salary   double
)
```

```
   STORED BY 'org.apache.hadoop.hive.hbase.HBaseStorageHandler'
   WITH SERDEPROPERTIES
( 'hbase.columns.mapping'=':key,f:name,f:age,f:gender,f:salary')
   TBLPROPERTIES ( 'hbase.table.name'='default:bigdata_stu')
   ;
```

在工程中放置hbase-site.xml配置文件：

```
<configuration>
    <!-- 配置HBase的根目录 -->
    <property>
        <name>hbase.rootdir</name>
        <value>hdfs:// yuhui01:8020/hbase</value>
    </property>
    <!-- 配置HBase是否为分布式集群模式 -->
    <property>
        <name>hbase.cluster.distributed</name>
        <value>true</value>
    </property>
    <!-- 配置HBase使用的ZooKeeper集群地址 -->
    <property>
        <name>hbase.zookeeper.quorum</name>
        <value>yuhui01:2181,yuhui02:2181,yuhui03:2181</value>
    </property>
    <!-- 配置HBase是否强制检查文件流的能力 -->
    <property>
        <name>hbase.unsafe.stream.capability.enforce</name>
        <value>false</value>
    </property>
</configuration>
```

在工程中添加hive-hbase-handler连接器依赖：

```
<dependency>
    <groupId>org.apache.hive</groupId>
    <artifactId>hive-hbase-handler</artifactId>
    <version>2.3.7</version>
    <exclusions>
        <exclusion>
            <groupId>org.apache.hadoop</groupId>
            <artifactId>hadoop-common</artifactId>
        </exclusion>
    </exclusions>
</dependency>
```

以读取Hive表的方式直接读取即可：

```
spark.sql("select * from bigdata_stu")
```

10.2 DataFrame 运算

本节将通过Spark SQL的两种风格对DataFrame进行运算，分别是SQL风格和DSL风格。

10.2.1 SQL 风格操作

将DataFrame注册为一个临时视图（View），然后就可以针对该视图直接执行各种SQL。临时视图有两种：Session级别视图和Global级别视图。

Session级别视图在Session范围内有效，Session退出后，表就失效了。

Global级别视图则在Application级别有效。

注意，使用全局表时需要全路径访问global_temp.people。

```
// Application全局有效
df.createGlobalTempView("stu")
spark.sql(
  """
    |select * from global_temp.stu a order by a.score desc
  """.stripMargin)
    .show()

// Session范围内有效
df.createTempView("s")
spark.sql(
  """
    |select * from s order by score
  """.stripMargin)
  .show()

val spark2 = spark.newSession()

// 全局有效的视图可以在session2中访问
spark2.sql("select id,name from global_temp.stu").show()

// Session范围内有效的视图不能在session2中访问
spark2.sql("select id,name from s").show()
```

10.2.2 DSL 风格 API（TableApi）语法

在Apache Spark中，DSL（Domain-Specific Language）风格的API主要指的是Spark SQL和DataFrame API，它们提供了一种类似于SQL的表达式语言来操作数据。这些API使得数据处理更加直观和易于理解，尤其是对于熟悉SQL的数据科学家和分析师来说。

1. 数据准备

文件名称为stu2.csv，文件内容如下：

```
id,name,age,sex,city,score
1,张飞,21,M,北京,80
2,关羽,23,M,北京,82
7,周瑜,24,M,北京,85
3,赵云,20,F,上海,88
4,刘备,26,M,上海,83
8,孙权,26,M,上海,78
5,曹操,30,F,深圳,90.8
6,孔明,35,F,深圳,77.8
9,吕布,28,M,深圳,98
```

启动Spark Shell加载数据：

```
val df = spark.read.option("header", true).option("inferSchema",
true).csv("/stu2.csv")
```

2. 基本 select 及表达式

```
/**
  * 逐行运算
  */
// 使用字符串表达"列"
df.select("id","name").show()

// 如果要用字符串形式表达SQL表达式，应该使用selectExpr方法
df.selectExpr("id+1","upper(name)").show

// select方法中使用字符串SQL表达式，会被视作一个列名从而出错
// df.select("id+1","upper(name)").show()

import spark.implicits._
// 使用$符号创建Column对象来表达列
df.select($"id",$"name").show()

// 使用单边单引号创建Column对象来表达列
df.select('id,'name).show()

// 使用col函数来创建Column对象来表达列
import org.apache.spark.sql.functions._
df.select(col("id"),col("name")).show()

// 使用DataFrame的apply方法创建Column对象来表达列
df.select(df("id"),df("name")).show()

// 对Column对象直接调用Column的方法，或调用能生成Column对象的functions来实现SQL中的运
```

算表达式

```
df.select('id.plus(2).leq("4").as("id2"),upper('name)).show()
df.select('id+2 <= 4 as "id2",upper('name)).show()
```

3. 字段重命名

```
/**
 * 字段重命名
 */
// 对column对象调用as方法
df.select('id as "id2",$"name".as("n2"),col("age") as "age2").show()

// 在selectExpr中直接写SQL的重命名语法
df.selectExpr("cast(id as string) as id2","name","city").show()

// 对DataFrame调用withColumnRenamed方法对指定字段重命名
df.select("id","name","age").withColumnRenamed("id","id2").show()

// 对DataFrame调用toDF对整个字段名全部重设
df.toDF("id2","name","age","city2","score").show()
```

4. 条件过滤

```
/**
 * 逐行过滤
 */
df.where("id>4 and score>95")
df.where('id > 4 and 'score > 95).select("id","name","age").show()
```

5. 分组聚合

```
/**
 * 分组聚合
 */
df.groupBy("city").count().show()
df.groupBy("city").min("score").show()
df.groupBy("city").max("score").show()
df.groupBy("city").sum("score").show()
df.groupBy("city").avg("score").show()
df.groupBy("city").agg(("score","max"),("score","sum")).show()
df.groupBy("city").agg("score"->"max","score"->"sum").show()
```

6. 子查询

```
/**
 * 子查询相当于
 * select
 * *
 * from
 * (
```

```
 *     select
 *     city,sum(score) as score
 *     from stu
 *     group by city
 * ) o
 * where score>165
 */
df.groupBy("city")
 .agg(sum("score") as "score")
 .where("score > 165")
 .select("city", "score")
 .show()
```

7. Join 关联查询

```
/**
 * 总结：
 * join方式：joinType: String
 * join条件：
 * 可以直接传join列名：usingColumn/usingColumns : Seq(String) 注意：右表的join列
数据不会出现在结果中
 * 可以用join自定义表达式：Column.+(1) === Column  df1("id")+1 === df2("id")
 */


// 笛卡儿积
df1.crossJoin(df2).show()

// 给join传入一个连接条件。这种方式要求你的join条件字段在两张表中都存在且同名
df1.join(df2,"id").show()

// 传入多个join条件列，要求两张表中这多个条件列都存在且同名
df1.join(df2,Seq("id","sex")).show()

// 传入一个自定义的连接条件表达式
df1.join(df2,df1("id") + 1 === df2("id")).show()

// 还可以传入join方式类型：inner(默认)、left、right、full、left_semi、left_anti
df1.join(df2,df1("id")+1 === df2("id"),"left").show()
df1.join(df2,Seq("id"), "right").show()
```

8. UNION 操作

在Spark SQL中，UNION和UNION ALL都要求合并的查询结果具有相同的字段个数、字段名称和字段类型。其中UNION ALL用于保留所有行，而UNION用于去除重复行。

```
df1.union(df2).show()
```

9. 窗口分析函数调用

文件名称为10stu2.csv，文件内容如下：

```
id,name,age,sex,city,score
1,张飞,21,M,北京,80
2,关羽,23,M,北京,82
7,周瑜,24,M,北京,85
3,赵云,20,F,上海,88
4,刘备,26,M,上海,83
8,孙权,26,M,上海,78
5,曹操,30,F,深圳,90.8
6,孔明,35,F,深圳,77.8
9,吕布,28,M,深圳,98
```

求每个城市中成绩最高的两个人的信息，使用SQL编写：

```sql
select
id,name,age,sex,city,score
from
  (
    select
      id,name,age,sex,city,score,
      row_number() over(partition by city order by score desc) as rn
    from t
  ) o
where rn<=2
```

再使用DSL风格的API实现，示例代码如代码10-10所示。

代码 10-10 DML_DSLAPI_WINDOW.scala

```scala
package chapter10

import org.apache.spark.sql.SparkSession
import org.apache.spark.sql.expressions.Window

/**
 * author: yuhui
 * descriptions: 用DSL风格的API实现SQL中的窗口分析函数
 * date: 2024 - 12 - 02 4:39 下午
 */
object DML_DSLAPI_WINDOW {

  def main(args: Array[String]): Unit = {

    val spark: SparkSession = SparkSession.builder()
      .appName(this.getClass.getSimpleName)
      .master("local[*]")
```

```
        .getOrCreate()

    val df = spark.read.option("header",
true).csv("BookData/input/10stu2.csv")

    import spark.implicits._
    import org.apache.spark.sql.functions._

    val window =
Window.partitionBy(Symbol("city")).orderBy(Symbol("score").desc)

    df.select(Symbol("id"), Symbol("name"), Symbol("age"), Symbol("sex"),
Symbol("city"), Symbol("score"), row_number().over(window) as "rn")
        .where(Symbol("rn") <= 2)
        .drop("rn") // 最后结果中不需要rn列, 可以drop掉这个列
        .select("id", "name", "age", "sex", "city", "score") // 或者用select指定
所需要的列
        .show()
    spark.close()
    }
}
```

执行结果如图10-12所示。

Dataset提供与RDD类似的编程算子, 即map、flatMap、reduceByKey等, 不过这种方式使用比较少:

● 如果方便用SQL表达逻辑, 首选SQL。

● 如果不方便用SQL表达, 则可以把Dataset转换成RDD后使用RDD的算子。

```
+---+----+---+---+----+-----+
| id|name|age|sex|city|score|
+---+----+---+---+----+-----+
|  3|赵云| 20|  F|上海|   88|
|  4|刘备| 26|  M|上海|   83|
|  7|周瑜| 24|  M|北京|   85|
|  2|关羽| 23|  M|北京|   82|
|  9|吕布| 28|  M|深圳|   98|
|  5|曹操| 30|  F|深圳| 90.8|
+---+----+---+---+----+-----+
```

图 10-12　执行结果

直接在Dataset上调用类似RDD风格算子的示例代码如下:

```
/**
 * Dataset/DataFrame 调用RDD算子
 *
 * Dataset调用RDD算子, 返回的还是Dataset[U], 不过需要对应的Encoder[U]
 *
 */

    val ds4: Dataset[(Int, String, Int)] = ds2.map(p => (p.id, p.name, p.age +
10))  // 元组有隐式Encoder自动传入
    val ds5: Dataset[JavaPerson] = ds2.map(p => new
JavaPerson(p.id,p.name,p.age*2))(Encoders.bean(classOf[JavaPerson])) // Java类没
有自动隐式Encoder, 需要手动传入
```

```
    val ds6: Dataset[Map[String, String]] = ds2.map(per => Map("name" -> per.name,
"id" -> (per.id+""), "age" -> (per.age+"")))
    ds6.printSchema()
    /**
     * root
         |-- value: map (nullable = true)
         |    |-- key: string
         |    |-- value: string (valueContainsNull = true)
     */

    // 从ds6中查询每个人的姓名
    ds6.selectExpr("value['name']")
    // DataFrame上调用RDD算子，等价于 Dataset[Row]上调用RDD算子
    val ds7: Dataset[(Int, String, Int)] = frame.map(row=>{
      val id: Int = row.getInt(0)
      val name: String = row.getAs[String]("name")
      val age: Int = row.getAs[Int]("age")
      (id,name,age)
    })
    // 利用模式匹配从row中抽取字段数据
    val ds8: Dataset[Per] = frame.map({
      case Row(id:Int,name:String,age:Int) => Per(id,name,age*10)
    })
```

10.3　DataFrame 输出

DataFrame 在 Spark 中支持多种输出方式：可直接输出到控制台进行快速查看，也能保存为文件以便持久化存储。此外，它还能将数据写入 RDBMS 和 Hive，并支持在输出时进行分区操作以优化性能。

10.3.1　输出控制台

```
df.show()
df.show(10)          // 输出10行
df.show(10,false)    // 不要截断列
```

10.3.2　输出文件

```
object SaveDF {
  def main(args: Array[String]): Unit = {
    val spark = SparkUtil.getSpark()
```

```
    val df = spark.read.option("header",true).csv("data/stu2.csv")
    val res = df.where("id>3").select("id","name")
    // 展示结果
    res.show(10,false)
}
```

以上示例还可以把结果保存为文件，格式包括Parquet、JSON、CSV、ORC、Text。文本文件是自由格式，框架无法判断该输出什么样的形式。示例如下：

```
res.write.parquet("out/parquetfile/")
res.write.csv("out/csvfile")
res.write.orc("out/orcfile")
res.write.json("out/jsonfile")
```

要将DF输出为普通文本文件，则需要将DF变成一个列：

```
res.selectExpr("concat_ws('\001',id,name)")
  .write.text("out/textfile")
```

10.3.3　输出到 RDBMS

将DataFrame写入MySQL的表：

```
// 将DataFrame通过JDBC写入MySQL
val props = new Properties()
props.setProperty("user","root")
props.setProperty("password","yuhui888")
// 可以通过SaveMode来控制写入模式
aveMode.Append/Ignore/Overwrite/ErrorIfExists(默认)
    res.write.mode(SaveMode.Append).jdbc("jdbc:mysql://
yuhui01:3306/spark?characterEncoding=utf8","res",props)
```

10.3.4　输出到 Hive

开启Spark的Hive支持，代码如下：

```
val spark = SparkSession
  .builder()
  .appName("")
  .master("local[*]")
  .enableHiveSupport()
  .getOrCreate()
```

需要在工程中添加hive-site.xml、core-site.xml、hdfs-site.xml配置文件，如图10-13所示。

编写代码如下：

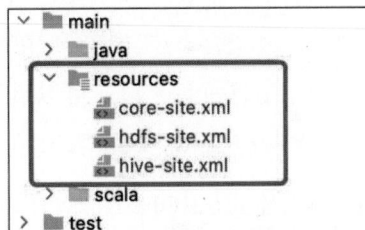

图 10-13　添加配置文件

```
// 将DataFrame写入Hive，saveAsTable就是保存为Hive的表
res.write.saveAsTable("res")
```

10.3.5 DataFrame 输出时的分区操作

这里准备了3个文件。第1个文件名称为04-dept-area7.txt，数据如下：

```
10,武汉市,hubei,2024-07-01
20,咸宁市,hubei,2024-07-01
30,赤壁市,hubei,2024-07-01
40,赤马港,hubei,2024-07-01
```

第2个文件名称为04-dept-area8.txt，数据如下：

```
10,海淀区,beijing,2024-08-01
20,朝阳区,beijing,2024-08-01
30,东城区,beijing,2024-08-01
40,西城区,beijing,2024-08-01
```

第3个文件名称为04-dept-area9.txt，数据如下：

```
10,宝安区,shenzhen,2024-09-01
20,南山区,shenzhen,2024-09-01
30,福田区,shenzhen,2024-09-01
40,龙岗区,shenzhen,2024-09-01
```

将数据上传到HDFS上的/hive_data路径下，通过Hive进行加载。Hive命令如下：

```
create table tx(id int,name string) partitioned by (city string);
load data inpath '/hive_data/04-dept-area7.txt' into table tx
partition(city="hubei");
load data inpath '/hive_data/04-dept-area8.txt' into table tx
partition(city="beijing");
load data inpath '/hive_data/04-dept-area9.txt' into table tx
partition(city="shenzheng");
```

Hive的表tx的目录结构如下：

```
/user/hive/warehouse/tx/
                  city=hubei/04-dept-area7.txt
                  city=beijing/04-dept-area8.txt
                  city=shenzheng/04-dept-area9.txt
```

查询时，分区标识字段，可以看作表中的一个字段来用：

```
select * from  tx  where city='hubei'
```

Hive的表建立在HDFS上面，Hive分区表在HDFS的展示图如图10-14所示。

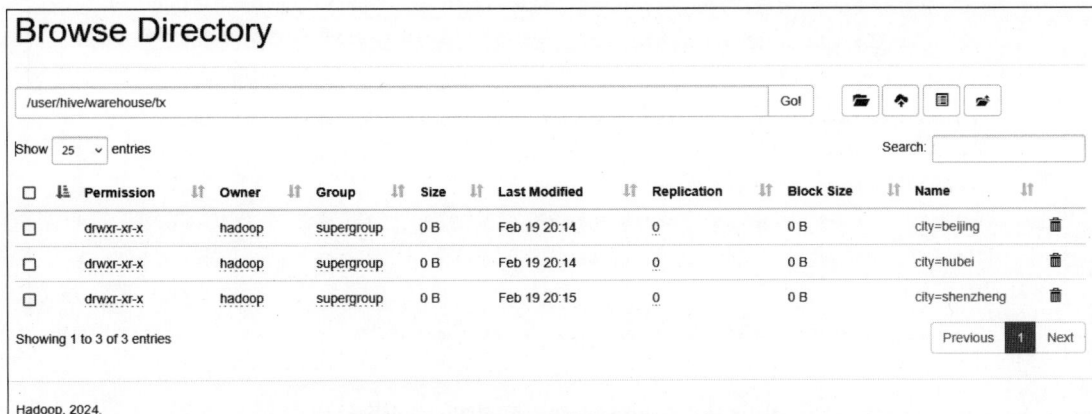

图 10-14　Hive 分区表在 HDFS 的展示图

通过Spark SQL查询Hive的数据，Spark SQL命令如下，展示结果如图10-15所示。

```
/**
  * sparksql对分区机制的支持
  * 识别已存在分区结构：/tx/city=hubei、/tx/city=beijing、/tx/city=shenzheng；
  * 将所有子目录都理解为数据内容，将子目录中的city理解为一个字段
  */
spark.read.csv("/user/hive/warehouse/tx").show()
```

图 10-15　Spark SQL 查询 Hive 的数据

通过Spark SQL将数据按分区机制输出：

```
/**
  * Spark SQL对分区机制的支持，将DataFrame存储为分区结构
  */
val dfp = spark.read.option("header",true).csv("/user/hive/warehouse/tx")
dfp.write.partitionBy("city").csv("/user/hive/warehouse/tx1")
```

Spark SQL输出到HDFS的分区结构如图10-16所示。

图 10-16　Spark SQL 输出到 HDFS 的分区结构

10.4　RDD 代码和 SQL 代码混合编程

在Spark中，对于大多数常规的数据处理需求，如果逻辑可以通过SQL语言清晰表达，那么完全可以直接利用纯SQL来完成这些任务。然而，当遇到一些更为复杂的需求，例如实现递归算法或者需要请求外部网络API时，纯SQL可能会显得力不从心。在这种情况下，利用DataFrame（以及底层的RDD）和相应的API代码来处理数据，功能会更强大和灵活。因此，在处理复杂需求时，我们往往需要实现DataFrame（RDD）和SQL之间的互相转换，以便充分利用两者的优势。

- SQL编程：DataFrame支持SQL编程，可以创建视图并执行纯SQL查询。
- 使用RDD编程：视图DataFrame使用SQL不好实现，因此转换成RDD进行编程。

```
// DataFrame 转换为 RDD
type RDD = DataFrame.rdd
```

- DataFrame是Dataset[T]的一种特殊数据形式。当Dataset中的泛型数据是Row时，就是DataFrame。

```
// RDD、DataFrame、Dataset互转
RDD[User] ---> Dataset[User]
RDD[User] ---> Dataset[User]  --> Dataset[Row]---> DataFrame
```

RDD、DataFrame、Dataset三者之间的转换关系如图10-17所示。

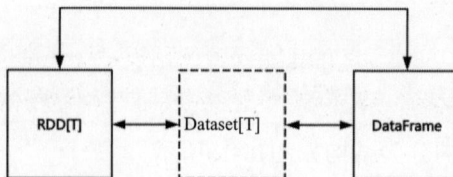

图 10-17　RDD、DataFrame、Dataset 三者之间的转换关系

10.4.1 Dataset 和 DataFrame 的区别及取数

1. DataFrame 和 Dataset 的区别

Spark中的Dataset和DataFrame是两种重要的数据抽象，它们之间存在一些关键区别。下面是对两者的详细比较。

1）定义与概念

DataFrame：

- 是一种分布式表格数据的抽象，类似于关系数据库中的表。
- 支持列名和列类型，是不可变的分布式数据集。
- 提供了类似SQL的API，如select、filter、groupBy、orderBy等。

Dataset：

- 是特定域对象中的强类型集合，可以看作DataFrame的扩展。
- 可以使用函数或关系运算进行并行的转换操作。
- 每个Dataset都有一个称为DataFrame的非类型化的视图，即DataFrame是Dataset[Row]的特例。

2）数据类型与安全性

DataFrame：

- 数据类型是隐式的，即Spark自动推断每一列的数据类型。
- API是非类型安全的，编译时不会检查列类型是否正确，可能在运行时出现类型错误。

Dataset：

- 数据类型是显式的，定义时需要明确指定每一列的数据类型。
- 提供了类型安全的API，编译器会在编译时检查类型错误，使开发过程更加安全。

3）API与功能

DataFrame：

- API通常更加易于学习和使用，因为它们接近SQL语法。
- 支持使用SQL查询语言（DataFrame SQL API）进行操作，适合简单的数据处理和分析任务。

Dataset：

- API更加灵活和强大，支持更复杂的操作。
- 可以使用Scala或Java的编译时类型检查，以及方法链式调用（如map、filter、Reduce等）。
- 适用于需要类型安全和复杂数据处理的任务。

4）性能与优化

DataFrame：

● 性能通常接近Dataset，因为它们共享相同的底层执行引擎。

● 采用了惰性计算的策略，只有在需要获取结果时才会进行计算，提高了计算效率。

● 在执行计划时会进行优化，以提高查询性能。

Dataset：

● 性能通常与DataFrame相当，但在某些情况下可能由于类型信息的优化而略有优势。

● 由于在编译时就能进行类型检查，因此可以生成更高效的执行计划。

5）适用场景

DataFrame：

● 适用于需要快速编写和维护的数据处理任务。

● 适合初学者或对类型安全要求不高的场景。

Dataset：

● 适用于需要类型安全和复杂数据处理的任务。

● 适合需要进行严格类型检查的场景，如金融、科学计算等领域。

综上所述，Spark中的DataFrame和Dataset各有优势，选择使用哪种数据抽象取决于具体的应用场景和需求。在需要快速编写和维护的数据处理任务中，DataFrame可能更加合适；而在需要类型安全和复杂数据处理的任务中，Dataset则更具优势。

2. DataFrame/Dataset 转换成 RDD 后取数

狭义上，Dataset中装的是用户自定义的类型T。那么在抽取数据时，比较方便，例如可以直接访问stu.id，且类型会得到编译时检查。

狭义上，DataFrame中装的是Row（框架内置的一个通用类型）。那么在抽取数据时，不太方便，需要通过索引或者字段名来访问字段，而且还需要强制转换数据类型，例如，将Row中的salary字段强制转换成Double类型的语句为row.getAs[Double]("salary")。

```
val x:Any =  row.get(1)
val x:Double = row.getDouble(1)
val x:Double = row.getAs[Double]("salary")
/**
  * Dataset存在的意义是什么？
  * 意义要从它的特点说起：
  * DS可以存储各种自定义类型，在自定义类型中，各字段是有类型约束的（所以DS是强类型约束的）
  * DF只能存储row类型，而row类型中的字段没有类型约束，全是any（所以DF是弱类型约束的）
  */
ds.map(bean => {
  val id:String = bean.id  // 提取数据时不会产生类型匹配错误，编译时就会检查
```

```
})

val _df: Dataset[Row] = ds.toDF()
_df.map(row => {
  val name: Int = row.getInt(1) // 类型不匹配，但是编译时无法检查，运行时才会抛异常
})
```

有些运算场景下，通过SQL语法实现计算逻辑比较困难，可以将DataFrame转换成RDD算子来操作，而DataFrame中的数据是以RDD[Row]类型封装的。因此，要对DataFrame进行RDD算子操作，只需要掌握如何从Row中解构数据即可。

文件名称为10stu2.csv，文件内容如下：

```
id,name,age,city,score
1,张飞,21,北京,80.0
2,关羽,23,北京,82.0
3,赵云,20,上海,88.6
4,刘备,26,上海,83.0
5,曹操,30,深圳,90.0
```

3. 从 Row 中取数方式 1：索引号

示例代码如下：

```
val rdd: RDD[Row] = df.rdd
rdd.map(row=>{
  val id = row.get(0).asInstanceOf[Int]
  val name = row.getString(1)
  (id,name)
}).take(10).foreach(println)
```

执行结果如图 10-18 所示。

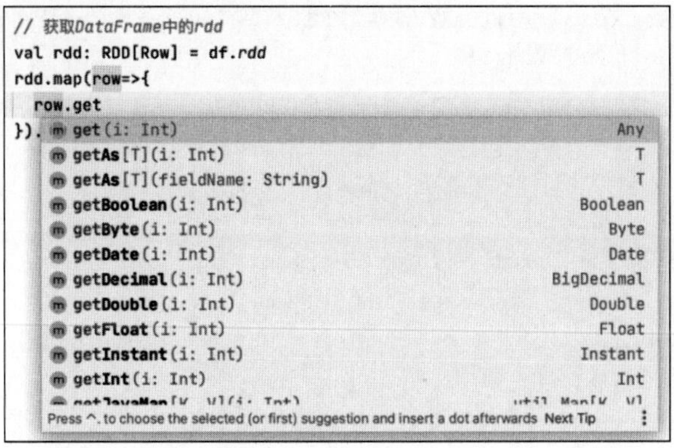

图 10-18　执行结果

4. 从 Row 中取数方式 2：字段名

```
rdd.map(row=>{
  val id = row.getAs[Int]("id")
```

```
val name = row.getAs[String]("name")
val age = row.getAs[Int]("age")
val city = row.getAs[String]("city")
val score = row.getAs[Double]("score")
(id,name,age,city,score)
}).take(10).foreach(println)
```

5. 从 Row 中取数方式 3：模式匹配

```
rdd.map({
  case Row(id: Int, name: String, age: Int, city: String, score: Double)
  => {
    // do anything
    (id,name,age,city,score)
  }
}).take(10).foreach(println)
```

6. 完整示例

本示例需要求出每种性别的成绩总和，将DataFrame退化成RDD来计算，示例代码如代码10-11所示。

代码 10-11　RDDToDF01.scala

```
package chapter10

import org.apache.spark.rdd.RDD
import org.apache.spark.sql.{Dataset, Row, SparkSession}
import org.apache.spark.sql.types.{DoubleType, IntegerType, StringType,
StructField, StructType}

/**
 * 有些场景下，逻辑不太方便用SQL来实现，可能需要将DataFrame退化成RDD来计算
 * 示例需求：求每种性别的成绩总和
 */
object RDDToDF01 {
  def main(args: Array[String]): Unit = {

    val spark: SparkSession = SparkSession.builder()
      .appName(this.getClass.getSimpleName)
      .master("local[*]")
      .getOrCreate()
    // val schema = new StructType(Array(StructField("id",IntegerType),
StructField("name",StringType)))

    // val schema = new StructType((StructField("id",IntegerType)::
StructField("name",StringType) :: Nil).toArray)

    val schema = new StructType()
```

```
        .add("id", IntegerType)
        .add("name", StringType)
        .add("age", IntegerType)
        .add("sex", StringType)
        .add("city", StringType)
        .add("score", DoubleType)

    val df = spark.read.schema(schema).option("header",
true).csv("BookData/input/10stu2.csv")

    // 可以直接在DataFrame上用map等RDD算子
    // 框架会把算子返回的结果RDD再转回Dataset，需要一个能对RDD[T]进行解析的Encoder[T]
才行
    // 好在大部分T类型都可以有隐式的Encoder来支持
    import spark.implicits._
    val ds2: Dataset[(Int, String)] = df.map(row => {
      val id = row.getAs[Int]("id")
      val name = row.getAs[String]("name")
      (id, name)
    })

    // 从DataFrame中取出RDD后，就是一个RDD[Row]
    val rd: RDD[Row] = df.rdd
    // 从Row中获取数据，就可以变成任意你想要的类型
    val rdd2: RDD[(Int, String, Int, String, String, Double)] = rd.map(row =>
{

      // DataFrame是一种弱类型结构，编译时无法检查类型，因为数据被装在一个array[any]中
      // val id = row.getDouble(1)// 如果类型取错，编译时是无法检查的，运行时才会报错

      // 可以根据字段的索引去取
      val id: Int = row.getInt(0)
      val name: String = row.getString(1)
      val age: Int = row.getAs[Int](2)

      // 可以根据字段名称去取
      val sex: String = row.getAs[String]("sex")
      val city: String = row.getAs[String]("city")
      val score: Double = row.getAs[Double]("score")

      (id, name, age, sex, city, score)
    })

    /**
     * 用模式匹配从Row中抽取数据
     * 效果跟上面的方法是一样的，但是更简洁
```

```
    */
    val rdd22 = rd.map({
      case Row(id: Int, name: String, age: Int, sex: String, city: String, score:
Double) => {
        (id, name, age, sex, city, score)
      }
    })

    // 后续就跟DataFrame没关系了，跟以前的RDD是一样的了
    val res: RDD[(String, Double)] = rdd22.groupBy(tp => tp._4).mapValues(iter
=> {
      iter.map(_._6).sum
    })

    res.foreach(println)
    spark.close()
  }
}
```

10.4.2 由 RDD 创建 DataFrame

1. 准备测试用的数据和 RDD

文件名称为10stu.csv，文件内容如下：

```
1,张飞,21,北京,80.0
2,关羽,23,北京,82.0
3,赵云,20,上海,88.6
4,刘备,26,上海,83.0
5,曹操,30,深圳,90.0
```

创建RDD：

```
val rdd: RDD[String] = spark.sparkContext.textFile("BookData/input/10stu.csv")
```

2. 从 RDD[Case Class 类]创建 DataFrame

本示例定义一个Case Class来封装数据，示例代码如代码10-12，其中Stu是一个Case Class类：

代码 10-12　cRDDToDF02.scala

```
package chapter10

import org.apache.spark.rdd.RDD
import org.apache.spark.sql.SparkSession

/**
 * descriptions: 1.1.1.2从RDD[Case Class类]创建DataFrame
 * date: 2024 - 09 - 02 2:24 下午
```

```
    */
    case class Stu(id: Int, name: String, age: Int, city: String, source: Double)

    object RDDToDF02 {

      def main(args: Array[String]): Unit = {

        val spark: SparkSession = SparkSession.builder()
          .appName(this.getClass.getSimpleName)
          .master("local[*]")
          .getOrCreate()

        val rdd: RDD[String] =
spark.sparkContext.textFile("BookData/input/10stu.csv")
        val rddStu: RDD[Stu] = rdd
        // 切分字段
        .map(_.split(","))
        // 将每一行数据变形成一个多元组tuple
        .map(arr => Stu(arr(0).toInt, arr(1), arr(2).toInt, arr(3),
arr(4).toDouble))
        // 创建DataFrame
        val df = spark.createDataFrame(rddStu)
        df.show()
      }
    }
```

执行结果如图10-19所示。

```
+---+----+---+----+------+
| id|name|age|city|source|
+---+----+---+----+------+
|  1|张飞| 21|北京|  80.0|
|  2|关羽| 23|北京|  82.0|
|  3|赵云| 20|上海|  88.0|
|  4|刘备| 26|上海|  83.0|
|  5|曹操| 30|深圳|  90.8|
+---+----+---+----+------+
```

图 10-19　执行结果

从上面的执行结果可以发现，框架成功地从Case Class的类定义中推断出了数据的Schema，即字段类型和字段名称，Schema获取手段为"反射"。

当然，还有更简洁的方式，即利用框架提供的隐式转换：

```
// 更简洁的办法
import spark.implicits._
val df = rddStu.toDF
```

3. 从 RDD[Tuple]创建 DataFrame

本示例使用RDD[Tuple]创建DataFrame，示例代码如代码10-13所示。

代码 10-13　RDDToDF03.scala

```scala
package chapter10

import org.apache.spark.rdd.RDD
import org.apache.spark.sql.SparkSession

/**
 * descriptions: 1.1.1.3从RDD[Tuple]创建DataFrame
 * date: 2024 - 09 - 02 2:24 下午
 */

object RDDToDF03 {

  def main(args: Array[String]): Unit = {

    val spark: SparkSession = SparkSession.builder()
      .appName(this.getClass.getSimpleName)
      .master("local[*]")
      .getOrCreate()

    val rdd: RDD[String] = spark.sparkContext.textFile("BookData/input/
10stu.csv")

    val rddTuple: RDD[(Int, String, Int, String, Double)] = rdd
      // 切分字段
      .map(_.split(","))
      // 将每一行数据变形成一个多元组tuple
      .map(arr => (arr(0).toInt, arr(1), arr(2).toInt, arr(3), arr(4).toDouble))

    // 创建DataFrame
    val df = spark.createDataFrame(rddTuple)
    df.printSchema()    // 打印Schema信息
    df.show()

  }
}
```

执行结果如图10-20所示。

```
root
 |-- _1: integer (nullable = false)
 |-- _2: string (nullable = true)
 |-- _3: integer (nullable = false)
 |-- _4: string (nullable = true)
 |-- _5: double (nullable = false)

SLF4J: Failed to load class "org.slf
SLF4J: Defaulting to no-operation MD
SLF4J: See http://www.slf4j.org/code
+---+----+---+----+----+
| _1|  _2| _3|  _4|  _5|
+---+----+---+----+----+
|  1|张飞| 21|北京|80.0|
|  2|关羽| 23|北京|82.0|
|  3|赵云| 20|上海|88.0|
|  4|刘备| 26|上海|83.0|
|  5|曹操| 30|深圳|90.8|
+---+----+---+----+----+
```

图 10-20　执行结果

从结果中可以发现一个问题：在 tuple 元组结构中，框架对 Schema 的推断也是成功的，只是字段名是 tuple 中的数据访问索引。

当然，还有更简洁的方式，利用框架提供的隐式转换直接调用 toDF 创建，并指定字段名。

```
// 更简洁的办法
import spark.implicits._
val df2 = rddTuple.toDF("id","name","age","city","score")
```

4. 从 RDD[JavaBean]创建 DataFrame

本示例使用 RDD[JavaBean]创建 DataFrame，此处所说的 Bean 指的是用 Java 定义的 Bean，示例代码如代码 10-14 所示。

代码 10-14　Stu2.java

```java
package chapter10;
import java.io.Serializable;

public class Stu2 implements Serializable {
    private int id;
    private String name;
    private int age;
    private String city;
    private double score;

    public Stu2(int id, String name, int age, String city, double score) {
        this.id = id;
        this.name = name;
        this.age = age;
        this.city = city;
        this.score = score;
```

```
    }

    public int getId() {
        return id;
    }

    public void setId(int id) {
        this.id = id;
    }

    public String getName() {
        return name;
    }

    public void setName(String name) {
        this.name = name;
    }

    public int getAge() {
        return age;
    }

    public void setAge(int age) {
        this.age = age;
    }

    public String getCity() {
        return city;
    }

    public void setCity(String city) {
        this.city = city;
    }

    public double getScore() {
        return score;
    }

    public void setScore(double score) {
        this.score = score;
    }
}
```

主函数的示例代码如代码10-15所示。

代码 10-15　RDDToDF04.scala

```
package chapter10
```

```scala
import org.apache.spark.rdd.RDD
import org.apache.spark.sql.SparkSession

object RDDToDF04 {

  def main(args: Array[String]): Unit = {

    val spark: SparkSession = SparkSession.builder()
      .appName(this.getClass.getSimpleName)
      .master("local[*]")
      .getOrCreate()

    val rdd: RDD[String] =
spark.sparkContext.textFile("BookData/input/10stu.csv")

    val rddBean: RDD[Stu2] = rdd
      // 切分字段
      .map(_.split(","))
      // 将每一行数据都变成一个JavaBean
      .map(arr => new Stu2(arr(0).toInt, arr(1), arr(2).toInt, arr(3),
arr(4).toDouble))

    val df = spark.createDataFrame(rddBean, classOf[Stu2])
    df.printSchema()
    df.show()
  }
}
```

执行结果如图10-21所示。注意，RDD[JavaBean]在spark.implicits._中没有toDF的支持。

```
root
 |-- age: integer (nullable = false)
 |-- city: string (nullable = true)
 |-- id: integer (nullable = false)
 |-- name: string (nullable = true)
 |-- score: double (nullable = false)

SLF4J: Failed to load class "org.slf4j
SLF4J: Defaulting to no-operation MDCA
SLF4J: See http://www.slf4j.org/codes.
+---+----+---+----+-----+
|age|city| id|name|score|
+---+----+---+----+-----+
| 21|北京|  1|张飞| 80.0|
| 23|北京|  2|关羽| 82.0|
| 20|上海|  3|赵云| 88.0|
| 26|上海|  4|刘备| 83.0|
| 30|深圳|  5|曹操| 90.8|
+---+----+---+----+-----+
```

图 10-21　执行结果

5. 从 RDD[普通 Scala 类]中创建 DataFrame

此处的普通类指的是Scala中定义的非Case Class的类，框架在底层将其视作Java定义的标准Bean类型来处理，而Scala中定义的普通Bean类不具备字段的Java标准getters和setters，因而会处理失败。可以通过以下方式对普通Scala Bean类进行定义。

本示例使用RDD[普通Scala类]来创建DataFrame，示例代码如代码10-16所示。

代码 10-16　Stu3.scala

```scala
package chapter10
import scala.beans.BeanProperty

class Stu3(
        @BeanProperty
        val id: Int,
        @BeanProperty
        val name: String,
        @BeanProperty
        val age: Int,
        @BeanProperty
        val city: String,
        @BeanProperty
        val score: Double)
```

主函数的示例代码如代码10-17所示。

代码 10-17　RDDToDF05.scala

```scala
package chapter10
import org.apache.spark.rdd.RDD
import org.apache.spark.sql.SparkSession

object RDDToDF05 {

  def main(args: Array[String]): Unit = {
    val spark: SparkSession = SparkSession.builder()
      .appName(this.getClass.getSimpleName)
      .master("local[*]")
      .getOrCreate()

    val rdd: RDD[String] =
spark.sparkContext.textFile("BookData/input/10stu.csv")
      val rddStu3: RDD[Stu3] = rdd
      // 切分字段
      .map(_.split(","))
      // 将每一行数据变形成一个普通Scala对象
      .map(arr => new Stu3(arr(0).toInt, arr(1), arr(2).toInt, arr(3),
arr(4).toDouble))
```

```
    val df = spark.createDataFrame(rddStu3, classOf[Stu3])
    df.printSchema()
    df.show()
  }
}
```

执行结果如图10-22所示。

```
root
 |-- age: integer (nullable = false)
 |-- city: string (nullable = true)
 |-- id: integer (nullable = false)
 |-- name: string (nullable = true)
 |-- score: double (nullable = false)

SLF4J: Failed to load class "org.slf4j
SLF4J: Defaulting to no-operation MDCA
SLF4J: See http://www.slf4j.org/codes.
+---+----+---+----+-----+
|age|city| id|name|score|
+---+----+---+----+-----+
| 21|北京|  1|张飞| 80.0|
| 23|北京|  2|关羽| 82.0|
| 20|上海|  3|赵云| 88.0|
| 26|上海|  4|刘备| 83.0|
| 30|深圳|  5|曹操| 90.8|
+---+----+---+----+-----+
```

图 10-22　执行结果

6. 从 RDD[Row]中创建 DataFrame

DataFrame中的数据本质上还是封装在RDD中。而RDD[T]总有一个T类型，DataFrame内部的RDD中的元素类型T即为框架所定义的Row类型。

本示例使用RDD[Row]来创建DataFrame，示例代码如代码10-18所示。

代码 10-18　RDDToDF06.scala

```scala
package chapter10
import org.apache.spark.rdd.RDD
import org.apache.spark.sql.types.{DataTypes, StructType}
import org.apache.spark.sql.{Row, SparkSession}

object RDDToDF06 {

  def main(args: Array[String]): Unit = {

    val spark: SparkSession = SparkSession.builder()
      .appName(this.getClass.getSimpleName)
      .master("local[*]")
      .getOrCreate()
```

```
    val rdd: RDD[String] =
spark.sparkContext.textFile("BookData/input/10stu.csv")

    val rddRow = rdd
      // 切分字段
      .map(_.split(","))
      // 将每一行数据都变成一个Row对象
      .map(arr => Row(arr(0).toInt, arr(1), arr(2).toInt, arr(3),
arr(4).toDouble))

    val schema = new StructType()
      .add("id", DataTypes.IntegerType)
      .add("name", DataTypes.StringType)
      .add("age", DataTypes.IntegerType)
      .add("city", DataTypes.StringType)
      .add("score", DataTypes.DoubleType)

    val df = spark.createDataFrame(rddRow, schema)
    df.show()
  }
}
```

执行结果如图10-23所示。

```
root
 |-- id: integer (nullable = true)
 |-- name: string (nullable = true)
 |-- age: integer (nullable = true)
 |-- city: string (nullable = true)
 |-- score: double (nullable = true)

SLF4J: Failed to load class "org.slf4j
SLF4J: Defaulting to no-operation MDCA
SLF4J: See http://www.slf4j.org/codes.
+---+----+---+----+-----+
| id|name|age|city|score|
+---+----+---+----+-----+
|  1|张飞| 21|北京| 80.0|
|  2|关羽| 23|北京| 82.0|
|  3|赵云| 20|上海| 88.0|
|  4|刘备| 26|上海| 83.0|
|  5|曹操| 30|深圳| 90.8|
+---+----+---+----+-----+
```

图 10-23　执行结果

7. 从 RDD[Seq/Set/Map]中创建 DataFrame

版本2.2.0新增了对Set/Seq的编解码支持。版本2.3.0新增了对Map的编解码支持。从Set/Seq结构提取的字段类型为Array。从Map数据类型中解构出来的字段类型为Map。本示例从RDD[Seq/Set/Map]中创建DataFrame，示例代码如代码10-19所示。

代码 10-19　RDDToDF07.scala

```scala
package chapter10
import org.apache.spark.rdd.RDD
import org.apache.spark.sql.types.{DataTypes, StructType}
import org.apache.spark.sql.{Row, SparkSession}

object RDDToDF07 {

  def main(args: Array[String]): Unit = {
    val spark = SparkSession.builder().appName("").master("local[*]").
getOrCreate()
    val seq1 = Seq(1, 2, 3, 4)
    val seq2 = Seq(11, 22, 33, 44)
    val rdd: RDD[Seq[Int]] = spark.sparkContext.parallelize(List(seq1, seq2))

    import spark.implicits._
    val df = rdd.toDF()
    df.printSchema()
    df.show()
    df.selectExpr("value[0]", "size(value)").show()

    /**
     * set类型数据RDD的编解码
     */
    val set1 = Set("a", "b")
    val set2 = Set("c", "d", "e")
    val rdd2: RDD[Set[String]] = spark.sparkContext.parallelize(List(set1,
set2))
    val df2 = rdd2.toDF("members")
    df2.printSchema()
    df2.show()

    /**
     * Map类型数据RDD的编解码
     */
    val map1 = Map("father" -> "mayun", "mother" -> "tangyan")
    val map2 = Map("father" -> "huateng", "mother" -> "yifei", "brother" ->
"sicong")
    val rdd3: RDD[Map[String, String]] =
spark.sparkContext.parallelize(List(map1, map2))

    val df3 = rdd3.toDF("jiaren")
    df3.printSchema()
    df3.show()
    df3.selectExpr("jiaren['mother']", "size(jiaren)", "map_keys(jiaren)",
"map_values(jiaren)")
```

```
        .show(10, false)
    spark.close()
  }
}
```

执行结果如图10-24～图10-26所示。

```
root
 |-- value: array (nullable = true)
 |    |-- element: integer (containsNull = false)

SLF4J: Failed to load class "org.slf4j.impl.Static
SLF4J: Defaulting to no-operation MDCAdapter imple
SLF4J: See http://www.slf4j.org/codes.html#no_stat
+----------------+
|           value|
+----------------+
|    [1, 2, 3, 4]|
|[11, 22, 33, 44]|
+----------------+

+--------+-----------+
|value[0]|size(value)|
+--------+-----------+
|       1|          4|
|      11|          4|
+--------+-----------+
```

图 10-24　Seq 创建 DataFrame

```
root
 |-- members: array (nullable = true)
 |    |-- element: string (containsNull = true)

+---------+
|  members|
+---------+
|   [a, b]|
|[c, d, e]|
+---------+
```

图 10-25　Set 创建 DataFrame

```
root
 |-- jiaren: map (nullable = true)
 |    |-- key: string
 |    |-- value: string (valueContainsNull = true)

+--------------------+
|              jiaren|
+--------------------+
|{father -> mayun,...|
|{father -> huaten...|
+--------------------+

+--------------+------------+------------------------+-------------------------+
|jiaren[mother]|size(jiaren)|map_keys(jiaren)        |map_values(jiaren)       |
+--------------+------------+------------------------+-------------------------+
|tangyan       |2           |[father, mother]        |[mayun, tangyan]         |
|yifei         |3           |[father, mother, brother]|[huateng, yifei, sicong]|
+--------------+------------+------------------------+-------------------------+
```

图 10-26　Map 创建 DataFrame

10.4.3　由 RDD 创建 Dataset

使用RDD创建Dataset需要用到Spark的隐式转换语句“import spark.implicits._”。图10-27
展示了创建Dataset的三种方式。

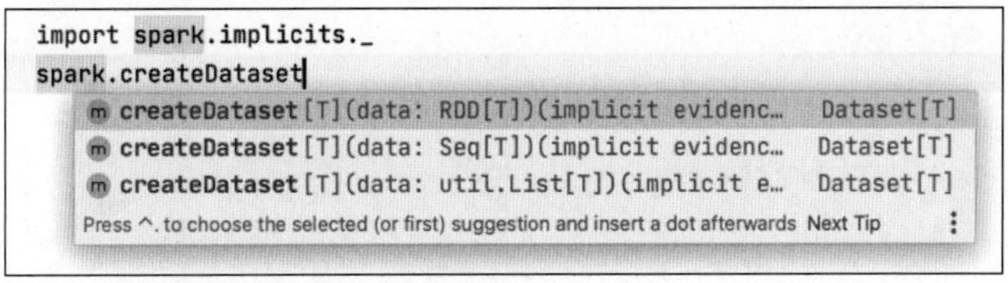

图 10-27　创建 Dataset 的三种方式

1. 从 RDD[Case Class 类]创建 Dataset

本示例从RDD[Case Class类]创建Dataset，示例代码如代码10-20所示。

代码 10-20　RDDToDS01.scala

```scala
package chapter10
import org.apache.spark.rdd.RDD
import org.apache.spark.sql.{Dataset, SparkSession}

case class Person(id: Int, name: String)

object RDDToDS01 {

  def main(args: Array[String]): Unit = {

    val spark = SparkSession.builder().appName("").master("local[*]").
getOrCreate()

    val rdd: RDD[Person] = spark.sparkContext.parallelize(Seq(
      Person(1, "zs"),
      Person(2, "ls")
    ))

    import spark.implicits._

    // Case Class 类型的RDD，转换为Dataset
    val ds: Dataset[Person] = spark.createDataset(rdd)
    val ds2: Dataset[Person] = rdd.toDS()
    ds.printSchema()
    ds.show()
  }
}
```

执行结果如图10-28所示。

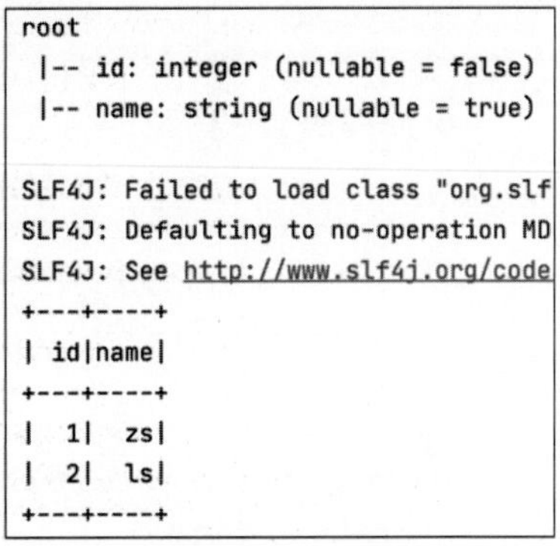

2. 从 RDD[Java Class 类]创建 Dataset

本示例从RDD[Java Class类]创建Dataset，示例代码如代码10-21所示。

图 10-28　执行结果

代码 10-21　Stu2.java

```java
package chapter10;
import java.io.Serializable;

public class Stu2 implements Serializable {
    private int id;
    private String name;
    private int age;
    private String city;
    private double score;

    public Stu2(int id, String name, int age, String city, double score) {
        this.id = id;
        this.name = name;
        this.age = age;
        this.city = city;
        this.score = score;
    }

    public int getId() {
        return id;
    }

    public void setId(int id) {
        this.id = id;
    }

    public String getName() {
        return name;
    }

    public void setName(String name) {
        this.name = name;
    }

    public int getAge() {
        return age;
    }

    public void setAge(int age) {
        this.age = age;
    }

    public String getCity() {
        return city;
    }
```

```
    public void setCity(String city) {
        this.city = city;
    }

    public double getScore() {
        return score;
    }

    public void setScore(double score) {
        this.score = score;
    }
}
```

主函数的示例代码如代码10-22所示。

代码 10-22　RDDToDS02.scala

```
package chapter10

import org.apache.spark.rdd.RDD
import org.apache.spark.sql.{Dataset, Encoders, Row, SparkSession}

/**
 * 创建一个JavaBean的RDD
 * 隐式转换中没有很好地支持JavaBean的Encoder机制
 * 因此需要自己传入一个Encoder
 * 可以构造一个简单的Encoder，具备序列化功能，但是不具备字段解构功能
 * 但是，至少能够把一个RDD[JavaBean] 变成一个Dataset[JavaBean]
 * 后续可以通过RDD的Map算子将数据从对象中提取出来，组装成tuple元组
 * 然后使用toDF方法即可进入SQL空间
 */
object RDDToDS02 {

  def main(args: Array[String]): Unit = {

    val spark = SparkSession.builder().appName("").master("local[*]").
getOrCreate()

    // 这句很重要，隐式转换
    import spark.implicits._

    val rdd2: RDD[Stu2] = spark.sparkContext.parallelize(Seq(
      new Stu2(1,"a",18,"上海",99.9),
      new Stu2(2,"b",28,"北京",99.9),
      new Stu2(3,"c",38,"西安",99.9)
    ))
```

```
    val encoder = Encoders.kryo(classOf[Stu2])
    val ds2: Dataset[Stu2] = spark.createDataset(rdd2)(encoder)

    val df2: Dataset[Row] = ds2.map(stu => {
      (stu.getId, stu.getName, stu.getAge)
    }).toDF("id", "name", "age")
    ds2.printSchema()
    ds2.show()
    df2.show()


  }
}
```

执行结果如图10-29所示。

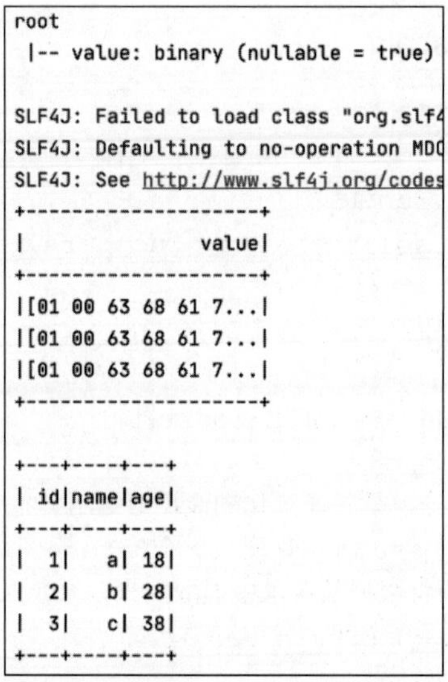

图 10-29   执行结果

3. 从 RDD[其他类]创建 Dataset

本示例从RDD[其他类]创建Dataset，示例代码如代码10-23所示。

代码 10-23   RDDToDS03.scala

```
package chapter10
import org.apache.spark.rdd.RDD
import org.apache.spark.sql.{Dataset, SparkSession}

object RDDToDS03 {

  def main(args: Array[String]): Unit = {

    val spark =
```

```
SparkSession.builder().appName("").master("local[*]").getOrCreate()

      // 这句很重要，隐式转换
      import spark.implicits._

      val rdd3: RDD[Map[String, String]] = spark.sparkContext.parallelize(Seq(
        Map("id" -> "1", "name" -> "zs1"),
        Map("id" -> "2", "name" -> "zs2"),
        Map("id" -> "3", "name" -> "zs3")
      ))

      val ds3: Dataset[Map[String, String]] = rdd3.toDS()
      ds3.printSchema()
      ds3.show()
    }
  }
```

执行结果如图10-30所示。

```
root
 |-- value: map (nullable = true)
 |    |-- key: string
 |    |-- value: string (valueContainsNull = true)

SLF4J: Failed to load class "org.slf4j.impl.StaticMDC
SLF4J: Defaulting to no-operation MDCAdapter implemen
SLF4J: See http://www.slf4j.org/codes.html#no_static_
+--------------------+
|               value|
+--------------------+
|{id -> 1, name ->...|
|{id -> 2, name ->...|
|{id -> 3, name ->...|
+--------------------+
```

图 10-30 执行结果

10.5 RDD、Dataset 与 DataFrame 的互相转换

RDD、DataFrame、Dataset三者有许多共性，也有各自适用的场景。在实际使用过程中，常常需要在三者之间进行转换。DataFrame/Dataset转换为RDD：

```
val rdd1:RDD[Row]=testDF.rdd
val rdd2:RDD[T]=testDS.rdd
```

RDD转换为DataFrame：

```
import spark.implicits._
val testDF = rdd.map {line=>
     (line._1,line._2)
```

```
}.toDF("col1","col2")
```

一般用元组把一行数据写在一起，然后在toDF中指定字段名。

RDD转换为Dataset：

```
import spark.implicits._
case class Person(col1:String,col2:Int)extends Serializable // 定义字段名和类型
    val testDS:Dataset[Person] = rdd.map {line=>
      Person(line._1,line._2)
    }.toDS
```

可以注意到，定义每一行的类型（Case Class）时，已经给出了字段名和类型，后面只要往Case Class中添加值即可。

Dataset转换为DataFrame也很简单，因为只是把Case Class封装成Row。

```
import spark.implicits._
val testDF:Dataset[Row] = testDS.toDF
```

DataFrame转换成Dataset：

```
import spark.implicits._
case class Coltest(col1:String,col2:Int)extends Serializable // 定义字段名和类
型

val testDS = testDF.as[Coltest]
```

这种方法就是在给出每一列的类型后，使用as方法转换成Dataset，这在数据类型是DataFrame又需要针对各个字段进行处理时极为方便。

在使用一些特殊的操作时，一定要加上import spark.implicits._，不然toDF、toDS无法使用。

10.6　本章小结

本章深入探讨了Spark SQL的抽象编程模型，详细讲解了DataFrame的创建、输出和运算方法。通过RDD、结构化文件以及外部存储服务等多种方式，读者可以灵活创建DataFrame，为后续数据处理提供基础。在DataFrame输出方面，本章不仅介绍了将数据输出到控制台、文件、RDBMS和Hive等常见场景，还详细讲解了分区操作，以满足不同场景下的数据输出需求。DataFrame的运算部分则涵盖纯SQL操作和DSL风格的API语法，让读者能够根据需要选择最适合的数据处理方式。此外，本章还讨论了RDD代码和SQL代码的混合编程，以及RDD、Dataset和DataFrame之间的互相转换，为读者提供了更广阔的数据处理视角。通过本章的学习，读者将能够熟练掌握Spark SQL的抽象编程模型，为高效处理结构化数据打下坚实基础。

第 11 章

Spark SQL 自定义函数

本章将带你深入了解Spark中的用户自定义函数（User Defined Function，UDF）与自定义聚合函数（User-Defined Aggregate Functions，UDAF），探索它们在数据处理中的独特魅力。通过学习和实践，你将能够灵活运用这些高级功能，满足复杂的数据处理需求。本章是你掌握Spark高级编程的必读篇章。

本章主要知识点：

- 用户自定义函数UDF
- 用户自定义聚合函数UDAF

11.1 用户自定义函数 UDF

Spark用户自定义函数是一种功能强大的工具，它赋予用户根据特定需求扩展Spark功能的能力。本节将详细阐述UDF的概念及其特性，并通过三个实战案例深入浅出地展示UDF的便捷性和实用性，帮助读者更好地理解和应用这一功能。

11.1.1 UDF 函数的概念及其特点

1. 定义与用途

- 定义：UDF是用户定义的函数，用于将一列或多列数据作为输入，并生成一个新的列作为输出。
- 用途：UDF在Spark中主要用于数据清洗和转换、特征工程、数据验证和过滤等场景。通过自定义函数，用户可以对数据进行各种复杂的处理，如字符串处理、日期格式转换、生成新的特征列等。

2. 特点与优势

- 灵活性：UDF提供了用户自定义数据转换的能力，使得处理复杂的数据变得更加简单。
- 可复用性：一旦定义了UDF，就可以在不同的数据集上重复使用，提高了代码的可复用性。
- 可扩展性：UDF可以与Spark集群无缝集成，能够处理大规模数据集。

3. 创建与使用

- 创建UDF：在Spark SQL中，可以通过spark.udf.register方法注册UDF。首先，需要定义一个普通的Scala函数，然后将这个函数注册为UDF。注册时，需要指定UDF的名称和处理逻辑。也可以通过spark.udf.register方法注册UDF，这种方法通常用于在DataFrame API中使用。
- 综上所述：Spark SQL在SQL查询中使用UDF时，可以直接在SELECT语句中调用注册的UDF名称。在DataFrame API中使用UDF时，可以通过withColumn或select方法将UDF应用于DataFrame的列上，并生成新的列。

接下来通过3个UDF案例带领读者使用UDF函数。

11.1.2 UDF 案例 1：字符串处理

本案例对字符串进行处理，在name字段的所有数据前面加上"Name:"。
文件名称为11student.json，JSON文件内容如下：

```
{"name":"A","lesson":"Math","score":100}
{"name":"B","lesson":"Math","score":100}
{"name":"C","lesson":"Math","score":99}
{"name":"D","lesson":"Math","score":98}
{"name":"A","lesson":"E","score":100}
{"name":"B","lesson":"E","score":99}
{"name":"C","lesson":"E","score":99}
{"name":"D","lesson":"E","score":98}
```

字符串处理的示例代码如代码11-1所示。

代码 11-1 UDF01.scala

```
package chapter11
import org.apache.spark.sql.SparkSession

object UDF01 {

  def main(args: Array[String]): Unit = {
```

```
    val spark: SparkSession = SparkSession
      .builder()
      .appName("")
      .master("local[*]")
      .getOrCreate()

    val df = spark.read.json("BookData/input/10student.json")

    df.show()

    spark.udf.register("addName", (x: String) => "Name:" + x)

    df.createOrReplaceTempView("people")

    spark.sql("Select addName(name), score from people").show()

  }
}
```

执行以上代码，输出结果如图11-1所示。

```
+--------------+-----+
|addName(name)|score|
+--------------+-----+
|        Name:A|  100|
|        Name:B|  100|
|        Name:C|   99|
|        Name:D|   98|
|        Name:A|  100|
|        Name:B|   99|
|        Name:C|   99|
|        Name:D|   98|
+--------------+-----+
```

图 11-1　运行结果

11.1.3　UDF 案例 2：GEOHASH 算法

本案例要求如下：

（1）通过Spark SQL处理一个包含用户登录信息的CSV文件。

（2）通过自定义用户定义函数（UDF）来计算每个登录记录的地理位置信息的GeoHash编码。

（3）通过GeoHash编码得到地理位置。在编程中，GeoHash编码是一种将地理位置（经纬度）转换为紧凑字符串的方法，主要用于地理数据的存储和查询。GeoHash编码通过将二维地理空间分割成一系列正方形的网格，并将这些网格映射到二进制字符串上来实现。

本案例的数据包括地理位置数据和用户登录数据。

地理位置数据的文件名称为11area_data.txt，文件内容如下：

```
广西壮族自治区  河池市    凤山县  24.560064974995992 107.01971572194900
广西壮族自治区  河池市    巴马瑶族自治县  24.15759554873569  107.20766596976145
陕西省  渭南市    蒲城县  34.96769665054483  109.62824611949353
河南省  开封市    顺河回族区  34.81777146999021  114.42852744048099
河南省  周口市    太康县  34.09709624887362  114.85570075513604
河南省  三门峡市  湖滨区  34.77177767294712  111.28129514586448
辽宁省  阜新市    彰武县  42.52375443552578  122.47417316389497
吉林省  吉林市    磐石市  43.0574561133298  126.17462779101467
广东省  湛汀市    雷州市  20.7966584309563634  110.0126361271513434
甘肃省  白银市    白银区  36.501821828710106  104.20564932849953
```

用户登录数据的文件名称为11user_login.txt，文件内容如下：

```
uid01,login,2023-11-30,24.560064974995992,107.01971572194807
uid02,login,2023-11-30,34.96769665054483,109.62824611949353
uid03,login,2023-11-30,36.501821828710106,104.20564932849953
```

首先在pom.xml中添加以下依赖：

```
<dependency>
    <groupId>ch.hsr</groupId>
    <artifactId>geohash</artifactId>
    <version>1.4.0</version>
</dependency>
```

GEOHASH算法的示例代码如代码11-2所示。

代码 11-2　UDF02.scala

```scala
package chapter11

import ch.hsr.geohash.GeoHash
import org.apache.spark.sql.SparkSession
import org.apache.spark.sql.types.{DataTypes, StructType}

/**
 * author: yuhui
 * descriptions:
 * 1）通过Spark SQL处理一个包含用户登录信息的CSV文件
 * 2）通过自定义用户定义函数（UDF）来计算每个登录记录的地理位置信息的GeoHash编码
 * 3）通过GeoHash编码得到地理位置
 * date: 2024 - 11 - 28 3:45 下午
 */
object UDF02 {

  def main(args: Array[String]): Unit = {
```

```scala
val session = SparkSession
  .builder()
  .master("local[*]")
  .appName(this.getClass.getSimpleName)
  .getOrCreate()

import session.implicits._
import org.apache.spark.sql.functions._

val schema = new StructType()
  .add("uid", DataTypes.StringType)
  .add("login", DataTypes.StringType)
  .add("dt", DataTypes.StringType)
  .add("lat", DataTypes.DoubleType)
  .add("lng", DataTypes.DoubleType)

val frame = session.read
  .schema(schema)
  .csv("BookData/input/11user_login.txt")

frame.createTempView("tb_log")

val schema2 = new StructType()
  .add("province", DataTypes.StringType)
  .add("city", DataTypes.StringType)
  .add("district", DataTypes.StringType)
  .add("lat", DataTypes.DoubleType)
  .add("lng", DataTypes.DoubleType)

val frame2 = session.read
  .schema(schema2)
  .csv("BookData/input/11area_data.txt")

frame2.createTempView("tb_area")

/**
 * 自定义函数UDF逐行计算函数
 * 1 定义一个scala函数
 * 2 注册到spark-sql中
 */
val f = (lat: Double, lng: Double) => {
  GeoHash.withCharacterPrecision(lat, lng, 6).toBase32
}

// 注册
session.udf.register("my_geo", f)
```

```
session.sql(
    """
    |WITH aa AS (
    |    SELECT
    |        uid,
    |        login,
    |        dt,
    |        my_geo(lat, lng) AS geo_str_log
    |    FROM
    |        tb_log
    |),
    |bb AS (
    |    SELECT
    |        province,
    |        city,
    |        district,
    |        my_geo(lat, lng) AS geo_str_area
    |    FROM
    |        tb_area
    |)
    |SELECT
    |    aa.uid,
    |    aa.login,
    |    aa.dt,
    |    bb.province,
    |    bb.city,
    |    bb.district
    |FROM
    |    aa
    |LEFT JOIN
    |    bb
    |ON
    |    aa.geo_str_log = bb.geo_str_area;
    |""".stripMargin).show()
  }
}
```

执行以上代码，输出结果如图11-2所示。

```
+-----+-----+----------+--------------+------+--------+
| uid|login|        dt|      province|  city|district|
+-----+-----+----------+--------------+------+--------+
|uid01|login|2023-11-30|广西壮族自治区|河池市|  凤山县|
|uid02|login|2023-11-30|        陕西省|渭南市|  蒲城县|
|uid03|login|2023-11-30|        甘肃省|白银市| 白银区||
+-----+-----+----------+--------------+------+--------+
```

图 11-2　运行结果

11.1.4　UDF 案例 3：余弦相似度算法

本案例要求如下：

（1）通过一个人的年龄、身高、体重、颜值、分值作为一个数组，形成特征。

（2）使用余弦相似度函数计算出相似度。

余弦相似度公式如图11-3所示。

$$\cos(\theta) = \frac{\sum_{i=1}^{n}(x_i \times y_i)}{\sqrt{\sum_{i=1}^{n}(x_i)^2} \times \sqrt{\sum_{i=1}^{n}(y_i)^2}}$$

$$= \frac{a \cdot b}{\|a\| \times \|b\|}$$

图 11-3　余弦相似度公式

这里的余弦相似度算法是一种常用的度量两个非零向量之间相似度的方法。以下是对该算法的原理解说：

余弦相似度算法通过计算两个向量夹角间的余弦值来衡量两个个体之间的相似程度。在向量空间中，两个向量的夹角余弦值越接近1，表明两个向量的夹角越小，即它们之间的相似度越高；反之，余弦值越接近-1，表示两个向量的方向差异越大，即相似度越低；接近0则表示两个向量在方向上几乎无关。

数据文件名称为11features.csv，文件内容如下：

```
id,name,age,height,weight,yanzhi,score
1,a,18,172,120,98,68.8
2,b,28,175,120,97,68.8
3,c,30,180,130,94,88.8
4,d,18,168,110,98,68.8
5,e,26,165,120,98,68.8
6,f,27,182,135,95,89.8
7,g,19,171,122,99,68.8
```

余弦相似度算法的示例代码如代码11-3所示。

代码 11-3　UDF03.scala

```scala
package chapter11

import org.apache.spark.sql.expressions.UserDefinedFunction
import org.apache.spark.sql.functions.udf
import org.apache.spark.sql.SparkSession

import scala.collection.mutable.WrappedArray
```

```scala
/**
 * author: yuhui
 * descriptions:
 * 1）通过一个人的age、height、weight、yanzhi、score作为特征
 * 2）使用余弦相似度函数计算出相似度
 * date: 2024 - 11 - 28 3:45 下午
 */
object UDF03 {

  def main(args: Array[String]): Unit = {
    val spark = SparkSession
      .builder()
      .appName(this.getClass.getSimpleName)
      .master("local[*]")
      .getOrCreate()

    import spark.implicits._

    // 加载数据
    val df = spark.read.option("inferSchema", true).option("header",
true).csv("BookData/input/11features.csv")
    df.show()

    // 将数据转换为包含特征数组的DataFrame
    val featuresDF = df.selectExpr("id", "name",
"array(age,height,weight,yanzhi,score) as features")

    // 将表自己和自己join，得到每个人和其他所有人的连接行
    val joined = featuresDF.as("a").join(featuresDF.as("b"), $"a.id" < $"b.id")

    // 定义一个计算余弦相似度的函数
    val cosinSim: UserDefinedFunction = udf((f1: WrappedArray[Double], f2:
WrappedArray[Double]) => {
      val norm1 = Math.sqrt(f1.map(Math.pow(_, 2)).sum)
      val norm2 = Math.sqrt(f2.map(Math.pow(_, 2)).sum)
      val dotProduct = f1.zip(f2).map(p => p._1 * p._2).sum
      dotProduct / (norm1 * norm2)
    })

    // 注册UDF
    spark.udf.register("cos_sim", cosinSim)

    // 创建临时视图并计算余弦相似度
    joined.select($"a.id".as("aid"), $"a.features".as("afeatures"),
      $"b.id".as("bid"), $"b.features".as("bfeatures"))
```

```
    .createTempView("joined_temp")

    // 使用UDF直接在DataFrame SQL中计算余弦相似度
    spark.sql("SELECT aid, bid, cos_sim(afeatures, bfeatures) AS cos_sim_result
FROM joined_temp").show()

    // 使用UDF直接在DataFrame API中计算余弦相似度
    joined.select($"a.id".as("aid"), $"b.id".as("bid"),
cosinSim($"a.features", $"b.features").as("cos_sim_result")).show()

    // 关闭Spark
    spark.close()
  }
}
```

执行以上代码，输出结果如图11-4所示。

```
+---+---+------------------+
|aid|bid|    cos_sim_result|
+---+---+------------------+
|  1|  2|0.9991330706276643|
|  1|  3|0.9964006907870342|
|  1|  4|0.9994977524438583|
|  1|  5|0.9991712369096146|
|  1|  6|0.9966855393508363|
|  1|  7|0.9999455877069451|
|  2|  3|0.9972655762295605|
|  2|  4|0.9987575620881464|
|  2|  5|0.9995030182340933|
|  2|  6|0.9969663086988542|
|  2|  7| 0.999148031164726|
|  3|  4|0.9957281874598966|
|  3|  5|0.9973331995182714|
|  3|  6|0.9998422033468636|
|  3|  7| 0.996476199186007|
|  4|  5|0.9985596486880072|
|  4|  6|0.9956268981730225|
|  4|  7| 0.999266486790838|
|  5|  6|0.9972870907582873|
|  5|  7| 0.999433830008763|
+---+---+------------------+
only showing top 20 rows
```

图 11-4　运行结果

11.1.5　UDF 注意事项

UDF在Spark SQL中通常比内置函数或DataFrame/Dataset API中的操作要慢，因为UDF会逐个元素处理数据，并且可能无法利用Spark的优化引擎（如Catalyst优化器）。

尽量使用DataFrame/Dataset API中的内置函数和转换操作，因为它们通常更高效且易于优化。

当确实需要自定义逻辑时，才考虑使用UDF。在定义UDF时，确保为UDF指定了正确的返回类型，以便Spark可以正确地处理数据。

11.2　用户自定义聚合函数 UDAF

在Spark SQL中，用户自定义聚合函数（UDAF）允许用户实现复杂的聚合逻辑，这些逻辑不能通过Spark SQL的内置聚合函数（如sum()、avg()、max()、min()等）直接实现。UDAF是针对整组数据行执行的，而不是单独的数据行，并且可以在多个阶段（如初始化、累积和合并）执行自定义逻辑。

然而，需要注意的是，在Spark 2.x及更新版本中，官方并没有直接提供创建UDAF的API，与Spark 1.x中的Aggregator或UserDefinedAggregateFunction接口相比，用户更多地倾向于使用Aggregator或自定义Dataset转换来实现类似的功能。

不过，对于 Spark SQL 来说，用户仍然可以通过编写 Scala/Java 代码使用UserDefinedAggregateFunction接口来创建UDAF，并注册为SQL函数，以便在SQL查询中使用。

聚合函数UDAF分为弱类型聚合函数类和强类型聚合函数类。创建弱类型聚合函数类需要继承UserDefinedAggregateFunction，创建强类型聚合函数类需要继承Aggregator[输入类型,缓冲区类型,输出类型])。下面给出UDAF的编程模板。

11.2.1　UDAF 的编程模板

代码11-4将演示UADF的编程模板，模板中有8个方法需要实现，读者可以根据注释来理解这8个函数。

代码 11-4　MyAvgUDAF.scala

```
package chapter11

import org.apache.spark.sql.Row
import org.apache.spark.sql.expressions.{MutableAggregationBuffer,
UserDefinedAggregateFunction}
import org.apache.spark.sql.types.{DataType, StructType}

object MyAvgUDAF extends UserDefinedAggregateFunction {

  // 函数输入的字段Schema（字段名-字段类型）
  override def inputSchema: StructType = ???

  // 聚合过程中，用于存储局部聚合结果的Schema
  // 比如求平均薪资，中间缓存（局部数据薪资总和，局部数据人数总和）
  override def bufferSchema: StructType = ???
```

```
    // 函数的最终返回结果数据类型
    override def dataType: DataType = ???

    // 这个函数是不是稳定一致的？（对一组相同的输入，永远返回相同的结果），只要是确定的，就写
true
    override def deterministic: Boolean = true

    // 对局部聚合缓存的初始化方法
    override def initialize(buffer: MutableAggregationBuffer): Unit = ???

    // 聚合逻辑所在方法，框架会不断地传入一个新的输入Row来更新你的聚合缓存数据
    override def update(buffer: MutableAggregationBuffer, input: Row): Unit = ???

    // 全局聚合：将多个局部缓存中的数据聚合成一个缓存
    // 比如薪资和薪资累加、人数和人数累加
    override def merge(buffer1: MutableAggregationBuffer, buffer2: Row): Unit
= ???

    // 最终输出
    // 比如从全局缓存中获取薪资总和/人数总和
    override def evaluate(buffer: Row): Any = ???
    }
```

11.2.2　UDAF 原理讲解

UDAF原理（见图11-5）是将数据通过聚合方式得出结果，聚合过程是分步骤进行的。
下面对聚合过程中的每一个步骤进行描述。

（1）通过两个Task分别读取数据，并将其转换为Row类型数据。

（2）通过update方法将每一行输入数据不断向buffer中聚合，本例中的聚合逻辑是将薪资
和人数按照数据条数不断累计（+1）。

（3）通过buffer方法分别对薪资和人数总数进行累积。

（4）通过merge方法将属于同一个group的多个局部聚合buffer中的结果再次聚合并保存到
全局聚合buffer中。

（5）通过buffer方法将全部聚合的缓存进行累加。

（6）通过evaluate方法输出最终结果。

聚合过程主要包括局部聚合和全局聚合两个阶段。

● 　局部聚合（Update）：结果保存在一个局部buffer中。

● 　全局聚合（Merge）：将多个局部buffer再聚合成一个全局buffer。

最终运算（Evaluate）通过evaluate对全局聚合后的buffer中的数据进行运算，得出所需的结果。

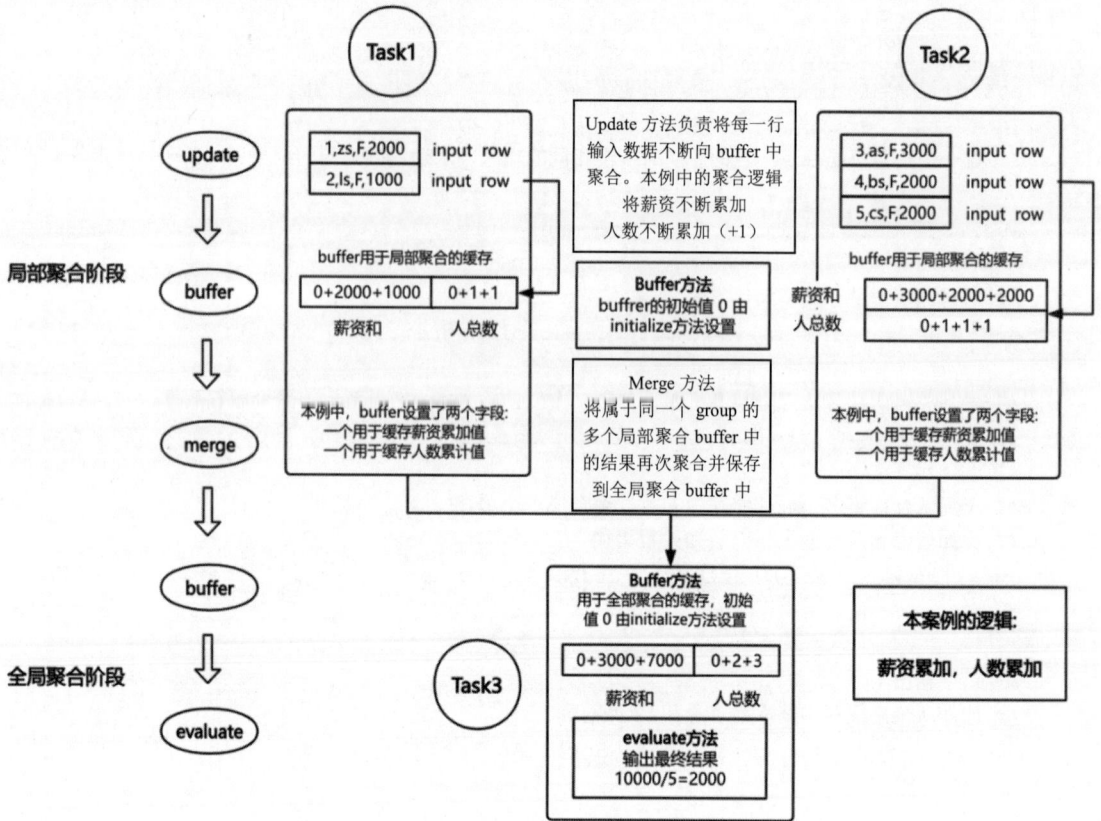

图 11-5　UDAF 原理

11.2.3　弱类型用户自定义聚合函数

本小节将使用弱类型用户自定义UDAF来求薪资的平均值。程序所需数据和字段如下，这些数据可以存储到List集合中。

```
+------------------+------+
|              name|salary|
+------------------+------+
|            余辉  | 20000|
| 视频号：辉哥大数据 | 30000|
| 抖音：辉哥大数据   | 40000|
+------------------+------+
```

使用弱类型用户自定义UDAF求薪资的平均值的示例代码如代码11-5所示。

代码 11-5　UDAFWeak.scala

```
package chapter11

import org.apache.spark.SparkConf
```

```scala
import org.apache.spark.sql.{Row, SparkSession}
import org.apache.spark.sql.expressions.{MutableAggregationBuffer,
UserDefinedAggregateFunction}
import org.apache.spark.sql.types.{DataType, DataTypes, DoubleType, LongType,
StructField, StructType}

/**
 * 使用弱类型用户自定义UDAF入门示例：求薪资的平均值
 */
class UDAFWeak extends UserDefinedAggregateFunction {
  // 函数输入的数据结构，需要new一个具体的结构对象，然后添加结构
  override def inputSchema: StructType = {
    new StructType().add("salary",LongType)
  }

  // 计算时的数据结构
  override def bufferSchema: StructType = {
    new StructType().add("sum",LongType).add("conut",LongType)
  }

  // 函数返回的数据类型
  override def dataType: DataType = DoubleType

  // 表述函数是否稳定
  override def deterministic: Boolean = true

  // 表述的是函数计算之前的缓冲区的初始化。buffer(0)表示第一个结构：sum，buffer(1)表示
  第二个结构：count
  override def initialize(buffer: MutableAggregationBuffer): Unit = {
    buffer(0) = 0L
    buffer(1) = 0L
  }

  // 根据查询结构来更新缓冲区数据sum + = input.getLong  count+=1
  override def update(buffer: MutableAggregationBuffer, input: Row): Unit = {
    buffer(0) = buffer.getLong(0) + input.getLong(0)
    buffer(1) = buffer.getLong(1) + 1
  }

  // 将多个节点的缓冲区合并
  override def merge(buffer1: MutableAggregationBuffer, buffer2: Row): Unit =
{
    buffer1(0) = buffer1.getLong(0) + buffer2.getLong(0)
    buffer1(1) = buffer1.getLong(1) + buffer2.getLong(1)
  }
```

```scala
    // 计算
    override def evaluate(buffer: Row): Any = {
      buffer.getLong(0).toDouble / buffer.getLong(1)
    }
  }


  object UDAFWeak{
    def main(args: Array[String]): Unit = {
      // 创建配置对象
      val conf = new SparkConf().setAppName("Spark01_Custom").
setMaster("local[*]")
      val spark = SparkSession.builder().config(conf).getOrCreate()
      // 隐式转换（RDD转换DF/DS需要引入隐式转换）
      import spark.implicits._
      val frame = spark.sparkContext.parallelize(
        List(
          ("余辉",20000),
          ("视频号：辉哥大数据",30000),
          ("抖音：辉哥大数据",40000))
      ).toDF("name","salary")
      // 创建全局视图
      frame.createGlobalTempView("people")
      frame.show()

      // 创建聚合函数对象
      val udaf = new UDAFWeak
      // 注册聚合函数
      spark.udf.register("avgSalary",udaf)
      // frame.select("salary").show()
      // sql  这里表名要把全局名也写上
      spark.sql("select avgSalary(salary) from global_temp.people").show
    }
  }
```

运行以上程序，输出结果如下：

```
+-----------------+
|avgsalary(salary)|
+-----------------+
|          30000.0|
+-----------------+
```

11.2.4　强类型用户自定义聚合函数

本小节将使用强类型用户自定义聚合函数（UDAF）求薪资的平均值。程序所需数据和字段如下，这些数据可以存储到List集合中。

```
+------------------+------+
|              name|salary|
+------------------+------+
|              余辉 | 20000|
| 视频号：辉哥大数据 | 30000|
| 抖音：辉哥大数据   | 40000|
+------------------+------+
```

使用强类型用户自定义聚合函数求薪资的平均值的示例代码如代码11-6所示。

代码 11-6　UDAFStrong.scala

```scala
package chapter11

import org.apache.spark.sql.expressions.Aggregator
import org.apache.spark.sql.Encoder
import org.apache.spark.sql.Encoders
import org.apache.spark.sql.SparkSession

/**
 *  使用强类型用户自定义UDAF入门示例：求薪资的平均值
 */

// 既然是强类型，可能有case类
case class Employee(name: String, salary: Long)

case class Average(var sum: Long, var count: Long)

object UDAFStrong extends Aggregator[Employee, Average, Double] {
  // 定义一个数据结构，包括工资总数和工资总个数，初始都为0
  def zero: Average = Average(0L, 0L)

  // Combine two values to produce a new value. For performance, the function
may modify 'buffer'
  // and return it instead of constructing a new object
  def reduce(buffer: Average, employee: Employee): Average = {
    buffer.sum += employee.salary
    buffer.count += 1
    buffer
  }

  // 聚合不同execute的结果
  def merge(b1: Average, b2: Average): Average = {
    b1.sum += b2.sum
    b1.count += b2.count
    b1
  }
```

```
    // 计算输出
    def finish(reduction: Average): Double = reduction.sum.toDouble /
reduction.count

    // Encoders.product是进行Scala元组和case类转换的编码器
    def bufferEncoder: Encoder[Average] = Encoders.product

    // 设定最终输出值的编码器
    def outputEncoder: Encoder[Double] = Encoders.scalaDouble
  }

object UDAFStrongMain {

  def main(args: Array[String]): Unit = {
    val spark: SparkSession = SparkSession
      .builder()
      .appName("")
      .master("local[*]")
      .getOrCreate()

    import spark.implicits._

    val ds = spark.sparkContext.parallelize(
      List(
        Employee("余辉",20000),
        Employee("视频号：辉哥大数据",30000),
        Employee("抖音：辉哥大数据",40000))
    ).toDS()
    ds.show()

    // Convert the function to a 'TypedColumn' and give it a name
    val averageSalary = UDAFStrong.toColumn.name("avgsalary")
    val result = ds.select(averageSalary)
    result.show()
  }
}
```

执行以上代码，输出结果如下：

```
+--------------+
| avgsalary    |
+--------------+
|      30000.0|
+--------------+
```

11.2.5　UDAF 注意事项

Spark SQL从2.x版本开始更多地推荐使用Aggregator接口。不过，由于Aggregator通常与Dataset API一起使用，而UDAF更常用于SQL查询中。因此，如果需要在SQL查询中使用自定义聚合，可能需要定义一个包装了 Aggregator 的 UDF，如前面示例代码中用到的stringConcatUDAF.toColumn（尽管这不是直接注册的UDAF，而是利用Aggregator实现的一个UDF的近似）。

直接注册UserDefinedAggregateFunction作为SQL函数在Spark SQL中并不是非常直观，并且通常不如使用Dataset API灵活。如果你需要在SQL查询中使用复杂的聚合逻辑，可以考虑使用视图或子查询结合内置的SQL函数来达成目的，或者将数据处理逻辑移到DataFrame/Dataset API中。

11.3　本章小结

本章聚焦于Spark SQL中的自定义函数，详细讲解了用户自定义函数（UDF）和用户自定义聚合函数（UDAF）的创建和使用。通过GEOHASH算法和余弦相似度算法两个具体案例，展示了UDF在数据处理中的强大功能，同时提醒读者在编写UDF时需要注意的事项，以确保函数使用的正确性和性能。在UDAF部分，本章提供了UDAF的编程模板，并分别介绍了弱类型和强类型UDAF的创建方法，让读者能够根据需要选择合适的UDAF类型。此外，还总结了UDAF在使用中需要注意的问题，帮助读者避免常见错误。通过本章的学习，读者将能够掌握Spark SQL自定义函数的编写和使用技巧，为数据处理提供更多灵活性和可能性。

第12章

Spark SQL 源码解读

本章将深入解读Spark SQL的源码精髓，带你领略从SQL执行到结果生成的全貌。我们将详细剖析Spark SQL的执行流程，从元数据管理的SessionCatalog出发，逐步探索SQL解析为逻辑执行计划、Analyzer绑定逻辑计划、Optimizer优化逻辑计划、SparkPlanner生成物理计划的关键步骤，并最终揭示如何从物理执行计划中获取inputRdd执行，全面解析Spark SQL的高效运行机制。

本章主要知识点：

- Spark SQL的执行过程
- 元数据管理SessionCatalog
- SQL解析成逻辑执行计划
- Analyzer绑定逻辑计划
- Optimizer优化逻辑计划
- 使用SparkPlanner生成物理计划
- 从物理执行计划获取inputRdd执行

12.1 Spark SQL 的执行过程

正常的SQL执行先会经过SQL Parser解析SQL，然后经过Catalyst优化器处理，最后到Spark执行。而Catalyst的过程又分为几个过程，其中包括：

- SQL Parser: 解析SQL语法、生成抽象语法树（AST）、解析校验语法。
- Analysis: 利用Catalog信息将Unresolved Logical Plan解析成Analyzed Logical Plan来绑定元数据。

- Logical Optimizations：利用一些规则（Rule）将Analyzed Logical Plan解析成Optimized Logical Plan进行优化。
- Physical Planning：前面的Logical Plan不能被Spark执行，而这个过程是把Logical Plan转换成多个Physical Plans，然后利用代价模型（Cost Model）选择最佳的Physical Plan进行代码转换。
- Code Generation：这个过程会把SQL逻辑生成Java字节码，即生成代码。
- 分布式并行调度执行。

因此，整个SQL的执行过程可以使用图12-1表示。

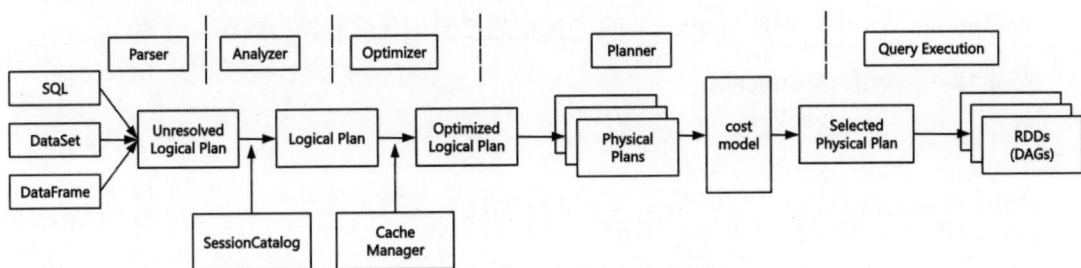

图 12-1 整个 SQL 的执行过程

图12-1中包括6个模块：Unresolved Logical Plan、Logical Plan、Optimized Logical Plan、Physical Plans、Cost Model和Selected Physical Plan，这6个模块就是Catalyst优化器处理的部分，也是本章讲解的主要内容。

12.2　元数据管理器 SessionCatalog

SessionCatalog是Spark SQL的核心元数据管理器，负责会话级元数据的统一管控，涵盖数据库、表、视图、分区及函数等对象。它将临时视图/表注册至内存缓存，解析时通过Catalog路由元数据请求（如Hive表元数据由HiveCatalog从Hive Metastore获取）。在SQL解析阶段，Analyzer依赖SessionCatalog完成对象名称解析和元数据绑定，实现会话间元数据隔离与高效访问，是Spark SQL交互式查询性能优化的关键组件。

12.3　SQL 解析成逻辑执行计划

当调用SparkSession的sql方法或者SQLContext的sql方法时，就会使用SparkSqlParser进行SQL解析。

Spark 2.0.0开始引入第三方语法解析器工具ANTLR，对SQL进行词法分析并构建语法树。Antlr是一款强大的语法生成器工具，可用于读取、处理、执行和翻译结构化的文本或二进制文件，是当前Java语言中使用最为广泛的语法生成器工具，常见的大数据SQL解析都用到了这个工具，包括Hive、Cassandra、Phoenix、Pig以及Presto等。目前新版本的Spark使用的是ANTLR4。

ANTLR4分为两个步骤来生成Unresolved LogicalPlan。

- 词法分析（SqlBaseLexer）：Lexical Analysis负责将Token分组成符号类。
- 语法分析（SqlBaseParser）：构建一棵分析树（Parse Tree）或者抽象语法树（Abstract Syntax Tree，AST）。

代码12-1是Scala语言编写的，定义了一个名为AstBuilder的类，这个类用于将ANTLR4生成的解析树（ParseTree）转换成催化剂（Catalyst）表达式、逻辑计划（LogicalPlan）或表标识符（TableIdentifier）。催化剂是Apache Spark SQL中用于查询优化和执行的核心组件。

代码 12-1　AstBuilder.scala

```
// The AstBuilder converts an ANTLR4 ParseTree into a catalyst Expression,
// LogicalPlan or TableIdentifier.
class AstBuilder(conf: SQLConf) extends SqlBaseBaseVisitor[AnyRef] with Logging
{
  import ParserUtils._
  def this() = this(new SQLConf())
  protected def typedVisit[T](ctx: ParseTree): T = {
    ...
  }
}
```

具体来说，Spark基于Presto语法文件定义了Spark SQL语法文件SqlBase.g4（此文件位于spark-2.4.3\sql\catalyst\src\main\antlr4\org\apache\spark\sql\catalyst\parser\SqlBase.g4），这个文件定义了Spark SQL支持的SQL语法，读者可以打开源代码阅读一下。

如果我们需要自定义新的语法，则需要在这个文件中定义好相关语法，然后使用ANTLR4对SqlBase.g4文件自动解析生成几个Java类，其中就包含重要的词法分析器SqlBaseLexer.java和语法分析器SqlBaseParser.java。运行SQL会使用SqlBaseLexer来解析关键词以及各种标识符等，然后使用SqlBaseParser来构建语法树。

下面以一条简单的SQL语句（见代码12-2）为例进行分析。

代码 12-2　简单的 SQL 语句

```
SELECT sum(v)
    FROM (
    SELECT
      t1.id,
    1 + 2 + t1.value AS v
    FROM t1 JOIN t2
      WHERE
    t1.id = t2.id AND
    t1.cid = 1 AND
```

```
t1.did = t1.cid + 1 AND
  t2.id > 5) o
```

SQL整个过程如图12-2所示。

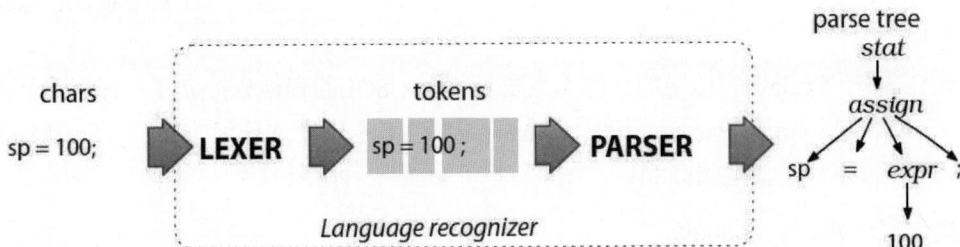

图 12-2　SQL 整个过程

生成语法树之后，使用AstBuilder将语法树转换成LogicalPlan，这个LogicalPlan也被称为Unresolved LogicalPlan。解析后的逻辑计划如下：

```
== Parsed Logical Plan ==
'Project [unresolvedalias('sum('v), None)]
+- 'SubqueryAlias `bigdata_stu`
   +- 'Project ['t1.id, ((1 + 2) + 't1.value) AS v#16]
      +- 'Filter (((('t1.id = 't2.id) && ('t1.cid = 1)) && (('t1.did = ('t1.cid
+ 1)) && ('t2.id > 5)))
         +- 'Join Inner
            :- 'UnresolvedRelation `t1`
            +- 'UnresolvedRelation `t2`
```

逻辑计划如图12-3所示。Unresolved LogicalPlan是从下往上看的，t1和t2两张表被生成了UnresolvedRelation，过滤的条件、选择的列以及聚合字段都知道了。Unresolved LogicalPlan仅仅是一种数据结构，不包含任何数据信息，比如不知道数据源、数据类型，以及不同的列来自哪张表等。

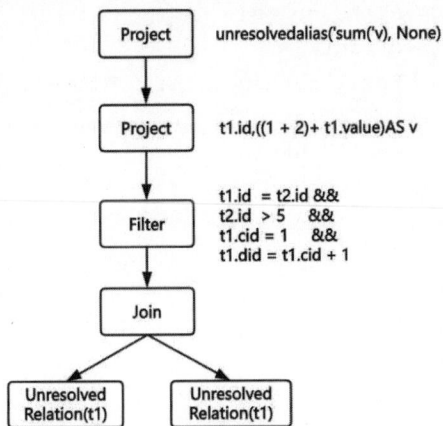

图 12-3　逻辑计划

12.4 Analyzer 绑定逻辑计划

Analyzer阶段会使用事先定义好的Rule以及SessionCatalog等信息对UnresolvedLogicalPlan进行元数据绑定。

代码12-3是用Scala语言编写的，用于Apache Spark SQL的查询分析阶段。它定义了两个主要的类Analyzer和SparkSqlParser。其中，Analyzer类负责逻辑查询计划的分析，SparkSqlParser类用于将SQL文本解析为逻辑计划。

代码 12-3 Analyzer.scala

```
class Analyzer(
    catalog: SessionCatalog,
    conf: SQLConf,
    maxIterations: Int)
  extends RuleExecutor[LogicalPlan] with CheckAnalysis {

class SparkSqlParser(conf: SQLConf) extends AbstractSqlParser(conf) {
  val astBuilder = new SparkSqlAstBuilder(conf)
   override def parsePlan(sqlText: String): LogicalPlan = parse(sqlText)
{ parser =>
     astBuilder.visitSingleStatement(parser.singleStatement()) match {
       case plan: LogicalPlan => plan
       case _ =>
         val position = Origin(None, None)
         throw new ParseException(Option(sqlText), "Unsupported SQL statement",
position, position)
     }
   }
```

Rule定义在Analyzer中，具体如下：

```
lazy val batches: Seq[Batch] = Seq(
    Batch("Hints", fixedPoint,
      new ResolveHints.ResolveBroadcastHints(conf),
      ResolveHints.ResolveCoalesceHints,
      ResolveHints.RemoveAllHints),
    Batch("Simple Sanity Check", Once,
      LookupFunctions),
    Batch("Substitution", fixedPoint,
      CTESubstitution,
      WindowsSubstitution,
      EliminateUnions,
      new SubstituteUnresolvedOrdinals(conf)),
    Batch("Resolution", fixedPoint,
      ResolveTableValuedFunctions ::                         // 解析表的函数
```

```
    ResolveRelations ::                                    // 解析表或视图
    ResolveReferences ::                                   // 解析列
    ResolveCreateNamedStruct ::
    ResolveDeserializer ::                                 // 解析反序列化操作类
    ResolveNewInstance ::
    ResolveUpCast ::                                       // 解析类型转换
    ResolveGroupingAnalytics ::
    ResolvePivot ::
    ResolveOrdinalInOrderByAndGroupBy ::
    ResolveAggAliasInGroupBy ::
    ResolveMissingReferences ::
    ExtractGenerator ::
    ResolveGenerate ::
    ResolveFunctions ::                                    // 解析函数
    ResolveAliases ::                                      // 解析表别名
    ResolveSubquery ::                                     // 解析子查询
    ResolveSubqueryColumnAliases ::
    ResolveWindowOrder ::
    ResolveWindowFrame ::
    ResolveNaturalAndUsingJoin ::
    ResolveOutputRelation ::
    ExtractWindowExpressions ::
    GlobalAggregates ::
    ResolveAggregateFunctions ::
    TimeWindowing ::
    ResolveInlineTables(conf) ::
    ResolveHigherOrderFunctions(catalog) ::
    ResolveLambdaVariables(conf) ::
    ResolveTimeZone(conf) ::
    ResolveRandomSeed ::
    TypeCoercion.typeCoercionRules(conf) ++
    extendedResolutionRules : _*),
  Batch("Post-Hoc Resolution", Once, postHocResolutionRules: _*),
  Batch("View", Once,
    AliasViewChild(conf)),
  Batch("Nondeterministic", Once,
    PullOutNondeterministic),
  Batch("UDF", Once,
    HandleNullInputsForUDF),
  Batch("FixNullability", Once,
    FixNullability),
  Batch("Subquery", Once,
    UpdateOuterReferences),
  Batch("Cleanup", fixedPoint,
    CleanupAliases)
)
```

从以上代码可以看出，多个性质类似的Rule组成一个Batch，而多个Batch构成一个Batches。这些Batches会由RuleExecutor执行，先按一个个Batch顺序执行，然后对Batch中的每个Rule顺序执行。每个Batch会执行一次（Once）或多次（FixedPoint，由spark.sql.optimizer.maxIterations参数决定），执行过程如图12-4所示。

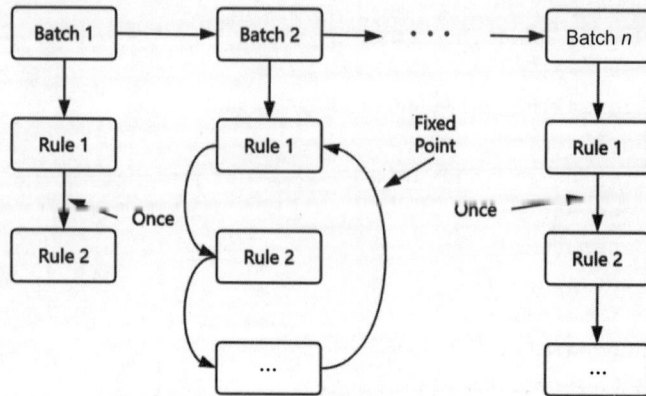

图 12-4　执行过程

12.5　Optimizer 优化逻辑计划

Spark SQL优化器（Optimizer）中定义默认优化规则的核心逻辑（见图12-6），利用这些Rules对逻辑计划和Exepression进行迭代处理，从而使得树的节点进行合并和优化，在核心逻辑中包括三部分内容，分别介绍如下。

1）规则批次定义

defaultBatches方法返回一个优化规则批次序列（Seq[Batch]），包含基础操作符优化规则集operatorOptimizationRuleSet，涵盖投影下推、连接重排序、谓词下推等经典优化策略。

2）动态规则调整

实际执行时会通过excludedRules和nonExcludableRules进行规则过滤。

- excludedRules：需排除的规则列表。
- nonExcludableRules：强制保留的规则列表。

最终执行批次为defaultBatches - (excludedRules - nonExcludableRules)，实现规则的灵活定制。

3）优化执行流程

规则按定义顺序依次作用于逻辑计划，通过模式匹配进行计划转换，代码如图12-5所示。例如下面的顺序：

- PushProjectionThroughUnion：将投影操作下推到UNION子节点。
- ReorderJoin：基于统计信息重排多表连接顺序。

- LimitPushDown：将LIMIT操作尽可能下推到扫描节点。

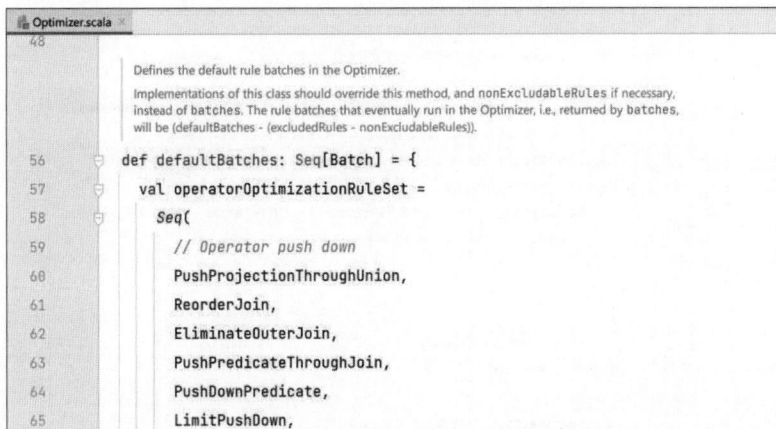

图 12-5　Spark SQL 优化器中定义默认优化规则的核心逻辑

　　在前文的绑定逻辑计划阶段，对Unresolved LogicalPlan进行相关Transform操作得到了Analyzed Logical Plan。这个Analyzed Logical Plan可以直接转换成Physical Plan，然后在Spark中执行。然而，如果直接这么做，得到的Physical Plan很可能不是最优的，因为在实际应用中，很多低效的写法会带来执行效率的问题，需要进一步对Analyzed Logical Plan进行处理，得到更优的逻辑算子树。于是，针对SQL逻辑算子树的优化器Optimizer应运而生。

　　这个阶段的优化器主要是基于规则的优化器（Rule-based Optimizer，RBO），而绝大部分的规则都是启发式规则，也就是基于直观或经验而得出的规则，比如列裁剪（过滤掉查询不需要使用到的列）、谓词下推（将过滤尽可能下沉到数据源端）、常量累加（比如将1+2这种表达式事先计算好）以及常量替换（比如SELECT * FROM table WHERE i = 5 AND j = i + 3可以转换成SELECT * FROM table WHERE i = 5 AND j = 8）等。

　　与绑定逻辑计划阶段类似，这个阶段所有的规则也是通过实现Rule抽象类来定义的。多个规则组成一个Batch，多个Batch组成一个Batches，同样也是在RuleExecutor中执行。

　　RuleExecutor的核心源码骨架如图12-6~图12-10所示。

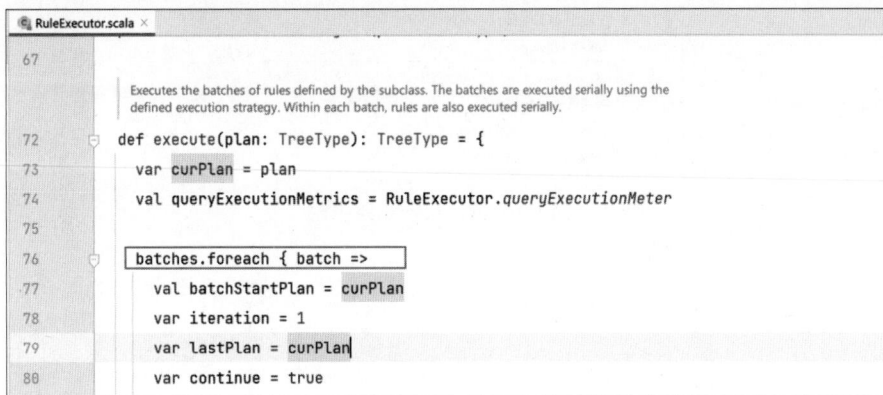

图 12-6　execute 方法

```scala
  RuleExecutor.scala ×      Optimizer.scala ×
         Returns (defaultBatches - (excludedRules - nonExcludableRules)), the rule batches that eventually run in
         the Optimizer.
         Implementations of this class should override defaultBatches, and nonExcludableRules if
         necessary, instead of this method.
244      final override def batches: Seq[Batch] = {
245        val excludedRulesConf =
246          SQLConf.get.optimizerExcludedRules.toSeq.flatMap(Utils.stringToSeq)
247        val excludedRules = excludedRulesConf.filter { ruleName =>
248          val nonExcludable = nonExcludableRules.contains(ruleName)
249          if (nonExcludable) {
250            logWarning( msg = s"Optimization rule '${ruleName}' was not excluded
251              s"because this rule is a non-excludable rule.")
252          }
253          !nonExcludable
254        }
255        if (excludedRules.isEmpty) {
256          defaultBatches
257        } else {
258          defaultBatches.flatMap { batch =>
259            val filteredRules = batch.rules.filter { rule =>
```

图 12-7　batches 方法

```scala
  RuleExecutor.scala ×      Optimizer.scala ×
         Implementations of this class should override this method, and nonExcludableRules if necessary,
         instead of batches. The rule batches that eventually run in the Optimizer, i.e., returned by batches,
         will be (defaultBatches - (excludedRules - nonExcludableRules)).
56       def defaultBatches: Seq[Batch] = {
57         val operatorOptimizationRuleSet =
58           Seq(
59             // Operator push down
60             PushProjectionThroughUnion,
61             ReorderJoin,
62             EliminateOuterJoin,
63             PushPredicateThroughJoin,
64             PushDownPredicate,
65             LimitPushDown,
66             ColumnPruning,
67             InferFiltersFromConstraints,
68             // Operator combine
69             CollapseRepartition,
70             CollapseProject,
71             CollapseWindow,
72             CombineFilters,
73             CombineLimits,
74             CombineUnions,
75             // Constant folding and strength reduction
76             NullPropagation,
77             ConstantPropagation,
78             FoldablePropagation,
```

图 12-8　defaultBatches 方法

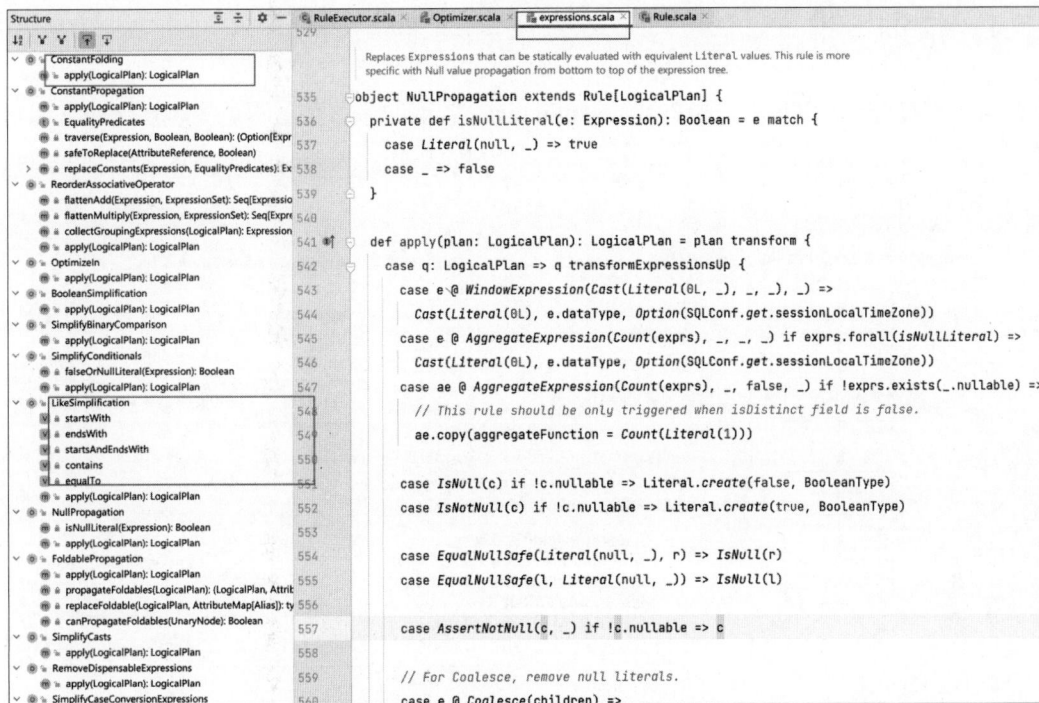

图 12-9 NullPropagation 对象类

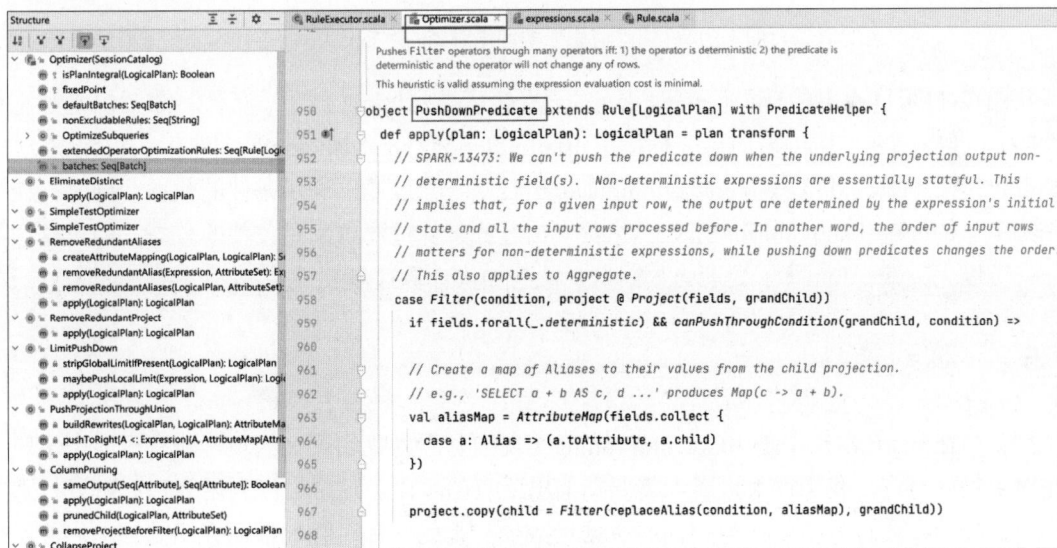

图 12-10 PushDownPredicate 对象类

　　那么，针对代码12-2所示的SQL语句，其执行过程都会执行哪些优化呢？下面我们将举例说明。

12.5.1　谓词下推

谓词下推在Spark SQL中是由PushDownPredicate实现的，这个过程主要将过滤条件尽可能下推到底层，最好是数据源。对于代码12-2所示的SQL语句，使用谓词下推优化得到的逻辑计划如图12-11所示。

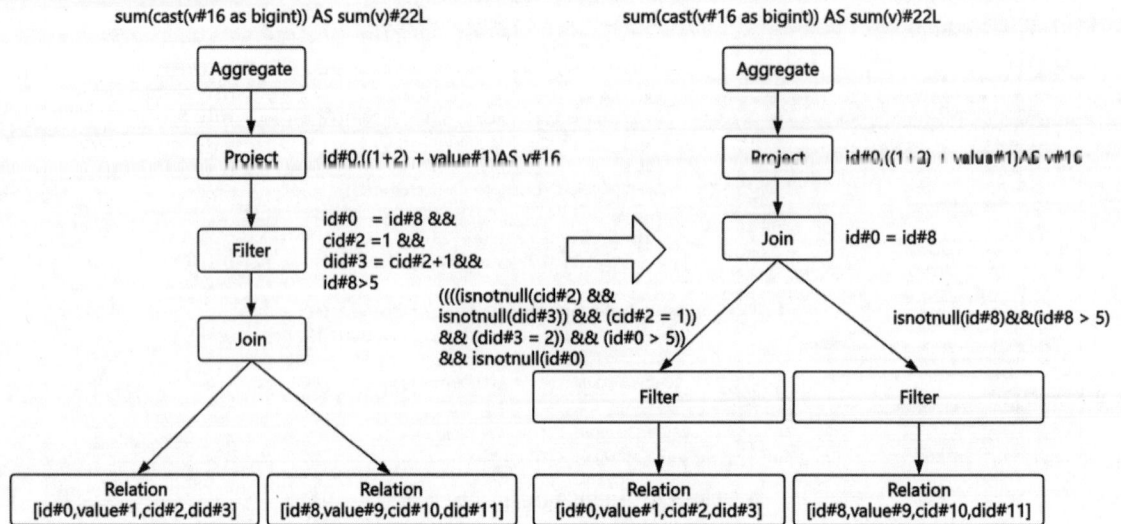

图 12-11　使用谓词下推优化得到的逻辑计划

从图12-11可以看出，谓词下推将Filter算子直接下推到Join之前了（注意，图12-11是从下往上看的）。也就是在扫描t1表时会先使用(((isnotnull(cid#2) && isnotnull(did#3)) && (cid#2 = 1)) && (did#3 = 2)) && (id#0 > 5)) && isnotnull(id#0)过滤条件过滤出满足条件的数据。同时，在扫描t2表时，会先使用isnotnull(id#8) && (id#8 > 5)过滤条件过滤出满足条件的数据。经过这样的操作，可以大大减少Join算子处理的数据量，从而加快计算速度。

12.5.2　列裁剪

列裁剪在Spark SQL中是由ColumnPruning实现的。因为我们查询的表可能有很多个字段，但是对于每次查询，我们很大可能不需要扫描出所有的字段，这个时候利用列裁剪可以把那些查询不需要的字段过滤掉，使得扫描的数据量减少。因此，针对我们前面介绍的SQL，使用列裁剪优化得到的逻辑计划如图12-12所示。

从图12-12可以看出，经过列裁剪后，t1表只需要查询id和value两个字段，t2表只需要查询id字段。这样不仅减少了数据的传输，而且如果底层的文件格式为列存（比如Parquet），可以大大提高数据的扫描速度。

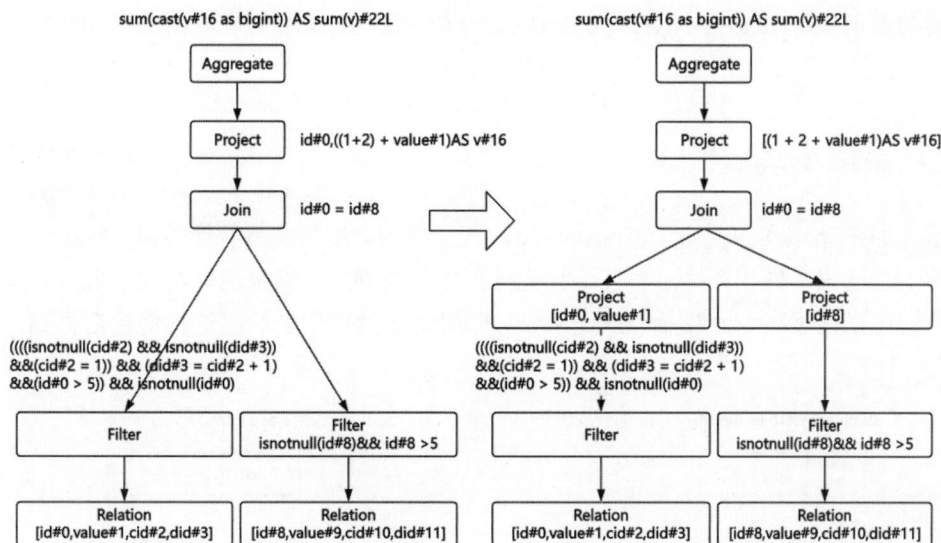

图 12-12　使用列裁剪优化得到的逻辑计划

12.5.3　常量替换

常量替换在Spark SQL中是由ConstantPropagation实现的。其核心功能是将变量替换成常量，比如SELECT * FROM table WHERE i=5 AND j=i+3可以转换成SELECT * FROM table WHERE i=5 AND j=8。虽然这种优化在单条语句中看起来似乎并不显著，但如果处理的数据量非常大，涉及大量行的扫描，这种优化可以显著减少计算时间的开销。经过这种优化后得到的逻辑计划如图12-13所示。

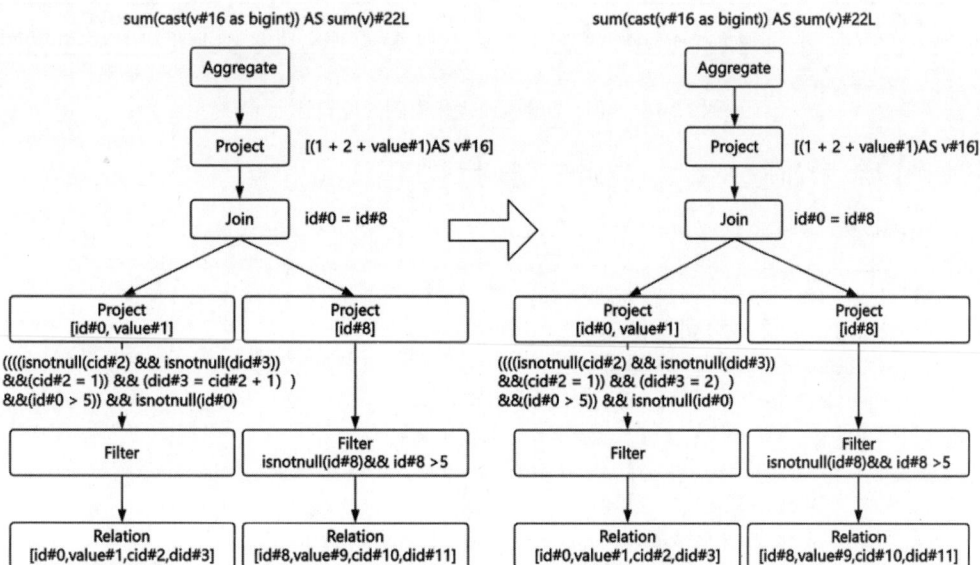

图 12-13　经过常量替换优化得到的逻辑计划

我们的查询中有t1.cid=1 AND t1.did=t1.cid+1查询语句。从中可以看出，t1.cid已经是确定的值，所以我们完全可以使用它计算出t1.did的值。

12.5.4　常量累加

常量累加在Spark SQL中是由ConstantFolding实现的。这与常量替换类似，也是在优化阶段把一些常量表达式事先计算好。虽然这种优化在单个查询中看起来改动不大，但在处理大规模数据时，它可以显著减少计算量，从而降低CPU等资源的使用。经过这种优化后得到的逻辑计划如图12-14所示。

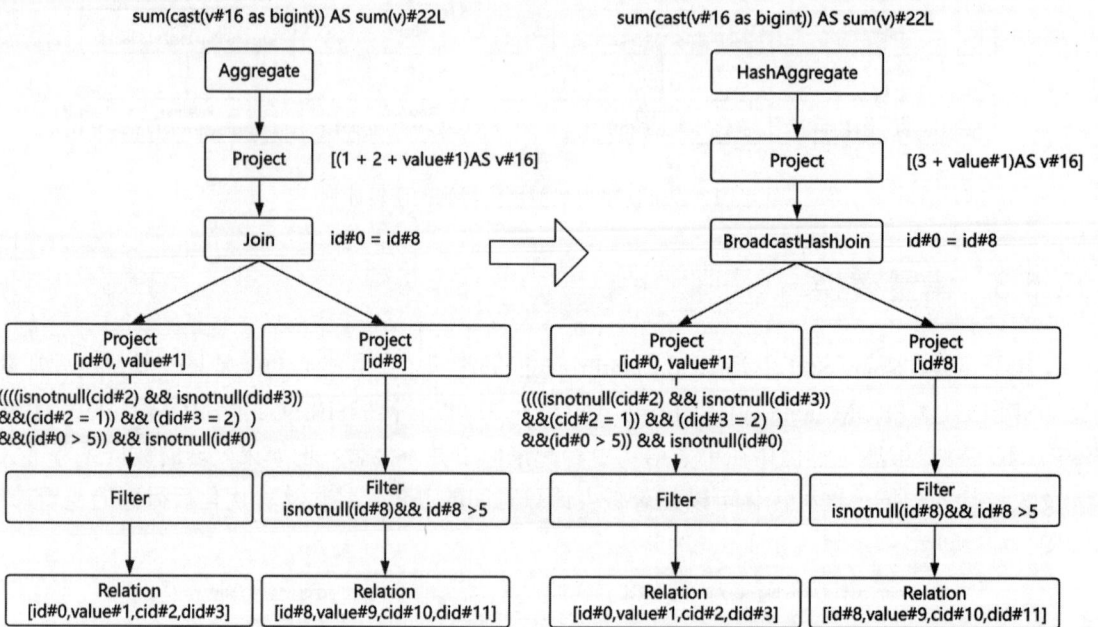

图 12-14　经过常量累加优化得到的逻辑计划

经过上述4个步骤的优化之后，得到的逻辑计划如下：

```
== Optimized Logical Plan ==
Aggregate [sum(cast(v#16 as bigint)) AS sum(v)#22L]
+- Project [(3 + value#1) AS v#16]
   +- Join Inner, (id#0 = id#8)
      :- Project [id#0, value#1]
      :  +- Filter (((((isnotnull(cid#2) && isnotnull(did#3)) && (cid#2 = 1))
&& (did#3 = 2)) && (id#0 > 5)) && isnotnull(id#0))
      :     +- Relation[id#0,value#1,cid#2,did#3] csv
      +- Project [id#8]
         +- Filter (isnotnull(id#8) && (id#8 > 5))
            +- Relation[id#8,value#9,cid#10,did#11] csv
```

最终得到的优化之后的逻辑计划如图12-15所示。

sum(cast(v#16 as bigint)) AS sum(v)#22L

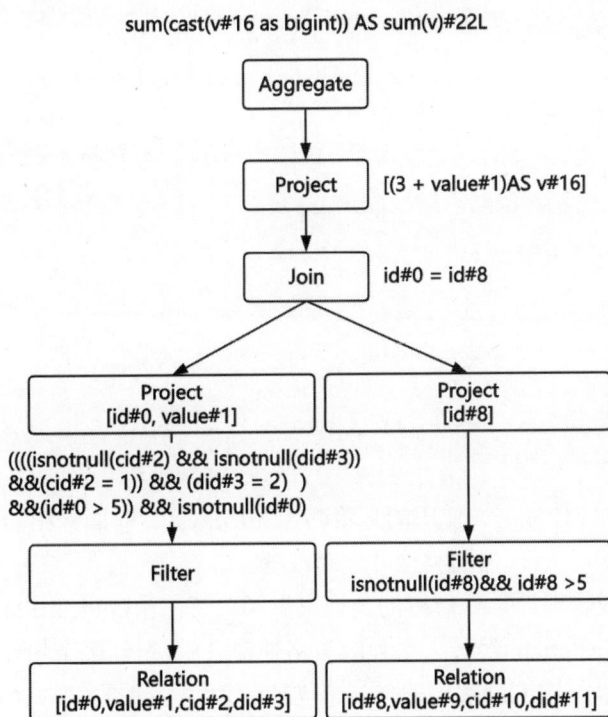

图 12-15　最终得到的优化之后的逻辑计划

12.6　使用 SparkPlanner 生成物理计划

SparkSpanner使用Planning Strategies对优化后的逻辑计划进行转换，生成可以执行的物理计划SparkPlan。

```
/**
 * 将逻辑计划转换成物理计划的抽象类
 * 各实现类通过各种GenericStrategy来生成各种可行的待选物理计划
 * 如果一个策略无法对逻辑计划树的所有操作进行转换，则会调用[GenericStrategy#planLater
 * planLater]]来获得一个"占位符"对象暂时填充；之后由[[collectPlaceholders collected]]
 * 收集并使用其他策略进行转换

 * TODO：到目前为止，永远只生成一个物理计划
 *       后续迭代中会对"多计划"予以实现
 */
abstract class QueryPlanner[PhysicalPlan <: TreeNode[PhysicalPlan]] {
  /** A list of execution strategies that can be used by the planner */
  def strategies: Seq[GenericStrategy[PhysicalPlan]]

  def plan(plan: LogicalPlan): Iterator[PhysicalPlan] = {
```

```
    // 显然，此处还有大量工作需要做
    // 收集所有可选的物理计划
    val candidates = strategies.iterator.flatMap(_(plan))

abstract class SparkStrategies extends QueryPlanner[SparkPlan] {
  self: SparkPlanner =>
  // Plans special cases of limit operators
  object SpecialLimits extends Strategy {

class SparkPlanner(
    val sparkContext: SparkContext,
    val conf: SQLConf,
    val experimentalMethods: ExperimentalMethods)
  extends SparkStrategies {
```

逻辑计划翻译成物理计划时，使用的是策略（Strategy）。前面介绍的逻辑计划绑定和优化经过Transformations动作之后，树的类型并没有改变。

Logical Plan转换成物理计划后，树的类型发生了改变，由Logical Plan转换成Physical Plan了。一个逻辑计划(Logical Plan)经过一系列的策略处理之后，得到多个物理计划(Physical Plans)，物理计划在Spark中是由SparkPlan实现的。多个物理计划经过代价模型（Cost Model）得到选择后的物理计划（Selected Physical Plan），整个过程如图12-16所示。

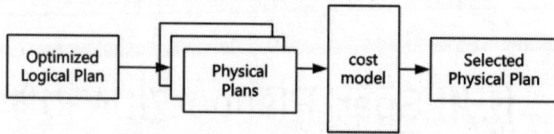

图 12-16 物理计划执行过程

Cost Model对应的是基于代价的优化（Cost-based Optimizations，CBO）。CBO主要由华为团队实现（详见SPARK-16026）。其核心思想是计算每个物理计划的代价，然后得到最优的物理计划。目前，这一部分并没有实现，直接返回多个物理计划列表的第一个作为最优的物理计划，代码如下：

```
lazy val sparkPlan: SparkPlan = {
    SparkSession.setActiveSession(sparkSession)
    // TODO: We use next(), i.e. take the first plan returned by the planner,
here for now, but we will implement to choose the best plan.
    planner.plan(ReturnAnswer(optimizedPlan)).next()
}
```

而SPARK-16026引入的CBO优化，主要是在前面介绍的优化逻辑计划阶段（Optimizer阶段）进行的，对应的Rule为CostBasedJoinReorder，并且默认是关闭的，需要通过spark.sql.cbo.enabled 或 spark.sql.cbo.joinReorder.enabled参数开启。

因此，到了这个节点，得到的物理计划如下：

```
== Physical Plan ==
*(3) HashAggregate(keys=[], functions=[sum(cast(v#16 as bigint))],
output=[sum(v)#22L])
+- Exchange SinglePartition
   +- *(2) HashAggregate(keys=[], functions=[partial_sum(cast(v#16 as
bigint))], output=[sum#24L])
      +- *(2) Project [(3 + value#1) AS v#16]
         +- *(2) BroadcastHashJoin [id#0], [id#8], Inner, BuildRight
            :- *(2) Project [id#0, value#1]
            :  +- *(2) Filter ((((((isnotnull(cid#2) && isnotnull(did#3)) &&
(cid#2 = 1)) && (did#3 = 2)) && (id#0 > 5)) && isnotnull(id#0))
            :     +- *(2) FileScan csv [id#0,value#1,cid#2,did#3] Batched:
false, Format: CSV, Location: InMemoryFileIndex[file:/iteblog/t1.csv],
PartitionFilters: [], PushedFilters: [IsNotNull(cid), IsNotNull(did),
EqualTo(cid,1), EqualTo(did,2), GreaterThan(id,5), IsNotNull(id)], ReadSchema:
struct<id:int,value:int,cid:int,did:int>
            +- BroadcastExchange
HashedRelationBroadcastMode(List(cast(input[0, int, true] as bigint)))
               +- *(1) Project [id#8]
                  +- *(1) Filter (isnotnull(id#8) && (id#8 > 5))
                     +- *(1) FileScan csv [id#8] Batched: false, Format: CSV,
Location: InMemoryFileIndex[file:/iteblog/t2.csv], PartitionFilters: [],
PushedFilters: [IsNotNull(id), GreaterThan(id,5)], ReadSchema: struct<id:int>
```

从上面的结果可以看出，物理计划阶段已经知道数据源是从CSV文件中读取的了，也已经知道文件的路径、数据类型等信息。而且在读取文件时，直接将过滤条件（PushedFilters）加进去了。

同时，这个Join变成了BroadcastHashJoin，即把t2表的数据广播到t1表所在的节点，如图12-17所示。

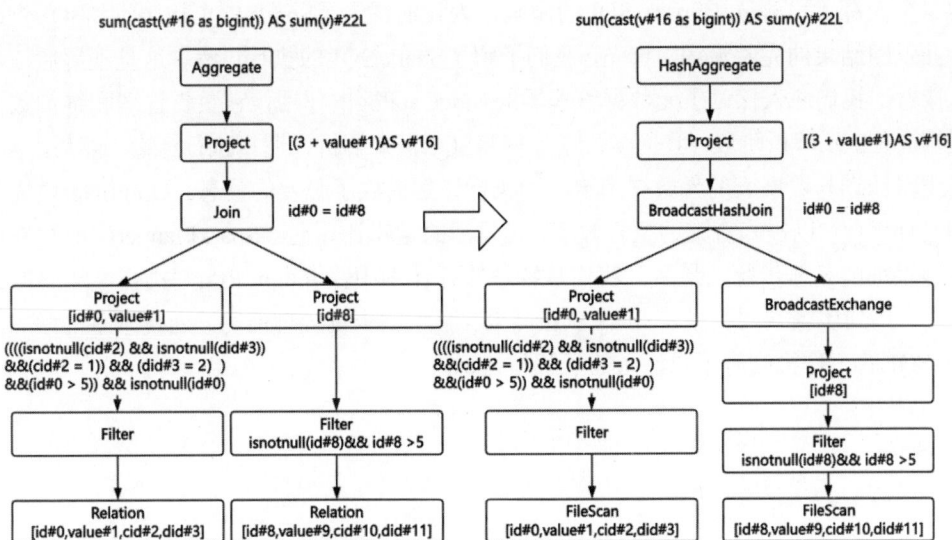

图 12-17　Join 变成了 BroadcastHashJoin 过程

至此，Physical Plan就完全生成了。

12.7 从物理执行计划获取 inputRdd 执行

从物理计划上可以获取inputRdd。从物理计划上生成全阶段代码，并编译反射出迭代器newBiIterator的类[类名：BufferedRowIterator]。然后，对inputRDD进行一个转换（Transformation），得到最终要执行的RDD。

```
inputRdd.mapPartitionsWithIndex((index,iter)=>{
    new newBiIterator(){
      hasNext(){
          iter.hasNext
      }
      next(){
          processNext(iter.next())
      }
    }
})
```

然后，对最后返回的RDD执行所需要的行动算子：

```
rdd.collect().foreach(println)
```

12.8 本章小结

本章全面深入地解读了Spark SQL的源码，为我们揭示了Spark SQL从接收到SQL查询到最终执行并返回结果的完整流程。首先，我们了解了Spark SQL的执行过程，这是理解后续步骤的基础。接着，我们深入探讨了元数据管理器SessionCatalog的作用，它负责管理和维护数据库中的元数据。在SQL解析阶段，我们学习了如何将SQL查询解析为逻辑执行计划。随后，Analyzer模块将逻辑计划与数据表的元数据绑定，为执行计划提供了必要的信息。Optimizer模块则对逻辑计划进行优化，以提高查询的执行效率。优化后的逻辑计划通过SparkPlanner生成物理计划，这是执行查询的具体步骤。最后，我们从物理执行计划中获取inputRdd并执行，从而得到查询结果。这一系列步骤共同构成了Spark SQL高效、强大的查询处理能力。通过本章的学习，我们对Spark SQL的工作机制有了更深入的了解和认识。

第13章

Spark 性能调优

本章将全面剖析Spark性能调优的方法，从常规调优到开发原则优化，再到具体的调优方法和数据倾斜问题的应对策略，层层递进，帮助读者深入理解并掌握Spark调优的精髓。通过本章的学习，读者将能够显著提高调优Spark的性能。

本章主要知识点：

- Spark常规性能调优
- Spark开发原则优化
- Spark调优方法
- Spark数据倾斜调优

13.1 Spark 常规性能调优

本节将深入探讨Spark的常规性能调优策略，涵盖最优资源配置、RDD优化、并行度调节、广播大变量、Kryo序列化、调节本地化等待时长、ShuGle调优及JVM调优等多种方法，旨在帮助用户全面优化Spark作业性能。

13.1.1 常规性能调优一：最优资源配置

Spark性能调优的第一步就是为任务分配更多的资源。在一定范围内，增加资源的分配与性能的提升是成正比的，实现最优的资源配置后，在此基础上再考虑进行后面讲解的性能调优策略。资源的分配在使用脚本提交Spark任务时进行指定，标准的Spark任务提交脚本代码如下：

```
/usr/opt/modules/spark/bin/spark-submit \
```

```
--class com.atguigu.spark.Analysis \
--num-executors 80 \
--driver-memory 6g \
--executor-memory 6g \
--executor-cores 3 \
/usr/opt/modules/spark/jar/spark.jar
```

可以进行分配的资源如表13-1所示。

表 13-1　Spark 资源参数表

参数名称	参数说明
--num-executors	配置 Executor 的数量
--driver-memory	配置 Driver 内存（影响不大）
--executor-memory	配置每个 Executor 的内存大小
--executor-cores	配置每个 Executor 的 CPU Core 数量

调节原则：尽量将任务分配的资源调节到可以使用的资源的最大限度。对于具体资源的分配，我们分别讨论Spark的两种Cluster运行模式：

● 第一种是Spark Standalone模式。在提交任务前，一定要知道或者可以从运维部门获取到可以使用的资源情况。在编写Submit脚本时，应根据可用的资源情况进行资源的分配。例如集群有15台机器，每台机器有8GB内存和两个CPU Core，那么可以指定15个Executor，每个Executor分配8GB内存和两个CPU Core。

● 第二种是Spark YARN模式。由于YARN使用资源队列进行资源的分配和调度，在编写Submit脚本时，应根据Spark作业要提交到的资源队列进行资源分配。例如，资源队列有400GB内存和100个CPU Core，那么指定50个Executor，每个Executor分配8GB内存和2个CPU Core。

13.1.2　常规性能调优二：RDD 优化

针对RDD的优化有3种措施，即RDD复用、RDD持久化和RDD尽可能早的Filter操作。

1）RDD 复用

获取到初始RDD后，需要检查相同的算子和计算逻辑，避免相同计算逻辑的重复执行。

2）RDD 持久化

在Spark中，当多次对同一个RDD执行算子操作时，每一次都会对这个RDD以之前的父RDD重新计算一次，这种情况是必须要避免的，因此对同一个RDD的重复计算是对资源的极大浪费。因此，必须对多次使用的RDD进行持久化，通过持久化将公共RDD的数据缓存到内存/磁盘中，之后对于公共RDD的计算都会从内存/磁盘中直接获取RDD数据。

对于RDD的持久化，有两点需要说明：

（1）RDD的持久化是可以进行序列化的，当内存无法完整地存放RDD的数据时，可以考虑使用序列化的方式减小数据体积，将数据完整存储在内存中。

（2）如果对于数据的可靠性要求很高，并且内存充足，可以使用副本机制对RDD数据进行持久化。当启用副本机制时，对于持久化的每个数据单元都会在其他节点上存储一个副本，由此实现数据的容错。一旦一个副本数据丢失，不需要重新计算，还可以使用另一个副本。

3）RDD 尽可能早的 Filter 操作

获取到初始RDD后，应该考虑尽早过滤掉不需要的数据，进而减少对内存的占用，从而提升Spark作业的运行效率。

13.1.3　常规性能调优三：并行度调节

Spark作业中的并行度是指各个Stage中Task的数量。如果并行度设置不合理，导致并行度过低，就会导致资源的极大浪费。例如，如果有20个Executor，每个Executor分配3个CPU Core，而Spark作业有40个Task，这样每个Executor分配到的Task个数是两个。这就使得每个Executor有一个CPU Core空闲，导致资源的浪费。

理想的并行度设置应该是让并行度与资源相匹配。简单来说，就是在资源允许的前提下，并行度要设置得尽可能大，以充分利用集群资源。合理设置并行度可以提升整个Spark作业的性能和运行速度。

Spark官方推荐Task数量应该设置为Spark作业总CPU Core数量的2~3倍。之所以不推荐Task数量与CPU Core总数相等，这是因为Task的执行时间不同，有的Task执行速度快，而有的Task执行速度慢。如果Task数量与CPU Core总数相等，那么执行快的Task执行完成后，会出现CPU Core空闲的情况。如果Task数量设置为CPU Core总数的2~3倍，那么一个Task执行完毕后，CPU Core会立刻执行下一个Task，从而减少资源浪费，同时提升Spark作业运行的效率。

13.1.4　常规性能调优四：广播大变量

默认情况下，Task的算子中如果使用了外部变量，每个Task都会获取一份变量的副本，这就造成了内存的极大消耗。一方面，如果后续对RDD进行持久化，可能就无法将RDD数据存入内存，只能写入磁盘，磁盘I/O将会严重消耗性能；另一方面，Task在创建对象时，也许会发现堆内存无法存放新创建的对象，这就会导致频繁的GC，GC会导致工作线程停止，进而导致Spark暂停工作一段时间，严重影响Spark的性能。

假设当前任务配置了20个Executor，指定500个Task，有一个20MB的变量被所有Task共用，此时会在500个Task中产生500个副本，耗费集群10GB的内存。如果使用了广播变量，那么每个Executor保存一个副本，一共消耗400MB内存，内存消耗减少了1/5。

广播变量在每个Executor中只保存一个副本，此Executor的所有Task共用此广播变量，这使得变量产生的副本数量大大减少。

在初始阶段，广播变量只在Driver中有一份副本。Task在运行时，想要使用广播变量中的数据，此时首先会在自己本地的Executor对应的BlockManager中尝试获取变量。如果本地没有这个变量，BlockManager就会从Driver或者其他节点的BlockManager上远程拉取变量的副本，并由本地的BlockManager进行管理；之后此Executor的所有Task都会直接从本地的BlockManager中获取变量。

13.1.5 常规性能调优五：Kryo 序列化

默认情况下，Spark使用Java的序列化机制。Java的序列化机制使用方便，不需要额外的配置，在算子中使用的变量实现Serializable接口即可。但是，Java序列化机制的效率不高，序列化速度慢，并且序列化后的数据占用的空间依然较大。

Kryo序列化机制比Java序列化机制性能提高10倍左右。Spark之所以没有默认使用Kryo作为序列化类库，是因为它不支持所有对象的序列化；同时，Kryo需要用户在使用前注册需要序列化的类型，不够方便。但从Spark 2.0.0版本开始，简单类型、简单类型数组、字符串类型的ShuGling RDD已经默认使用Kryo序列化方式了。

13.1.6 常规性能调优六：调节本地化等待时长

Spark作业运行过程中，Driver会对每一个Stage的Task进行分配。根据Spark的Task分配算法，Spark希望Task能够运行在它要计算的数据所在的节点（数据本地化思想），这样就可以避免数据的网络传输。通常来说，Task可能不会被分配到它处理的数据所在的节点，因为这些节点可用的资源可能已经用尽。此时，Spark会等待一段时间，默认为3s，如果等待指定时间后仍然无法在指定节点运行，那么会自动降级，尝试将Task分配到比较差的、本地化级别对应的节点上，比如将Task分配到离它要计算的数据比较近的一个节点，然后进行计算，如果当前级别仍然不行，那就继续降级。

当Task要处理的数据不在Task所在节点上时，会发生数据的传输。Task会通过所在节点的BlockManager获取数据，BlockManager发现数据不在本地时，会通过网络传输组件从数据所在节点的BlockManager处获取数据。

网络传输数据的情况是我们不愿意看到的，大量的网络传输会严重影响性能。因此，我们希望通过调节本地化等待时长，如果在等待时长这段时间内，目标节点处理完成了一部分Task，那么当前的Task将有机会得到执行，这样就能够改善Spark作业的整体性能。

在Spark项目开发阶段，可以使用Client模式对程序进行测试。此时，可以在本地看到比较全的日志信息。日志信息中有明确的Task数据本地化的级别，如果大部分都是PROCESS_LOCAL，那么无须进行调节。但是，如果发现很多级别都是NODE_LOCAL、ANY，那么就需要对本地化的等待时长进行调节，通过延长本地化等待时长，看看Task的本地化级别有没有提升，并观察Spark作业的运行时间有没有缩短。

注意，过犹不及，不要将本地化等待时长延长得过长，导致因为大量的等待时长，使得Spark作业的运行时间反而增加了。

Spark本地化等待时长的设置代码如下：

```
val conf = new SparkConf().set("spark.locality.wait", "6")
```

13.1.7 常规性能调优七：ShuGle 调优

1）ShuGle 调优一：调节 Map 端缓冲区大小

在Spark任务运行过程中，如果Shuffle的Map端处理的数据量比较大，但是Map端缓冲的大小是固定的，可能会出现Map端缓冲数据频繁溢写到磁盘文件中的情况，使得性能非常低下。通过调节Map端缓冲的大小，可以避免频繁的磁盘I/O操作，进而提升Spark任务运行的整体性能。

Map端缓冲的默认配置是32KB，如果每个Task处理640KB的数据，那么会发生640/32= 20次溢写；如果每个Task处理64000KB的数据，就会发生64000/32=2000次溢写，这对于性能的影响是非常严重的。

Map端缓冲的配置代码如下：

```
val conf = new SparkConf().set("spark.shuffle.file.buffer", "64")
```

2）ShuGle 调优二：调节 Reduce 端拉取数据缓冲区大小

在Spark Shuffle过程中，Shuffle Reduce Task的缓冲区大小决定了Reduce Task每次能够缓冲的数据量，也就是每次能够拉取的数据量。如果内存资源较为充足，适当增加拉取数据缓冲区的大小，可以减少拉取数据的次数，从而减少网络传输的次数，进而提升性能。

Reduce端数据拉取缓冲区的大小可以通过spark.reducer.maxSizeInFlight参数进行设置，默认为48MB。该参数的设置代码如下：

```
val conf = new SparkConf().set("spark.reducer.maxSizeInFlight", "96")
```

3）ShuGle 调优三：调节 Reduce 端拉取数据重试次数

在Spark Shuffle过程中，Reduce Task拉取属于自己的数据时，如果因为网络异常等原因导致失败，会自动进行重试。对于那些包含特别耗时的Shuffle操作的作业，建议增加重试最大次数（比如60次），以避免JVM的Full GC或者网络不稳定等因素导致的数据拉取失败。在实践中发现，对于超大数据量（数十亿到上百亿）的Shuffle过程，调节该参数可以大幅提升稳定性。

Reduce端拉取数据重试次数可以通过spark.shuule.io.maxRetries参数进行设置，该参数就代表了可以重试的最大次数。如果在指定次数之内拉取还是没有成功，可能会导致作业执行失败。该参数默认为3，其设置代码如下：

```
val conf = new SparkConf().set("spark.shuffle.io.maxRetries", "6")
```

4）ShuGle 调优四：调节 Reduce 端拉取数据等待间隔

在Spark Shuffle过程中，Reduce Task拉取属于自己的数据时，如果因为网络异常等原因导致失败会自动进行重试，在一次失败后，会等待一定的时间间隔再进行重试，这样可以通过加大间隔时长（比如60s）来增加Shuffle操作的稳定性。

Reduce端拉取数据等待间隔可以通过spark.shuffle.io.retryWait参数进行设置，默认值为5s。该参数的设置代码如下：

```
val conf = new SparkConf().set("spark.shuffle.io.retryWait", "60s")
```

5）ShuGle 调优五：调节 SortShuGle 排序操作阈值

对于SortShuffleManager，如果Shuffle Reduce Task的数量小于某一阈值，则Shuffle write过程中不会进行排序操作，而是直接按照未经优化的HashShuffleManager方式来写数据，但是最后会将每个Task产生的所有临时磁盘文件都合并成一个文件，并会创建单独的索引文件。

当你使用SortShuffleManager时，如果确实不需要排序操作，那么建议将这个参数调大一些，大于Shuffle Read Task的数量。这样，map-side就不会进行排序，从而减少排序的性能开销。但在这种方式下，依然会产生大量的磁盘文件，因此Shuffle write性能有待提高。

SortShuffleManager排序操作阈值可以通过spark.shuffle.sort.bypassMergeThreshold这一参数进行设置，默认值为200。该参数的设置代码如下：

```
val conf = new SparkConf()
.set("spark.shuffle.sort.bypassMergeThreshold", "400")
```

13.1.8　常规性能调优八：JVM 调优

对于JVM调优，首先应该明确，full GC/minor GC都会导致JVM的工作线程停止工作，即stop the world。本小节将分析JVM调优的几种方法。

1. JVM 调优一：降低 Cache 操作的内存占比

1）静态内存管理机制

根据Spark静态内存管理机制，堆内存被划分为两部分：Storage和Execution。Storage主要用于缓存RDD数据和广播数据，Execution主要用于缓存在Shuule过程中产生的中间数据。Storage占系统内存的60%，Execution占系统内存的20%，并且两者完全独立。

在一般情况下，Storage的内存都提供给Cache操作，但是如果在某些情况下Cache操作内存不是很紧张，而Task的算子中创建的对象很多，Execution内存又相对较小，这会导致频繁的minor GC，甚至full GC，进而导致Spark频繁地停止工作，对性能的影响会很大。

在Spark UI中可以查看每个Stage的运行情况，包括每个Task的运行时间、GC时间等。如果发现GC太频繁，时间太长，就可以考虑调节Storage的内存占比，让Task执行算子函数时有更多的内存可以使用。

Storage内存区域可以通过spark.storage.memoryFraction参数进行指定，默认为0.6，即60%，可以逐级向下递减，其配置代码如下：

```
val conf = new SparkConf().set("spark.storage.memoryFraction", "0.4")
```

2）统一内存管理机制

根据Spark统一内存管理机制，堆内存被划分为两部分：Storage和Execution。Storage主要用于缓存数据，Execution主要用于缓存在Shuffle过程中产生的中间数据，两者所组成的内存部分称为统一内存，Storage和Execution各占统一内存的50%。由于动态占用机制的实现，Shuffle过程需要的内存过大时，会自动占用Storage的内存区域，因此无须手动进行调节。

2. JVM 调优二：调节 Executor 堆外内存

Executor的堆外内存主要用于程序的共享库、Perm Space、线程Stack和一些Memory Mapping等，或者类C方式分配对象。

有时，如果你的Spark作业处理的数据量非常大，达到几亿的数据量，此时运行Spark作业会时不时地报错，例如Shuffle output file cannot find、Executor lost、Task lost、Out of memory等。这可能是Executor的堆外内存不太够用，导致Executor在运行过程中内存溢出。

Stage的Task在运行时，可能要从一些Executor中拉取Shuffle Map Output文件。但是Executor可能已经由于内存溢出挂掉，其关联的BlockManager也会丢失，这就可能会报出Shuffle output file cannot find、Executor lost、Task lost、Out of memory等错误。此时可以考虑调节一下Executor的堆外内存，也就可以避免报错。与此同时，堆外内存调节得比较大时，对于性能来讲，也会带来一定的提升。

默认情况下，Executor堆外内存上限大概多于300MB。在实际生产环境下，对海量数据进行处理时，这里往往会出现问题，导致Spark作业反复崩溃，无法运行。此时，可以将该参数调节到至少1GB，甚至2GB、4GB。

Executor堆外内存的配置需要在spark-submit脚本中进行设置，配置语句如下：

```
--conf spark.yarn.executor.memoryOverhead=2048
```

以上参数配置完成后，会避免某些JVM OOM的异常问题，同时提升整体Spark作业的性能。

3. JVM 调优三：调节连接等待时长

在Spark作业运行过程中，Executor优先从自己本地关联的BlockManager中获取某份数据。如果本地BlockManager没有数据，会通过TransferService远程连接其他节点上Executor的BlockManager来获取数据。

如果Task在运行过程中创建大量对象或者创建的对象较大，会占用大量的内存，这会导致频繁的垃圾回收。但是垃圾回收会导致工作现场全部停止，也就是说，垃圾回收一旦执行，Spark的Executor进程就会停止工作，无法提供响应。此时，由于没有响应，无法建立网络连接，会导致网络连接超时。

在生产环境下，有时会遇到file not found、file lost这类错误。在这种情况下，很有可能是Executor的BlockManager在拉取数据时无法建立连接，然后在超过默认的连接等待时长60s后，宣告数据拉取失败。如果反复尝试都拉取不到数据，可能会导致Spark作业的崩溃。这种情况也可能会导致DAGScheduler反复提交几次Stage，TaskScheduler反复提交几次Task，大大延长了Spark作业的运行时间。

此时，可以考虑调节连接的超时时长，连接等待时长需要在spark-submit脚本中进行设置，设置方式如下：

```
--conf spark.core.connection.ack.wait.timeout=300 2
```

调节连接等待时长后，通常可以避免部分的某某文件拉取失败、某某文件lost等报错。

13.2 Spark 开发原则优化

本节将阐述Spark开发中的关键优化原则，包括避免创建重复的RDD与DataFrame、复用RDD以提高效率、减少重复性SQL查询、注意数据类型选择以及编写高质量的SQL语句等，旨在帮助开发者提升Spark应用的性能与代码质量。

13.2.1 开发原则一：避免创建重复的 RDD

通常来说，我们在开发一个Spark作业时，首先是基于某个数据源（比如Hive表或HDFS文件）创建一个初始的RDD，接着对这个RDD执行某个算子操作，然后得到下一个RDD，以此类推，循环往复，直到计算出最终我们需要的结果。在这个过程中，多个RDD会通过不同的算子操作（比如Map、Reduce等）串起来，这个"RDD串"就是RDD lineage，也就是"RDD的血缘关系链"。

在开发过程中要注意：对于同一份数据，只应该创建一个RDD，不能创建多个RDD来代表同一份数据。一些Spark初学者在刚开始开发Spark作业时，或者是有经验的工程师在开发RDD lineage极其冗长的Spark作业时，可能会忘记自己之前已经为某份数据创建过一个RDD，从而导致为同一份数据创建了多个RDD。这就意味着，我们的Spark作业会进行多次重复计算，来创建多个代表相同数据的RDD，进而增加了作业的性能开销。

下面举例说明。我们需要对名为hello.txt的HDFS文件进行一次Map操作，再进行一次Reduce操作。也就是说，需要对一份数据执行两次算子操作。

```
// 错误的做法: 对同一份数据执行多次算子操作时, 创建多个RDD
val rdd1 = sc.textFile("hdfs:// 192.168.0.0:8020/hello.txt")
rdd1.map(...)
val rdd2 = sc.textFile("hdfs:// 192.168.0.0:8020/hello.txt")
rdd2.reduce(...)
```

这里执行了两次textFile方法，即针对同一个HDFS文件创建了两个RDD，然后分别对每个RDD执行一个算子操作。在这种情况下，Spark需要从HDFS上加载两次hello.txt文件的内容，并创建两个单独的RDD。第二次加载HDFS文件以及创建RDD的性能开销是明显浪费的。

```
// 正确的做法: 对同一份数据执行多次算子操作时, 只使用一个RDD
val rdd1 = sc.textFile("hdfs:// 192.168.0.0:8020/hello.txt")
rdd1.map(...)
rdd1.reduce(...)
```

这种写法很明显比上一种写法好多了，因为我们对于同一份数据只创建了一个RDD，然后对这个RDD执行了多次算子操作。但要注意，到这里优化还没有结束，由于rdd1被执行了两次算子操作，第二次执行Reduce操作时，还会再次从源头处重新计算一次rdd1的数据，因此还是会有重复计算的性能开销。

要彻底解决这个问题，必须结合后续讲解的"开发原则三：尽可能复用同一个RDD"，才能保证一个RDD在多次使用时只被计算一次。

13.2.2　开发原则二：避免创建重复的 DataFrame

重复创建相同的DataFrame是初学者比较容易犯的一个错误。

对于一个会被多次使用的数据集，我们应该只创建一个DataFrame实例来表示它。很多读者写代码时有复制粘贴的习惯，不是说这个习惯不好，而是这个习惯很容易导致相同的DataFrame在无意中被创建多次。如果对同一个数据集创建了多个相同的DataFrame实例，就会浪费内存资源，甚至还会导致重复计算的问题。因此，读者在写代码时一定要留心，避免重复创建相同的DataFrame实例。

下面是一个低效的代码例子：

```
val spark = SparkSession.builder().getOrCreate()
...
for( a <- 1 to 10){
  val df=spark.read.json("employee.json")
  ...
}
...
```

上述代码在for循环中反复创建了相同的DataFrame，这对资源造成了浪费。注意，要避免编写这种低效率的代码。

修改方法是把df放到for循环外面。修正后的代码如下：

```
val spark = SparkSession.builder().getOrCreate()
...
val df = spark.read.json("employee.json")
for( a <- 1 to 10){
  ...
}
...
```

13.2.3　开发原则三：尽可能复用同一个 RDD

除了要避免在开发过程中对同一份数据创建多个RDD外，在对不同的数据执行算子操作时，还要尽可能地复用同一个RDD。例如，有一个RDD的数据格式是key-value类型的，另一个是单value类型的，这两个RDD的value数据完全一样，那么此时可以只使用key-value类型的RDD，因为其中已经包含另一个RDD的数据。对于类似这种多个RDD的数据有重叠或者包含的情况，我们应该尽量复用一个RDD，这样可以尽可能减少RDD的数量，从而尽可能减少算子执行的次数。

下面来看一个例子。以下代码中有一个<Long, String>格式的RDD，即rdd1，由于业务需要，对rdd1执行了一个Map操作，创建了一个rdd2，而rdd2中的数据仅仅是rdd1中的value值，也就是说，rdd2是rdd1的子集。

```
JavaPairRDD<Long, String> rdd1 = ...
JavaRDD<String> rdd2 = rdd1.map(...)

// 分别对rdd1和rdd2执行不同的算子操作
rdd1.reduceByKey(...)
rdd2.map(...)
```

在这个例子中，rdd1和rdd2只是数据格式不同，rdd2的数据完全是rdd1的子集，却创建了两个RDD，并对两个RDD都执行了一次算子操作。此时会因为对rdd1执行Map算子来创建rdd2，而多执行一次算子操作，进而增加性能开销。其实在这种情况下，完全可以复用同一个RDD。我们可以使用rdd1既进行reduceByKey操作，又进行Map操作。在进行第二个Map操作时，只使用每个数据的tuple._2，也就是rdd1中的value值即可。

```
JavaPairRDD<Long, String> rdd1 = ...
rdd1.reduceByKey(...)
rdd1.map(tuple._2...)
```

第二种方式相较于第一种方式而言，很明显减少了一次rdd2的计算开销。但是到这里优化还没有结束，对rdd1还是执行了两次算子操作，rdd1实际上还是会被计算两次。因此，还需要配合"对多次使用的RDD进行持久化"，才能保证一个RDD在多次使用时只被计算一次。

13.2.4　开发原则四：避免重复性的 SQL 查询，对 DataFrame 复用

这个用语言表述比较麻烦，我们直接看代码吧。

假设有一张students表，用以下示例代码对这张表的操作是低效的：

```
val spark = SparkSession.builder().getOrCreate()
import spark.implicits._
val studentNameAndAge = spark.sql("SELECT name,age FROM students WHERE class=1")
...
// 经过多行代码之后
...
val studentName = spark.sql("SELECT name FROM students WHERE class=1 AND age >
20")
```

上面这段代码对students表查询了两次，如果这张表特别大，查询的效率就会很低。

这里讲一下，在Spark的Scala API中，DataFrame的定义是这样的：

```
type DataFrame = Dataset[Row]
```

因此，DataFrame可以使用Dataset的一些方法。

下面是修正之后的代码：

```
val spark = SparkSession.builder().getOrCreate()
import spark.implicits._
val studentNameAndAge = spark.sql("SELECT name,age FROM students WHERE class=1")
...
// 经过多行代码之后
...
val studentName = studentNameAndAge.filter($"age" > 20)
```

这样代码的效率就会提高。因为开发程序时通常会写很多行代码，许多人写着写着就忘记了前面的SQL和接下来的SQL是否执行了相同效果的查询（代码一长难免会不记得），导致了对表的不必要的重复查询。读者写代码时需要注意这个问题，避免写出低效的代码，尽量复用前面定义的DataFrame。

13.2.5　开发原则五：注意数据类型的使用

这条原则有以下两点需要注意的地方。

1）在生成 DataFrame 或 Dataset 时如何定义数据的类型

这个问题需要在我们定义变量时考虑清楚。Scala提供了丰富的数据类型，我们要根据场景选择合适的数据类型。能用Byte类型，就不要为了方便定义成Int类型。一个Byte类型是8位，而Int类型是32位，一旦将数据进行缓存，内存的消耗将会翻倍。在使用Spark SQL时，定义合适的数据类型可以节省比较可观的内存资源。

2）在代码中能用基本类型，尽量使用基本类型

由于每个不同的Java对象都有一个"对象头"，这个"头"大概是16字节，里面包含一些信息，例如一个指向类的指针。

像String类型比Char类型的数组开销大40字节，因为它不仅存储了数据本身，还包含其他数据（比如String的长度）。同时，因为它是用UTF-16编码的，所以每个字符占2字节。因此，一个10字符长的String会占60字节的大小。

要避免使用类与对象中包含对象以及指针的这种嵌套结构，还可以考虑使用数值型的ID或者枚举类型替代用字符串表示的键。此外，常用的集合类，比如HashMap、LinkedList，使用链表的数据结构。其中每个元素（比如Map.Entry）都有一个"包装"对象，这种对象不仅具有前面所讲的"对象头"，还包含指向下一个对象的指针。

因此，对于自定义的对象、String、集合等，在不影响代码的可读性、可维护性的情况下，能不用就尽量不用，因为它们占用比较多的内存。

13.2.6　开发原则六：写出高质量的 SQL

在使用SQL查询时，一条高质量的SQL语句将节省大量的查询时间，以及节省宝贵的计算

资源和内存资源。关于如何写出高质量的SQL语句，由于篇幅过长，也偏离了本书一开始定下的目标，这里就不展开描述了。

如果读者之前接触过SQL的优化，想必听说过SQL的执行计划。获取执行计划是SQL优化很关键的一部分，接下来介绍一下如何获取SQL的执行计划。

这里建议读者在Spark Shell中执行以下语句，亲自编写语句能有效地理解语句的意思及其作用。

需要准备的数据：在HDFS中对应账户的文件夹下放置一个JSON文件（笔者将其放置在HDFS中的/spark_book_data/employee.json下），文件内容如下：

```
{"id" : "1201", "name" : "satish", "age" : "25"}
{"id" : "1202", "name" : "krishna", "age" : "28"}
{"id" : "1203", "name" : "amith", "age" : "39"}
{"id" : "1204", "name" : "javed", "age" : "23"}
{"id" : "1205", "name" : "prudvi", "age" : "23"}
```

准备的数据文件只有一个，下面我们进入Spark Shell。

（1）读取employee.json文件：

```
scala> val employee = spark.read.json("/spark_book_data/employee.json")
employee: org.apache.spark.sql.DataFrame = [age: string, id: string ... 1 more field]
```

（2）创建临时视图：

```
scala> employee.createOrReplaceTempView("employee")
```

（3）查看视图的Schema：

```
scala> employee.printSchema
root
 |-- age: string (nullable = true)
 |-- id: string (nullable = true)
 |-- name: string (nullable = true)
```

（4）通过toDebugString查看分区信息：

```
scala> employee.rdd.toDebugString
res2: String =
(1) MapPartitionsRDD[8] at rdd at <console>:24 []
 |  SQLExecutionRDD[7] at rdd at <console>:24 []
 |  MapPartitionsRDD[6] at rdd at <console>:24 []
 |  MapPartitionsRDD[5] at rdd at <console>:24 []
 |  FileScanRDD[4] at rdd at <console>:24 []
```

（5）获取SQL的执行计划。

在http:// <driver>:4040页面的SQL栏中，可以看到执行的详细情况，如图13-1所示。图13-2将显示的各种计划依次罗列了出来。

```
scala> sql("select * from employee").queryExecution
res5: org.apache.spark.sql.execution.QueryExecution =
== Parsed Logical Plan ==
'Project [*]
+- 'UnresolvedRelation [employee], [], false

== Analyzed Logical Plan ==
age: string, id: string, name: string
Project [age#8, id#9, name#10]
+- SubqueryAlias employee
   +- View (`employee`, [age#8,id#9,name#10])
      +- Relation [age#8,id#9,name#10] json

== Optimized Logical Plan ==
Relation [age#8,id#9,name#10] json

== Physical Plan ==
FileScan json [age#8,id#9,name#10] Batched: false, DataFilters: [], Format:
JSON, Location: InMemoryFileIndex(1 paths)[hdfs://ns/spark_book_data/employe
e.json], PartitionFilters: [], PushedFilters: [], ReadSchema: struct<age:str
ing,id:string,name:string>
```

图 13-1　获取 SQL 的执行计划

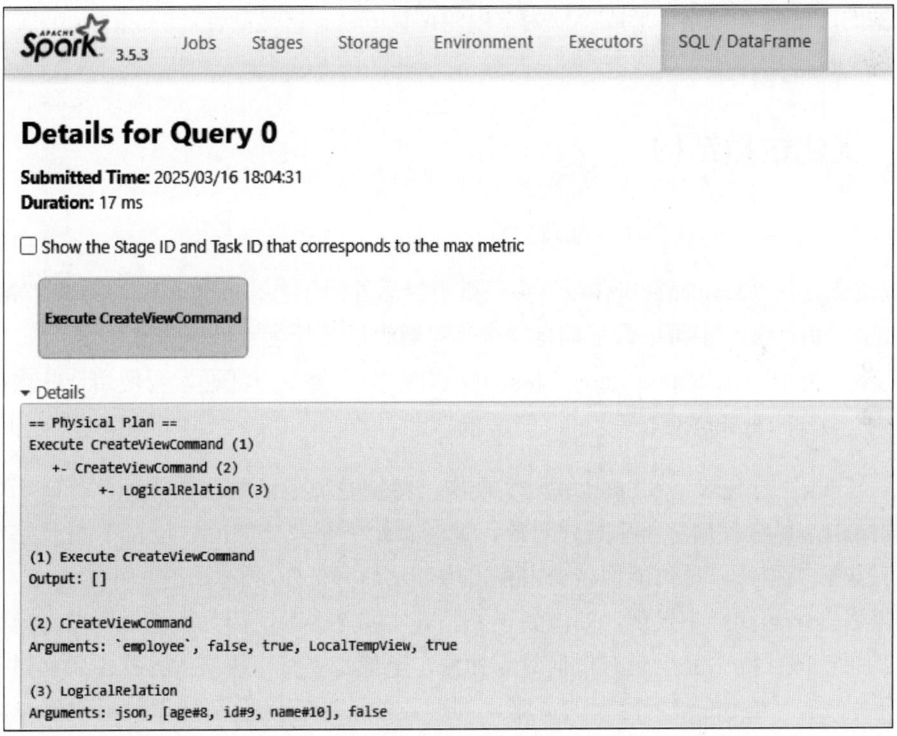

图 13-2　执行的详细情况

　　最后总结一下，前面几个原则都是编写程序时需要注意的小细节，虽然看起来很简单，却能有效地提高代码的执行效率。不要嫌啰唆，因为细节决定成败。如果要处理的数据量很大，稍有不慎就会对时间以及计算资源造成极大的浪费。想要写出高质量的代码，仔细斟酌代码是非常有必要的。

13.3 Spark 调优方法

在大数据计算领域，Spark已经成为越来越流行、越来越受欢迎的计算平台之一。Spark的功能涵盖大数据领域的离线批处理、SQL类处理、流式/实时计算、机器学习、图计算等各种不同类型的计算操作，应用范围与前景非常广泛。然而，通过Spark开发出高性能的大数据计算作业并不是那么简单的。如果没有对Spark作业进行合理的调优，Spark作业的执行速度可能会很慢，这样就完全体现不出Spark作为一种快速大数据计算引擎的优势。因此，想要用好Spark，就必须对它进行合理的性能优化。Spark的性能调优实际上由很多部分组成，不会仅仅调节几个参数就可以立竿见影地提升作业性能。我们需要根据不同的业务场景以及数据情况对Spark作业进行综合性分析，然后进行多个方面的调节和优化，才能获得最佳性能。所有Spark作业都需要注意和遵循的一些基本原则，形成了较为常用的调优方法，这是高性能Spark作业的基础。本节将介绍几种Spark中的调优方法。

13.3.1 优化数据结构

在Java中，有3种数据类型比较耗费内存：

（1）对象，每个Java对象都有对象头、引用等额外的信息，因此比较占用内存空间。

（2）字符串，每个字符串内部都有一个字符数组以及长度等额外信息。

（3）集合类型，比如HashMap、LinkedList等，集合类型内部通常会使用一些内部类来封装集合元素，比如Map.Entry。

因此，Spark官方建议，在Spark编码实现中，特别是算子函数中的代码，尽量不要使用上述3种数据结构，尽量使用字符串替代对象，使用原始类型（比如Int、Long）替代字符串，使用数组替代集合类型，以尽可能地减少内存占用，从而降低GC频率，提升性能。

但是笔者在编码实践中发现，要做到该原则其实并不容易，因为我们同时要考虑代码的可维护性。如果一段代码中完全没有任何对象抽象，全部是字符串拼接的方式，那么对于后续的代码维护和修改，无疑是一场巨大的灾难。同理，如果所有操作都基于数组实现，而不使用HashMap、LinkedList等集合类型，那么对于编码难度以及代码的可维护性，也是一个极大的挑战。因此，笔者建议，在可能以及合适的情况下，使用占用内存较少的数据结构，但前提是要保证代码的可维护性。

13.3.2 使用缓存（Cache）

我们知道数据在内存中的计算非常快。因此，可以把需要进行多次操作的表缓存到内存中，避免对磁盘进行多次I/O操作。

缓存有两种方式，代码如下：

```
import org.apache.spark.storage._
val spark = SparkSession.builder().getOrCreate()
val df = spark.read.json("employee")
df.createOrReplaceTempView("employee")

// 方式一：缓存到内存中
spark.catalog.cacheTable("employee")  // 这样就缓存到内存中了
// 如果不需要缓存了，就清除它，清除方式如下
spark.catalog.uncacheTable("employee")
// 如果需要清除所有缓存，就使用clearCache()
spark.catalog.clearCache()
// 如果需要查看是否已经缓存，就使用isCached()
if( spark.catalog.isCached("employee") ){
    print("yes")
}else{
    print("no")
}
// 方式二：对DataFrame持久化

df.cache()        // 这个默认的持久化级别是MEMORY_AND_DISK
df.persist()      // 这个和上面一行代码的效果是一样的
df.persist(StorageLevel.MEMORY_ONLY)// 使用MEMORY_ONLY时的持久化级别
df.unpersist()  // 释放
```

除了手动进行缓存之外，Spark在执行Shuffle操作时也会自动对一些中间数据进行缓存，比如reduceByKey。

上面第2种缓存方式是对DataFrame进行持久化。相比于RDD的默认持久化级别MEMORY_ONLY，DataFrame的默认持久化级别是MEMORY_AND_DISK。持久化级别及其说明如表13-2所示。

表 13-2　持久化级别及其说明

持久化级别	说　明
MEMORY_ONLY	RDD 的数据直接以 Java 对象的形式存储于 JVM 的内存中。如果内存空间不足，则剩下的分区不会被缓存到内存中。这些分区将在需要时重新计算
MEMORY_AND_DISK	RDD 的数据直接以 Java 对象的形式存储于 JVM 的内存中。如果内存空间不足，则剩下的分区会被缓存到磁盘中。这些分区将在需要时从磁盘中读取
MEMORY_ONLY_SER (Java and Scala)	RDD 以数据序列化后的 Java 对象的形式存储在 JVM 的内存中（一个字节数组存放一个分区）。序列化之后会比未序列化时节省很多空间（特别是在使用一个快速序列化工具时），但是序列化的同时会消耗 CPU 资源
MEMORY_AND_DISK_SER (Java and Scala)	和 MEMORY_ONLY_SER 差不多，两者的区别在于该序列化级别会在内存不够的情况下将剩下的分区序列化之后存储到磁盘中

（续表）

持久化级别	说　明
DISK_ONLY	将 RDD 分区只存储到磁盘中（不进行序列化）
MEMORY_ONLY_2, MEMORY_AND_DISK_2, etc.	和之前的 MEMORY_ONLY、MEMORY_AND_DISK 差不多，区别在于每个 RDD 分区有两个备份存储在集群的不同节点上
OFF_HEAP (experimental)	和 MEMORY_ONLY_SER 类似，但是数据存储在 off-heap 内存中，这需要确保 off-heap 内存可以使用（该功能还处于实验状态）

13.3.3　对配置属性进行调优

在Spark 3.5.3版本中，Spark SQL的一些常见的优化配置属性如下。

- spark.sql.files.maxPartitionBytes：控制每个分区的最大字节数，用于手动分区读取。
- spark.sql.files.openCostInBytes：估算文件开销，用于手动分区读取。
- spark.sql.broadcastTimeout：广播任务的超时时间。
- spark.sql.shuffle.partitions：控制Shuffle过程中的分区数。
- spark.sql.autoBroadcastJoinThreshold：控制自动广播合并的阈值大小。
- spark.sql.codegen：是否启用代码生成优化。
- spark.sql.costModel：选择不同的成本模型。
- spark.sql.join.preferSortMergeJoin：是否优先考虑排序合并。
- spark.sql.orc.filterPushdown：是否开启ORC格式下的过滤下推优化。
- spark.sql.orc.vectorize：是否开启ORC格式下的矢量化读取优化。

这些属性可以在Spark的配置文件spark-defaults.conf中设置，或者在创建SparkSession时通过.config()方法进行设置。例如：

```
val spark = SparkSession.builder()
  .appName("Spark SQL Optimization Example")
  .config("spark.sql.files.maxPartitionBytes", "67108864")
  .config("spark.sql.autoBroadcastJoinThreshold", "10485760")
  .getOrCreate()
```

注意，具体配置项可能随着Spark版本的更新而变化。

需要说明的是，Spark每个版本的调优属性不一样，有新增的，也有删除的。要想获得最准确的信息，应当到官网找相应版本的文档进行查看。因此，这里只能简单地讲一下如何使用这些配置属性，具体的建议请读者查看官方文档Programming Guides中SQL里面的Performance Tuning小节。

下面简单介绍多个版本中Spark SQL的一些参数的作用和区别。

- spark.sql.inMemoryColumnStorage.compressed：默认值为true，它的作用是自动对内存中的列式存储进行压缩。
- spark.sql.inMemoryColumnStorage.batchSize：默认值为1000，代表列式缓存时每个批处

理的大小。如果将这个值调得过大，可能会产生内存溢出（Out Of Memory，OOM）的异常。因此，在设置这个的参数时要注意实际的内存大小。

上面两个参数在之前的多个版本都能使用。

下面几个参数可能在之后的新版本中保留或者删除。

- spark.sql.files.maxPartitionBytes: 默认值是134217728（128MB），这个参数代表partition的最大数。
- spark.sql.files.openCostInBytes: 默认值是4194304（4MB），这个参数代表小于4MB的文件会被合并到一个partition中。
- spark.sql.broadcastTimeout: 默认值是300，广播的超时时间，以秒为单位。
- spark.sql.autoBroadcastJoinThreshold: 默认值是10485760（10MB），表示大表.join（小表）。读者可以根据需要广播的小表调整参数的大小。当使用连接操作时，会自动将小于阈值的表广播给所有工作节点。利用好这个属性可以降低数据传输的网络开销。当这个属性的值被设为-1时，关闭广播。
- spark.sql.shuffle.partitions: 默认值是200，这个参数代表着执行连接操作或聚合操作时数据分区的数目（由于计算是以partition为单位进行的，因此称之为并行度，这里需要读者稍微注意一下）。读者根据实际情况调大或调小，找到合适值就好。该参数在一定程度上能减少数据倾斜。

上面这些都是针对Spark SQL的属性。接下来讲的是针对整个Spark的属性。

- spark.default.parallelism: 这个是Spark的默认并行度（就是默认的分区数目）。对于不同的环境，默认配置不一样:
  - ➢ 对于 local 模式来说，这个属性的值是机器上的核心数。
  - ➢ 对于 Mesos 的细粒度模式来说，这个属性的值是 8。
  - ➢ 对于其他的资源管理器，比如 YARN，对应的值是所有执行节点的核心数，最低是 2。

通常，每个CPU核分配2~3个Task。对于有超线程技术的CPU，还是要以核心数为主，而不是核心数×2。

- park.executor.core和spark.executor.memory: 这两个属性用于修改每个Executor使用的核心数以及内存大小。
- spark.dirver.core和spark.dirver.memory: 这两个属性用于修改每个驱动进程使用的核心数以及内存大小。
- spark.executor.instances: 这个属性用于设置启动的Executor数目。

提示: http:// <driver>:4040这个页面给我们提供了很多非常实用的信息，希望读者能花一些时间熟悉这个Web UI。在该页面的Environment栏中可以查看已经生效的属性，未显示在上面的属性则认为是使用了默认值。由于配置属性是随着版本的发行而经常变动的，因此这里就不详细讲述了，读者可根据自己使用的Spark版本查阅相应的官方文档。

下面举一个使用Spark on YARN的例子。

在该集群上有6台主机运行着NodeManager，每台主机有16个核心和64GB的内存。

- yarn.nodemanager.resource.memory-mb设置为63 × 1024MB=64512MB=63GB。
- yarn.nodemanager.resource.cpu-vcores设置为15。

为什么不设置为64×1024MB=65536MB的内存和16个核心呢？因为系统运行需要内存，Hadoop的守护进程也需要内存，所以要留1GB和1个核心给它们。然后读者可能会使用以下配置：

```
--num-executors 6 --executor-cores 15 --executor-memory 63G
```

这仍然是不妥当的，因为我们还需要考虑Executor的内存开销。63GB分配给Executor使用，再加上Executor本身的内存开销，就超过了分配给NodeManager的63GB内存。

除此之外，我们还需要考虑ApplicationMaster的CPU使用。ApplicationMaster本身需要占用一个核心，剩下的就不够15个核心了，也就是说分配不到15个核心给Executor。

此外，给一个Executor分配15个核心还会导致HDFS的I/O吞吐量变得很差。

下面是改良之后的参考配置：

```
--num-executors 17 --executor-cores 5 --executor-memory 19G
```

使用上面这种配置，5台主机上每台都有3个Executor。最后一台主机上只有两个Executor，这是因为这台主机上还运行着ApplicationMaster。

关于内存的计算如下：

```
63GB/3=21.21GB
21.21GB*0.07=1.47GB
21.21GB-1.47GB≈19GB
```

上面的0.07是怎么来的呢？这与spark.yarn.executor.memoryOverhead这个参数有关：在Spark 2.2.1版本中，该属性的取值默认是0.10*executorMemory，低于384MB按384MB计算。对于0.10，这里可以取其他值，比如0.06~0.10，上面的0.07的作用与0.10类似。

13.3.4　合理使用广播

对于比较大的变量，我们可以将它广播到每一个节点中，以节省网络通信的开销。在不广播的情况下，每个Task有一个数据的副本，在广播之后每个Executor保留一份数据的副本。因为广播之后减少了数据副本的数量，所以在减少网络传输开销的同时也相应地节省了一些资源。

广播的使用方式如下：

```
val broadcastVar = sc.broadcast(Array(1, 2, 3))  // 这样我们就把Array(1,2,3)广播到各个节点中去了
broadcastVar.value // 这样就可以调用Array(1,2,3)
```

13.3.5　尽量避免使用 Shuffle 算子

Shuffle操作涉及磁盘的I/O操作、数据的序列化和网络的I/O。某些Shuffle操作会消耗大量的内存，它会把相同的key发到一个节点中，进行连接或者聚合操作。当具有相同key的数据量特别大时，内存有可能溢出，于是将数据写到磁盘上，引发I/O操作，导致性能急剧下降。

典型地使用了Shuffle操作的有repartition、coalesce、groupByKey、reduceByKey、coGroup、Join等。如果因为硬性需求必须使用带Shuffle的操作，那么尽量使用在Map端就聚合一次的方法，比如用reduceByKey或者aggregateByKey替代groupByKey。

那么，什么是在Map端聚合呢？下面来看两幅图。

图13-3所示是rdd.reduceByKey(_ + _)的图。

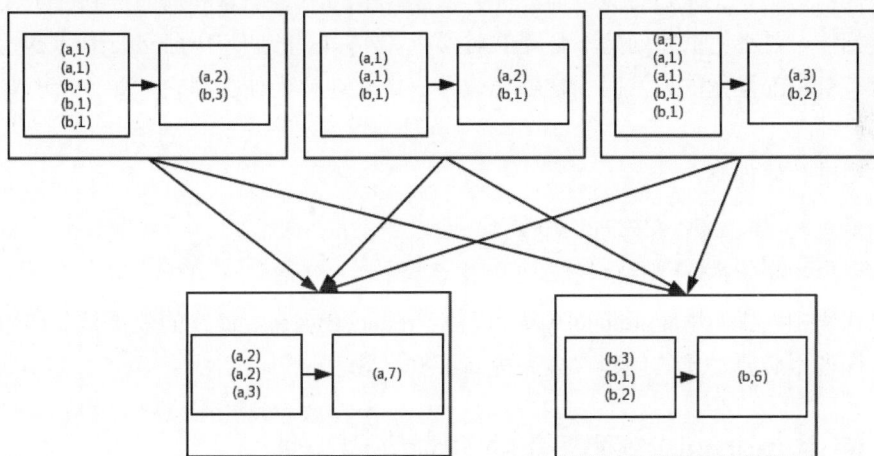

图 13-3　rdd.reduceByKey(_ + _)

图13-4所示是rdd.groupByKey().map(t => (t._1 , t._2.sum))的图。

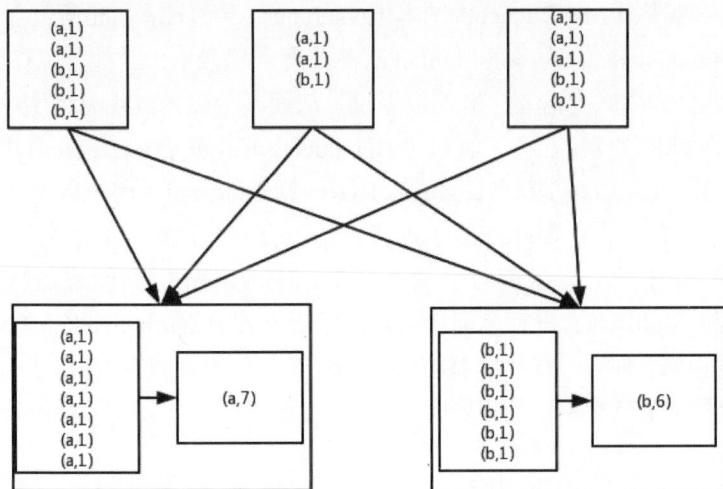

图 13-4　rdd.groupByKey().map(t => (t._1 , t._2.sum))

相信读者看了这两幅图就大概能明白为什么推荐用reduceByKey替代groupByKey了。groupByKey是将key相同的数据发送到一个节点中，然后在那个节点上进行值的相加操作。如果key相同的数据过多，就会增加网络的开销和内存的开销。相比之下，reduceByKey在Map端对key相同的数据进行了值相加的操作，得出一个中间结果，然后将中间结果中key相同的数据发送到同一个节点中，再将它们的值相加得出最终的结果。如此一来，就减少了需要通过网络传输的数据量，同时也节省了Reduce端内存的开销。

下面用一个例子来说明一下。

例如以下代码：

```
rdd.map(kv => (kv._1, new Set[String]() + kv._2)) reduceByKey(_ ++ _)
```

这行代码对每一条记录进行处理时，都会创建一个Set对象。这和前面提到的六大开发原则中的第一条相悖，要避免重复创建不必要的对象。另外，这里还使用了reduceByKey，前文提到了在使用含有Shuffle操作的方法时一定要谨慎，一定要理解为什么用它，并且考虑有没有更好的方法。

改良之后的代码如下：

```
val empty = new collection.mutable.Set[String]()
rdd.aggregateByKey(empty)((set, v) => set += v,(set1, set2) => set1 ++= set2)
```

在这段代码中，我们用aggregateByKey代替了reduceByKey，最终的效果是一样的，但却巧妙地减少了许多不必要对象的创建，大大提高了执行效率。

13.3.6 使用 map-side 预聚合的 Shuffle 操作

如果因为业务需要，一定要使用Shuffle操作，而无法用Map类的算子来替代，那么尽量使用可以进行map-side预聚合的算子。所谓的map-side预聚合，就是在每个节点本地对相同的key进行一次聚合操作，类似于MapReduce中的本地combiner。经过map-side预聚合之后，每个节点本地只会有一条相同的key，因为多条相同的key都被聚合起来了。其他节点在拉取所有节点上的相同的key时，就会大大减少需要拉取的数据量，从而减少磁盘I/O以及网络传输的开销。

通常来说，在可能的情况下，建议使用reduceByKey或者aggregateByKey算子来替代groupByKey算子。因为reduceByKey和aggregateByKey算子都会使用用户自定义函数，对每个节点本地的相同key进行预聚合；而groupByKey算子是不会进行预聚合的，全量的数据会在集群的各个节点之间分发和传输，性能相对来说比较差。例如，图13-5所示就是典型的例子，分别基于reduceByKey和groupByKey进行单词计数。图的上半部分是groupByKey的原理图，可以看到没有进行任何本地聚合时，所有数据都会在集群节点之间传输；图的下半部分是reduceByKey的原理图，可以看到每个节点本地的相同key数据都进行了预聚合，然后才传输到其他节点上进行全局聚合。

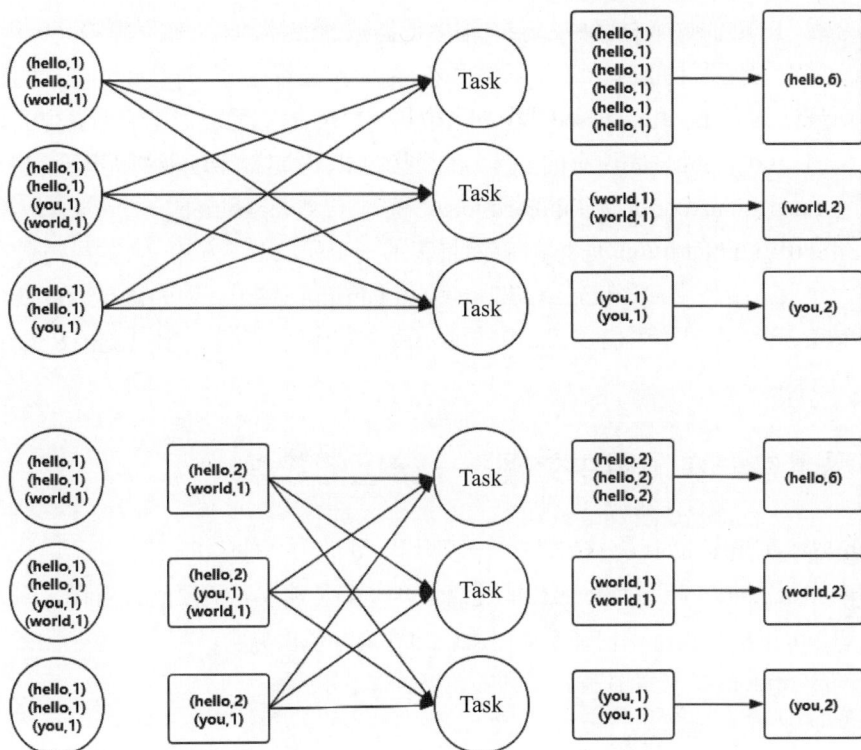

图 13-5　分别基于 reduceByKey 和 groupByKey 进行单词计数

13.3.7　使用高性能算子

除了 Shuffle 相关的算子有优化原则之外，其他的算子也有着相应的优化原则。

使用 mapPartitions 替代普通 Map。mapPartitions 类的算子，一次函数调用会处理一个分区中的所有数据，而不是只处理一条数据，性能相对来说会高一些。但是，有的时候使用 mapPartitions 会出现内存溢出的问题。因为单次函数调用就要处理掉一个分区中的所有数据，如果内存不够，垃圾回收时无法回收太多对象，很可能出现内存溢出异常。因此，使用这类操作时要慎重。

使用 foreachPartitions 替代 foreach 的原理类似于"使用 mapPartitions 替代 Map"，也是一次函数调用处理一个分区中的所有数据，而不是只处理一条数据。在实践中发现，foreachPartitions 类的算子对性能的提升很有帮助。例如在 foreach 函数中，将 RDD 中所有数据写入 MySQL，如果是普通的 foreach 算子，就会一条数据一条数据地写，每次函数调用可能都会创建一个数据库连接，这样势必会频繁地创建和销毁数据库连接，性能非常低下。但是，如果使用 foreachPartitions 算子一次性处理一个分区的所有数据，那么对于每个分区，只要创建一个数据库连接即可，然后执行批量插入操作，此时性能比较高。在实践中发现，对于将 1 万条左右的数据写入 MySQL，使用 foreachPartitions 算子的性能可以提升 30% 以上。

通常对一个 RDD 执行 filter 算子，过滤掉 RDD 中的较多数据后（比如 30% 以上的数据），建议使用 coalesce 算子，手动减少 RDD 的分区数量，将 RDD 中的数据压缩到更少的分区中去。因为使用filter之后，RDD的每个分区中都会有很多数据被过滤掉，此时如果照常进行后续的计算，其实每个Task处理的分区中的数据量并不是很多，有一点浪费资源，而且此时处理的Task越多，速度可能反而越慢。因此，用coalesce减少分区数量，将RDD中的数据压缩到更少的分区之后，只要使用更少的Task即可处理完所有的分区。在某些场景下，这对于性能的提升会有一定的帮助。

使用repartitionAndSortWithinPartitions替代repartition与sort类操作repartitionAndSortWithinPartitions是Spark官网推荐的一个做法。官方建议，如果需要在重分区之后进行排序，建议直接使用repartitionAndSortWithinPartitions算子。因为该算子可以一边进行重分区的Shuffle操作，一边进行排序。Shuffle与Sort两个操作同时进行，比先进行Shuffle操作再进行Sort操作性能要高。

13.3.8　尽量在一次调用中处理一个分区的数据

mapPartitions、foreachPartitions都是在一次调用中处理一个分区的数据，所以用mapPartitions替代map、用foreachPartitions替代foreach能提高性能。但是使用时需要注意内存，因为一次处理一个分区，如果分区比较大，当内存不够时就会出现内存溢出异常。

map和mapPartitions在使用上是有区别的，下面举例说明：

```
val rdd = sc.parallelize(1 to 9, 3)// 分3个分区的RDD
def mapFunc(num:Int):Int = {
        var result = num*num
        result
  }
  def mapPartitionsFunc ( iter : Iterator [Int] ) : Iterator [Int] = {
      var result = for (num <- iter ) yield num*num
      result
  }
rdd.map(mapFunc)
rdd.mapPartitions(mapPartitionsFunc)
```

在上面这段代码中，mapFunc被执行了10次，而mapPartitionsFunc被执行了3次。还有就是mapFunc和mapPartitionsFunc传入的参数不一样，这个需要在使用时注意一下。

之前提到的用mapPartitions替代map、用foreachPartitions替代foreach会提高性能，这是为什么呢？假如我们在上述代码的mapFunc和mapPartitionsFunc中创建相同的对象或者创建数据库连接，在mapFunc中会被创建10次，而在mapPartitionsFunc中只创建3次，这就大大地减少了内存开销。

13.3.9　对数据进行序列化

对数据进行序列化可以使数据更紧凑、更小，以此减少网络的传输开销，但是会使访问对象的时间变长，因为数据进行反序列化之后才能使用。

就现在来说，Spark的默认数据序列化方式是调用Java的ObjectOutputStream框架。如果读者想提高序列化的效率，就可以使用Kryo。

示例代码如下：

```
// conf是SparkConf的实例
conf.set("spark.serializer", "org.apache.spark.serializer.KryoSerializer" )
// 下面是序列化自定义的对象
conf.registerKryoClasses(Array(classOf[MyClass1], classOf[MyClass2]))
val sc = new SparkContext(conf)
```

如果序列化对象太大，那么可以设置spark.kryoserializer.buffer来进行调整。

关于Kryo的更多信息可以在https:// github.com/EsotericSoftware/kryo中找到。

13.4　Spark 数据倾斜调优

相信很多读者都听说过数据倾斜，那么数据倾斜到底是什么呢？我们知道，在进行Shuffle操作时会将各个节点上key相同的数据传输到同一节点以进行下一步操作。如果某个key或某几个key下的数据量特别大，远远大于其他key的数据，这时就会出现一个现象：大部分Task很快就完成，剩下几个Task运行特别缓慢，甚至有时还会因为某个Task下相同key的数据量过大而造成内存溢出。这就是发生了数据倾斜。

兵来将挡，水来土掩。既然是数据发生了倾斜，那么主要的解决思路就是想办法让它不倾斜。

13.4.1　调整分区数目

前提条件是Task上可以分配多个key的数据。

在发生数据倾斜时，某个Task上需要处理的数据过多，我们可以调整并行度，使原本分配给一个Task的多个key分配给多个Task，这样需要Task处理的key的数目就会减少，于是Task上的数据量也就减少了。

在13.3节中，我们提到过一个配置属性spark.sql.shuffle.partitions，一般是把它的值适当地调大。这个方法只能缓解数据倾斜，没有从根源上解决问题。但是这个方法比较简单，推荐优先尝试使用。

另外，在进行多次操作之后，会有很多小任务产生，这时可以用coalesce来减少分区数。但分区数不是越少越好，当数据是几个特别大的，并且不可分的文件时，如果分区过少，就不能充分使用CPU的所有核心。这种情况下，就需要主动（触发一次Shuffle）进行重分区，增加分区的数量，以提高并行度。

有很多方法都提供了可以调整分区数目的参数，例如下面这个。

```
val rdd2 = rdd1.reduceByKey(_ + _, numPartitions = X)
```

分区数目应该怎么设置呢？一般来说需要一点一点地尝试，比如按父分区数×1.5这样一点一点地往上调，直到性能足够好时停止增加。

每个任务可用的内存是：

```
(spark.executor.memory * spark.shuffle.memoryFraction *
spark.shuffle.safetyFraction)/spark.executor.cores
```

查看分区数的代码如下：

```
rdd.partitions().size()
```

13.4.2　去除多余的数据

首先，查看每个key的数据量，代码如下：

```
pairs.sample(false,0.1).countByKey().foreach(println())
```

如果发现导致数据倾斜的部分key对最后的结果没有影响，就过滤掉这些数据，从而避免数据倾斜的发生。

13.4.3　使用广播将 Reduce Join 转换为 Map Join

（1）调整spark.sql.autoBroadcastJoinThreshold的大小，使其大于需要广播的小表，这样就会自动广播小表。

（2）使用Broadcast广播小表。

这样可以避免发生Shuffle操作，示例如下：

```
// 大表字段: id  class  score
// 小表字段: id  name
// 输出结果表字段: name  class  score
// 下面的代码在Map端执行join,不经历Shuffle和Reduce,执行效率比较高
var broadcastTable = sc.broadcast(aSmallTable)// aSmallTable 是Map组成的RDD
var result = bigTable.mapPartition( iter=>{
    var smallTable = broadcastTable.value
    var arrayBuffer = ArrayBuffer[(String,String,String)]()
    iter.foreach{case(id,class,score)=>{
        if(smallTable.contain(id)){
            arrayBuffer += ((smallTable.getOrElse(id,""),class,score))
        }
    }}
     arrayBuffer.iterator
})
```

13.4.4 将 key 进行拆分，大数据转换为小数据

回顾一下数据倾斜的原因——单个key或某几个key的数据过多。既然数据过多，就想办法减少单个key的数据量。我们可以给key加上前缀，强行让它们不同。通过这种方式让本来应该到同一个Task的数据分散到不同的Task上，以此来解决数据倾斜的问题。

需要注意的是，对聚合操作的key的拆分和对Join操作的key的拆分是不一样的。下面用示意图来说明它们的原理以及不同之处。

不拆解key时的聚合操作如图13-6所示。

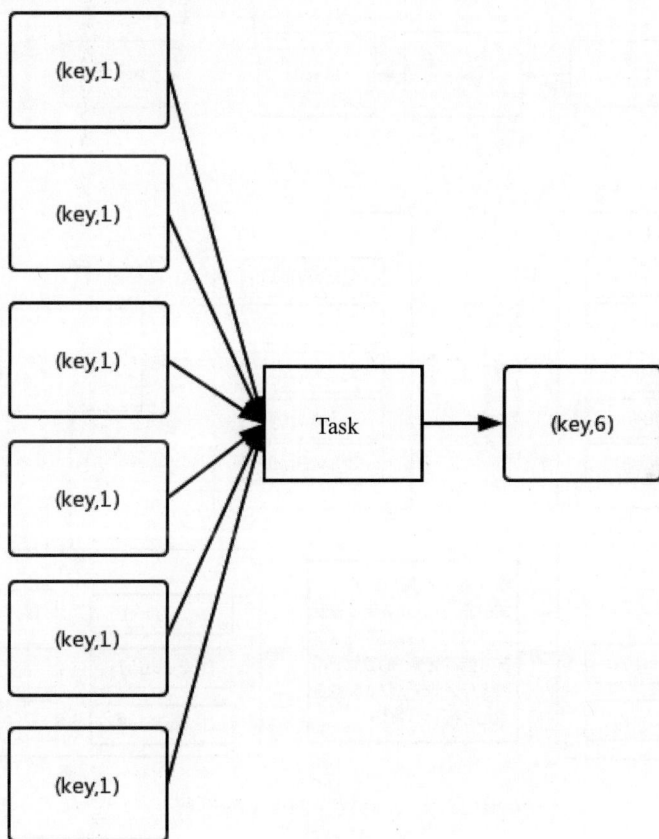

图 13-6 不拆解 key 时的聚合操作

对于聚合操作的key的拆解如图13-7所示。

图13-7展示的是对相同key随机加了前缀，于是将key拆分，使它们分布在不同的Task上，然后逐步聚合。这样就能比较有效地化解数据倾斜的问题。

对于Join操作的key的拆解如图13-8所示。

这里的原理其实和上面聚合的原理差不多，只是需要注意：一张表加n种前缀，另一张表则翻n倍，这样才能正常地连接。但这样会使内存资源的消耗翻倍，因此使用时要仔细斟酌。

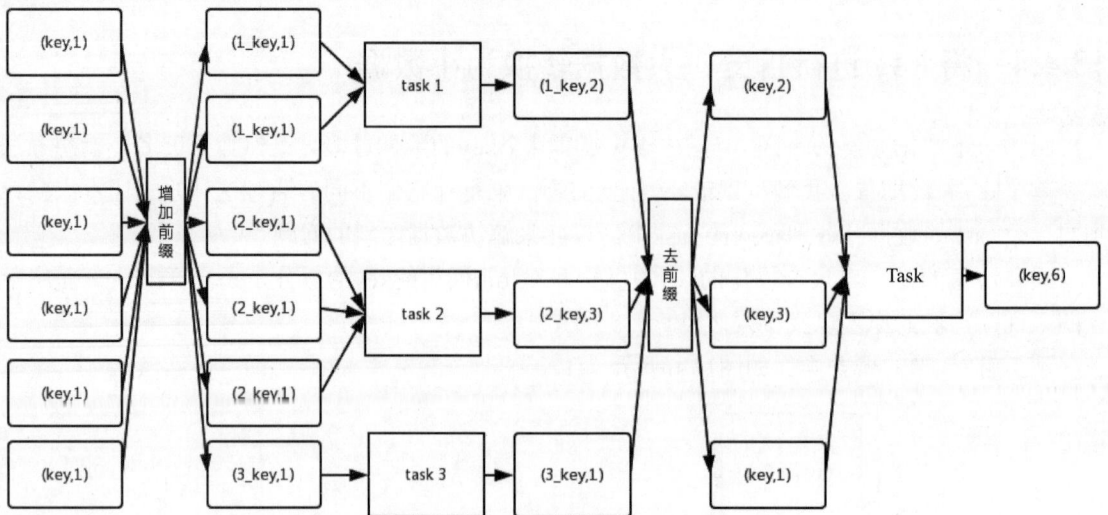

图 13-7 聚合操作的 key 的拆解

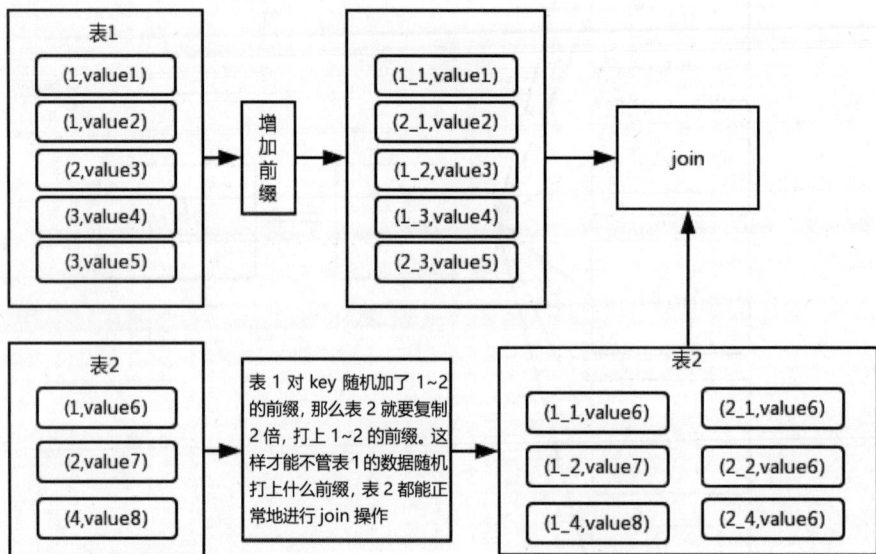

图 13-8 Join 操作的 key 的拆解

其实解决数据倾斜这个问题有多种技巧，这里给读者列出的是容易上手的几种。剩下的需要读者根据实际的环境和需求进行优化。

13.4.5 数据倾斜定位和解决

1. 数据倾斜

Spark中的数据倾斜问题主要指的是Shuffle过程中出现的数据倾斜问题，是由于不同的key对应的数据量不同导致不同Task所处理的数据量不同的问题。

例如，Reduce点一共要处理100万条数据，第一个和第二个Task分别被分配到了1万条数据，计算5分钟内完成，第三个Task分配到了98万条数据，此时第三个Task可能需要10个小时完成，这使得整个Spark作业需要10个小时才能运行完成，这就是数据倾斜所带来的后果。

2. 数据倾斜有两大直接致命后果

（1）数据倾斜直接会导致一种情况：内存溢出（OOM）。

（2）运行速度慢。

注意，要区分开数据倾斜与数据量过量这两种情况。数据倾斜是指少数Task被分配了绝大多数的数据，因此少数Task运行缓慢；数据过量是指所有Task被分配的数据量都很多，相差不大，所有Task都运行缓慢。

数据倾斜的表现：

（1）Spark作业的大部分Task都执行得很迅速，只有有限的几个Task执行得非常慢，此时可能会出现数据倾斜问题，作业可以运行，但是运行得非常缓慢。

（2）Spark作业的大部分Task都执行得很迅速，但是有的Task在运行过程中会突然报出OOM错误，反复执行几次都在某一个Task报出OOM错误，此时可能出现了数据倾斜问题，作业无法正常运行。

定位数据倾斜问题：

（1）查阅代码中的Shuffle算子，例如reduceByKey、countByKey、groupByKey、Join等算子，根据代码逻辑判断此处是否会出现数据倾斜问题。

（2）查看Spark作业的Log文件，Log文件对于错误的记录会精确到代码的某一行，可以根据异常定位到的代码位置来明确错误发生在第几个Stage，对应的Shuffle算子是哪一个。

3. 解决方案一：聚合元数据

1）避免 shuGle 过程

绝大多数情况下，Spark作业的数据来源都是Hive表，这些Hive表基本都是经过ETL之后的昨天的数据。为了避免数据倾斜问题，我们可以考虑避免Shuffle过程，如果避免了Shuffle过程，那么从根本上就消除了发生数据倾斜问题的可能。

如果Spark作业的数据来源于Hive表，那么可以先在Hive表中对数据进行聚合。例如，按照key进行分组，将同一key对应的所有value用一种特殊的格式拼接到一个字符串中，这样一个key就只有一条数据了；之后，在对一个key的所有value进行处理时，只需要进行Map操作即可，无须再进行任何的Shuffle操作。通过上述方式就避免了执行Shuffle操作，也就不可能发生任何数据倾斜问题。

2）缩小 key 粒度（增大数据倾斜可能性，降低每个 Task 的数据量）

key的数量增加，可能使数据倾斜更严重。

3）增大 key 粒度（减小数据倾斜可能性，增大每个 Task 的数据量）

如果没有办法对每个key聚合出一条数据，在特定场景下，可以考虑扩大key的聚合粒度。

例如，有10万条用户数据，当前key的粒度是（省，城市，区，日期）。现在我们考虑扩大粒度，将key的粒度扩大为（省，城市，日期）。这样的话，key的数量会减少，key之间的数据量差异也有可能会减少，由此可以减轻数据倾斜的现象和问题。此方法只针对特定类型的数据有效，当应用场景不适宜时，会加重数据倾斜。

4. 解决方案二：过滤导致倾斜的 key

如果在Spark作业中允许丢弃某些数据，那么可以考虑将可能导致数据倾斜的key进行过滤，滤除可能导致数据倾斜的key对应的数据。这样，在Spark作业中就不会发生数据倾斜了。

5. 解决方案三：提高 shuGle 操作中的 reduce 并行度

当方案一和方案二对于数据倾斜的处理没有很好的效果时，可以考虑提高Shuffle过程中的Reduce端并行度。Reduce端并行度的提高也就增加了Reduce端Task的数量，那么每个Task分配到的数据量就会相应减少，由此缓解数据倾斜问题。

1）Reduce 端并行度的设置

在大部分的Shuffle算子中，都可以传入一个并行度的设置参数，比如reduceByKey(500)，这个参数会决定Shuffle过程中Reduce端的并行度。在进行Shuffle操作时，就会对应创建指定数量的Reduce Task。对于Spark SQL中的Shuffle类语句，比如group by、Join等，需要设置一个参数，即spark.sql.shuffle.partitions，该参数代表了Shuffle Read Task的并行度，该值默认是200，对于很多场景来说有点过小。增加Shuffle Read Task的数量可以让原本分配给一个Task的多个key分配给多个Task，从而让每个Task处理比原来更少的数据。

举例来说，如果原本有5个key，每个key对应10条数据，这5个key都是分配给一个Task的，那么这个Task就要处理50条数据。而增加了Shuffle Read Task后，每个Task就分配到一个key，即每个Task就处理10条数据，那么自然每个Task的执行时间都会变短了。

2）Reduce 端并行度设置存在的缺陷

提高Reduce端并行度并没有从根本上改变数据倾斜的本质和问题（方案一和方案二从根本上避免了数据倾斜的发生），只是尽可能地缓解和减轻Shuffle Reduce Task的数据压力，以及数据倾斜问题。这种方案适用于有较多key对应的数据量都比较大的情况，该方案通常无法彻底解决数据倾斜问题，因为如果出现一些极端情况，比如某个key对应的数据量有100万条，那么无论你的Task数量增加到多少，这个对应100万条数据的key肯定还是会被分配到一个Task中处理，因此注定还是会发生数据倾斜问题。因此，这种方案只能说是在发现数据倾斜问题时尝试使用的第一种手段，尝试用最简单的方法缓解数据倾斜而已，也可以和其他方案结合起来使用。

在理想情况下，Reduce端的并行度提升后，会在一定程度上减轻数据倾斜问题，甚至基本消除数据倾斜问题。而且，在一些情况下，只会让原来由于数据倾斜而运行缓慢的Task运行速度稍有提升，或者避免某些Task的OOM问题，但是仍然运行缓慢。此时要及时放弃方案三，开始尝试后面的方案。

6. 解决方案四：使用随机 key 实现双重聚合

当使用了类似于groupByKey、reduceByKey这样的算子时，可以考虑使用随机key实现双重聚合。

首先，通过Map算子给每个数据的key添加随机数前缀，将key打散，将原先一样的key变成不一样的key；然后进行第一次聚合，这样就可以将原本被一个Task处理的数据分散到多个Task上进行局部聚合。

随后，去除掉每个key的前缀，再次进行聚合。此方法对于由groupByKey、reduceByKey这类算子造成的数据倾斜问题有比较好的效果，它仅仅适用于聚合类的Shuffle操作，适用范围相对较窄。如果是Join类的Shuffle操作，还得用其他的解决方案，此方法也是在前几种方案中没有比较好的效果时可以尝试的解决方法。

7. 解决方案五：将 Reduce Join 转换为 Map Join

正常情况下，Join操作都会执行Shuffle过程，并且执行的是Reduce Join，也就是先将所有相同的key和对应的value汇聚到一个Reduce Task中，然后进行Join。普通的Join是会进行Shuffle过程的，而一旦Shuffle，就相当于会将相同key的数据拉取到一个Shuffle Read Task中再进行Join，此时就是Reduce Join。但是如果一个RDD比较小，则可以采用广播小RDD全量数据+Map算子来实现与Join同样的效果，也就是Map Join，此时就不会进行Shuffle操作，也就不会发生数据倾斜问题。

注意，RDD是不能进行广播的，只能将RDD内部的数据通过collect算子拉取到Driver内存中，然后进行广播。

1）核心思路

不使用Join算子进行连接操作，而是使用Broadcast变量与Map类算子实现Join操作，进而完全规避掉Shuffle类的操作，彻底避免数据倾斜问题的发生和出现。将较小RDD中的数据直接通过collect算子拉取到Driver端的内存中，然后对其创建一个Broadcast变量；接着对另一个RDD执行Map类算子，在算子函数内，从Broadcast变量中获取较小RDD的全量数据，与当前RDD的每一条数据按照连接key进行比对，如果连接key相同的话，那么就将两个RDD的数据用你需要的方式连接起来。

根据上述思路，根本不会发生Shuffle操作，从根本上杜绝了Join操作可能导致的数据倾斜问题。当Join操作有数据倾斜问题并且其中一个RDD的数据量较小时，可以优先考虑这种方式，效果非常好。

2）不使用场景分析

由于Spark的广播变量是在每个Executor中保存一个副本，如果两个RDD数据量都比较大，那么将一个数据量比较大的RDD做成广播变量，很有可能造成内存溢出。

8. 解决方案六：sample 采样对倾斜 key 单独进行 Join

在Spark中，如果某个RDD只有一个key，那么在Shuffle过程中会默认将此key对应的数据打散，由不同的Reduce端Task进行处理。当由单个key导致数据倾斜时，可以将发生数据倾斜的key单独提取出来，组成一个RDD，然后用这个原本会导致倾斜的key组成的RDD跟其他RDD单独Join。此时，根据Spark的运行机制，此RDD中的数据会在Shuffle阶段被分散到多个Task中进行Join操作。

1）适用场景分析

对于RDD中的数据，可以将其转换为一个中间表，或者直接使用countByKey()的方式，看下这个RDD中各个key对应的数据量，此时如果你发现整个RDD只有一个key的数据量特别多，那么就可以考虑使用这种方法。

当数据量非常大时，可以考虑使用sample采样获取10%的数据，然后分析这10%的数据中哪个key可能会导致数据倾斜，然后将这个key对应的数据单独提取出来。

2）不适用场景分析

如果一个RDD中导致数据倾斜的key很多，那么此方案不适用。

9. 解决方案七：使用随机数以及扩容进行 Join

如果在进行Join操作时，RDD中有大量的key导致数据倾斜，那么分拆key也没什么意义，此时只能使用最后一种方案来解决问题。对于Join操作，我们可以考虑对其中一个RDD数据进行扩容，另一个RDD进行稀释后再Join。我们会将原先一样的key通过附加随机前缀变成不一样的key，然后就可以将这些处理后的"不同key"分散到多个Task中处理，而不是让一个Task处理大量的相同key。这种方案是针对有大量倾斜key的情况，没法将部分key拆分出来单独进行处理，需要对整个RDD进行数据扩容，对内存资源要求很高。

1）核心思想

选择一个RDD，使用flatMap进行扩容，对每条数据的key添加数值前缀（1~N的数值），将一条数据映射为多条数据。

（扩容）选择另一个RDD，进行Map映射操作，每条数据的key都打上一个随机数作为前缀（1~N的随机数）。

（稀释）将两个处理后的RDD进行Join操作。

2）局限性

如果两个RDD都很大，那么将RDD进行N倍的扩容显然行不通，使用扩容的方式只能缓解数据倾斜，不能彻底解决数据倾斜问题。

3）使用方案七对方案六进一步优化分析

当RDD中有几个key导致数据倾斜时，方案六不再适用，而方案七又非常消耗资源，此时可以引入方案七的思想来完善方案六。

（1）对包含少数几个数据量过大的key的那个RDD，通过sample算子采样出一份样本，然后统计一下每个key的数量，计算出数据量最大的是哪几个key。

（2）然后将这几个key对应的数据从原来的RDD中拆分出来，形成一个单独的RDD，并给每个key都打上n以内的随机数作为前缀，而不会导致倾斜的大部分key形成另一个RDD。

（3）接着将需要Join的另一个RDD，也过滤出那几个倾斜key对应的数据并形成一个单独的RDD，将每条数据膨胀成n条数据，这n条数据都按顺序附加一个0~n的前缀，不会导致倾斜的大部分key也形成另一个RDD。

（4）再将附加了随机前缀的独立RDD与另一个膨胀n倍的独立RDD进行Join，此时就可以将原先相同的key打散成n份，分散到多个Task中进行Join。

（5）而另外两个普通的RDD照常进行Join即可。

（6）最后将两次Join的结果使用union算子合并起来，就是最终的Join结果。

13.5　本章小结

本章全面探讨了Spark性能调优的策略和方法。首先，从常规性能调优入手，介绍了调整Spark配置参数、优化资源分配等基础手段。接着，深入探讨了Spark开发优化原则，强调了编写高效Spark程序的重要性，包括避免不必要的数据传输、优化数据处理逻辑等。在Spark调优方法部分，详细讲解了如何通过监控和分析Spark作业的运行情况，找出性能瓶颈并进行针对性优化。最后，本章针对Spark数据倾斜这一常见问题，提供了多种调优策略，比如使用Salting技术、调整分区策略等，以缓解数据倾斜带来的性能影响。通过本章的学习，读者将能够掌握Spark性能调优的关键技巧，为提升Spark作业的运行效率和性能提供有力支持。

第14章

Spark 实战案例

本章将带你领略Spark在数据分析领域的实战风采。从使用Spark Core进行电影数据与日志数据分析，到使用Spark SQL进行电商数据和金融数据分析，帮助你全方位掌握Spark数据分析方法与技巧。本章是你提升Spark实战能力的绝佳选择。

本章主要知识点：

- Spark Core电影数据分析
- Spark Core日志数据分析
- Spark SQL电商数据分析
- Spark SQL金融数据分析

14.1　Spark Core 电影数据分析

在深入探索Spark Core的统计功能时，我们将通过两个紧密相关的案例——用户连续登录超过3天和电影统计，来展示其强大的数据处理能力。为了增强学习的全面性，我们将使用同一组数据集，但分别采用Spark SQL的DSL编程风格和传统的SQL编程风格来实现相同的需求。

在第一个案例中，我们将关注用户的登录行为，利用Spark SQL的DSL风格编写代码，以识别出连续登录超过3天的用户。

而在第二个案例中，我们将转换风格，使用SQL语句对电影数据进行统计分析，如计算各类电影的评分分布和受欢迎程度。

通过这两种不同的实现方式，读者不仅能够复习Spark SQL的两种编程风格，还能更深入地理解如何在不同场景下灵活运用Spark Core进行数据处理和统计分析。

14.1.1　表格及数据样例

为了让读者直观了解本次实战案例的数据和字段类型，这里将数据和字段类型以图片和表格形式进行展示。其中，图14-1所示的"用户登录表和电影评分表"是本次实验的两组数据的表格和字段。图14-1所示的"用户登录表数据"是以CSV文件进行存储的，文件名为loginUser.csv。图14-2所示的电影评分表数据是以JSON文件进行存储的，文件名为rating.json。

```
+------+----------+
|  uid|        dt|
+------+----------+
|guid01|2025-02-28|
|guid01|2025-03-01|
|guid01|2025-03-02|
|guid01|2025-03-04|
|guid01|2025-03-05|
|guid01|2025-03-06|
|guid01|2025-03-07|
|guid02|2025-03-01|
|guid02|2025-03-02|
|guid02|2025-03-03|
|guid02|2025-03-06|
+------+----------+
```

电影评分表		
字段	类型	描述
movie	varchar	用户 ID
rate	varchar	日期
timeStamp	varchar	时间戳
uid	varchar	用户 ID

用户登录表		
字段	类型	描述
uid	varchar	用户 ID
dt	varchar	日期

图 14-1　用户登录表数据

```
{"movie":"3408","rate":"4","timeStamp":"978300275","uid":"1"}
{"movie":"2355","rate":"5","timeStamp":"978824291","uid":"1"}
{"movie":"1197","rate":"3","timeStamp":"978302268","uid":"1"}
{"movie":"1287","rate":"5","timeStamp":"978302039","uid":"1"}
{"movie":"2804","rate":"5","timeStamp":"978300719","uid":"1"}
```

图 14-2　电影评分表数据

14.1.2　连续登录超过 3 天的用户 DSL 风格

本案例需求：

（1）使用DSL风格进行编程。

（2）使用用户登录表中的数据。

（3）根据提供的数据找出连续登录超过3天的用户。

连续登录超过3天的用户DSL风格示例代码如代码14-1所示。

代码 14-1　LoginDSL.scala

```scala
package chapter14

import org.apache.spark.sql.SparkSession
import org.apache.spark.sql.expressions.Window
```

```
import utils.SparkUtils
/**
 * 需求：
 * 找出连续登录超过3天的用户
 *
 * 步骤：
 * 1. 开窗，按照uid分区，按照dt排序，标记rn
 * 2. 然后使用date_sub函数，用dt减去rn，标记为dis
 * 3. 使用uid和dis分组，标记count为cn
 * 4. where cs > 2
 **/
object LoginDSL {
  def main(args: Array[String]): Unit = {
    val spark: SparkSession = SparkUtils.getSparkSeesion()
    import org.apache.spark.sql.functions._
    import spark.implicits._
    val df = spark.read
      .options(Map("header" -> "true", "inferSchema" -> "true"))
      .csv("doc/exercise/用户登录/loginUser.csv")
    df.printSchema()
    df.show()
    /** *
     * Error:(29, 40) type mismatch;
     * found  : Symbol
     * required: Int
     * .select('uid, 'dt, date_sub('dt, 'rn))
     */
    val win = Window.partitionBy('uid).orderBy('dt)
    df.select('uid, date_format('dt, "yyyy-MM-dd") as "dt", row_number() over
(win) as "rn")
      .select('uid, 'dt,
expr("date_sub(dt,rn)") as "dis")
      .groupBy('uid,'dis).agg(min('dt)
,max('dt),count('uid) as "cs")
      .where("cs > 2").drop('dis)
      .show()
  }
}
```

```
+------+----------+----------+---+
|  uid|   min(dt)|   max(dt)| cs|
+------+----------+----------+---+
|guid01|2025-02-28|2025-03-02|  3|
|guid01|2025-03-04|2025-03-07|  4|
|guid02|2025-03-01|2025-03-03|  3|
+------+----------+----------+---+
```

执行以上代码，输出结果如图14-3所示。

图14-3 输出结果

14.1.3 连续登录超过 3 天的用户 SQL 风格

本案例需求：

（1）使用SQL风格进行编程。

（2）使用用户登录表中的数据。

（3）根据提供的数据找出连续登录超过3天的用户。

连续登录超过3天的用户SQL风格示例代码如代码14-2所示。

代码 14-2　LoginSQL.scala

```scala
package chapter14

import org.apache.spark.sql.{DataFrame, SparkSession}
import utils.SparkUtils
/**
 * 需求：
 * 找出连续登录超过3天的用户
 *
 * 步骤：
 * 1. 开窗，按照uid分区，按照dt排序，标记rn
 * 2. 然后使用date_sub函数，用dt减去rn，标记为dis
 * 3. 使用uid和dis分组，标记count为cn
 * 4. where cs > 2
 **/
object LoginSQL {

  def main(args: Array[String]): Unit = {

    val spark: SparkSession = SparkUtils.getSparkSeesion()
    val frame: DataFrame = spark.read
      .option("header",true)
      .csv("doc/exercise/用户登录/loginUser.csv")

    frame.printSchema()
    frame.show()

    frame.createTempView("login")

    spark.sql(
      """
        |select
        |uid , min(dt) , max(dt) ,count(1) as cts
        |from
        |(
        | select
        |   uid , dt ,date_sub(dt,rn) as dis
        | from
        | (
        |   select
        |       uid , dt , row_number() over(partition by uid order by dt) rn
```

```
    |   from login
    | ) t2
    |) t3
    |group by uid , dis
    |having cts > 2
    |""".stripMargin).show()
  }
}
```

```
+------+----------+----------+---+
|  uid|   min(dt)|   max(dt)| cs|
+------+----------+----------+---+
|guid01|2025-02-28|2025-03-02|  3|
|guid01|2025-03-04|2025-03-07|  4|
|guid02|2025-03-01|2025-03-03|  3|
+------+----------+----------+---+
```

图 14-4　输出结果

执行以上代码，输出结果如图14-4所示。

14.1.4　电影统计 DSL 风格

本案例需求：

（1）使用DSL风格。

（2）求每个人评价最高的10部电影。

（3）求最热门的前50部电影（被评分的次数说明热门程度）。

（4）求每个人的评分总和。

（5）求每部电影的总得分和平均得分。

电影统计DSL风格示例代码如代码14-3所示。

代码 14-3　MovieDSL.scala

```scala
package chapter14

import org.apache.spark.sql.expressions.Window
import org.apache.spark.sql.{DataFrame, SparkSession}
import utils.SparkUtils
/**
 * 需求:
 * 1. 求每个人评价最高的10部电影
 * 2. 求最热门的前50部电影 (被评分的次数说明热门程度)
 * 3. 求每个人的评分总和
 * 4. 求每部电影的总得分和平均得分
 **/
object MovieDSL {

  def main(args: Array[String]): Unit = {

    val spark: SparkSession = SparkUtils.getSparkSeesion()
    import org.apache.spark.sql.functions._
    import spark.implicits._
    val df: DataFrame = spark.read.json("doc/exercise/电影评分
/rating.json").drop("raete")
```

```
// df.printSchema()
// df.show(10)


/***
 * 每个人评价最高的10部电影
 * 1. 首先按照用户进行分区 ，按照评分进行排序（降序），且打上标签（窗口函数）
 * 2. 只需要获取 rn <11
 *
 * uid     rate   rn
 * uid1    5      1
 * uid1    4      2
 * uid1    4      3
 * uid1    3      4
 * uid1    3      5
 */
val win = Window.partitionBy('uid).orderBy('rate.desc)
df.select('uid,'movie,'rate,row_number() over(win) as "rn")
  .where("rn < 11")
  .show()


/***
 * 最热门的前50部电影（被评分的次数说明热门程度）
 * 1. 按照电影进行分组，求评分次数
 * 2. 将评分次数进行排序（降序）
 */
df.groupBy('movie).agg(count('movie) as "cm").orderBy('cm.desc).show()


/***
 * 每个人的评分总和
 */
df.groupBy('uid).agg(sum('rate)).show()


/***
 * 每部电影的总得分和平均得分
 * 1. 按照电影进行分组
 * 2. 再在组内求sum和avg
 */
df.groupBy('movie).agg(sum('rate), avg('rate)).show()
  }
}
```

注意：本节执行结果可查看 14.1.6 节。

14.1.5　电影统计 SQL 风格

本案例需求：

（1）使用SQL风格。

（2）求每个人评价最高的10部电影。

（3）求最热门的前50部电影（被评分的次数说明热门程度）。

（4）求每个人的评分总和。

（5）求每部电影的总得分和平均得分。

电影统计SQL风格示例代码如代码14-4所示。

代码 14-4 MovieSQL.scala

```scala
package chapter14

import org.apache.spark.sql.{DataFrame, SparkSession}
import utils.SparkUtils
/**
  * 需求:
  * 1. 求每个人评价最高的10部电影
  * 2. 求最热门的前50部电影（被评分的次数说明热门程度）
  * 3. 求每个人的评分总和
  * 4. 求每部电影的总得分和平均得分
**/
object MovieSQL {

  def main(args: Array[String]): Unit = {

    val spark: SparkSession = SparkUtils.getSparkSeesion()
    val frame: DataFrame = spark
      .read
      .json("doc/exercise/电影评分/rating.json")
      .drop("raete")
    frame.createTempView("t")
    /***
      * 每个人评价最高的10部电影
      * 1. 首先按照用户进行分区，按照评分进行排序（降序），且打上标签（窗口函数）
      * 2. 只需要获取 rn <11
      *
      * uid    rate   rn
      * uid1   5      1
      * uid1   4      2
      * uid1   4      3
      * uid1   3      4
      * uid1   3      5
      */

    spark.sql(
      """
```

```
      |
      |select
      | uid , movie ,rate,rn
      |from
      |(
      |  select
      |    uid , movie ,rate ,row_number() over(partition by uid order by rate
desc) rn
      |  from t
      |) t2
      |where rn < 11
      |
      |""".stripMargin).show()
```

```
/***
 * 最热门的前50部电影 (被评分的次数说明热门程度)
 * 1. 按照电影进行分组，求评分次数
 * 2. 将评分次数进行排序（降序）
 */
```

```
spark.sql(
  """
      |
      |select
      | movie,cs
      |from (
      |     select
      |     movie,count(1) as cs
      |     from t
      |     group by movie
      |) t2
      |order by cs desc
      |
      |""".stripMargin).show()
```

```
/***
 * 每个人的评分总和
 */
```

```
spark.sql(
  """
      |select
      | uid,sum(rate)
      |from t group by uid
      |
      |""".stripMargin).show()
```

```
   /***
    * 每部电影的总得分和平均得分
    * 1. 按照电影进行分组
    * 2. 再在组内求sum和avg
    */
   spark.sql(
     """
       |select
       |  movie,sum(rate),avg(rate)
       |from t
       |group by movie
       |
       |""".stripMargin).show()
  }
}
```

本示例执行结果可查看14.1.6节。

14.1.6 电影统计运行结果

本案例最终代码实现的结果：

（1）每个人评价最高的10部电影，执行结果如图14-5所示。

（2）最热门的前50部电影（被评分的次数说明热门程度），执行结果如图14-6所示。

```
+---+-----+----+---+
|uid|movie|rate| rn|
+---+-----+----+---+
|  1| 1566|   a|  1|
|  1| 1193|   5|  2|
|  1| 2355|   5|  3|
|  1| 1287|   5|  4|
|  1| 2804|   5|  5|
|  1|  595|   5|  6|
|  1| 1035|   5|  7|
|  1| 3105|   5|  8|
|  1| 1270|   5|  9|
|  1|  527|   5| 10|
| 10| 2622|   5|  1|
| 10| 3358|   5|  2|
| 10| 1682|   5|  3|
| 10| 2125|   5|  4|
| 10| 1253|   5|  5|
| 10|  720|   5|  6|
| 10| 3500|   5|  7|
| 10| 1257|   5|  8|
| 10| 3501|   5|  9|
| 10| 1831|   5| 10|
+---+-----+----+---+
only showing top 20 rows
```

图 14-5 每个人评价最高的 10 部电影

```
+-----+----+
|movie|  cm|
+-----+----+
| 2858|3428|
|  260|2991|
| 1196|2990|
| 1210|2883|
|  480|2672|
| 2028|2653|
|  589|2649|
| 2571|2590|
| 1270|2583|
|  593|2578|
| 1580|2538|
| 1198|2514|
|  608|2513|
| 2762|2459|
|  110|2443|
| 2396|2369|
| 1197|2318|
|  527|2304|
| 1617|2288|
| 1265|2278|
+-----+----+
only showing top 20 rows
```

图 14-6 最热门的前 50 部电影

（3）每个人的评分总和，执行结果如图14-7所示。

（4）每部电影的总得分和平均得分，执行结果如图14-8所示。

```
+---+---------+
|uid|sum(rate)|
+---+---------+
|296|    349.0|
|467|    221.0|
|675|    139.0|
|691|    430.0|
|829|    584.0|
|125|    291.0|
|451|    943.0|
|800|    927.0|
|853|    428.0|
|666|    401.0|
|870|    130.0|
|  7|    134.0|
| 51|    153.0|
|124|     96.0|
|447|    179.0|
|591|    782.0|
|307|    836.0|
|475|    946.0|
|574|     86.0|
|613|    380.0|
+---+---------+
only showing top 20 rows
```

```
+-----+---------+------------------+
|movie|sum(rate)|         avg(rate)|
+-----+---------+------------------+
| 2294|   2247.0| 3.483720930232558|
| 1090|   4675.0| 4.090113735783027|
|  296|   9288.0| 4.278212805158913|
| 2136|    699.0|3.1486486486486487|
| 3210|   3400.0|3.8374717832957113|
|  467|    173.0|3.2037037037037037|
| 2088|   1222.0| 2.59447983014862|
|  691|    375.0|3.0991735537190084|
|  829|    300.0|2.2900763358778624|
| 2162|    427.0|2.4124293785310735|
| 3414|    163.0|              3.26|
| 2069|    530.0|3.7857142857142856|
| 3606|    666.0| 3.940828402366864|
| 2904|     64.0| 3.764705882352941|
| 1572|     97.0| 3.730769230769231|
| 1372|   3413.0|3.4095904095904097|
| 1394|   5766.0|  4.020920502092050|
|  800|   2572.0| 4.082539682539682|
| 3826|   1028.0|2.5382716049382714|
| 1669|    128.0|3.4594594594594597|
+-----+---------+------------------+
only showing top 20 rows
```

图 14-7　每个人的评分总和　　　　　图 14-8　每部电影的总得分和平均得分

14.2　Spark Core 日志数据分析

在互联网企业中，用户浏览网页的日志分析项目极为常见。本节将演示基于互联网企业设计的一个浏览网页的日志分析案例。

首先需要从服务器或数据库中获取原始的日志数据。这些数据通常是非结构化或者结构化的，包含大量的用户访问信息。

接着，利用Spark进行数据清洗，包括筛选有效记录、去重、格式转换等步骤，以确保数据质量。完成数据清洗后，使用Spark进行计算和存储。例如，可以计算每个网页的访问量，并将结果存储到HDFS、关系数据库或NoSQL数据库中，以便后续的分析和查询。

最后，使用可视化工具如Echarts、FineBI或Tableau等，将分析结果以图表的形式展示出来。这些图表可以直观地展示各个网页的访问情况，帮助分析师更好地理解用户行为，优化网站设计和内容策略。

整个过程充分利用了Spark的高速计算能力和丰富的数据处理功能，确保分析结果的准确性和时效性。

通过本案例的学习，读者可以复习在Spark中使用Case Class、Schema+Row、JavaBean创建DataFrame方式，Spark SQL中的窗口函数的使用，以及foreach中连接MySQL的方法。

14.2.1 前期准备

1. 表格及数据样例

为了让读者直观了解本次实战案例的数据和字段类型，我们将数据和字段类型以图片形式进行展示。其中，图14-9所示的“页面浏览表及字段”是本次实验的表格和字段。图14-9所示的“前10条案例数据”是以TXT文件进行存储的，文件名为output_buffered.txt。

页面浏览表		
字段	类型	描述
dt	varchar	日期
user	varchar	用户名字
url	varchar	浏览的 url

output_buffered.txt

```
2025-01-01,张飞,https://www.zhihu.com/
2025-01-01,张飞,https://www.sohu.com/
2025-01-01,刘备,https://www.kuaishou.com/new-reco
2025-01-01,余辉,https://www.zhihu.com/
2025-01-01,关羽,https://www.sohu.com/
2025-01-01,赵云,https://www.taobao.com/
2025-01-01,关羽,https://www.zhihu.com/
2025-01-01,马超,https://www.baidu.com/
2025-01-01,关羽,https://www.kuaishou.com/new-reco
2025-01-01,赵云,https://www.taobao.com/
```

图 14-9　前 10 条案例数据

2. 需求实现及计算要求

统计每天PV并用FineBI可视化。要求使用Schema和Row创建DataFreme，使用Spark SQL进行计算，将每天对应的PV结果存储到MySQL中，存储字段有dt、pv，通过FineBI工具进行可视化展示。

统计每天UV并用FineBI可视化。要求使用Case Class创建DataFreme，使用Spark SQL进行计算，将每天对应的UV结果存储到MySQL中，存储字段有dt、uv，通过FineBI工具进行可视化展示。

统计每天TopN并用FineBI可视化。要求使用JavaBean创建DataFreme，使用Spark SQL进行计算，将每天Top5的RUL结果存储到MySQL中，存储字段有dt、url、url_count，通过FineBI工具进行可视化展示。

3. 可视化工具

FineBI是帆软软件有限公司推出的一款商业智能（Business Intelligence，BI）产品。它旨在帮助企业快速搭建面向全员的自助分析BI平台，通过简单拖曳即可制作出丰富多样的数据可视化信息，让业务人员能够自主分析数据并辅助决策。FineBI支持多种数据源，提供数据预览、血缘分析等功能，并注重数据安全，支持权限设置。此外，它还具备高性能计算引擎，能够处理大规模数据集。

FineBI的官网地址为https:// home.fanruan.com/。

FineBI的帮助页面为https:// help.fanruan.com/finebi/。

4. MySQL 的 Maven

将以下MySQL的依赖复制到pom.xml中：

```
<dependency>
    <groupId>mysql</groupId>
    <artifactId>mysql-connector-java</artifactId>
    <version>8.0.30</version>
</dependency>
```

14.2.2 统计 PV 和可视化

由于结果数据需要存储到MySQL中，因此提前创建表格，MySQL的执行语句如下：

```
drop table view_pv;
CREATE TABLE view_pv(
  dt char(20) not null primary key,
  pv int
)ENGINE=InnoDB DEFAULT CHARSET=utf8;
```

统计PV的示例代码如代码14-5所示。

代码 14-5 DataViewPV.scala

```scala
package chapter14

import java.sql.{Connection, DriverManager, PreparedStatement}
import org.apache.spark.sql.types.{StringType, StructType}
import org.apache.spark.sql.{Row, SparkSession}
/**
 * drop table view_pv;
 * CREATE TABLE view_pv(
 * dt char(20) not null primary key,
 * pv int
 * )ENGINE=InnoDB DEFAULT CHARSET=utf8;
 *
 * SELECT * from view_pv;
 *
 */
object DataViewPV {
  def main(args: Array[String]): Unit = {
    val spark: SparkSession = SparkSession
      .builder()
      .appName("")
      .master("local[*]")
      .getOrCreate()
    val schema = new StructType()
      .add("dt", StringType)
      .add("name", StringType)
      .add("url", StringType)
    val lines = spark.sparkContext.textFile("doc/output_buffered.txt")
```

```scala
// 将RDD关联了Schema，但依然是RDD
val row = lines.map(line => {
  val fields = line.split(",")
  Row(fields(0), fields(1), fields(2))
})

val df = spark.createDataFrame(row, schema)
df.show()
df.createTempView("dataTable")

val view_pv = spark.sql(
  """
    |
    | select
    |   dt ,
    |   cast(count(name) as int) as pv
    | from dataTable group by dt
    |
    |""".stripMargin)
// 把数据保存到MySQL表中
view_pv.rdd.foreach(line => {
  // 每条数据与MySQL建立连接
  // 把数据插入MySQL表操作
  // 1. 获取连接
  val connection: Connection = DriverManager.getConnection("jdbc:mysql://
localhost:3306/spark", "root", "yuhui888")
  // 2. 定义插入数据的SQL语句
  val sql = "insert into view_pv(dt,pv) values(?,?)"
  // 3. 获取PreParedStatement

  try {
    val ps: PreparedStatement = connection.prepareStatement(sql)
    // 4. 获取数据，给?号赋值
    ps.setString(1, line.getAs[String](0))
    ps.setInt(2, line.getAs[Int](1))
    // 执行
    ps.execute()
  } catch {
    case e: Exception => e.printStackTrace()
  } finally {
    if (connection != null) {
      connection.close()
    }
  }
})
}
```

```
}
```

执行上述代码，将数据存储到MySQL的view_pv表中，结果如图14-10所示。

dt	pv
2025-01-01	1000
2025-01-02	839
2025-01-03	956
2025-01-04	740
2025-01-05	960
2025-01-06	1000
2025-01-07	790
2025-01-08	480
2025-01-09	690
2025-01-10	900

图 14-10　view_pv 表

在FineBI的"数据中心"中，加载MySQL中的view_pv表，形成FineBI中的spark_view_pv数据集，如图14-11所示。

图 14-11　数据源配置

在FineBI的"我的分析"中，加载FineBI中的spark_view_pv数据集，通过拖曳方式形成最终需要的图表。统计PV数据可视化展示如图14-12所示。横轴为日期，纵轴为PV总数。

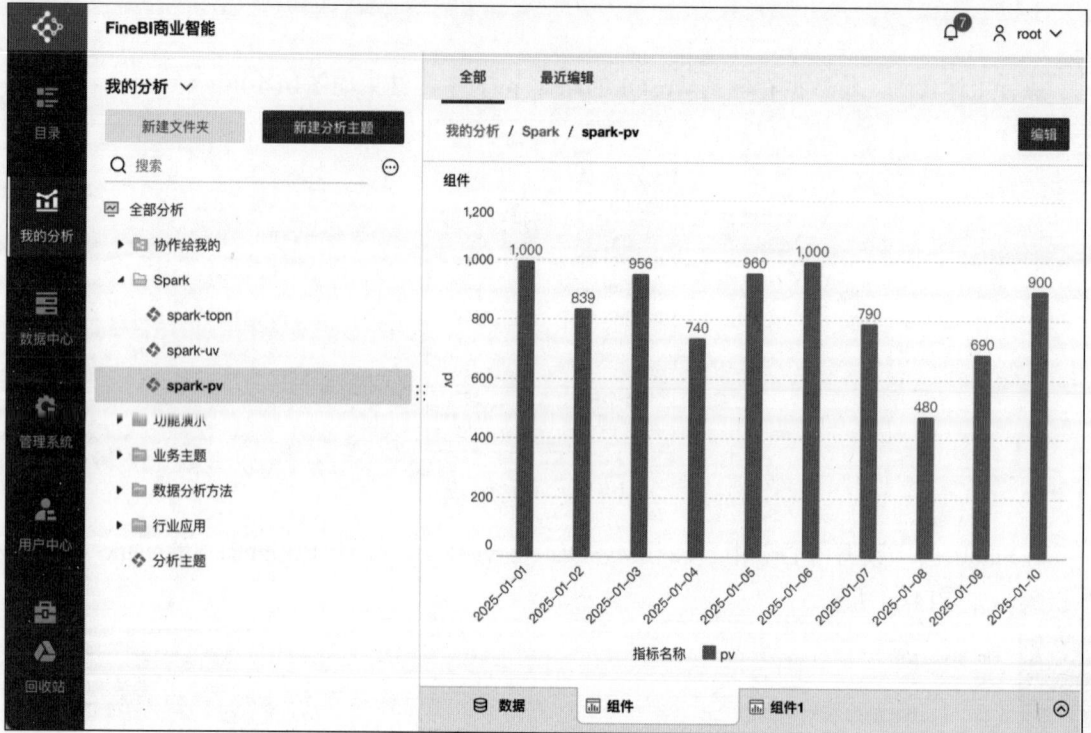

图 14-12 统计 PV 数据可视化展示

14.2.3 统计 UV 和可视化

MySQL 表格创建

由于结果数据需要存储到MySQL中，因此提前创建表格，MySQL的执行语句如下：

```
drop table view_uv;
CREATE TABLE view_uv(
  dt char(20) not null primary key,
  uv int
)ENGINE=InnoDB DEFAULT CHARSET=utf8;
```

统计UV的示例代码如代码14-6所示。

代码 14-6 DataViewUV.scala

```
package chapter14
import java.sql.{Connection, DriverManager, PreparedStatement}
import org.apache.spark.sql.{DataFrame, Row, SparkSession}
/**
 * author: yuhui
 * descriptions:
 * date: 2024 - 10 - 26 3:50 下午
 *
```

```scala
 * drop table view_uv;
 * CREATE TABLE view_uv(
 * dt char(20) not null primary key,
 * uv int
 * )ENGINE=InnoDB DEFAULT CHARSET=utf8;
 *
 * 需求:
 *
 */
case class DataViewUV(dt: String, name: String, url: String)
object DataViewUV {
  def main(args: Array[String]): Unit = {
    val spark: SparkSession = SparkSession
      .builder()
      .appName("")
      .master("local[*]")
      .getOrCreate()

    import spark.implicits._

    val lines = spark.sparkContext.textFile("doc/output_buffered.txt")
    // 将RDD关联了Schema，但依然是RDD
    val dataDF: DataFrame = lines.map(line => {
      val fields = line.split(",")
      DataViewUV(fields(0), fields(1), fields(2))
    }).toDF()

    dataDF.createTempView("dataTable")

    val view_uv = spark.sql(
      """
        |
        | select
        | dt ,
        | cast(count(DISTINCT name) as int) as uv
        | from dataTable
        | group by dt
        |
      """.stripMargin)

    //  把数据保存到MySQL表中
    view_uv.rdd.foreach(line => {
      // 每条数据与MySQL建立连接
      // 把数据插入MySQL表操作
      // 1. 获取连接
      val connection: Connection = DriverManager.getConnection("jdbc:mysql://
```

```
localhost:3306/spark", "root", "yuhui888")
        // 2. 定义插入数据的SQL语句
        val sql = "insert into view_uv(dt,uv) values(?,?)"
        // 3. 获取PreParedStatement

        try {
          val ps: PreparedStatement = connection.prepareStatement(sql)

          // 4. 获取数据，给?号赋值
          ps.setString(1, line.getAs[String](0))
          ps.setInt(2, line.getAs[Int](1))
          // 执行
          ps.execute()
        } catch {
          case e: Exception => e.printStackTrace()
        } finally {
          if (connection != null) {
            connection.close()
          }
        }
      })
    }
  }
```

执行上述代码，将数据存储到MySQL的view_uv表中，结果如图14-13所示。

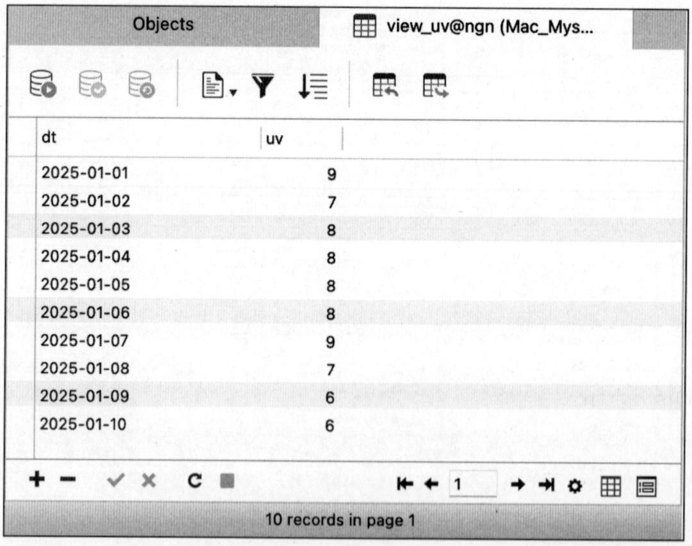

图 14-13 view_uv 表

在FineBI的"数据中心"中，加载MySQL中的view_uv表，形成FineBI中的spark_view_uv
数据集，如图14-14所示。

图 14-14 数据源配置

在FineBI的"我的分析"中，加载FineBI中的spark_view_uv数据集，通过拖曳方式形成最终需要的图表。统计UV数据可视化展示如图14-15所示。横轴为日期，纵轴为UV总数。

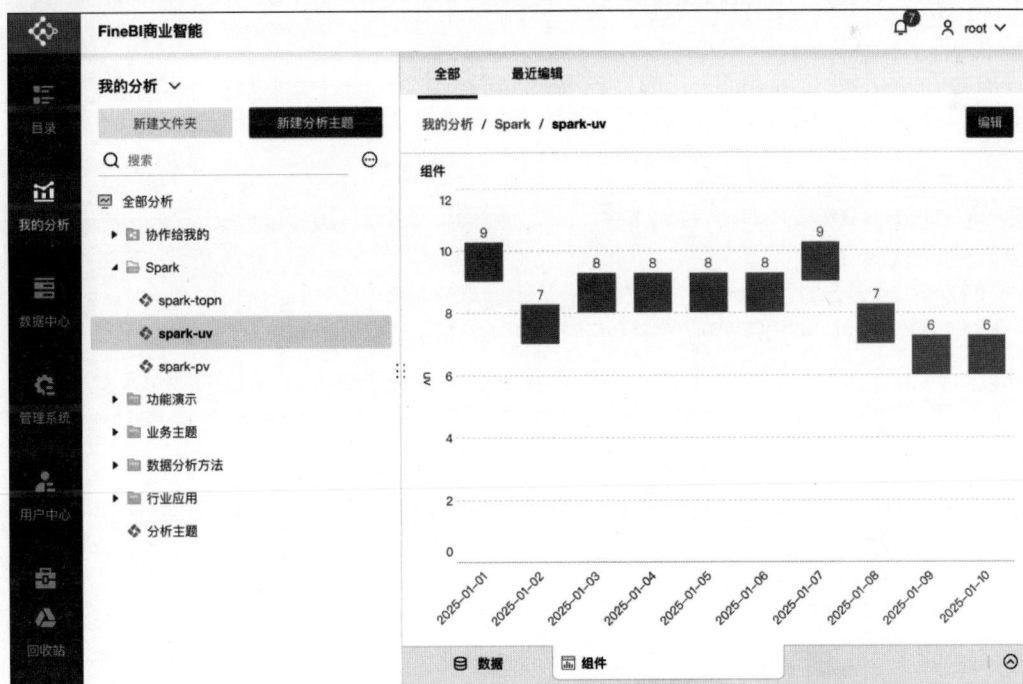

图 14-15 统计 UV 数据可视化展示

14.2.4 统计 TopN 和可视化

由于结果数据需要存储到MySQL中，因此提前创建表格，MySQL的执行语句如下：

```
drop table view_top;
CREATE TABLE view_top(
  dt char(20) ,
  url char(50),
  url_count int
)ENGINE-InnoDB DEFAULT CHARSET=utf8;
select * from view_top;
```

求TopN涉及窗口函数的便用，卜面对窗口函数的解题步骤进行说明。

步骤 01 WITH RankedUrls AS (…) 定义了一个公用表表达式（CTE），它首先按dt和url分组，并计算每个dt中每个url出现的次数（url_count）。

步骤 02 ROW_NUMBER() OVER (PARTITION BY dt ORDER BY COUNT(*) DESC) 为每个dt分组内的url分配一个排名，排名依据是url出现的次数（降序）。

步骤 03 在外部查询中，我们从RankedUrls CTE中选择dt、url和url_count，但只选择排名在前五的记录（WHERE rank <= 5）。

步骤 04 最后，我们按dt和rank对结果进行排序，以确保输出是有序的。

统计TopN的示例代码如代码14-7所示。

代码 14-7 DataViewTopN.scala

```scala
package chapter14
import java.sql.{Connection, DriverManager, PreparedStatement}
import org.apache.spark.sql.SparkSession
/**
 * CREATE TABLE view_top(
 * dt char(20) ,
 * url char(50),
 * url_count int
 * )ENGINE=InnoDB DEFAULT CHARSET=utf8;
 *
 */
object DataViewTopN {
  def main(args: Array[String]): Unit = {
    val spark: SparkSession = SparkSession
      .builder()
      .appName("")
      .master("local[*]")
      .getOrCreate()

    val lines = spark.sparkContext.textFile("doc/output_buffered.txt")
    // 将RDD关联了Schema，但依然是RDD
```

```scala
val rddBean = lines.map(line => {
  val fields = line.split(",")
  new DataView(fields(0), fields(1), fields(2))
})
val dataDF = spark.createDataFrame(rddBean, classOf[DataView])
dataDF.show()
dataDF.createTempView("dataTable")
/** *
  * 1）WITH RankedUrls AS (...) 定义了一个公用表表达式（CTE），它首先按dt和url分组，
并计算每个dt中每个url出现的次数（url_count）
  * 2）ROW_NUMBER() OVER (PARTITION BY dt ORDER BY COUNT(*) DESC) 为每个dt分
组内的url分配一个排名，排名依据是url出现的次数（降序）
  * 3）在外部查询中，我们从RankedUrls CTE中选择dt、url和url_count，但只选择排名在
前五的记录（WHERE rank <= 5）
  * 4）最后，我们按dt和rank对结果进行排序，以确保输出是有序的
  */
val frame = spark.sql(
  """
    |
    | WITH RankedUrls AS (
    | SELECT
    |   dt,
    |   url,
    |   count(*) as url_count,
    |   ROW_NUMBER() OVER (PARTITION BY dt ORDER BY COUNT(*) DESC) AS rank
    | FROM
    |   dataTable
    | GROUP BY
    |   dt,
    |   url
    |)
    |
    |SELECT
    | dt,
    | url,
    | cast(url_count as int) as url_count
    |FROM
    | RankedUrls
    |WHERE
    | rank <= 5
    |ORDER BY
    | dt,
    | rank;
    |
    |""".stripMargin)
```

```
    // 把数据保存到MySQL表中
    frame.rdd.foreach(line => {
        // 每条数据与MySQL建立连接
        // 把数据插入MySQL表操作
        // 1．获取连接
        val connection: Connection = DriverManager.getConnection("jdbc:mysql://
localhost:3306/spark", "root", "yuhui888")
        // 2．定义插入数据的SQL语句
        val sql = "insert into view_top(dt,url,url_count) values(?,?,?)"
        // 3．获取PreParedStatement
        try {
          val ps: PreparedStatement = connection.prepareStatement(sql)
          // 4．获取数据，给?号赋值
          ps.setString(1, line.getAs[String](0))
          ps.setString(2, line.getAs[String](1))
          ps.setInt(3, line.getAs[Int](2))
          // 执行
          ps.execute()
        } catch {
          case e: Exception => e.printStackTrace()
        } finally {
          if (connection != null) {
            connection.close()
          }
        }
    })
  }
}
```

执行上述代码，将数据存储到MySQL的view_top表中，结果如图14-16所示。

dt	url	url_count
2025-01-01	https://www.kuaishou.com/new-reco	105
2025-01-01	https://www.taobao.com/	104
2025-01-01	https://cn.aliyun.com/	104
2025-01-01	https://www.sohu.com/	103
2025-01-01	https://www.baidu.com/	103
2025-01-02	https://www.baidu.com/	100
2025-01-02	https://cn.aliyun.com/	96
2025-01-02	https://www.taobao.com/	86
2025-01-02	https://www.douyin.com/	86
2025-01-02	https://www.zhihu.com/	82
2025-01-03	https://www.163.com/	113
2025-01-03	https://www.baidu.com/	98
2025-01-03	https://www.kuaishou.com/new-reco	98
2025-01-03	https://www.taobao.com/	97
2025-01-03	https://www.didiglobal.com/	97
2025-01-04	https://www.kuaishou.com/new-reco	102

| + − ✓ ✗ | select * from view_top |

图 14-16　view_top 表

在FineBI的"数据中心"中，加载MySQL中的view_top表，形成FineBI中的spark_view_top

数据集，如图14-17所示。

图 14-17　数据源配置

　　在FineBI的"我的分析"中，加载FineBI中的spark_view_top数据集，通过拖曳的方式形成最终需要的图表。统计UV数据可视化展示如图14-18所示。第一列为日期，第二列为URL，第三列为URL的个数。

图 14-18　数据可视化展示

14.3　Spark SQL 电商数据分析

基于Spark SQL的电商实战案例，需要涵盖以下3个需求。

（1）在电商数据分析中，我们利用Spark SQL对销售数据进行深度挖掘。首先，我们计算每年的销售单数和销售总额，这通过GROUP BY语句按年份分组，并使用COUNT和SUM函数分别统计销售单数和金额。

（2）其次，我们查询每年金额最大的订单及其具体金额。这涉及两步操作：先使用窗口函数ROW_NUMBER按年份和订单金额降序为每个年份的订单编号，然后筛选出每年排名第一的订单。

（3）最后，我们计算每年最畅销的货品。这同样需要分组和排序，但这次是按年份和货品分组，使用SUM函数统计每年每个货品的销售数量，再通过排序和限制结果集来找出每年销量最高的货品。

通过Spark SQL，我们能够高效地处理大规模电商销售数据，快速响应各种业务分析需求，如销售趋势分析、热销商品推荐等，为电商企业的决策提供有力支持。

14.3.1　数据和表格说明

本案例有三张表，每张表的数据字段如下。

- tbDate：时间维度表，用于记录交易的时间信息。
- tbStockDetail：订单明细表，用于记录交易的详细信息。
- tbStock：关联表，用于将订单、时间、地点的信息连接在一起。

三张表的数据字典如图14-19所示。每个订单可能包含多个货品，每个订单可以产生多次交易，不同的货品有不同的单价。也就是说，tbStock与tbStockDetail是一对多的关系，ordernumber（订单号）与itemid（货品）也是一对多的关系。其中，tbDate时间跨度从2013—2024年，tbStock时间跨度从2014—2020年。

表　电商案例表

tbDate		
字段	类型	描述
dateid	date	日期
years	varchar	年月
theyear	varchar	年
month	varchar	月
day	varchar	日
weekday	varchar	周几
week	varchar	第几周
quarter	varchar	季度
period	varchar	旬
halfmonth	varchar	半月

tbStockDetail		
字段	类型	描述
ordernumber	varchar	订单号
rownum	varchar	行号
itemid	varchar	货品
number	varchar	数量
price	varchar	单价
amount	int	销售量

tbStock		
字段	类型	描述
ordernumber	varchar	订单号
locationid	varchar	交易位置
dateid	date	交易日期

图 14-19　三张表的数据字典

14.3.2　加载数据

（1）YARN启动spark-shell，如图14-20所示。

```
hadoop@yuhui01:~/shell$ spark-shell --master yarn --deploy-mode client
Setting default log level to "WARN".
To adjust logging level use sc.setLogLevel(newLevel). For SparkR, use setLogLevel(newLevel).
24/11/28 21:05:38 WARN NativeCodeLoader: Unable to load native-hadoop library for your platf
24/11/28 21:05:40 WARN Client: Neither spark.yarn.jars nor spark.yarn.archive is set, fallin
Spark context Web UI available at http://yuhui01:4040
Spark context available as 'sc' (master = yarn, app id = application_1732798664616_0003).
Spark session available as 'spark'.
Welcome to
      ____              __
     / __/__  ___ _____/ /__
    _\ \/ _ \/ _ `/ __/  '_/
   /___/ .__/\_,_/_/ /_/\_\   version 3.5.3
      /_/

Using Scala version 2.12.18 (Java HotSpot(TM) 64-Bit Server VM, Java 1.8.0_77)
Type in expressions to have them evaluated.
Type :help for more information.

scala> ▊
```

图 14-20　YARN 启动 spark-shell

（2）加载tbStock表。创建tbStock表的DataFrame，在spark-shell命令行中执行以下语句：

```scala
scala> case class tbStock(ordernumber:String,locationid:String,dateid:String)
extends Serializable
defined class tbStock

scala> val tbStockRdd = spark.sparkContext.textFile("hdfs://
ns/spark_book_data/tbStock.txt")
tbStockRdd: org.apache.spark.rdd.RDD[String] = tbStock.txt MapPartitionsRDD[1]
at textFile at <console>:23

scala> val tbStockDS =
tbStockRdd.map(_.split(",")).map(attr=>tbStock(attr(0),attr(1),attr(2))).toDS
tbStockDS: org.apache.spark.sql.Dataset[tbStock] = [ordernumber: string,
locationid: string ... 1 more field]

scala> tbStockDS.show()
```

执行以上语句，输出结果为：

```
+------------+----------+---------+
| ordernumber|locationid|   dateid|
+------------+----------+---------+
|BYSL00000893|      ZHAO|2017-8-23|
|BYSL00000897|      ZHAO|2017-8-24|
|BYSL00000898|      ZHAO|2017-8-25|
|BYSL00000899|      ZHAO|2017-8-26|
|BYSL00000900|      ZHAO|2017-8-26|
|BYSL00000901|      ZHAO|2017-8-27|
```

```
|BYSL00000902|         ZHAO|2017-8-27|
|BYSL00000904|         ZHAO|2017-8-28|
|BYSL00000905|         ZHAO|2017-8-28|
|BYSL00000906|         ZHAO|2017-8-28|
|BYSL00000907|         ZHAO|2017-8-29|
|BYSL00000908|         ZHAO|2017-8-30|
|BYSL00000909|         ZHAO| 2017-9-1|
|BYSL00000910|         ZHAO| 2017-9-1|
|BYSL00000911|         ZHAO|2017-8-31|
|BYSL00000912|         ZHAO| 2017-9-2|
|BYSL00000913|         ZHAO| 2017-9-3|
|BYSL00000914|         ZHAO| 2017-9-3|
|BYSL00000915|         ZHAO| 2017-9-4|
|BYSL00000916|         ZHAO| 2017-9-4|
+------------+----------+---------+
only showing top 20 rows
```

（3）加载tbStockDetail表。创建tbStockDetail表的DataFrame，在spark-shell命令行中执行以下语句：

```
scala> case class tbStockDetail(ordernumber:String, rownum:Int, itemid:String,
number:Int, price:Double, amount:Double) extends Serializable
    defined class tbStockDetail

scala> val tbStockDetailRdd = spark.sparkContext.textFile("hdfs://
ns/spark_book_data/tbStockDetail.txt")
    tbStockDetailRdd: org.apache.spark.rdd.RDD[String] = tbStockDetail.txt
MapPartitionsRDD[13] at textFile at <console>:23

scala> val tbStockDetailDS = tbStockDetailRdd.map(_.split(",")).map(attr=>
tbStockDetail(attr(0),attr(1).trim().toInt,attr(2),attr(3).trim().toInt,attr(4)
.trim().toDouble, attr(5).trim().toDouble)).toDS
    tbStockDetailDS: org.apache.spark.sql.Dataset[tbStockDetail] = [ordernumber:
string, rownum: int ... 4 more fields]

scala> tbStockDetailDS.show()
```

执行以上语句，输出结果为：

```
+------------+------+--------------+------+-----+------+
| ordernumber|rownum|        itemid|number|price|amount|
+------------+------+--------------+------+-----+------+
|BYSL00000893|     0|FS527258160501|    -1|268.0|-268.0|
|BYSL00000893|     1|FS527258169701|     1|268.0| 268.0|
|BYSL00000893|     2|FS527230163001|     1|198.0| 198.0|
|BYSL00000893|     3|24627209125406|     1|298.0| 298.0|
|BYSL00000893|     4|K9527220210202|     1|120.0| 120.0|
|BYSL00000893|     5|01527291670102|     1|268.0| 268.0|
```

```
|BYSL00000893|     6|QY527271800242|     1|158.0| 158.0|
|BYSL00000893|     7|ST040000010000|     8|  0.0|   0.0|
|BYSL00000897|     0|04527200711305|     1|198.0| 198.0|
|BYSL00000897|     1|MY627234650201|     1|120.0| 120.0|
|BYSL00000897|     2|01227111791001|     1|249.0| 249.0|
|BYSL00000897|     3|MY627234610402|     1|120.0| 120.0|
|BYSL00000897|     4|01527282681202|     1|268.0| 268.0|
|BYSL00000897|     5|84126182820102|     1|158.0| 158.0|
|BYSL00000897|     6|K9127105010402|     1|239.0| 239.0|
|BYSL00000897|     7|QY127175210405|     1|199.0| 199.0|
|BYSL00000897|     8|24127151630206|     1|299.0| 299.0|
|BYSL00000897|     9|G1126101350002|     1|158.0| 158.0|
|BYSL00000897|    10|FS527258160501|     1|198.0| 198.0|
|BYSL00000897|    11|ST040000010000|    13|  0.0|   0.0|
+------------+------+--------------+------+-----+------+
only showing top 20 rows
```

（4）加载tbDate表。创建tbDate表的DataFrame，在spark-shell命令行中执行以下语句：

```scala
scala> case class tbDate(dateid:String, years:Int, theyear:Int, month:Int,
day:Int, weekday:Int, week:Int, quarter:Int, period:Int, halfmonth:Int) extends
Serializable
defined class tbDate

scala> val tbDateRdd = spark.sparkContext.textFile("hdfs://
ns/spark_book_data/tbDate.txt")
tbDateRdd: org.apache.spark.rdd.RDD[String] = tbDate.txt MapPartitionsRDD[20]
at textFile at <console>:23

scala> val tbDateDS = tbDateRdd.map(_.split(",")).map(attr=>
tbDate(attr(0),attr(1).trim().toInt, attr(2).trim().toInt,attr(3).trim().toInt,
attr(4).trim().toInt, attr(5).trim().toInt, attr(6).trim().toInt,
attr(7).trim().toInt, attr(8).trim().toInt, attr(9).trim().toInt)).toDS
tbDateDS: org.apache.spark.sql.Dataset[tbDate] = [dateid: string, years: int ...
8 more fields]

scala> tbDateDS.show()
```

执行以上语句，输出结果为：

```
+---------+------+-------+-----+---+-------+----+-------+------+---------+
|   dateid| years|theyear|month|day|weekday|week|quarter|period|halfmonth|
+---------+------+-------+-----+---+-------+----+-------+------+---------+
| 2013-1-1|201301|   2013|    1|  1|      3|   1|      1|     1|        1|
| 2013-1-2|201301|   2013|    1|  2|      4|   1|      1|     1|        1|
| 2013-1-3|201301|   2013|    1|  3|      5|   1|      1|     1|        1|
| 2013-1-4|201301|   2013|    1|  4|      6|   1|      1|     1|        1|
| 2013-1-5|201301|   2013|    1|  5|      7|   1|      1|     1|        1|
```

```
| 2013-1-6|201301|    2013|    1|  6|    1|  2|    1|    1|        1|
| 2013-1-7|201301|    2013|    1|  7|    2|  2|    1|    1|        1|
| 2013-1-8|201301|    2013|    1|  8|    3|  2|    1|    1|        1|
| 2013-1-9|201301|    2013|    1|  9|    4|  2|    1|    1|        1|
|2013-1-10|201301|    2013|    1| 10|    5|  2|    1|    1|        1|
|2013-1-11|201301|    2013|    1| 11|    6|  2|    1|    2|        1|
|2013-1-12|201301|    2013|    1| 12|    7|  2|    1|    2|        1|
|2013-1-13|201301|    2013|    1| 13|    1|  3|    1|    2|        1|
|2013-1-14|201301|    2013|    1| 14|    2|  3|    1|    2|        1|
|2013-1-15|201301|    2013|    1| 15|    3|  3|    1|    2|        1|
|2013-1-16|201301|    2013|    1| 16|    4|  3|    1|    2|        2|
|2013-1-17|201301|    2013|    1| 17|    5|  3|    1|    2|        2|
|2013-1-18|201301|    2013|    1| 18|    6|  3|    1|    2|        2|
|2013-1-19|201301|    2013|    1| 19|    7|  3|    1|    2|        2|
|2013-1-20|201301|    2013|    1| 20|    1|  4|    1|    2|        2|
+---------+------+-------+-----+---+-------+----+-------+------+---------+
only showing top 20 rows
```

（5）注册3张临时表，在spark-shell命令行中执行以下语句：

```
scala> tbStockDS.createOrReplaceTempView("tbStock")
scala> tbDateDS.createOrReplaceTempView("tbDate")
scala> tbStockDetailDS.createOrReplaceTempView("tbStockDetail")
```

14.3.3　计算每年的销售单数和销售总额

本小节统计所有订单中每年的销售单数和销售总额。三张表连接后，以count(distinct a.ordernumber)统计销售单数、sum(b.amount)统计销售总额。

在spark-shell命令行中执行以下语句：

```
spark.sql("
SELECT c.theyear,
       COUNT(DISTINCT a.ordernumber),
       SUM(b.amount)
FROM tbStock a
JOIN tbStockDetail b
   ON a.ordernumber = b.ordernumber
JOIN tbDate c
   ON a.dateid = c.dateid
GROUP BY  c.theyear
ORDER BY  c.theyear desc
").show
```

执行以上语句，输出结果为：

```
+-------+--------------------------+--------------------+
|theyear|count(DISTINCT ordernumber)|        sum(amount)|
```

```
+-------+----------------------------+--------------------+
|  2020 |                         94 |  210949.65999999995 |
|  2019 |                       2619 |    6323697.189999991 |
|  2018 |                       4861 | 1.4674295299999997E7 |
|  2017 |                       4885 | 1.6719354559999991E7 |
|  2016 |                       3772 |        1.36809829E7 |
|  2015 |                       3828 |  1.325756415000001E7 |
|  2014 |                       1094 |    3268115.499200004 |
+-------+----------------------------+--------------------+
```

14.3.4　查询每年最大金额的订单及其金额

本小节完成统计每年最大金额订单的销售额，统计分为两个步骤进行。

（1）统计每年每个订单一共有多少销售额。在spark-shell命令行中执行以下语句：

```
spark.sql("
SELECT a.dateid,
       a.ordernumber,
       SUM(b.amount) AS SumOfAmount
FROM tbStock a
JOIN tbStockDetail b
   ON a.ordernumber = b.ordernumber
GROUP BY a.dateid, a.ordernumber
ORDER BY a.dateid desc
").show
```

执行以上语句，输出结果为：

```
+--------+------------+------------------+
| dateid| ordernumber|       SumOfAmount|
+--------+------------+------------------+
|2020-1-9|LZSL00016335|            1096.0|
|2020-1-9|TSSL00016329|            4542.0|
|2020-1-9|RMSL00016334|            2174.0|
|2020-1-9|SSSL00016327|            6883.4|
|2020-1-9|GHSL00016326|            1427.0|
|2020-1-9|DYSL00016336|             498.0|
|2020-1-9|DGSL00016328|            2894.0|
|2020-1-8|DGSL00016324|            2420.0|
|2020-1-8|RMSL00016325|             319.0|
|2020-1-8|LZSL00016321|             349.0|
|2020-1-8|TSSL00016322|            3177.8|
|2020-1-8|SSSL00016320|3781.0999999999995|
|2020-1-8|GHSL00016323|            1148.0|
|2020-1-7|RMSL00016317|            2007.0|
|2020-1-7|LZSL00016315|             697.0|
```

```
|2020-1-7|SSSL00016313|1793.0799999999997|
|2020-1-7|TSSL00016319|            1715.0|
|2020-1-7|DGSL00016311|             808.0|
|2020-1-7|DYSL00016316|             658.0|
|2020-1-7|GHSL00016318|             937.0|
+--------+------------+------------------+
only showing top 20 rows
```

（2）以上一步的查询结果为基础表，与表tbDate使用dateid字段进行Join操作，求出每年最大金额订单的销售额。在spark-shell命令行中执行以下语句：

```
spark.sql("
SELECT theyear,
        MAX(c.SumOfAmount) AS SumOfAmount
FROM
    (SELECT a.dateid,
        a.ordernumber,
        SUM(b.amount) AS SumOfAmount
    FROM tbStock a
    JOIN tbStockDetail b
        ON a.ordernumber = b.ordernumber
    GROUP BY  a.dateid, a.ordernumber ) c
JOIN tbDate d
    ON c.dateid = d.dateid
GROUP BY  theyear
ORDER BY  theyear DESC
").show
```

执行以上语句，输出结果为：

```
+-------+------------------+
|theyear|       SumOfAmount|
+-------+------------------+
|   2020|13065.280000000002|
|   2019|25813.200000000008|
|   2018|           55828.0|
|   2017|          159126.0|
|   2016|           36124.0|
|   2015|38186.399999999994|
|   2014| 23656.79999999997|
+-------+------------------+
```

14.3.5 计算每年最畅销的货品

本小节统计每年最畅销的货品（哪个货品销售额amount在当年最高，哪个就是最畅销的货品）。

（1）先求出每年每个货品的销售额。在spark-shell命令行中执行以下语句：

```
spark.sql("
SELECT c.theyear,
       b.itemid,
       SUM(b.amount) AS SumOfAmount
FROM tbStock a
JOIN tbStockDetail b
   ON a.ordernumber = b.ordernumber
JOIN tbDate c
   ON a.dateid = c.dateid
GROUP BY  c.theyear, b.itemid
ORDER BY  c.theyear DESC
").show
```

执行以上语句，输出结果为：

```
+-------+--------------+-----------+
|theyear|        itemid|SumOfAmount|
+-------+--------------+-----------+
|   2020|01127157980401|       58.0|
|   2020|84127374060306|       58.0|
|   2020|YL428437620101|      198.0|
|   2020|JX329467480104|     1276.2|
|   2020|79126117060102|       58.0|
|   2020|04128137019202|      120.0|
|   2020|SN828409520181|      158.0|
|   2020|DP219372102201|      319.0|
|   2020|BM217392020101|      150.0|
|   2020|77926452010181|      238.0|
|   2020|00160000000000|       26.0|
|   2020|QY128121070406|       98.0|
|   2020|QY128111059202|       58.0|
|   2020|ZX219359720101|      358.0|
|   2020|JX329459410106|      399.0|
|   2020|30627235871007|       10.0|
|   2020|XR127168310306|      232.0|
|   2020|QY127170120704|       58.0|
|   2020|JX329467870201|      957.2|
|   2020|QY128136080402|       98.0|
+-------+--------------+-----------+
only showing top 20 rows
```

（2）在上一步的基础上，统计每年单个货品中的最大金额。在spark-shell命令行窗口中执行以下语句：

```
spark.sql("
SELECT d.theyear,
```

```
        MAX(d.SumOfAmount) AS MaxOfAmount
FROM
    (SELECT c.theyear,
        b.itemid,
        SUM(b.amount) AS SumOfAmount
    FROM tbStock a
    JOIN tbStockDetail b
        ON a.ordernumber = b.ordernumber
    JOIN tbDate c
        ON a.dateid = c.dateid
    GROUP BY  c.theyear, b.itemid ) d
GROUP BY  d.theyear
ORDER BY  d.theyear desc
").show
```

执行以上语句，输出结果为：

```
+-------+------------------+
|theyear|       MaxOfAmount|
+-------+------------------+
|   2020|            4494.0|
|   2019|           30029.2|
|   2018| 98003.59999999995|
|   2017|           70225.1|
|   2016|113720.60000000005|
|   2015| 56627.33000000001|
|   2014|          53401.76|
+-------+------------------+
```

14.4　Spark SQL 金融数据分析

在金融领域，对时间序列数据的统计分析至关重要。某金融机构拥有大量股票交易数据，包括每日的开盘价、收盘价、最高价、最低价和交易量等。为了评估股票的表现，预测市场趋势，该机构决定利用Apache Spark进行深度统计分析。

面对海量的交易数据，Spark的分布式计算能力显得尤为重要。机构的技术团队利用Spark读取存储于Hadoop分布式文件系统（HDFS）中的交易数据，并转换为DataFrame。随后，他们利用Spark SQL和DataFrame API计算了股票价格的最大值、最小值、平均值和标准差，以评估价格的波动情况。

此外，为了更深入地了解数据的分布情况，团队还计算了中位数和四分位数。这些统计值不仅有助于识别数据的异常值，还能为制定投资策略提供重要参考。通过Spark，该金融机构成功实现了对大规模金融数据的快速统计分析，为市场预测和风险管理提供了有力支持。

14.4.1　数据准备

为了让读者直观了解本次实战案例的数据和字段类型，我们将数据和字段类型以图片形式进行展示。其中，图14-21所示是本次实验的表格和字段，前10条案例数据是以CSV文件进行存储的，文件名为DataAnalysis.csv。

数据表结构		
字段	类型	描述
feature1	Double	特征1
feature2	Double	特征2
feature3	Double	特征3
feature4	Double	特征4
lable	Double	标签

图 14-21　前 10 条案例数据

通过Spark读取DataAnalysis.csv数据，并得到一个DataFrame，示例代码如代码14-8所示。

代码 14-8　DataAnalysis.scala

```scala
import org.apache.spark.sql.functions._
import org.apache.spark.sql.expressions.Window
import org.apache.spark.sql.{DataFrame, SparkSession}

case class DataAnalysis(feature1: Double, feature2: Double, feature3: Double,
feature4: Double, label: String)

object DataAnalysis {
  def main(args: Array[String]): Unit = {
    val spark: SparkSession = SparkSession
      .builder()
      .appName("")
      .master("local[*]")
      .getOrCreate()
    import spark.implicits._
    val lines = spark.sparkContext.textFile("doc/DataAnalysis.csv")
    // 将RDD关联了Schema，但依然是RDD
    val dataDF: DataFrame = lines.map(line => {
      val fields = line.split(",")
      DataAnalysis(fields(0).toDouble, fields(1).toDouble, fields(2).toDouble,
fields(3).toDouble, fields(4))
    }).toDF()
    // 显示全部值
    dataDF.show()
  }
```

```
    }
```

执行上述代码，执行结果如图14-22所示。

```
+--------+--------+--------+--------+-----------+
|feature1|feature2|feature3|feature4|      label|
+--------+--------+--------+--------+-----------+
|     3.2|     2.5|     3.4|     0.1|spark-huige|
|     4.9|     3.0|     1.4|     0.2|spark-huige|
|     4.7|     3.2|     1.4|     1.2|spark-huige|
|     4.6|     3.1|     1.5|     2.2|spark-huige|
|     5.2|     4.6|     1.3|     3.2|spark-huige|
|     5.4|     5.8|     1.4|     0.4|spark-huige|
|     3.6|     6.4|     1.5|     0.3|spark-huige|
|     4.0|     7.4|     1.6|     0.2|spark-huige|
|     4.4|     8.9|     1.7|     0.2|spark-huige|
|     5.9|     3.1|     1.8|     0.1|spark-huige|
|     5.4|     3.7|     1.9|     0.2|spark-huige|
|     6.8|     3.4|     1.6|     0.2|spark-huige|
|     4.8|     3.0|     1.4|     0.1|spark-huige|
|     4.3|     3.0|     1.1|     0.1|spark-huige|
|     5.4|     4.0|     2.2|     0.2|spark-huige|
|     5.7|     4.4|     1.5|     0.4|spark-huige|
|     5.4|     3.9|     1.3|     0.4|spark-huige|
|     5.1|     3.5|     1.4|     0.3|spark-huige|
|     5.7|     3.8|     1.7|     0.3|spark-huige|
|     5.1|     3.8|     1.5|     0.3|spark-huige|
+--------+--------+--------+--------+-----------+
only showing top 20 rows
```

图 14-22 执行结果

14.4.2 最大值和最小值

使用Spark SQL统计最大值或最小值，首先使用agg函数对数据进行聚合，这个函数一般配合group by使用。如果不使用group by，就相当于对所有的数据进行聚合。

随后，直接使用max和min函数聚合就可以。想要输出多个结果，中间用逗号分开，并使用as给聚合后的结果赋予一个列名，相当于SQL中的as：

```
import spark.implicits._
dataDF.agg(max($"feature1") as "max_feature1",
       min($"feature2") as "min_feature2")
       .show()
```

执行结果如下：

```
+------------+------------+
|max_feature1|max_feature2|
+------------+------------+
|         9.5|         1.5|
+------------+------------+
```

上面代码中的$代表一列，相当于col函数：

```
import spark.implicits._
dataDF.agg(max(col("feature1")) as "max_feature1",
        min(col("feature2")) as "min_feature2")
    .show()
```

14.4.3　平均值

平均值的计算使用mean函数：

```
dataDF.agg(mean($"feature1") as "mean_feature1",
        mean($"feature2") as "mean_feature2")
    .show()
```

执行结果如图14-23所示。

```
+-----------------+------------------+
|    mean_feature1|     mean_feature2|
+-----------------+------------------+
|5.831333333333332|3.1766666666666667|
+-----------------+------------------+
```

图 14-23　执行结果

14.4.4　样本标准差和总体标准差

样本标准差的计算可以使用stddev函数和stddev_samp函数，而总体标准差可以使用stddev_pop方法。需要注意的是，这里的函数和Hive SQL还是存在区别的。在Hive SQL中，stddev函数代表的是总体标准差；而在Spark SQL中，stddev函数代表的是样本标准差。我们可以查看一下源代码，如图14-24所示。

```
▼*/
def stddev(e: Column): Column = withAggregateFunction { StdevSamp(e.expr) }

/**
 * Aggregate function: alias for [[stddev_samp]].
 *
 * @group agg_funcs
 * @since 1.6.0
 */
```

图 14-24　源代码

通过代码验证一下：

```
dataDF.agg(stddev($"feature1") as "stddev_feature1",
        stddev_pop($"feature1") as "stddev_pop_feature1",
        stddev_samp($"feature1") as "stddev_samp_feature1")
    .show()
```

执行结果如图14-25所示。

```
+------------------+------------------+------------------+
| stddev_feature1|stddev_pop_feature1|stddev_samp_feature1|
+------------------+------------------+------------------+
|0.9694762072021653| 0.9662392158374766| 0.9694762072021653|
+------------------+------------------+------------------+
```

图 14-25　执行结果

14.4.5　中位数

Spark SQL中没有直接计算中位数的方法，所以我们借鉴14.4.4节的思路，来回顾一下。计算中位数也好，计算四分位数也好，无非就是要取得两个位置。假设我们的数据从小到大排，按照1, 2, 3, …, n进行编号。当数量n为奇数时，取编号$(n+1)/2$位置的数即可；当n为偶数时，取(int)$(n+1)/2$位置和(int)$(n+1)/2+1$位置的数的平均值即可。但二者其实可以统一到一个公式中：

（1）假设$n = 149$（奇数），$(n+1)/2=75$，小数部分为0，那么中位数=75位置的数×(1 − 0)+76位置的数×(0 − 0)。

（2）假设$n = 150$（偶数），$(n+1)/2=75.5$，小数部分为0.5，那么中位数=75位置的数×(1 − 0.5)+76位置的数×(0.5 − 0)。

因此，可以把这个过程分解为三个步骤：第一步是给数字进行编号，Spark中同样使用row_number()函数（该函数的具体用法后续再展开，这里只提供一个简单的例子）；第二步是计算$(n+1)/2$的整数部分和小数部分；第三步是根据公式计算中位数。

首先使用row_number()函数给数据进行编号：

```
val windowFun = Window.orderBy(col("feature3").asc)
dataDF.withColumn("rank",row_number().over(windowFun)).show(false)
```

执行结果如图14-26所示。

```
+--------+--------+--------+--------+-----------+----+
|feature1|feature2|feature3|feature4|label      |rank|
+--------+--------+--------+--------+-----------+----+
|4.6     |3.6     |1.0     |0.2     |spark-huige|1   |
|4.3     |3.0     |1.1     |0.1     |spark-huige|2   |
|5.0     |3.2     |1.2     |0.4     |spark-huige|3   |
|5.2     |4.6     |1.3     |3.2     |spark-huige|4   |
|5.4     |3.9     |1.3     |0.4     |spark-huige|5   |
|4.4     |3.2     |1.3     |0.2     |spark-huige|6   |
|5.0     |5.0     |1.3     |0.2     |spark-huige|7   |
|5.5     |3.5     |1.3     |0.5     |spark-huige|8   |
|4.4     |3.0     |1.3     |0.2     |spark-huige|9   |
|5.0     |3.5     |1.3     |0.3     |spark-huige|10  |
|4.5     |2.3     |1.3     |0.3     |spark-huige|11  |
|4.9     |3.0     |1.4     |0.2     |spark-huige|12  |
|4.7     |3.2     |1.4     |1.2     |spark-huige|13  |
|5.4     |5.8     |1.4     |0.4     |spark-huige|14  |
|4.8     |3.0     |1.4     |0.1     |spark-huige|15  |
|5.1     |3.5     |1.4     |0.3     |spark-huige|16  |
|5.2     |4.4     |1.4     |0.1     |spark-huige|17  |
|5.5     |4.2     |1.4     |0.3     |spark-huige|18  |
|4.8     |3.0     |1.4     |0.3     |spark-huige|19  |
|4.6     |3.2     |1.4     |0.2     |spark-huige|20  |
+--------+--------+--------+--------+-----------+----+
only showing top 20 rows
```

图 14-26　使用 row_number()函数给数据进行编号

接下来确定中位数的位置，这里我们分别拿到 $(n + 1)/2$ 的整数部分和小数部分：

```
val median_index = dataDF.agg(
  ((count($"feature3") + 1) / 2).cast("int") as "rank",
  ((count($"feature3") + 1) / 2 % 1) as "float_part"
)
median_index.show()
```

执行结果如图14-27所示。

这里小数部分不为0，意味着我们不仅要拿到rank=75的数，还要拿到rank=76的数。我们最好把其放到一行上，这里同样使用lead函数，lead函数的作用就是拿到分组排序后，下一个位置或下 n 个位置的数。我们在后面还会细讲，这里只是抛砖引玉：

```
+----+----------+
|rank|float_part|
+----+----------+
|  75|       0.5|
+----+----------+
```

图 14-27　执行结果

```
val windowFun = Window.orderBy(col("feature3").asc)
dataDF.withColumn("next_feature3", lead(col("feature3"),
1).over(windowFun)).show(false)
```

执行结果如图14-28所示。

```
+--------+--------+--------+--------+----------+-------------+
|feature1|feature2|feature3|feature4|label     |next_feature3|
+--------+--------+--------+--------+----------+-------------+
|4.6     |3.6     |1.0     |0.2     |spark-huige|1.1         |
|4.3     |3.0     |1.1     |0.1     |spark-huige|1.2         |
|5.0     |3.2     |1.2     |0.4     |spark-huige|1.3         |
|5.2     |4.6     |1.3     |3.2     |spark-huige|1.3         |
|5.4     |3.9     |1.3     |0.4     |spark-huige|1.3         |
|5.0     |5.0     |1.3     |0.2     |spark-huige|1.3         |
|5.5     |3.5     |1.3     |0.5     |spark-huige|1.3         |
|4.4     |3.0     |1.3     |0.2     |spark-huige|1.3         |
|5.0     |3.5     |1.3     |0.3     |spark-huige|1.3         |
|4.5     |2.3     |1.3     |0.3     |spark-huige|1.3         |
|4.4     |3.2     |1.3     |0.2     |spark-huige|1.4         |
|4.9     |3.0     |1.4     |0.2     |spark-huige|1.4         |
|4.7     |3.2     |1.4     |1.2     |spark-huige|1.4         |
|5.4     |5.8     |1.4     |0.4     |spark-huige|1.4         |
|4.8     |3.0     |1.4     |0.1     |spark-huige|1.4         |
|5.1     |3.5     |1.4     |0.3     |spark-huige|1.4         |
|5.2     |4.4     |1.4     |0.1     |spark-huige|1.4         |
|5.5     |4.2     |1.4     |0.3     |spark-huige|1.4         |
|4.8     |3.0     |1.4     |0.3     |spark-huige|1.4         |
|4.6     |3.2     |1.4     |0.2     |spark-huige|1.4         |
+--------+--------+--------+--------+----------+-------------+
only showing top 20 rows
```

图 14-28　执行结果

接下来Join两个表，按公式计算中位数就可以了。完整的代码如下：

```
val median_index = dataDF.agg(
  ((count($"feature3") + 1) / 2).cast("int") as "rank",
  ((count($"feature3") + 1) / 2 % 1) as "float_part"
)
```

```
    dataDF.withColumn("next_feature3", lead(col("feature3"),
1).over(windowFun)).show(false)

    dataDF.withColumn("rank", row_number().over(windowFun))
            .withColumn("next_feature3", lead(col("feature3"),
1).over(windowFun))
            .join(median_index, Seq("rank"), "inner")
            .withColumn("median", ($"float_part" - lit(0)) * $"next_feature3" +
(lit(1) - $"float_part") * $"feature3")
            .show()
```

执行结果如图14-29所示。

```
+----+--------+--------+--------+--------+-----------+-------------+----------+------+
|rank|feature1|feature2|feature3|feature4|      label|next_feature3|float_part|median|
+----+--------+--------+--------+--------+-----------+-------------+----------+------+
|  75|     5.7|     2.9|     4.2|     1.3|spark-taoge|          4.3|       0.5|  4.25|
+----+--------+--------+--------+--------+-----------+-------------+----------+------+
```

图 14-29　执行结果

14.4.6　四分位数

先来复习一下四分位数的两种解法：$n+1$方法和$n-1$方法。

对于$n+1$方法，如果数据量为n，则四分位数的位置为：

- Q1的位置= $(n+1) \times 0.25$。
- Q2的位置= $(n+1) \times 0.5$。
- Q3的位置= $(n+1) \times 0.75$。

对于$n-1$方法，如果数据量为n，则四分位数的位置为：

- Q1的位置=$1+(n-1) \times 0.25$。
- Q2的位置=$1+(n-1) \times 0.5$。
- Q3的位置=$1+(n-1) \times 0.75$。

这里的思路和求解中位数的思路是一样的，我们分别实现这两种方法。首先是$n+1$方法：

```
val windowFun = Window.orderBy(col("feature3").asc)
val q1_index = dataDF.agg(
  ((count($"feature3") + 1) * 0.25).cast("int") as "rank",
  ((count($"feature3") + 1) * 0.25 % 1) as "float_part"
)
dataDF.withColumn("rank", row_number().over(windowFun))
  .withColumn("next_feature3", lead(col("feature3"), 1).over(windowFun))
  .join(q1_index, Seq("rank"), "inner")
  .withColumn("q1", ($"float_part" - lit(0)) * $"next_feature3" + (lit(1) -
```

```
$"float_part") * $"feature3")
    .show()
```

执行结果如图14-30所示。

```
+----+--------+--------+--------+--------+-----------+------------+----------+---+
|rank|feature1|feature2|feature3|feature4|      label|next_feature3|float_part| q1|
+----+--------+--------+--------+--------+-----------+------------+----------+---+
|  37|     4.9|     3.1|     1.6|     0.1|spark-huige|         1.6|      0.75|1.6|
+----+--------+--------+--------+--------+-----------+------------+----------+---+
```

图 14-30　*n*+1 方法的代码执行结果

接下来是*n*−1方法：

```
val windowFun = Window.orderBy(col("feature3").asc)
val q1_index_sub = dataDF.agg(
  ((count($"feature3") - 1) * 0.25).cast("int") as "rank",
  ((count($"feature3") - 1) * 0.25 % 1) as "float_part"
)
dataDF.withColumn("rank", row_number().over(windowFun))
  .withColumn("next_feature3", lead(col("feature3"), 1).over(windowFun))
  .join(q1_index_sub, Seq("rank"), "inner")
  .withColumn("q1", ($"float_part" - lit(0)) * $"next_feature3" + (lit(1) -
$"float_part") * $"feature3")
    .show()
```

执行结果如图14-31所示。

```
+----+--------+--------+--------+--------+-----------+------------+----------+---+
|rank|feature1|feature2|feature3|feature4|      label|next_feature3|float_part| q1|
+----+--------+--------+--------+--------+-----------+------------+----------+---+
|  37|     4.9|     3.1|     1.6|     0.1|spark-huige|         1.6|      0.25|1.6|
+----+--------+--------+--------+--------+-----------+------------+----------+---+
```

图 14-31　*n*−1 方法的代码执行结果

14.5　本章小结

本章通过4个Spark实战案例，全面展示了Spark在不同领域的应用价值。在Spark Core日志统计案例中，我们掌握了处理和分析大规模日志数据的方法。通过日志分析可视化案例，我们学会了如何将分析结果以直观的方式呈现，增强了数据的可读性和洞察力。电商实战案例让我们领略了Spark SQL在处理电商大数据时的强大功能，为业务决策提供了有力支持。而数据分析案例则展示了Spark SQL在复杂数据分析任务中的广泛应用和卓越性能。这些案例不仅加深了我们对Spark的理解，也提升了我们的实战技能。

第15章

Spark 面试题

本章精心挑选了50道Spark面试题，全面覆盖Spark核心概念、Spark架构原理、Spark编程实践、Spark性能调优与Spark实战应用的各个方面。通过深入解析这些面试题，你将能够系统回顾并巩固Spark的相关知识，为面试和实际应用打下坚实基础。

本章主要知识点：

- Spark核心概念面试题。
- Spark架构原理面试题。
- Spark编程实践面试题。
- Spark性能调优面试题。
- Spark实战应用面试题。

15.1　Spark 核心概念面试题

15.1.1　简述 Spark 是什么

Spark是一个开源的分布式计算框架，专为大规模数据处理设计，支持批处理、流处理、机器学习和图计算等多种场景。其核心优势在于基于内存的计算引擎，通过减少磁盘I/O显著提升运算速度，相较于Hadoop MapReduce等磁盘依赖型框架，性能可提升数倍。Spark提供统一API接口，支持Scala、Java、Python、R等多种编程语言，简化了复杂数据任务的开发流程。

Spark生态系统包含Spark SQL（结构化数据处理）、Spark Streaming（实时流处理）、MLlib（机器学习）和GraphX（图计算）等组件，满足从ETL到AI模型训练的全链路需求。Spark可部署在独立集群或YARN、Mesos等资源管理器上，兼容HDFS、S3等存储系统，成为大数据领域通用的计算引擎。它广泛应用于日志分析、推荐系统、金融风控等场景，是处理PB级数据的高效工具。

15.1.2　简述 Spark 3.0 的特性

Spark 3.0是Apache Spark的一个重要版本，引入了多项新特性和优化，主要包括：

（1）Adaptive Query Execution (AQE)：自适应查询执行，能够根据运行时统计信息动态优化查询计划，提升性能。

（2）Dynamic Partition Pruning (DPP)：动态分区裁剪，通过减少读取的数据量来加速查询。

（3）Accelerator-aware Scheduling：支持GPU等加速器，提升机器学习等计算密集型任务的效率。

（4）SQL改进：新增ANSI SQL兼容模式，支持更多标准SQL功能，如TRY_CAST和TRIM。

（5）Structured Streaming增强：引入新的UI和API，改进事件时间水印处理，提升流处理性能。

（6）Python支持改进：增强PySpark功能，如更好的Pandas UDF支持和类型提示。

（7）性能优化：通过代码生成和向量化执行引擎优化，提升整体性能。

（8）Kubernetes支持改进：简化在Kubernetes上的部署和管理，提升稳定性和性能。

（9）新数据源API：引入Data Source API V2，提供更灵活的数据源集成方式。

（10）文档和开发者体验改进：更新文档，提供更多示例和指南，提升开发者体验。

这些特性使Spark 3.0在大数据处理和机器学习任务中更加高效和易用。

15.1.3　简述 Spark 生态系统有哪些组件

Apache Spark是一个用于大规模数据处理的统一分析引擎。它提供了一个简单而强大的编程模型，并且可以处理大数据、实时数据和复杂数据分析任务。Spark生态系统包含多个组件，这些组件都围绕着Spark Core进行构建，提供各种各样的工具和库，以便进行数据处理、机器学习、流处理和图形处理等。

- Spark Core：这是Spark的基础模块，提供了基本的数据处理功能，比如内存计算、I/O操作、基础的Utils等。
- Spark SQL：这是Spark用来处理结构化数据的组件，可以让我们使用SQL语句或者Apache Catalyst优化的查询计划来处理数据。
- Spark Streaming：这是Spark用来处理实时数据的组件，可以处理实时数据流，并且提供了多种接收数据的方式，例如TCP Socket、Kafka、Flume等。
- MLlib：这是Spark提供的机器学习库，包含常用的机器学习算法和实用工具。
- GraphX：这是Spark提供的图处理库，提供了图并行计算的能力。
- Structured Streaming：这是Spark近期新推出的实时处理引擎，提供了简单易用的API

来进行实时数据处理。

15.1.4 简述 Spark 的运行流程

Spark具体运行流程如图15-1所示。

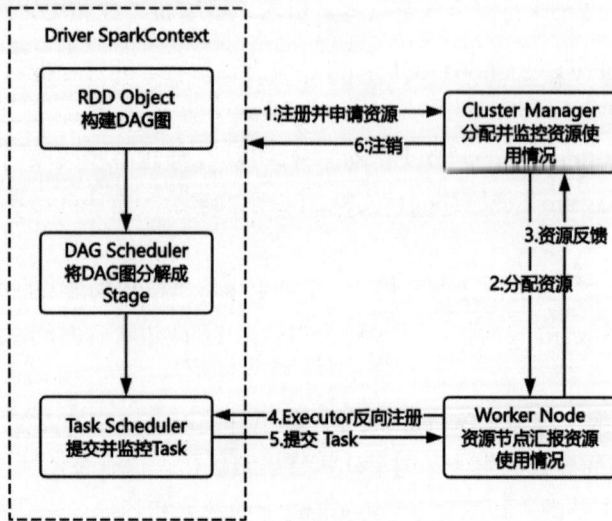

图 15-1 Spark 具体运行流程

（1）构建Spark Application的运行环境（启动SparkContext），SparkContext向资源管理器（可以是Standalone、Mesos或YARN）注册并申请运行Executor资源。

（2）资源管理器分配Executor资源并启动StandaloneExecutorBackend，Executor运行情况将随着心跳发送到资源管理器上。

（3）SparkContext构建成DAG图，将DAG图分解成Stage，并把Taskset发送给Task Scheduler。Executor向SparkContext申请Task，Task Scheduler将Task发放给Executor运行，同时SparkContext将应用程序代码发放给Executor。

（4）Task在Executor上运行，运行完毕释放所有资源。

15.1.5 简述 Spark 的主要功能与特性

Apache Spark是一个快速、通用的分布式计算系统，主要用于大规模数据处理。Spark的主要功能如下。

（1）批处理：支持大规模数据集的批处理任务，适用于ETL、数据清洗等场景。

（2）流处理：通过Structured Streaming实现实时数据处理，支持事件时间和状态管理。

（3）机器学习：提供MLlib库，支持常见的机器学习算法和管道操作。

（4）图计算：通过GraphX库支持图结构数据的处理和分析。

（5）SQL查询：支持使用SQL进行数据查询和分析，兼容Hive SQL。

Spark的主要特性如下：

（1）高性能：通过内存计算和DAG执行引擎实现高效数据处理。
（2）易用性：提供Scala、Java、Python、R等多种API，支持交互式Shell。
（3）通用性：支持批处理、流处理、机器学习、图计算等多种计算范式。
（4）容错性：通过RDD的Lineage信息实现自动故障恢复。
（5）可扩展性：支持多种数据源（HDFS、S3、Kafka等）和集群管理器（YARN、Mesos、Kubernetes）。
（6）丰富的生态系统：包括Spark SQL、Spark Streaming、MLlib、GraphX等组件。
（7）实时处理：Structured Streaming支持低延迟的实时数据处理。
（8）高级分析：支持复杂的数据分析和机器学习任务。
（9）社区支持：拥有活跃的社区和丰富的文档资源。

这些功能和特性使Spark成为大数据处理的首选工具之一。

15.1.6　简述 Spark 中 RDD 的 Partitioner 是如何决定的

简述Spark中RDD的Partitioner是如何决定的？

（1）源头RDD的分区数是由数据源的读取器机制内部决定的，而且通常没有分区器。
（2）窄依赖子RDD分区器通常为None，也可以选择让它保留父RDD的分区器。
（3）宽依赖RDD（ShuffledRDD）的分区数、分区器：

● 可以由算子传入reduceByKey(_ + _ ,4)，分区器就是HashPartitioner。
● 可以由算子传入分区器 reduceByKey(new HashPartitioner(4), _ + _)。
● 可以什么都不传，则调用Partitioner.defaultPartitioner( )这个方法来得到一个分区器。

15.1.7　简述 SparkContext 与 SparkSession 之间的区别是什么

1. SparkContext

SparkContext的定义：SparkContext是应用启动时创建的Spark上下文对象，是进行Spark应用开发的主要接口。

SparkContext的功能：它是Spark上层应用与底层实现的中转站，允许Spark应用程序通过资源管理器（如Spark Standalone、YARN或Apache Mesos）访问Spark集群。SparkContext是Spark应用程序执行的入口，任何Spark应用程序都需要生成SparkContext对象来初始化Spark环境。它主要用于创建和操作RDD（弹性分布式数据集），并与其他Spark组件交互，为Spark应用程序建立分布式计算平台。

SparkContext的使用场景：主要用于创建和操作RDD，以及与其他Spark组件进行交互。它是Spark应用程序的基础，但在Spark 2.x及更高版本中，由于SparkSession的引入，其直接使用变得较少。

2. SparkSession

SparkSession的定义：SparkSession是Spark 2.0中引入的新概念，它是Spark SQL、DataFrame和Dataset API的入口点，也是Spark编程的统一API。

SparkSession的功能：SparkSession将以前的SparkContext、SQLContext和HiveContext组合在一起，使得用户可以在一个统一的接口下使用Spark的所有功能。它内部封装了SparkContext，因此计算实际上是由SparkContext完成的。SparkSession简化了Spark应用程序的创建和管理，并提供了读取数据的统一入口。由于SparkSession是一个重量级的对象，创建和销毁的代价较高，因此在项目中应该尽可能地重用同一个SparkSession对象。

SparkSession的使用场景：适用于需要使用Spark SQL、DataFrame和Dataset API的场景。它是Spark 2.x及更高版本中推荐的编程接口，简化了Spark应用程序的创建和管理。

15.1.8 简述 Spark 的几种运行模式

1. 本地模式（Local Mode）

- 在单个JVM上运行Spark应用程序，通常用于开发和测试。
- 可以通过设置spark.master为local或local[*]来启动。其中，local表示使用单个线程运行，而local[*]则表示使用所有可用的核心。

2. 伪分布式模式（Pseudo-Distributed Mode）

- 虽然在单个机器上运行，但模拟了分布式环境的行为。
- 适用于在单个多核机器上测试分布式应用程序的性能。
- 通常通过设置spark.master为spark:// HOST:PORT（其中HOST和PORT是本地机器的地址和端口）来启动，但实际上所有的工作节点都在同一台机器上。

3. 独立集群模式（Standalone Cluster Mode）

- 使用Spark自带的集群管理器来管理资源。
- 适用于没有现成的资源管理器（如YARN或Mesos）的环境。
- 在这种模式下，需要启动一个Master节点和多个Worker节点。

4. YARN 模式（YARN Cluster Mode）

- 使用Hadoop YARN作为资源管理器来运行Spark应用程序。
- Spark应用程序的Driver可以在YARN集群内运行（YARN Cluster模式）或在集群外部运行（YARN Client模式）。
- YARN Cluster模式更适合生产环境，因为它可以更好地利用YARN的资源隔离和调度特性。

5. Mesos 模式（Mesos Cluster Mode）

- 使用Apache Mesos作为资源管理器。
- Mesos是一个分布式系统内核，用于在大规模集群上运行容器化应用。
- 在这种模式下，Spark应用程序可以与其他Mesos框架（如Hadoop、Kafka等）共享集群资源。

6. Kubernetes 模式（Kubernetes Mode）

- 使用Kubernetes作为容器编排平台来运行Spark应用程序。
- 支持动态资源分配和应用程序的自动扩展。
- 适用于需要高灵活性和可扩展性的环境。

15.1.9　简述 DAG 为什么适合 Spark

在Spark中，使用DAG（Directed Acyclic Graph，有向无环图）来描述我们的计算逻辑。

1. 什么是 DAG

DAG是一组顶点和边的组合。顶点代表了RDD，边代表了对RDD的一系列操作。

DAG Scheduler会根据RDD的Transformation动作，将DAG分为不同的Stage，每个Stage中分为多个Task，这些Task可以并行运行。

2. DAG 解决了什么问题

DAG的出现主要是为了解决Hadoop MapReduce框架的局限性。

MapReduce的局限性主要有两个：

（1）每个MapReduce操作都是相互独立的，Hadoop不知道接下来会有哪些Map Reduce。

（2）每一步的输出结果都会持久化到硬盘或者HDFS上。

当以上两个特点结合之后，我们就可以想象，在某些迭代的场景下，MapReduce框架会对硬盘和HDFS的读写造成大量浪费。

而且每一步都是堵塞在上一步中，所以当我们处理复杂计算时，会需要很长时间，但是数据量却不大。因此，Spark中引入了DAG，它可以优化计算计划，比如减少shuGle数据。

15.1.10　简述 DAG 如何划分 Stage

对于窄依赖，Partition的转换处理在Stage中完成计算，不划分Stage（将窄依赖尽量放在同一个Stage中，可以实现流水线计算）。

对于宽依赖，由于有Shuffle的存在，只能在父RDD处理完成后，才能开始接下来的计算，也就是说需要划分Stage。

15.2 Spark 架构原理面试题

15.2.1 简述 Spark SQL 的执行原理

近似于关系数据库，Spark SQL语句由Projection（a1、a2、a3）、Data Source（tableA）、Filter（condition）组成，分别对应SQL查询过程中的Result、Data Source、Operation，也就是说，SQL语句按指定次序来描述，如Result→Data Source→Operation。

执行Spark SQL语句的顺序如下：

（1）对读入的SQL语句进行解析（Parse），分辨出SQL语句中的关键词（如SELECT、FROM、Where）、表达式、Projection、Data Source等，从而判断SQL语句是否规范。

（2）将SQL语句和数据库的数据字典（列、表、视图等）进行绑定（Bind）。如果相关的Projection、Data Source等都存在，就表示这个SQL语句是可以执行的。

（3）选择最优计划。数据库会提供几个执行计划，这些计划一般都有运行统计数据，数据库会在这些计划中选择一个最优计划（Optimize）。

（4）计划执行（Execute）。计划执行按Operation→Data Source→Result的次序来执行，在执行过程中有时甚至不需要读取物理表就可以返回结果，如重新运行执行过的SQL语句，可直接从数据库的缓冲池中获取返回结果。

15.2.2 简述 Spark SQL 执行的流程

这个问题如果深挖还挺复杂的，这里简单介绍一下Spark SQL执行的总体流程。

（1）Parser：基于Aantlr框架对SQL解析，生成抽象语法树。

（2）变量替换：通过正则表达式找出符合规则的字符串，替换成系统缓存环境的变量SQLConf中的spark.sql.variable.substitute，默认是可用的。可参考SparkSqlParser。

（3）Parser：将Antlr的tree转换成Spark Catalyst的LogicPlan，也就是未解析的逻辑计划。详细参考Ast Build、ParseDriver。

（4）Analyzer：通过分析器，结合Catalog，把Logical Plan和实际的数据绑定起来，将未解析的逻辑计划生成逻辑计划。详细参考QureyExecution。

（5）缓存替换：通过CacheManager，替换有相同结果的Logical Plan（逻辑计划）。

（6）Logical Plan优化，基于规则的优化。优化规则参考Optimizer，优化执行器为RuleExecutor。

（7）生成 Spark Plan，也就是物理计划。可参考QueryPlanner和SparkStrategies。

（8）Spark Plan准备阶段。

（9）构造RDD执行，涉及Spark的wholeStageCodegenExec机制，基于Janino框架生成Java代码并编译。

15.2.3　简述 Spark 相较于 MapReduce 的优势

（1）计算效率高：通过内存计算和DAG执行引擎减少磁盘I/O，迭代计算性能提升百倍。

（2）易用性强：支持Java、Scala、Python等多语言API，提供高级操作（如SQL、流处理），开发更简洁。

（3）通用性佳：统一框架支持批处理、流处理、机器学习和图计算，无须切换工具。

（4）容错机制优：基于RDD血缘关系实现高效容错，无须重复计算。MapReduce则依赖磁盘存储，编程复杂且仅支持批处理，适用场景有限。

15.2.4　简述 RDD 的宽依赖和窄依赖产生的原理

RDD（弹性分布式数据集）的宽依赖和窄依赖产生的原理主要源于RDD之间的转换操作，以及这些操作如何影响数据的分布和计算方式。

1. RDD 转换操作

在Spark中，对RDD进行的每一次转换操作（如map、filter、groupByKey等）都会生成一个新的RDD。这些转换操作决定了RDD之间的依赖关系。

2. 窄依赖产生的原理

窄依赖是指父RDD的每个分区最多只被子RDD的一个分区所使用。
窄依赖产生的原理：

- 当对RDD进行转换操作时，如果每个父RDD的分区只被用于生成子RDD的一个分区，则形成窄依赖。
- 常见的窄依赖操作包括map、filter、union等。这些操作通常不会改变数据的分布，即每个父RDD的分区只被映射到子RDD的一个分区上。

3. 宽依赖产生的原理

宽依赖是指一个父RDD的分区会被多个子RDD的分区所使用。
宽依赖产生的原理：

- 当对RDD进行转换操作时，如果需要将父RDD的多个分区的数据合并到子RDD的一个或多个分区中，则形成宽依赖。
- 常见的宽依赖操作包括groupByKey、reduceByKey、sortByKey等。这些操作需要对数据进行全局的合并或排序，因此需要将父RDD的多个分区的数据传输到同一个节点上进行计算。
- 宽依赖往往伴随着数据的Shuffle操作，即需要将数据从多个节点传输到同一个节点上，这增加了计算的复杂性和开销。

15.2.5 简述 Stage 的内部逻辑

（1）每一个Stage中按照RDD的分区划分了很多个可以并行运行的Task。

（2）把每一个Stage中这些可以并行运行的Task都封装到一个taskSet集合中。

（3）前面Stage中Task的输出结果数据是后面Stage中Task的输入数据。

15.2.6 简述为什么要根据宽依赖划分 Stage

DAG是由点和线组成的拓扑图形，该图形具有方向，不会闭环。原始的RDD通过一系列的转换就形成了DAG。根据RDD之间的依赖关系的不同，可以将DAG划分成不同的Stage。对于窄依赖，Partition的转换处理在Stage中完成计算。对于宽依赖，由于有Shuffle的存在，只能在Parent RDD处理完成后，才能开始接下来的计算，因此宽依赖是划分Stage的依据。

15.2.7 简述 Spark on YARN 运行过程

Spark on YARN模式根据Driver在集群中的位置分为两种模式：一种是YARN Client模式，另一种是YARN Cluster（或称为YARN-Standalone模式）。

1. YARN Client 模式

在YARN Client模式中，Driver在客户端本地运行，这种模式可以使得Spark Application和客户端进行交互，因为Driver在客户端，所以可以通过WebUI访问Driver的状态，默认是通过http://hadoop1:4040访问的，而YARN是通过 http:// hadoop1:8088访问的。YARN Client的工作流程分为以下几个步骤：

步骤01 提交申请：客户端（Driver程序）向YARN ResourceManager提交应用程序，申请启动ApplicationMaster（AM）。SparkContext初始化并创建DAGScheduler和TaskScheduler（实际选择YarnClientSchedulerBackend和YarnScheduler）。

步骤02 启动ApplicationMaster：ResourceManager分配一个Container（在某个NodeManager上），并启动ApplicationMaster。注意：在Client模式下，ApplicationMaster仅负责资源协商（Executor的申请），不运行Driver（SparkContext），Driver仍在客户端。

步骤03 注册与申请资源：ApplicationMaster向ResourceManager注册后，SparkContext（客户端）直接与ApplicationMaster通信，通过AM向ResourceManager申请资源（Container）用于启动Executor。

步骤04 启动Executor：ApplicationMaster申请到Container后，与NodeManager通信，在Container中启动Executor（实际是CoarseGrainedExecutorBackend）。Executor启动后向客户端的Driver（SparkContext）注册（而非向AM注册）。

步骤05 任务分配与执行：客户端的Driver（SparkContext）将Task分发给已注册的Executor执行。Executor执行Task并向Driver汇报状态（进度、结果等）。

步骤06 注销与关闭：应用程序完成后，Driver向ResourceManager注销应用，并关闭SparkContext。

ApplicationMaster也会被清理。

2. YARN Cluster 模式

在YARN Cluster模式中，当用户向YARN提交一个应用程序后，YARN将分两个阶段运行该应用程序：第一个阶段是把Spark的Driver作为一个ApplicationMaster在YARN集群中先启动；第二个阶段是由ApplicationMaster创建应用程序，然后为它向ResourceManager申请资源，并启动Executor来运行Task，同时监控它的整个运行过程，直到运行完成。YARN Cluster的工作流程分为以下几个步骤：

步骤01　Spark YARN Client 向 YARN 提交应用程序，包括 ApplicationMaster 程序、启动 ApplicationMaster的命令、需要在Executor中运行的程序等。

步骤02　ResourceManager收到请求后，在集群中选择一个NodeManager，为该应用程序分配第一个 Container，要求它在这个 Container 中启动应用程序的 ApplicationMaster，其中ApplicationMaster进行SparkContext等初始化。

步骤03　ApplicationMaster向ResourceManager注册，这样用户可以直接通过ResourceManager查看应用程序的运行状态，然后它将采用轮询的方式通过RPC协议为各个任务申请资源，并监控它们的运行状态直到运行结束。

步骤04　一旦ApplicationMaster申请到资源（也就是Container），便与对应的NodeManager通信，要求它在 获得的 Container 中启动 CoarseGrainedExecutorBackend，CoarseGrainedExecutorBackend启动后会向ApplicationMaster中的SparkContext注册并申请Task。这一点和Standalone模式一样，只不过SparkContext在Spark Application中初始化时，使用CoarseGrainedSchedulerBackend配合YarnClusterScheduler进行任务的调度。其中YarnClusterScheduler只是对TaskSchedulerImpl的一个简单包装，增加了对Executor的等待逻辑等。

步骤05　ApplicationMaster 中 的 SparkContext 分 配 Task 给 CoarseGrainedExecutorBackend 执 行，CoarseGrainedExecutorBackend运行Task并向ApplicationMaster汇报运行的状态和进度，以便让ApplicationMaster随时掌握各个任务的运行状态，从而可以在任务失败时重新启动任务。

步骤06　应用程序运行完成后，ApplicationMaster向ResourceManager申请注销并关闭自己。

15.2.8　简述 YARN Client 与 YARN Cluster 的区别

在理解YARN Client和YARN Cluster深层次的区别之前，先要弄清楚一个概念：Application Master。在YARN中，每个Application实例都有一个ApplicationMaster进程，它是Application启动的第一个容器。它负责和ResourceManager打交道并请求资源，获取资源之后告诉NodeManager为其启动Container。从深层次的含义讲，YARN Cluster和YARN Client模式的区别其实就是ApplicationMaster进程的区别。

在YARN Cluster模式下，Driver运行在AM（Application Master）中，它负责向YARN申请资源，并监督作业的运行状况。当用户提交了作业之后，就可以关掉Client，作业会继续在YARN

上运行，因而YARN Cluster模式不适合运行交互类型的作业。

在YARN Client模式下，Application Master仅仅向YARN请求Executor，Client会与请求的Container进行通信来调度它们工作，也就是说Client不能离开。

15.2.9　简述 Spark 的 YARN Cluster 涉及的参数有哪些

Spark On YARN的Cluster模式指的是Driver程序运行在YARN集群上。

```
--class org.apache.spark.examples.SparkPi \
--master yarn \
--deploy-mode cluster \
--driver-memory 1g \
--executor-memory 1g \
--executor-cores 2 \
--queue default
```

参数解释如下：

- class：程序的main方法所在的类。
- master：指定Master的地址。
- deploy-mode：指定运行模式（Client/Cluster）。
- driver-memory：Driver运行所需要的内存，默认为1GB。
- executor-memory：指定每个Executor的可用内存为2GB，默认为1GB。
- executor-cores：指定每一个Executor可用的核数。
- queue：指定任务的队列。

15.2.10　简述 Spark 广播变量的实现和原理

Spark官方对广播变量的说明如下：

广播变量可以让我们在每台计算机上保留一个只读变量，而不是为每个任务复制一份副本。例如，可以使用广播变量以高效的方式为每个计算节点提供大型输入数据集的副本。Spark也尽量使用有效的广播算法来分发广播变量，以降低通信成本。

另外，Spark Action操作会被划分成一系列的Stage来执行，这些Stage根据是否产生Shuffle操作来进行划分。Spark会自动广播每个Stage任务需要的通用数据。这些被广播的数据以序列化的形式缓存起来，然后在任务运行前进行反序列化。

也就是说，在以下两种情况下显式地创建广播变量才有用：

（1）当任务跨多个Stage并且需要同样的数据时。

（2）当以反序列化的形式来缓存数据时。

从以上官方定义可以得出Spark广播变量的一些特性：

（1）广播变量会在每个worker节点上保留一份副本，而不是为每个Task保留一份副本。这样有什么好处？一个worker节点有时会同时运行若干Task，若把一个包含较大数据的变量为多个Task都复制一份，而且还需要通过网络传输，应用的处理效率一定会受到很大影响。

（2）Spark会通过某种广播算法来进行广播变量的分发，这样可以减少通信成本。Spark使用了类似于BitTorrent协议的数据分发算法来进行广播变量的数据分发，该分发算法会在后面进行分析。

（3）广播变量有一定的适用场景：当任务跨多个Stage且需要同样的数据时，或以反序列化的形式来缓存数据时。

15.3　Spark 编程实践面试题

15.3.1　简述 RDD 是什么

RDD（Resilient Distributed Dataset，弹性分布式数据集）是Spark的核心数据抽象，代表一个不可变、可分区、可并行计算的分布式数据集合。RDD具有以下特性。

- 弹性：通过血缘关系（Lineage）记录转换操作历史，无须数据复制即可实现故障后自动重建。
- 分布式：数据分片跨集群节点存储，支持并行计算。
- 内存计算：数据可缓存到内存中，减少磁盘I/O，迭代计算效率极高。
- 惰性求值：转换操作（如map、filter）延迟执行，行动操作（如count、collect）触发实际计算。

RDD支持多种数据源（HDFS、本地文件等），提供丰富的转换和行动操作，简化分布式编程复杂度，是Spark高性能的基础。

15.3.2　简述对 RDD 机制的理解

RDD可以简单理解成一种数据结构，是Spark框架上的通用货币。所有算子都是基于RDD来执行的，不同的场景会有不同的RDD实现类，但是都可以进行互相转换。RDD执行过程中会形成DAG图，然后形成lineage保证容错性等。从物理的角度来看，RDD存储的是Block和Node之间的映射。

RDD是Spark提供的核心抽象。

RDD在逻辑上是一个HDFS文件，在抽象上是一种元素集合，包含数据。它分为多个分区，每个分区分布在集群中的不同节点上，从而让RDD中的数据可以被并行操作（分布式数据集）。

例如，有一个RDD包括90万数据，3个Partition，则每个分区上有30万数据。RDD通常通过Hadoop上的文件，即HDFS或者Hive表来创建，还可以通过应用程序中的集合来创建；RDD最重要的特性就是容错性，可以自动从节点失败中恢复过来。即如果某个节点上的RDD Partition因为节点故障导致数据丢失，那么RDD可以通过自己的数据来源重新计算该Partition。这一切对使用者都是透明的。

RDD的数据默认存放在内存中，但是当内存资源不足时，Spark会自动将RDD数据写入磁盘。例如某节点内存只能处理20万数据，那么这20万数据就会放入内存中计算，剩下10万放到磁盘中。RDD的弹性体现在RDD上自动进行内存和磁盘之间权衡和切换的机制。

15.3.3 简述 RDD 的宽依赖和窄依赖

RDD和它依赖的Parent RDD的关系有两种不同的类型，即窄依赖和宽依赖。

窄依赖指的是每一个Parent RDD的Partition最多被子RDD的一个Partition使用，比如map、filter、union属于窄依赖。

宽依赖指的是多个子RDD的Partition会依赖同一个Parent RDD的Partition。具有宽依赖的Transformations包括sort、reduceByKey、groupByKey、Join和调用rePartition函数的任何操作。

15.3.4 简述 RDD 持久化原理是什么

Spark非常重要的一个功能特性就是可以将RDD持久化到内存中，只要调用cache()和persist()方法即可。cache()和persist()的区别在于，cache()是persist()的一种简化方式；而cache()的底层就是调用persist()的无参版本persist(MEMORY_ONLY)，将数据持久化到内存中。

如果需要从内存中清除缓存，可以使用unpersist()方法。RDD持久化可以手动选择不同的策略，在调用persist()时传入对应的StorageLevel即可。

15.3.5 简述 RDD 的容错机制

RDD的容错机制基于血缘关系（Lineage）和重计算实现高效容错。具体如下：

（1）血缘记录：每个RDD记录其生成依赖（如map、filter等转换操作的历史），形成有向无环图（DAG）。

（2）惰性计算：转换操作不立即计算，仅记录逻辑，行动操作触发实际执行。

（3）故障恢复：若部分分区数据丢失，可根据血缘关系重新执行丢失分区的转换操作（无须全量重算），自动恢复数据。

（4）持久化优化：用户可主动缓存频繁使用的RDD（持久化到内存/磁盘），避免重复计算，提升容错效率。

15.3.6 简述 RDD 的缓存级别

在Spark持久化时，Spark规定了MEMORY_ONLY、MEMORY_AND_DISK等7种不同的存

储级别，而存储级别是以下5个变量的组合：

```
class StorageLevel private{
private var _useDisk: Boolean,        // 磁盘
private var _useMemory: Boolean,      // 这里指的是堆内内存
private var _useOffHeap: Boolean,     // 堆外内存
private var _deserialized: Boolean,   // 是否为非序列化
private var _replication: Int = 1     // 副本个数为7
}
```

Spark中的7种存储级别说明如下。

持久化级别的含义

（1）MEMORY_ONLY以非序列化的Java对象的方式持久化在JVM内存中。如果内存无法完全存储RDD所有的Partition，那么那些没有持久化的Partition就会在下一次需要使用它们时重新被计算。

（2）MEMORY_AND_DISK同MEMORY_ONLY，但是当某些Partition无法存储在内存中时，会持久化到磁盘中。下一次需要使用这些Partition时，需要从磁盘中读取。

（3）MEMORY_ONLY_SER同MEMORY_ONLY，但是会使用Java序列化方式，将Java对象序列化后进行持久化。可以减少内存开销，但是需要进行反序列化，因此会加大CPU开销。

（4）MEMORY_AND_DISK_SER同MEMORY_AND_DISK，但是使用序列化方式持久化Java对象。

（5）DISK_ONLY使用非序列化Java对象的方式持久化，完全存储到磁盘上。

（6）MEMORY_ONLY_2、MEMORY_AND_DISK_2等。如果是尾部加了2的持久化级别，表示将持久化数据复用一份，保存到其他节点，从而在数据丢失时不需要再次计算，只需要使用备份数据即可。

（7）OFF_HEAP是以序列化方式存储的。

通过对数据结构的分析，可以看出存储级别从以下3个维度定义了RDD的Partition（同时也是Block）的存储方式。

● 存储位置：磁盘/堆内内存/堆外内存。例如MEMORY_AND_DISK是同时在磁盘和堆内内存上存储的，实现了冗余备份。OFF_HEAP则只在堆外内存存储，目前选择堆外内存时不能存储到其他位置。

● 存储形式：Block缓存到内存后，是否为非序列化的形式。例如，MEMORY_ONLY是以非序列化形式存储的。

● 副本数量：大于1时需要冗余备份到其他节点。例如DISK_ONLY_2需要远程备份1个副本。

15.3.7　简述 DAG 中为什么要划分 Stage

DAG中划分Stage主要为了并行计算。一个复杂的业务逻辑如果有Shuffle，那么就意味着前面阶段产生结果后，才能执行下一个阶段，即下一个阶段的计算要依赖上一个阶段的数据。那么，我们按照Shuffle进行划分（也就是按照宽依赖进行划分）。在Spark的DAG（有向无环图）中划分Stage的核心目的是优化任务执行效率。Stage是DAG中由宽依赖（Shuffle操作）分隔开的计算阶段，其划分基于以下逻辑。

（1）减少Shuffle开销：宽依赖（如Join、groupByKey）会触发数据跨节点传输（Shuffle），成为性能瓶颈。将连续的窄依赖操作（如map、filter）合并为一个Stage，避免中间Shuffle，显著提升执行速度。

（2）任务并行化：每个Stage的任务可独立提交到集群执行。通过划分Stage，Spark能更加细粒度地控制任务并行度，充分利用集群资源。

（3）容错机制：Stage的边界明确了计算单元的边界。若某个Stage失败，只需重新计算该Stage及其后续Stage，而非整个DAG，降低容错成本。

例如，连续5个窄依赖操作会被合并为一个Stage，而遇到宽依赖时则触发新Stage。这种设计使Spark能高效处理大规模数据，平衡计算效率与资源利用率。

15.3.8　简述 Spark SQL 的数据倾斜解决方案

Spark SQL的数据倾斜解决方案主要包括以下几种。

（1）预处理数据：

- 对倾斜 Key 进行采样分析，识别高频 Key。
- 单独处理倾斜 Key（如拆分或过滤），非倾斜部分正常计算。

（2）调整Shuffle策略：

- 启用 spark.sql.adaptive.skewedJoin.enabled（自适应查询），自动处理倾斜 Join。
- 增加 Shuffle 分区数（如设置 spark.sql.shuffle.partitions），分散负载。

（3）优化SQL逻辑：

- 使用 Map 端聚合（如 Partial Aggregation）减少 Shuffle 数据量。
- 将 Reduce 端 Join 转换为 Map 端 Join（Broadcast Join），避免 Shuffle。

（4）业务侧调整：

- 对倾斜 Key 加盐（添加随机前缀），打散分布，完成后聚合还原。
- 避免非等值 Join 或笛卡儿积等易倾斜操作。

（5）资源调配：

为倾斜Task分配更多资源（CPU/内存），避免单点瓶颈。

15.3.9 简述 Spark SQL 如何将数据写入 Hive 表

方式一：利用Spark RDD的API将数据写入HDFS形成HDFS文件，之后再将HDFS文件和Hive表进行加载映射。

方式二：利用Spark SQL将获取的数据RDD转换成DataFrame，再将DataFrame写成缓存表，最后利用Spark SQL直接插入Hive表中。对于利用Spark SQL写入Hive表，官方提供了两种常见的API，第一种是利用JavaBean进行映射，第二种是利用StructType创建Schema进行映射。

15.3.10 简述 Spark SQL 如何使用 UDF

用户自定义函数（UDF）是大多数SQL环境的一个关键特性，其主要用于扩展系统的内置功能。UDF允许开发人员通过抽象其低级语言实现，在更高级语言（如SQL）中应用新的函数。Apache Spark也不例外，它为UDF与Spark SQL工作流的集成提供了各种选项。

1. Spark SQL 的 UDF 使用

用户自定义函数（UDF）允许我们使用Python、Java、Scala等语言注册自定义函数，并在SQL中调用。这种方法很常用，通常用来给机构内的SQL用户提供高级功能支持，使他们可以直接调用注册的函数，而无须自己编程实现。

在Spark SQL中，编写UDF尤为简单。Spark SQL不仅有自己的UDF接口，也支持已有的Apache Hive UDF。我们可以使用Spark支持的编程语言编写函数，然后通过Spark SQL内建的方法传递进来，非常便捷地注册我们自己的UDF。

在Scala和Python中，可以利用语言原生的函数和lambda语法的支持；而在Java中，则需要扩展对应的UDF类。UDF能够支持各种数据类型，其返回类型也可以与调用时的参数类型完全不同。

2. UDF 的简单使用

首先通过RDD生成测试数据，再转换成DataFrame格式，通过编写简单的UDF函数，对数据进行操作并输出，例如：

```
import org.apache.spark.sql.Row
import org.apache.spark.rdd._
import scala.collection.mutable.ArrayBuffer
import org.apache.spark.sql.types.{StructType, StructField, StringType,
IntegerType}
// 通过RDD创建测试数据
val rdd: RDD[Row] = sc.parallelize(List("Michael,male, 29",
  "Andy,female, 30",
  "Justin,male, 19",
```

```
"Dela,female, 25",
"Magi,male, 20",
"Pule,male,21"))
.map(_.split(",")).map(p => Row(p(0),p(1),p(2).trim.toInt))
// 创建Schema
val schema = StructType( Array( StructField("name",StringType,
true),StructField("sex",StringType, true),StructField("age",IntegerType,true)))
// 转换DataFrame
val peopleDF = spark.sqlContext.createDataFrame(rdd,schema)
// 注册UDF函数
spark.udf.register("strlen",(x:String)=>x.length)
// 创建临时表
peopleDF.registerTempTable("people")
// 选择输出语句
spark.sql("select name, strlen(name) as strlen,sex from people").show()
```

创建DataFrame：

```
scala> val df = spark.read.json("data/user.json")
df: org.apache.spark.sql.DataFrame = [age: bigint, username: string]
```

注册UDF：

```
scala> spark.udf.register("addName",(x:String)=> "Name:"+x)
res9: org.apache.spark.sql.expressions.UserDefinedFunction =
UserDefinedFunction(<function1>,StringType,Some(List(StringType)))
```

创建临时表：

```
scala> df.createOrReplaceTempView("people")
```

应用UDF：

```
scala> spark.sql("Select addName(name),age from people").show()
```

当Spark SQL的内置功能需要扩展时，UDF是一个非常有用的工具。

15.4　Spark 性能调优面试题

15.4.1　简述 Spark Checkpoint

1. Checkpoint 到底是什么

（1）在生产环境下，Spark经常会面临Tranformation的RDD非常多（例如，一个Job中包含10 000个RDD）或者具体Tranformation产生的RDD本身计算特别复杂和耗时（例如，计算时间超过1小时）的情况，此时我们必须考虑对计算结果数据的持久化。

（2）Spark擅长多步骤迭代，同时擅长基于Job的复用。如果能够对之前计算过程中产生的数据进行复用，就可以极大地提升效率。

（3）如果采用Persist把数据存储在内存中，虽然速度最快，但也是最不可靠的。如果存储在磁盘上，也不是完全可靠的。例如，磁盘会损坏，或者管理员可能清空磁盘。

（4）Checkpoint的出现就是为了相对更可靠地持久化数据，Checkpoint可以指定把数据存储在本地，并且支持多副本存储。但在正常的生产环境中，Checkpoint通常会将数据存储在HDFS中，从而借助HDFS的高容错性和高可靠性，实现数据的最大化、持久化。

（5）为确保RDD复用计算的可靠性，Checkpoint会将数据持久化到HDFS中，从而最大限度地保证数据的安全性。

（6）Checkpoint主要针对整个RDD计算链条中特别需要数据持久化的环节（即后续会反复使用当前环节的RDD）。它通过将数据持久化到HDFS等存储系统中，实现数据的持久化复用策略。通过对RDD启动Checkpoint机制来实现容错和高可用性。

2. Checkpoint 的运行流程

（1）通过SparkContext.setCheckpointDir()设置存储目录后，对目标RDD调用.checkpoint()方法，会生成CheckpointRDD标记。当该RDD首次被触发计算（如执行Action）时，会调用RDDCheckpointData.doCheckpoint()，进而触发CheckpointRDD.writeRDDToCheckpointDirectory()。

（2）writeRDDToCheckpointDirectory()内部通过SparkContext.runJob()将RDD数据写入Checkpoint目录，并生成新的ReliableCheckpointRDD实例。该实例作为原始RDD的替代依赖，切断原有血缘关系。

（3）Checkpoint数据默认以多副本形式存储在HDFS等容错存储中，与Persist的内存/磁盘持久化机制互补。在任务调度时，Checkpoint会沿计算链回溯，标记需持久化的RDD为checkpointInProgress。一旦 Checkpoint 完成，原始 RDD 的父依赖会被替换为ReliableCheckpointRDD，而非清空父RDD，从而构建新的血统链以实现容错恢复。

15.4.2　简述 Spark 中 Checkpoint 和持久化机制的区别

Spark中的Checkpoint和持久化（如cache()或persist()）都是用于保障RDD计算容错与重用的机制，但核心区别如下。

1）目的不同

- 持久化（如cache/persist）将RDD数据存储在内存或磁盘中，主要用于重用中间计算结果，避免重复计算，提升性能。
- Checkpoint将RDD数据持久化到高可用的分布式文件系统（如HDFS），主要用于切断血缘依赖，保障长期迭代作业的容错性，避免血缘过长导致恢复开销过大。

2）存储与可靠性

- 持久化数据通常存储在节点本地，可靠性较低，节点故障时可能会丢失数据，需要重新计算。

- Checkpoint数据存储于外部可靠存储（如HDFS），可靠性高，数据持久化后不会丢失，但会彻底丢弃原有的血缘关系。

3）血缘处理

- 持久化后的RDD仍保留完整的血缘依赖（Lineage），失败时可通过血缘重新计算。
- Checkpoint会切断血缘，生成一个新的CheckpointRDD，直接读取持久化数据，不再依赖原始计算链。

4）执行时机

- 持久化在Action触发后立即生效，但数据实际存储是惰性的。
- Checkpoint需要显式触发（调用checkpoint()后需接Action），且通常建议与persist联合使用，避免重复计算。

综上所述，持久化侧重性能优化，Checkpoint侧重容错与血缘管理。

15.4.3 简述 Spark 中的 OOM 问题

Spark中的OOM（OutOfMemoryError）问题主要发生在JVM堆内存不足时，可分为驱动节点（Driver）和执行节点（Executor）两类。

（1）驱动节点OOM：通常由收集大量数据（如collect()）或创建过大广播变量引起，数据在驱动端单点汇聚，易超出内存限制。

（2）执行节点OOM：常见的原因包括：

- 数据倾斜：单个Task处理的数据量远大于其他Task，导致该Task内存爆满。
- Shuffle操作：reduceByKey、join等操作需在内存中构建哈希表或缓存Shuffle数据，若分区数据过大或并发过高，易耗尽内存。
- 内存分配不当：Executor堆内存中，执行（Execution）和存储（Storage）区域分配不合理。例如，缓存（Cache）数据过多会挤占执行内存。

解决思路：避免在驱动端收集大数据；增加内存配置；优化数据分区、缓解数据倾斜；调整Shuffle分区数；合理分配执行与存储内存比例。

15.4.4 简述 Spark 程序执行时，如何修改默认 Task 执行个数

在Spark程序执行时，有时默认会产生很多Task，尤其是在处理大量小文件时。以下是一些关于如何调整默认Task执行个数的方法。

（1）输入数据有很多Task，尤其是有很多小文件时，有多少个输入，Block就会有多少个Task启动。

（2）Spark中有Partition的概念，每个Partition都会对应一个Task，Task越多，在处理大规

模数据时，效率就越高。不过Task并不是越多越好，如果平时测试的数据量不大，那么没有必要设置过多的Task。

（3）参数可以通过spark_home/conf/spark-default.conf配置文件设置：

```
#针对 Spark SQL的 Task 数量
spark.sql.shuffle.partitions=50
#非 Spark SQL 程序设置生效
spark.default.parallelism=10
```

15.4.5　简述 Spark Join 操作的优化经验

Join操作是Spark中常见的数据关联操作，但在大数据场景下，Join操作往往会导致性能瓶颈，尤其是Shuffle过程带来的网络和磁盘I/O开销。因此，优化Join操作是Spark性能调优的重要部分。

1. Join 操作分类

1）Map-Side Join

● 适用于大表和小表的关联场景。
● 将小表广播到所有 Executor，避免Shuffle过程，显著提升性能。
● 使用Broadcast Join 实现。

2）Reduce-Side Join
● 适用于两个大表的关联场景。
● 通过Shuffle将相同Key的数据分发到同一个分区，再进行关联。
● 性能较低，需优化Shuffle过程。

2. 优化建议

1）减少数据量

● 在Join前尽可能过滤无用数据，减少参与Join的数据量。
● 使用filter或reduce操作预处理数据。

2）处理重复 Key

● 若两个RDD存在重复Key，Join会导致数据量急剧膨胀。
● 使用distinct或combineByKey减少Key空间。
● 使用coGroup处理重复Key，避免产生交叉结果。

3）分区优化

● 在Join前对数据进行合理分区，避免二次Shuffle。
● 使用repartition或coalesce调整分区数，避免数据倾斜。

4）使用外连接

● 如果Key只在一个RDD中出现，使用内连接可能导致数据丢失。

● 使用外连接（如leftOuterJoin或rightOuterJoin）确保数据完整性，Join后再过滤。

5）利用 Broadcast Join

● 当一张表较小时，使用Broadcast Join将小表广播到所有节点，避免Shuffle。

● 通过spark.sql.autoBroadcastJoinThreshold参数控制广播表的大小。

6）避免数据倾斜

● 数据倾斜会导致部分分区负载过高，影响性能。

● 使用加盐（Salting）技术将倾斜的Key分散到多个分区。

7）缓存中间结果

如果Join的结果会被多次使用，可以将其缓存（Persist或Cache），避免重复计算。

```
# 使用 Broadcast Join 优化小表关联
small_table = spark.table("small_table").collect()
broadcast_small_table = spark.sparkContext.broadcast(small_table)


large_table = spark.table("large_table")
result = large_table.rdd.map(lambda row: (row.key, (row,
broadcast_small_table.value)))
```

3. 总结

优化Spark Join操作的核心在于减少Shuffle开销、降低数据量、避免数据倾斜以及合理利用Broadcast Join。通过预处理数据、合理分区和使用缓存等技术，可以显著提升Join的性能。

15.4.6 简述 Map Join 的实现原理

Map Join适用于处理小数据集的连接情况。具体做法是将小数据集直接全部加载到内存中，并按join关键字建立索引。大数据集则作为MapTask的输入，每次输入都会在内存中直接进行匹配连接。连接结果会按key输出。这种方法需要使用Spark中的广播（Broadcast）功能，将小数据集分发到各个计算节点，每个MapTask执行任务的节点都需要加载该数据到内存。由于Join在Map阶段进行，因此称为Map Join。其缺点如下：

需要将小表建立索引，常用方式是建立Map表。在Spark中，可以通过rdd.collectAsMap()算子实现。但是，collectAsMap()在key重复时，后面的value会覆盖前面的。因此，对于存在重复key的表，需进行其他处理。另外，在collectAsMap()过程中，由于需要在Driver节点进行collect操作，因此需要保证Driver节点内存充足。可以在spark-commit提交执行任务时，通过设置driver-memory参数来调节Driver节点的内存大小。

Map Join同时需要将小表通过广播分发到不同的Executor，供Task获取数据进行连接并输出结果。因此，Executor也需要保证内存充足。可以在spark-commit提交执行任务时，通过设置--executor-cores参数来调节Driver节点的内存大小。

15.4.7　简述 Spark Shuffle 在什么情况下会产生

Spark中会导致Shuffle操作的算子有以下几种。

- repartition类的操作，例如repartition、repartitionAndSortWithinPartitions、coalesce等。
- byKey类的操作，例如reduceByKey、groupByKey、sortByKey等。如果要对一个key进行聚合操作，那么一定要保证集群中所有节点上相同的key放到同一个节点上进行处理。
- Join类的操作，例如Join、coGroup等。两个RDD进行Join，就必须将相同Join Key的数据Shuffle到同一个节点上，然后对具有相同key的两个RDD的数据进行笛卡儿积计算。
- 重分区：一般会Shuffle，因为需要在整个集群中随机、均匀地打乱之前所有分区的数据，然后把数据放入下游新的指定数量的分区内。

15.4.8　简述 Spark Shuffle 会在哪些算子中出现

Spark中会导致Shuffle操作的算子有以下几种：

（1）重分区类操作，例如repartition、repartitionAndSortWithinPartitions、coalesce(shuule=true)等。重分区一般会Shuffle，因为需要在整个集群中将之前所有分区的数据随机、均匀地打乱，然后把数据放入下游新的、指定数量的分区内。

（2）聚合、byKey类操作，例如reduceByKey、groupByKey、sortByKey等。byKey类的操作要对一个key进行聚合操作，那么肯定要保证集群中所有节点上相同的key都移动到同一个节点上进行处理。

（3）集合/表间交互操作，例如Join、coGroup等。两个RDD进行Join，就必须将相同Join key的数据Shuffle到同一个节点上，然后对具有相同key的两个RDD的数据进行笛卡儿积计算。

（4）去重类操作，例如distinct。

（5）排序类操作，例如sortByKey。

（6）无shuGle操作的一些算子，例如map、filter、union等。

15.4.9　简述 Spark 中的 Transform 和 Action

Spark在运行转换中通过算子对RDD进行转换。算子是RDD中定义的函数，用来对RDD中的数据进行转换和操作。

- 输入：在Spark程序运行中，数据从外部数据空间（如分布式存储，通过textFile读取HDFS等，或通过parallelize方法输入Scala集合或数据）输入Spark。数据进入Spark运行时数据空间，转换为Spark中的数据块，通过BlockManager进行管理。

- 运行：在Spark数据输入形成RDD后，便可以通过变换算子（如filter等）对数据进行操作并将RDD转换为新的RDD，通过Action算子触发Spark提交作业。如果数据需要复用，可以通过Cache算子将数据缓存到内存。

- 输出：程序运行结束后，数据会从Spark运行时空间输出，存储到分布式存储中（如通过saveAsTextFile输出到HDFS），或输出到Scala数据或集合中（如通过collect输出到Scala集合，count返回Scala Int类型数据）。

1. Transform 和 Action

Transformation是得到一个新的RDD的操作，方式很多，例如，从数据源生成一个新的RDD，或从现有的RDD生成一个新的RDD。Action是得到一个值或一个结果的操作（直接将RDD缓存到内存中）。因为所有的Transformation都采用懒加载策略，即只有在Action被触发时，Transformation才会实际执行。这样有利于减少内存消耗，提高执行效率。

2. 算子原理

1）Transformation

- map(func)：返回一个新的分布式数据集，由每个原元素经过func函数转换后组成。

- filter(func)：返回一个新的数据集，由经过func函数后返回值为true的原元素组成。

- flatMap(func)：类似于Map，但是每一个输入元素会被映射为0到多个输出元素（因此，func函数的返回值是一个Seq，而不是单一元素）。

- union(otherDataset)：返回一个新的数据集，由原数据集和参数联合而成。

- groupByKey([numTasks])：在一个由（K,V）对组成的数据集上调用，返回一个（K, Seq[V]）对的数据集。注意：默认情况下，使用8个并行任务进行分组，可以传入numTask可选参数，根据数据量设置不同数目的Task。

- reduceByKey(func, [numTasks])：在一个（K,V）对的数据集上使用，返回一个（K,V）对的数据集。key相同的值，都被使用指定的reduce函数聚合到一起。和groupByKey类似，任务的个数可以通过第二个可选参数来配置。

- join(otherDataset, [numTasks])：在类型为（K,V）和（K,W）的数据集上调用，返回一个（K,(V,W)）对，每个key中的所有元素都会被组合在一起。

2）Action

- reduce(func)：通过函数func聚集数据集中的所有元素。Func函数接受两个参数，返回一个值。这个函数必须是关联性的，确保可以被正确地并发执行。

- collect()：在Driver程序中，以数组的形式返回数据集的所有元素。这通常会在使用filter或者其他操作后，返回一个足够小的数据子集时使用，直接将整个RDD集返回到Driver程序可能导致内存溢出（OOM）。

- count()：返回数据集的元素个数。

- foreach(func)：在数据集的每一个元素上运行函数func。这通常用于更新一个累加器变量，或者和外部存储系统进行交互。

15.4.10　Spark 的 Job、Stage、Task 如何划分

一个Job含有多个Stage，一个Stage含有多个Task。Action的触发会生成一个Job，Job会提交给DAGScheduler，分解成Stage。

- Job：包含很多Task的并行计算，可以认为是Spark RDD中的Action，每个Action的计算会生成一个Job。用户提交的Job会提交给DAGScheduler，Job会被分解成Stage和Task。
- Stage：DAGScheduler根据Shuffle将Job划分为不同的Stage，同一个Stage中包含多个Task，这些Task有相同的Shuffle Dependencies。一个Job会被拆分为多组Task，每组任务被称为一个Stage，就像Map Stage和Reduce Stage。
- Task：即Stage下的一个任务执行单元。一般来说，一个RDD有多少个Partition，就会有多少个Task，因为每一个Task只是处理一个Partition上的数据。每个Executor执行的Task的数目，可以由Submit时的参数--num-executors(on yarn)来指定。

从Job到Stage再到Task，每一层都是1对n的关系。

15.5　Spark 实战应用面试题

15.5.1　简述 Map 和 flatMap 的区别

在Spark中，Map和flatMap是两种常用的转换操作，它们之间的主要区别在于数据处理方式和输出结果的形态。

1. 数据处理方式

Map操作是对RDD中的每个元素应用一个指定的函数，从而产生一个新的RDD。对于输入RDD中的每个元素，Map操作会生成一个输出元素，即每个输入元素映射为一个输出元素。

flatMap操作也是对RDD中的每个元素应用一个函数，但它允许函数返回一个包含多个元素的集合（如列表、数组等）。然后，flatMap操作会将这些集合"扁平化"为一个单一的RDD，即对于输入RDD中的每个元素，flatMap可以生成零个、一个或多个输出元素。

2. 输出结果的形态

Map操作输出的RDD中的元素个数通常与输入RDD的元素个数相同（除非函数内部进行了过滤操作导致元素被移除）。每个输出元素都是通过对输入元素应用函数得到的，输出元素与输入元素之间是一对一的映射关系。

flatMap操作输出的RDD中的元素个数通常与输入RDD的元素个数不同，因为每个输入元素可以映射为多个输出元素。输出RDD中的元素是由多个输入元素生成的集合扁平化后得到的，

因此数据结构可能更加复杂。

3. 适用场景

Map操作适用于需要对RDD中的每个元素进行独立转换的场景，如数值计算、类型转换等。当每个输入元素只对应一个输出元素时，使用Map操作更加直观和简洁。

flatMap操作适用于需要将RDD中的每个元素扩展为多个元素的场景，如字符串分割、生成子集合等。当每个输入元素可能对应多个输出元素时，使用flatMap操作可以更方便地处理这种情况。

综上所述，Map和flatMap在数据处理方式和输出结果形态上存在显著差异。在选择使用哪个操作时，需要根据具体的场景和需求来决定。如果需要对每个元素进行独立转换且每个输入元素只对应一个输出元素，Map是一个更好的选择。如果需要将每个元素扩展为多个元素，则应该选择flatMap操作。

15.5.2 简述 Map 和 mapPartition 的区别

Spark中的Map和mapPartition都是数据转换操作，但它们之间存在明显的区别，主要体现在数据处理方式、适用场景和性能影响上。

1. 数据处理方式

- Map：是对RDD或DataFrame中的每一个元素进行操作。它接收一个函数作为参数，并将该函数应用于RDD或DataFrame的每一行或每一个元素，返回一个新的RDD或DataFrame，其中包含应用了函数后的结果。
- mapPartition：是对RDD中的每一个分区进行操作，而不是单个元素。它接收一个函数作为参数，该函数作用于RDD的每个分区的迭代器上。这意味着函数会在每个分区的数据上并行执行，返回一个迭代器，该迭代器包含了处理后的数据。

2. 适用场景

- Map：适用于对数据集中的每一行或每一个元素执行简单的转换或计算，例如数据清洗、特征提取或简单的数学计算等。
- mapPartition：适用于对RDD中的每个分区执行复杂的计算或转换，这些计算或转换可能依赖于分区的元数据（如分区键）。由于mapPartition是在分区级别操作的，因此可以减少函数调用的开销，特别是在处理大量数据时。

3. 性能影响

- Map：对于每个元素都会执行一次函数，因此当数据集非常大时，函数调用的开销可能会变得显著。如果在map函数中需要创建连接（如Redis连接、JDBC连接等），则每个元素都会创建一个连接，这会导致性能下降。
- mapPartition：对于每个分区只执行一次函数，因此可以显著减少函数调用的开销。如果在mapPartition函数中需要创建连接，则每个分区只会创建一个连接，这可以提高性能。然而，需要注意的是，如果一个分区中的数据量非常大，一次性处理所有数据可能会导致内存溢出（OOM）的问题。因此，在使用mapPartition时需要谨慎处理大数据量的情况。

综上所述，Map和mapPartition在数据处理方式、适用场景和性能影响上存在显著差异。在选择使用哪个操作时，需要根据具体的场景和需求来决定。如果需要对每一行或每一个元素执行简单的转换，并且不依赖于分区的元数据，那么map是一个更好的选择。如果需要对每个分区执行复杂的计算或转换，并且这些计算或转换依赖分区的元数据，或者希望减少函数调用的开销，那么mapPartition可能更适合。

15.5.3　简述 reduceByKey 和 groupByKey 的区别

reduceByKey用于对每个key对应的多个value进行merge操作。最重要的是它能够在本地先进行merge操作，并且merge操作可以通过函数自定义。

groupByKey也是对每个key进行操作，但只生成一个sequence。groupByKey本身不能自定义函数，需要先用groupByKey生成RDD，然后才能对此RDD通过Map进行自定义函数操作。通过比较发现，使用groupByKey时，Spark会将所有的键值对进行移动，不会进行局部merge，导致集群节点之间的开销很大，并且传输延时。

15.5.4　简述 DataFrame 的 Cache 和 Persist 的区别

官网上的教程讲的都是RDD，但是没有讲DataFrame的缓存，通过源码发现DataFrame和RDD还是不太一样的。

```
/**
 * Persist this Dataset with the default storage level (`MEMORY_AND_DISK`).
 *
 * @group basic
 * @since 1.6.0
 */
def cache(): this.type = persist()

/**
 * Persist this Dataset with the default storage level (`MEMORY_AND_DISK`).
 *
 * @group basic
 * @since 1.6.0
 */
def persist(): this.type = {
sparkSession.sharedState.cacheManager.cacheQuery(this)
this
```

```
}

/**
 * Persist this Dataset with the given storage level.
 * @param newLevel One of: `MEMORY_ONLY`, `MEMORY_AND_DISK`, `MEMORY_ONLY_SER`,
 * `MEMORY_AND_DISK_SER`, `DISK_ONLY`, `MEMORY_ONLY_2`,
 * `MEMORY_AND_DISK_2`, etc.
 *
 * @group basic
 * @since 1.6.0
 */
def persist(newLevel: StorageLevel): this.type = {
sparkSession.sharedState.cacheManager.cacheQuery(this, None, newLevel)
this
}

def cacheQuery(
query: Dataset[_],
tableName: Option[String] = None,
storageLevel: StorageLevel = MEMORY_AND_DISK): Unit = writeLock
```

从以上源码可以看到，cache()依然调用persist()，但是persist()调用cacheQuery，而cacheQuery的默认存储级别为MEMORY_AND_DISK，这点和RDD是不一样的。

15.5.5 简述 reduceByKey 和 reduce 的区别

在Spark中，reduceByKey和reduce是两种聚合操作，核心区别如下。

1）数据结构

- reduceByKey作用于键值对RDD（PairRDD），按相同键（Key）分组后聚合值（Value）。
- reduce作用于普通RDD，直接对整个数据集执行全局聚合。

2）执行逻辑

- reduceByKey：自动按Key分组→对每组Value执行归约（如求和、计数）→结果仍为键值对。触发Shuffle，但可通过combineByKey优化中间数据。
- reduce：直接合并所有元素为一个结果（如总和、最大值）→需手动处理分组（如先用groupByKey）。

3）性能差异

- reduceByKey更高效：Shuffle时预聚合数据，减少网络传输。
- reduce直接操作可能引发数据倾斜：若需要分组，则需配合groupByKey，但后者易导致单分区数据过大。

4）典型场景

- reduceByKey：统计每个用户的订单数、计算单词频率。
- reduce：计算全局总和、最大值，或处理非键值数据（如直接合并数组）。

15.5.6　简述 Spark 运行时并行度的设置

在Apache Spark中，并行度是指任务在集群中并行执行的程度，直接影响作业的性能。合理设置并行度可以充分利用集群资源，避免资源浪费或性能瓶颈。以下是Spark运行时并行度的设置方法及相关要点。

1. 并行度的核心概念

- 分区（Partition）：RDD、DataFrame 或 Dataset 的数据被划分为多个分区，每个分区由一个任务（Task）处理。
- 并行度（Parallelism）：指同时运行的任务数，通常由分区数决定。

2. 并行度的设置方法

1）全局默认并行度

通过spark.default.parallelism参数设置全局默认并行度，适用于RDD的转换操作。默认值：本地模式：CPU核心数；集群模式：集群中所有Executor的核心数总和。

设置方法：

```
spark.conf.set("spark.default.parallelism", 200)
```

2）Shuffle 并行度

通过spark.sql.shuffle.partitions参数设置Shuffle操作（如Join、GroupBy）的分区数。默认值为200。

设置方法：

```
spark.conf.set("spark.sql.shuffle.partitions", 400)
```

3）RDD 分区数

在创建RDD时，可以显式指定分区数，使用repartition或coalesce调整分区数：

```
rdd = rdd.repartition(100)    # 增加分区数
rdd = rdd.coalesce(50)        # 减少分区数
```

4）DataFrame/Dataset 分区数

在读取数据时，可以指定分区数，使用repartition或coalesce：

```
df = df.repartition(100, "column_name")   # 按列重分区
df = df.coalesce(50)                        # 减少分区数
```

3. 设置并行度的考虑因素

● 集群资源：并行度应与集群的总核心数相匹配，避免过多或过少。过多会导致任务调度开销增加，小任务过多。过少会导致资源闲置，无法充分利用集群。

● 数据量：数据量越大，分区数越应适当增加，但每个分区的数据量不宜过小（建议为128MB～1GB）。

● Shuffle操作：Shuffle 操作的分区数（spark.sql.shuffle.partitions）应根据数据量和集群规模调整，避免数据倾斜或分区过大。

● 数据倾斜：如果某些分区的数据量远大于其他分区，可以增加分区数或使用Salting技术分散数据。

4. 优化建议

● 初始设置：将spark.default.parallelism和spark.sql.shuffle.partitions设置为集群核心数的2～3倍。

● 动态调整：根据作业的运行情况（如任务执行时间、数据倾斜等）动态调整分区数。

● 避免过度分区：分区数过多会导致任务调度开销增加，建议每个分区的数据量保持在合理范围内。

5. 示例

```
# 设置全局默认并行度
spark.conf.set("spark.default.parallelism", 200)

# 设置 Shuffle 并行度
spark.conf.set("spark.sql.shuffle.partitions", 400)

# 读取数据时指定分区数
df = spark.read.option("numPartitions", 100).csv("path/to/data")

# 动态调整分区数
df = df.repartition(200)        # 增加分区数
df = df.coalesce(100)           # 减少分区数
```

6. 总结

Spark的并行度设置是性能调优的关键，合理设置分区数可以显著提升作业的执行效率。我们需要根据集群资源、数据量以及作业特性动态调整并行度，避免资源浪费或性能瓶颈。

15.5.7 简述 Spark 解决了 Hadoop 的哪些问题

Spark解决了Hadoop的以下问题：

（1）MR抽象层次低，需要使用手工代码来完成程序编写，使用上难以上手。Spark采用RDD计算模型，简单容易上手。

（2）MR只提供Map和reduce两个操作，表达能力欠缺。Spark采用更加丰富的算子模型，包括Map、flatMap、groupByKey、reduceByKey等。

（3）在MR中，一个Job只能包含Map和Reduce两个阶段，复杂的任务需要包含很多个Job，这些Job之间的管理需要开发者自己进行。Spark中一个Job可以包含多个转换操作，在调度时可以生成多个Stage，而且如果多个Map操作的分区不变，则可以放在同一个Task中执行。

（4）MR的中间结果存放在HDFS中。Spark的中间结果一般存放在内存中，只有当内存不够时，才会存入本地磁盘，而不是HDFS。

（5）MR中只有等到所有的Map Task执行完毕才能执行Reduce Task。Spark中分区相同的转换构成流水线在一个Task中执行；分区不同的转换需要进行Shuffle操作，被划分成不同的Stage，需要等待前面的Stage执行完才能执行。

（6）MR只适合Batch批处理，时延高，对于交互式处理和实时处理支持不够。Spark Streaming可以将流拆分成时间间隔的Batch进行实时计算处理。

15.5.8　简述 RDD、DataFrame、Dataset 和 DataStream 的区别

1. RDD

RDD（分布式数据集）是Spark中最基本的数据抽象。它在代码中是一个抽象类，代表一个不可变、可分区、里面的元素可并行计算的集合。

2. DataFrame

DataFrame是一种以RDD为基础的分布式数据集，类似于传统数据库中的二维表格。DataFrame与RDD的主要区别在于，前者带有Schema元信息，即DataFrame所表示的二维表数据集的每一列都带有名称和类型。

3. Dataset

Dataset是Spark中融合了RDD类型安全和DataFrame执行效率的强类型API。它支持面向对象编程和编译时类型检查，同时利用Catalyst优化器自动优化查询性能，完美统一了开发效率与执行性能。

4. DataStream

DataStream是随时间推移而收到的数据的序列。在内部，每个时间区间收到的数据都作为RDD存在，而DStream是由这些RDD所组成的序列（因此得名"离散化"）。简单来讲，DStream就是对RDD在实时数据处理场景的一种封装。

15.5.9　简述 Spark 和 MapReduce Shuffle 的区别

1. 相同点

Spark和MapReduce Shuffle都对mapper（Spark中是ShuffleMapTask）的输出进行分区，不同

的分区会被送到不同的Reducer（在Spark中，Reducer可能是下一个Stage中的ShuffleMapTask，也可能是ResultTask）。

2. 不同点

MapReduce默认会对输出进行排序。Spark默认不对输出进行排序，除非使用sortByKey算子。

MapReduce可以划分成Split、Map、Spill、Merge、Shuffle、Sort、Reduce等阶段。Spark没有明显的阶段划分，只有不同的Stage和算子操作。

MapReduce通常会将数据写入磁盘（落盘），这可能会导致效率低下。Spark默认情况下，不会将数据写入磁盘（不落盘），从而解决了MapReduce落盘导致的效率低下问题。

15.5.10 简述 RDD 中 reduceBykey 与 groupByKey 哪个性能好

reduceByKey会在结果发送至reducer之前，对每个mapper在本地进行合并（merge），类似于在MapReduce中的combiner。这样做的好处是，在Map端进行一次Reduce之后，数据量会大幅度减小，从而减少数据传输量，保证Reduce端能够更快地进行结果计算。

groupByKey会对每一个RDD中的value值进行聚合，以形成一个序列（Iterator），此操作发生在Reduce端，因此势必会将所有的数据通过网络进行传输，这可能造成浪费。此外，如果数据量十分大，可能还会造成OutOfMemoryError。因此，在进行大量数据的Reduce操作时，建议使用reduceByKey，因为它不仅可以提高速度，还可以防止使用groupByKey导致的内存溢出问题。

15.6 本章小结

本章精心汇编了50道Spark面试题，旨在为读者提供一个全面、系统的面试复习指南。这些面试题覆盖了Spark的核心概念、架构原理、编程实践、性能调优以及实战应用等多个方面，旨在考察读者对Spark技术的全面掌握程度。通过解答这些面试题，读者不仅可以巩固所学知识，查漏补缺，还能了解面试中常见的考点和难点，提前做好面试准备。此外，这些面试题还具有一定的挑战性，能够激发读者的学习兴趣和思考能力，帮助读者在解决实际问题时更加灵活地运用Spark技术。因此，本章不仅是面试前的必备复习资料，也是提升Spark技术水平和竞争力的重要途径。